Aplicaciones electroquímicas al tratamiento de aguas residuales

Aplicaciones electroquímicas al tratamiento de aguas residuales

Carlos Eduardo Barrera Díaz

Coordinador

Universidad Autónoma
del Estado de México

EDITORIAL
REVERTÉ

Barcelona · Bogotá · Buenos Aires · Caracas · México

Aplicaciones electroquímicas al tratamiento de agua residuales

Texto avalado por la
Sociedad Mexicana de Electroquímica

Sociedad Mexicana de Electroquímica A.C.
La Purisima S/N, Col. La Purisima, Del. Iztapalapa
C.P. 09340, México, D.F., R.F.C.: SME-830419-C51

Sociedad Mexicana de Electroquímica

1/SMEQ/2013

Dr. Sergio Franco Mass
Secretario de Investigación y Estudios Avanzados UAEM
PRESENTE.-

Por este conducto el que suscribe Presidente de la Sociedad Mexicana de Electroquímica (SMEQ), le comunico que a petición del Dr. Carlos Eduardo Barrera Díaz, editor del libro intitulado "Aplicaciones Electroquímicas al Tratamiento de Aguas Residuales Industriales", se ha llevado a cabo una revisión del manuscrito y el Comité editorial de esta Sociedad ha otorgado su aval para que en dicha obra se pueda incluir la leyenda "Avalada por la Sociedad Mexicana de Electroquímica", en la portada de la obra.

Sin otro en particular y agradeciendo la atención que se sirva dar a la presente, quedo de usted como su seguro y atento servidor.

ATENTAMENTE
Guadalajara, Jal., a 14 de enero de 2013

Dr. Norberto Casillas Santana
Presidente de Sociedad Mexicana de Electroquímica (SMEQ)

Esta edición:

ISBN: 978-607-7815-13-6

ISBN: 978-84-291-7072-6

Propiedad de:

REVERTÉ EDICIONES, S. A. DE C. V.
Río Pánuco, número 141. Col. Cuauhtémoc
Delegación Cuauhtémoc
C. P. 06500 México, D.F.
T: +(52) 55 5533-5658
F: +(52) 55 5514-6799
reverte@reverte.com.mx
www.reverte.com

EDITORIAL REVERTÉ, S. A.
Loreto 13-15, Local B
08029 Barcelona
España (*Spain*)
T: +(34) 93 419 33 36
F: +(34) 93 419 51 89
reverte@reverte.com
www.reverte.com

CORRECCIÓN DE TEXTOS: Mariló Caballer Gil

DISEÑO Y FORMACIÓN DE INTERIORES: Reverte-Aguilar, S. L.

DISEÑO DE LA CUBIERTA: David Kimura + Gabriela Varela

Impreso en España. *Printed in Spain*

Depósito Legal: B. 5861-2014

Impresión de 1000 ejemplares

Impreso por Liberdúplex, S.L.U.
Barcelona – España

1408

Índice

Presentación VII

Capítulo 1 Fundamentos de electroquímica ambiental 1

Capítulo 2 Parámetros fisicoquímicos y biológicos de la calidad del agua 45

Capítulo 3 Coagulación y floculación 65

Capítulo 4 Celdas de laboratorio y reactores industriales electroquímicos 81

Capítulo 5 Elementos de análisis de reactores sólo electroquímicos para su diseño y caracterización 119

Capítulo 6 Electrocoagulación 165

Capítulo 7 Principios básicos de electroflotación 181

Capítulo 8 Proceso de electrofenton y tecnologías electroquímicas basadas en la reacción química de Fenton 195

Capítulo 9 Electrooxidación 211

Capítulo 10 Producción electroquímica de peróxido de hidrógeno y su aplicación en el tratamiento de agua 229

Capítulo 11 Reducción electroquímica de Cr(VI) 251

Capítulo 12 Métodos electroquímicos combinados 279

Capítulo 13 Uso y aplicaciones de sensores químicos y electroquímicos para la detección de contaminantes en agua y agua residual 297

Índice alfabético 317

Presentación

El presente libro tiene como finalidad compilar numerosas investigaciones en el campo de la tecnología electroquímica y sus aplicaciones ambientales, contando con la colaboración de un gran número de investigadores tanto nacionales como extranjeros, proponiendo con ello una visión amplia dentro de la aplicación de la electroquímica.

Los temas que integran esta obra se escogieron cuidadosamente considerando desde los principios básicos de la electroquímica aplicada al tratamiento de aguas residuales hasta los parámetros a considerar durante el diseño, operación y evaluación de dichos sistemas, sin dejar de lado las aplicaciones utilizadas en la actualidad en la industria, la docencia y la investigación.

Este libro reúne diversas temáticas por lo que puede considerarse como un compendio de aquellos elementos que el lector requiere para poder tener una visión amplia de las aplicaciones de la electroquímica en el campo del tratamiento de agua residual. En el Capítulo 1 se presenta una primera impresión de los Fundamentes de la Electroquímica Ambiental, en donde los autores explican cómo esta disciplina es una nueva área de la ciencia en donde se emplean conocimientos de Electroquímica, Ingeniería Química y Ciencia de Materiales, así como las aplicaciones específicas para la remediación ambiental.

En el Capítulo 2 los autores ofrecen una descripción de los principales parámetros fisicoquímicos y biológicos que se emplean para definir a la calidad del agua. Este capítulo describe en función de qué características físicas, químicas y biológicas se puede evaluar a un agua residual así como también la aplicación de estas características como variables de control de un proceso de tratamiento y también como el empleo de ellas para limitar las concentraciones máximas permisibles de descarga de aguas residuales.

El Capítulo 3 se refiere a uno de los procesos más empleados en el tratamiento de agua: la coagulación-floculación. Se aborda desde una óptica teórica hasta la descripción de un ejemplo de aplicación en la industria. Resulta importante incluir este capítulo ya que uno de los métodos más prometedores en la electroquímica ambiental es la electrocoagulación, la cual se narra en el Capítulo 6.

Las bases de las celdas de laboratorio y reactores industriales electroquímicos se relatan en el Capítulo 4. En particular, se refieren las implicaciones que tienen las principales características físicas y de diseño de celdas de laboratorio y reactores electroquímicos industriales que permiten obtener transformaciones eficientes gracias a un correcto control del potencial de electrodo en estos sistemas.

La implementación de procesos electroquímicos para su aplicación a nivel industrial, requiere del diseño eficiente del dispositivo central: el reactor electroquímico. Por lo que, en el Capítulo 5 se presentan los elementos de análisis de reactores electroquímicos para su diseño y caracterización.

El Capítulo 7 describe bajo qué circunstancias se puede llevar a cabo el proceso de electroflotación. Los autores muestran cómo este proceso está influenciado por el pH de la solución acuosa, la densidad de corriente y el tipo de electrodos que se emplean.

El lector encontrará en el Capítulo 8 las bases teóricas de uno de los procesos que involucra la química de la reacción de Fenton, así como las aplicaciones ambientales para el tratamiento de soluciones sintéticas y reales con diferentes contaminantes refractarios, tales como plaguicidas, colorantes, productos de cuidado personal, fármacos y residuos químicos industriales. En el Capítulo 9 se presentan algunos conceptos fundamentales sobre la Electrooxidación, también conocida como oxidación electroquímica, la cual está enfocada a realizar la oxidación de contaminantes presentes en aguas residuales sobre la superficie de electrodos. La tecnología para la electrogeneración de peróxido de hidrógeno y su empleo en el tratamiento de agua residual se describe en el Capítulo 10.

Uno de los metales pesados que tienen un alto grado de toxicidad en el ambiente es el Cr(VI), el cual no puede ser removido por métodos convencionales por lo que una tecnología que puede emplearse en este tratamiento se relata en el Capítulo 11.

En el Capítulo 12 se presentan los avances más recientes cuando se emplean los métodos electroquímicos con algún otro tipo de tratamiento, lo que ha resultado en la obtención de sinergias en los procesos, lo que implica una reducción en los costos de operación.

Finalmente, en el Capítulo 13, se presenta el tema de usos y aplicaciones de sensores químicos y electroquímicos para la detección de contaminantes en agua y agua residual.

Quienes colaboramos en la realización de esta obra esperamos que sea de utilidad a todos aquellos interesados en la electroquímica para el tratamiento de las aguas residuales.

Capítulo 1

Fundamentos de electroquímica ambiental

Manuel A. Rodrigo[a], Pablo Cañizares[a], Javier Llanos[a], Justo Lobato[a], Fabiola Martínez[a], Cristina Sáez[a]

[a] Departamento de Ingeniería Química de la Universidad de Castilla-La Mancha. Campus Universitario s/n, C.P. 1 13071, Ciudad Real, España.

Resumen

Este capítulo es una introducción a la Electroquímica Ambiental como disciplina científico-tecnológica integrada en el cuerpo de conocimientos de la Ingeniería Electroquímica, y se describen sus principales aplicaciones, incluidos los procesos electrocinéticos de electrorremediación de suelos contaminados, los procesos combinados electrolisis-absorción para el tratamiento de efluentes gaseosos y los principales procesos de tratamiento de efluentes líquidos; entre los que se incluyen la electrolisis, la electrocoagulación, la electrodeposición y la electrodiálisis. Para cada uno de estos procesos se realiza, de manera introductoria, una descripción de la tecnología y de sus aplicaciones fundamentales.

1.1 La electroquímica ambiental: una aplicación emergente de la ingeniería electroquímica

La Ingeniería Electroquímica es una disciplina científica y tecnológica que tiene como objeto de estudio el diseño y la operación de los equipos y procesos en los que se produce interconversión entre energía química y eléctrica. Su estudio es fundamental para comprender numerosos procesos que en la actualidad son base de la economía mundial: desde los que se desarrollan en la industria cloroalcalina y que permiten la obtención del cloro y la sosa, hasta los procesos de electrorrefinado de metales que permiten la mejora en la calidad de metales, pasando por la electrosíntesis orgánica, a la que, entre otros desarrollos, se debe la producción eficiente de algunos medicamentos y de polímeros. Asimismo, es importante desde el punto de vista de las nuevas soluciones energéticas, que pasan por las siempre novedosas celdas de combustible, con las que se pretende conseguir una conversión más eficiente –que la que consiguen los muy desarrollados motores térmicos– de la energía química contenida en un combustible en energía eléctrica.

A nivel histórico, se puede afirmar que surgió en la segunda mitad del siglo XX como una nueva rama de la Ingeniería Química, pudiendo considerarse como el resultado de la interacción de la Ingeniería Química con la Electroquímica y con la Ciencia de los Materiales (figura 1.1). Es a su vez fuente de estudio para otras muchas ramas del conocimiento, entre las que destacan la Ingeniería Energética y la Ingeniería Ambiental (figura 1.2).

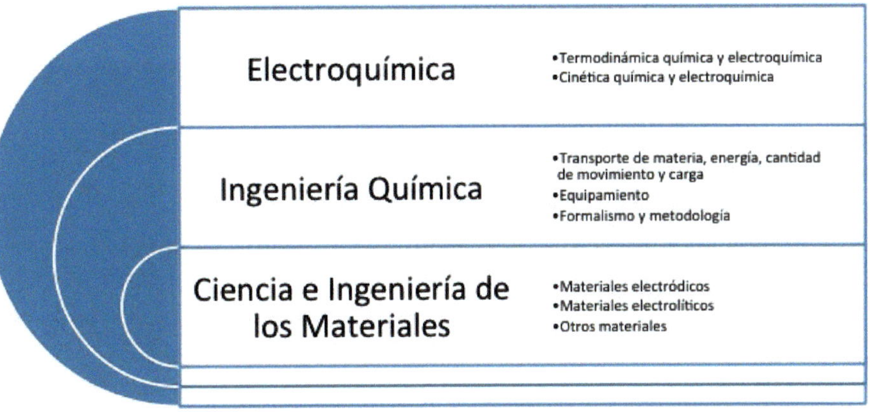

Figura 1.1 Disciplinas de las que deriva la Ingeniería Electroquímica.
(Fuente: elaboración propia)

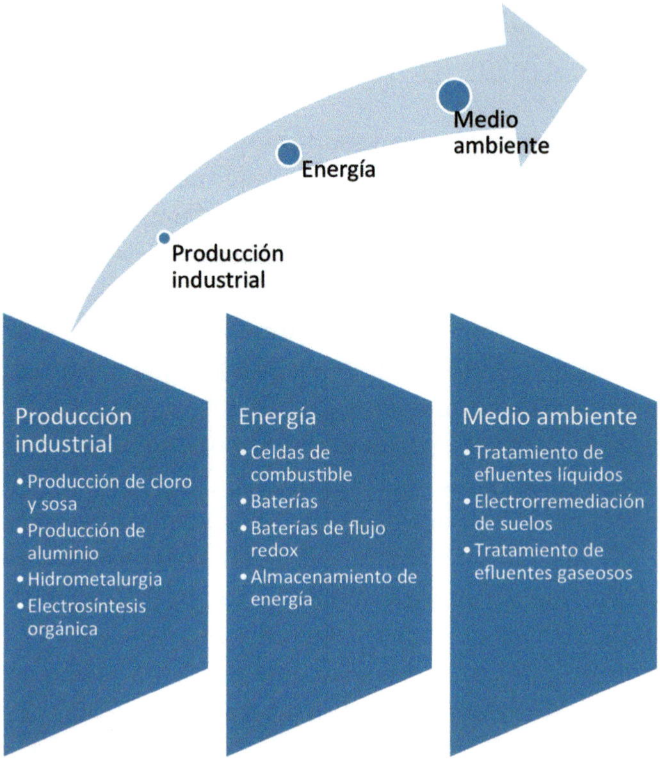

Figura 1.2 Algunas aplicaciones de la Ingeniería Electroquímica. (Fuente: elaboración propia)

En este contexto, los primeros años de vida de la ingeniería electroquímica han coincidido con una mayor sensibilización social hacia la conservación del medio ambiente. Así, las legislaciones de los distintos países comenzaron a poner límites al vertido de residuos, lo que conllevó la necesidad de desarrollar nuevas tecnologías de tratamiento de vertidos, más eficaces en cuanto a resultados y a costos.

De este modo, comenzaron a estudiarse las primeras aplicaciones medioambientales de la ingeniería electroquímica, en las que se utilizaban estas tecnologías para el tratamiento de efluentes líquidos, gaseosos y de suelos. En algunas ocasiones, estas aplicaciones se han convertido en tecnologías de referencia, debido a las muy buenas propiedades del reactivo que utiliza: el electrón. En general, los procesos electroquímicos de remediación ambiental presentan una serie de ventajas respecto a las tecnologías no electroquímicas, con las que entran en competencia. Entre otras, destacan las siguientes:

- No se utilizan reactivos químicos, dado que el electrón es el único "reactivo" intercambiado. Como consecuencia, se evita el transporte y la manipulación de compuestos altamente oxidantes y aumentan las condiciones de seguridad laborales. Además, la degradación del agente oxidante no genera ningún tipo de residuos, como sucede en otras tecnologías de remediación.
- Los procesos electroquímicos se suelen desarrollar a presión atmosférica y a temperaturas próximas a la temperatura ambiente. Por tanto, el ahorro en los materiales de construcción de los procesos es evidente, siendo la inversión muy inferior a la requerida en sistemas tales como la incineración o la oxidación supercrítica.
- El equipo que se requiere para el tratamiento es muy sencillo, en comparación con el que se utiliza en otras técnicas de remediación como, por ejemplo, la ozonización. El componente central de este equipo es un reactor electroquímico, en el que el agua a tratar entra en contacto con dos electrodos, entre los que se establece una diferencia de potencial por medio de una fuente de alimentación. Esta diferencia de potencial provoca la movilidad de electrones y las correspondientes reacciones de oxidación en uno de los electrodos y de reducción en el otro. La sencillez del equipo y la facilidad de medida de las variables involucradas en los procesos hacen que estos procesos sean fácilmente automatizables.
- El control del potencial puede permitir un tratamiento selectivo de determinadas especies más fácilmente oxidables o reducibles. Ventaja importante respecto a otras tecnologías ambientales, en las que la selectividad es prácticamente nula.

En este sentido, mediante los procesos electroquímicos se pueden llevar a cabo reacciones que necesitan grandes cantidades de energía (hasta 50 kcal/mol) a temperatura y presión ambiente, simplemente ajustando adecuadamente el potencial de la celda. Se puede utilizar, además, la corriente eléctrica como agente oxidante (en el ánodo de la celda) y reductor (en el cátodo). Se dispone del reactivo fácilmente y en todo momento a partir de la red eléctrica. No es necesario almacenarlo, ni inventariarlo. Y se dispone de él justo en la medida en que se necesita. Además, en cualquier proceso electroquímico se genera un campo eléctrico entre el ánodo y el cátodo, que actúa como fuerza impulsora en la migración de iones entre ambos sistemas. Este fenómeno se puede utilizar en combinación con la tecnología de membranas para la separación de iones en medios líquidos.

Curiosamente, a la tecnología electroquímica se le suele suponer una robustez que, en ocasiones, no tiene, y muchas veces se descarta la necesidad de estudios de escalado para comprobar la viabilidad técnica y económica de los procesos. Esto no es así, y siempre se deben hacer estudios de escalado en procesos electroquímicos. En este sentido, en numerosas ocasiones las potenciales aplicaciones de la ingeniería electroquímica en el medio ambiente no han ido más allá del estudio de laboratorio, o incluso de la mera tormenta de ideas, aunque registren grandes ventajas de uso. Esto se debe a tres razones fundamentales:

1. La Ingeniería Electroquímica es una disciplina complicada que necesita conocimientos interdisciplinares y que no se suele incluir en los planes de formación universitaria de muchos países, por lo que es desconocida y rechazada por extraña.
2. Tan sólo recientemente se ha empezado a disponer del equipamiento necesario para realizar adecuadamente procesos electroquímicos a escala industrial.
3. Debe competir con procesos clásicos en explotación, por lo que exclusivamente se utiliza cuando el proceso electroquímico tiene asociado un costo muy inferior, o cuando es el único posible.

A pesar de estas razones, la ingeniería electroquímica es una tecnología emergente que tiene mucho que ofrecer al medio ambiente. En lo referente al costo de los procesos electroquímicos es importante resaltar que no es cierta la idea generalizada entre los técnicos y los industriales de que se trata de una tecnología cara. Sin embargo, para conseguir que esta tecnología sea competitiva con otras equivalentes es esencial el diseño apropiado del reactor que se va a emplear, junto con la adecuada selección de los materiales para los electrodos y la optimización de los parámetros de funcionamiento.

1.2 El tratamiento de suelos contaminados por procesos electrocinéticos

Entre las tecnologías electroquímicas que han pasado la etapa de estudio de laboratorio y que se emplean como técnicas de referencia en descontaminación, merece destacar a la electrorremediación de suelos contaminados. Consiste en la aplicación de un gradiente de potencial entre hileras de electrodos colocadas en el suelo, bien directamente o bien en pozos de electrolito. Como consecuencia, ocurren diferentes procesos físicos o electroquímicos:

- **Electromigración,** que consiste en el movimiento de los iones contenidos en el agua retenida en el suelo por acción del campo eléctrico generado entre ánodo/s y cátodo/s. Los aniones (iones de carga negativa) se moverán hacia el ánodo (electrodo de carga positiva) al tiempo que los cationes (iones de carga positiva) se moverán hacia el cátodo (electrodo de carga negativa).
- **Electroforesis,** que consiste en el movimiento de las partículas cargadas contenidas en el suelo –o adicionadas para favorecer su tratamiento– por acción del mismo campo eléctrico.

- **Electroósmosis,** que engloba al movimiento del agua contenida en el suelo por acción del campo eléctrico. Esta agua puede ser el agua subterránea o una disolución acuosa añadida exproceso para favorecer el movimiento de contaminantes en el interior del suelo –en ocasiones, simplemente agua o agua subterránea ya tratada que se recircula al proceso–. El movimiento del líquido es, normalmente, en el sentido ánodo-cátodo.
- **Electrolisis,** que incluye a los procesos reactivos que ocurren sobre la superficie de los ánodos y los cátodos que se han posicionado en el suelo, bien directamente o bien en el seno de una disolución de electrolito en contacto con el suelo. Los más importantes son la oxidación del agua sobre la superficie anódica y la reducción del agua o la electrodeposición de metales sobre la catódica. Desde el punto de vista del tratamiento del suelo, la oxidación del agua tiene como principal consecuencia la formación de un "frente ácido", que debido especialmente a los procesos de electromigración se irá desplazando hacia el cátodo y provocará la liberación de especies contaminantes fijadas en el suelo, especialmente por disolución de precipitados y por intercambio iónico. En el cátodo, la reducción del agua originará un "frente básico" de efectos contrarios al anterior. Ambos se pueden modificar mediante la adición de los reactivos adecuados.
- **Calentamiento eléctrico,** que tiene como consecuencia una elevación de la temperatura en el suelo –más importante en las proximidades de los electrodos– que es consecuencia de las caídas óhmicas generadas por las elevadas resistencias iónicas (baja conductividad iónica) del suelo. Este calentamiento originado por el efecto Joule-Thompson es proporcional a la intensidad de corriente que circula externamente al suelo –entre ánodos y cátodos– y a la resistencia del suelo, y se pude modelar a través de la Ley de Ohm.

Para que estas técnicas se desarrollen es preciso que el suelo tenga un contenido mínimo en agua. Las condiciones de aplicación de la diferencia de potencial –o de circulación de corriente–, la disposición de los electrodos y la adición de reactivos, entre otros, son factores que determinarán cuál de estos procesos es más favorable y que permitirán su aplicación con éxito en la remediación de un suelo contaminado y en el tratamiento del agua subterránea en él contenida (figura 1.3).

Asimismo, factores como la adición del agua, la inclusión de zonas de tratamiento por otras tecnologías, entre otros, potenciarán el rendimiento en la eliminación de contaminantes específicos.

La existencia de contaminantes o de condiciones específicas da lugar a una serie de procesos fundamentales que se van a describir en los siguientes subapartados.

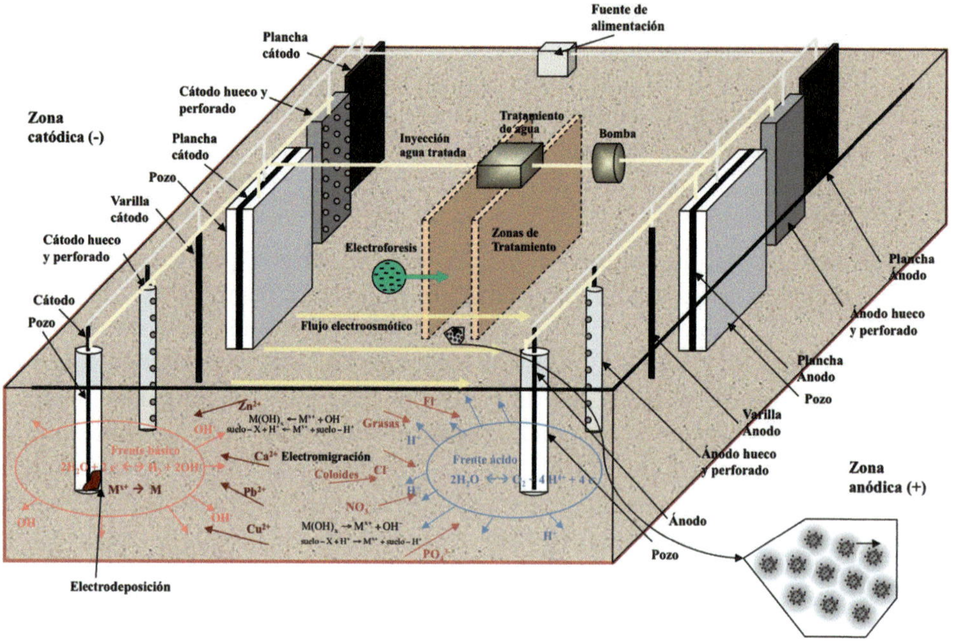

Figura 1.3 Procesos de electrorremediación de suelos contaminados. (Fuente: elaboración propia)

1.2.1 La electromigración como tecnología de eliminación de contaminantes iónicos

La electromigración (figura 1.4) ha sido la tecnología de electrorremediación de suelos más empleada hasta el momento. Su uso ha estado vinculado a la eliminación de contaminantes solubles iónicos contenidos en suelos arcillosos; especialmente, metales pesados, radionucleidos y cianuros.

La aplicación de la tecnología es muy sencilla y, para que sea efectiva, la principal limitación es la humedad del suelo, en cuanto a que el agua se emplea como soporte para permitir la movilidad de las especies iónicas. El tamaño de los electrodos en aplicaciones reales oscila entre los 3-10 m para electrodos planos (espesor del orden de los mm-cm) y cilíndricos (diámetros comprendidos entre 2.5 y 10 cm). El gradiente de voltaje que se emplea en estas aplicaciones está en el intervalo 1-10 V/cm. Rendimientos típicos en la eliminación de iones superan con facilidad el 70%. Los rendimientos se mejoran notablemente si se añaden, como fluido de proceso, disoluciones con agentes que ayuden a movilizar a los iones y a compensar los efectos fijadores del frente básico. Estas disoluciones también posibilitan que las especies metálicas lleguen a las superficies catódicas y se depositen sobre las mismas. Esto es especialmente importante, ya que permite recuperar los contaminantes metálicos en su estado más valioso.

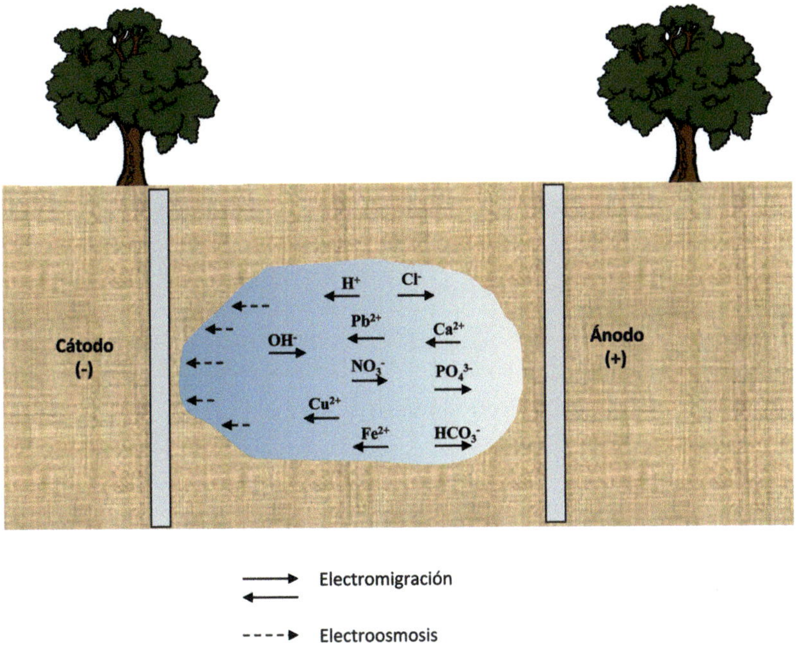

Figura 1.4 Esquema del proceso de electromigración.
(Fuente: adaptada de Cañizares y col. (2007), Afinidad 64, (532) 663-670.

1.2.2 El lavado electroquímico de suelos

Los procesos electrocinéticos de movilización de agua y contaminantes son especialmente adecuados para el tratamiento de suelos de baja permeabilidad, ya que existen numerosas tecnologías de tratamiento más baratas para el lavado de suelos con mayor tamaño de poro. El lavado consistirá en la adición al suelo de un fluido de lavado o, más comúnmente, en la movilización de la propia agua contenida en el suelo por técnicas electrocinéticas. Esta agua servirá de medio de soporte y arrastre para los contaminantes, posibilitando que éstos lleguen hasta las proximidades de los electrodos o hasta los pozos de electrolitos, desde donde se efectuará el tratamiento (figura 1.5).

Es fundamental destacar el importante efecto que puede tener la chatarra metálica que se encuentre enterrada en el suelo que se está tratando. Esta chatarra actúa como electrodo bipolar en el campo eléctrico generado entre los electrodos de tratamiento –los conectados a la fuente de alimentación– y modifica completamente los patrones de flujo electroosmótico, de electromigración y de electroforesis. Por tanto, la aplicación de técnicas electrocinéticas a suelos contaminados con chatarra metálica ha de ser valorada con cautela, ya que la eficacia global del proceso puede verse seriamente perjudicada por la misma.

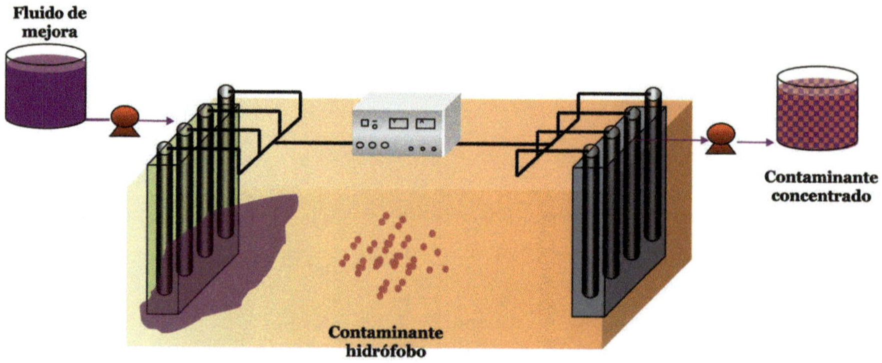

Figura 1.5 Proceso de lavado electroquímico de suelos.
(Fuente: elaboración propia)

1.2.3 Las barreras reactivas permeables

En algunas ocasiones, el tratamiento electrocinético se complementa haciendo pasar el agua subterránea retenida en el suelo a través de una barrera más permeable en la que se introduce otro tipo de tratamiento. Los procesos de electromigración, electroósmosis y electroforesis se pueden aplicar en esta tecnología para que el agua pase repetidas veces a través de la barrera, siendo el principal inconveniente el ensuciamiento y la colmatación del lecho, que en ocasiones ocurre como consecuencia de la precipitación de especies en su interior.

La tecnología combina la electroósmosis –como principal flujo– junto con las barreras permeables reactivas –zonas de tratamiento que se instalan directamente en la zona contaminada del suelo–, tanto en disposición horizontal como vertical, tal y como se muestra en la figura 1.6.

La configuración horizontal tiene la ventaja de que el transporte hidráulico y el electrocinético se dan simultáneamente, aprovechando para el primero la fuerza de la gravedad. En esta configuración se minimizan también los problemas derivados de la pérdida de conductividad de los electrodos por fijación de gases en su superficie.

Los elementos fundamentales del proceso son:

- Creación de zonas permeables con cierta proximidad entre ellas, situadas en la región que se va a descontaminar. En estas zonas se implementa un proceso de tratamiento no electroquímico: adsorción, intercambio iónico, reacción química, reacción biológica, etc.

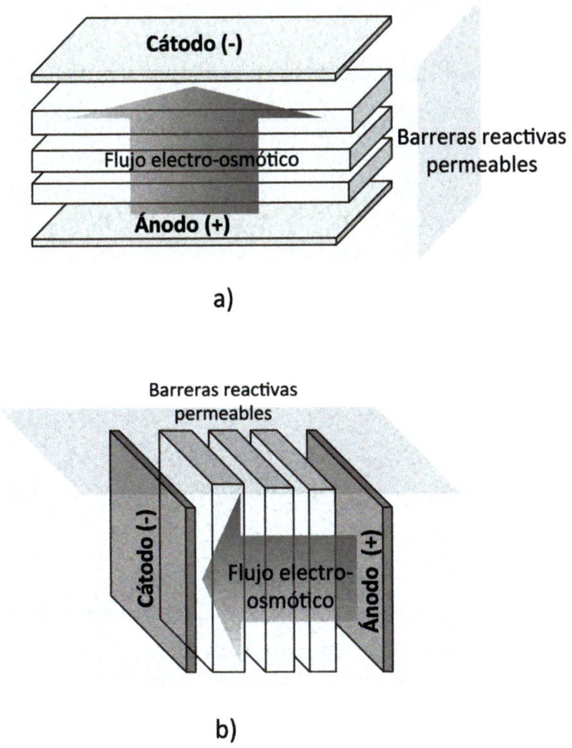

Figura 1.6 Uso de barreras reactivas permeables.
(Fuente: adaptada de Cañizares y col. (2007), Afinidad 64, (532) 671-680.)

- Se hace pasar repetidas veces el agua contenida en el suelo a través de las zonas de tratamiento. Esto se consigue mediante un cambio sucesivo de polaridad de los electrodos siendo un modo de incrementar la eficacia del proceso, ya que los contaminantes se mueven por el suelo donde son retenidos y destruidos por las zonas de tratamiento con mayor eficiencia.

Los gradientes de potencial entre electrodos suelen estar entre 10-40 V/m. Se suelen disponer varias zonas de tratamiento intermedias con un espesor comprendido entre 1-5 cm, separadas entre sí por distancias de entre 0.5 y 1.0 m. Su naturaleza puede ser muy distinta en función del contaminante que se vaya a tratar. Esta tecnología es aplicable al tratamiento de suelos contaminados con compuestos orgánicos volátiles y semivolátiles –tanto halogenados como no– y con combustibles. Asimismo, existen numerosas aplicaciones para el tratamiento de suelos contaminados con metales pesados.

1.2.4 Las barreras contenedoras de la contaminación

Ante un vertido puntual de contaminantes en un suelo, una de las actuaciones más urgentes debe ser la de contener la contaminación en un recinto lo más pequeño posible, ya que los posteriores costos de tratamiento dependerán del volumen de suelo que se haya de descontaminar. La existencia de corrientes de agua subterráneas puede hacer compleja esta operación, ya que el arrastre de los contaminantes que estas corrientes provocan contribuye de modo decisivo en la dispersión de los mismos.

En este contexto, el uso de hileras de electrodos en las que se alternen ánodos y cátodos puede ayudar a contener la contaminación en un recinto (figura 1.7), a pesar de la existencia de corrientes hidráulicas. La tecnología se basa en combinar los flujos electrocinéticos que se establecen entre los electrodos de distinta polaridad, con la extracción y el tratamiento *ex situ* del agua, y su posterior devolución al sistema de tratamiento para ayudar a la captura de más contaminantes.

El tratamiento de descontaminación del electrolito se lleva a cabo mediante distintas técnicas, tales como la precipitación y la filtración o el intercambio iónico mejorado electroquímicamente, en función de las características de los contaminantes. La tecnología es aplicable a la eliminación de contaminantes inorgánicos (Cu, Pb, As, Zn, etc.) y orgánicos (PAH, DNB, TNT, etc.).

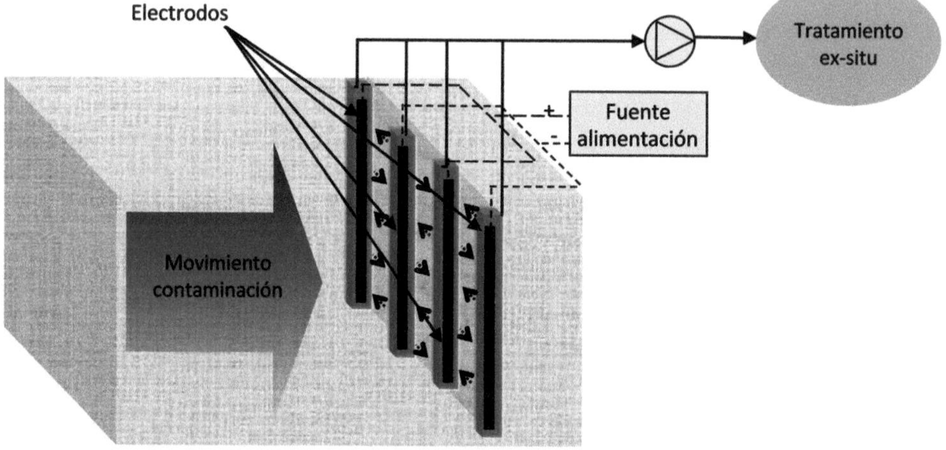

Figura 1.7 Empleo de barreras electroquímicas protectoras de la contaminación. (Fuente: adaptada de Cañizares y col. (2007), Afinidad 64, (532) 671-680.)

1.2.5 Aprovechamiento del calor en la electrorremediación de suelos

Los tratamientos electrocinéticos producen como proceso secundario un importante calentamiento del suelo. Este calentamiento puede permitir la liberación de compuestos volátiles y, por tanto, ser entendido como un proceso de desorción térmica de contaminantes. Se puede aplicar por sí mismo o en combinación con otros tipos de tratamientos, como la inyección de vapor. En este sentido es importante remarcar que el gas generado es rico en compuestos orgánicos volátiles (COV) y que, por ello, se ha de tratar adecuadamente.

Asimismo, el calor generado en el suelo reduce la viscosidad de los líquidos orgánicos y facilita su movimiento en el campo eléctrico generado en la celda –si son polares o se les añaden surfactantes– o su arrastre por el flujo electroosmótico. Otro importante efecto del calor generado es que favorece la proliferación de cultivos microbiológicos termófilos, caracterizados por su enorme voracidad en la degradación de contaminantes orgánicos contenidos en el suelo, especialmente si se compara su actuación con la que se lleva a cabo a través de los típicos cultivos mesófilos.

Las cantidades de calor puestas en juego dependen de la resistencia del suelo y de la intensidad de corriente que se haga circular por el mismo. En condiciones normales son muy importantes e incluso pueden ser suficientes para provocar la ebullición del agua subterránea. Es primordial tener en cuenta que el suelo es un excelente aislante del calor, que puede retener más del 95% del calor aportado.

En el contexto de estas tecnologías se enmarca la electrobiorrecuperación de suelos que consiste en disponer de varios electrodos rodeando a un pozo –ubicado en una posición central– al que está conectada una bomba para la extracción de agua subterránea y un compresor para la extracción de vapor. Los electrodos calientan el suelo y favorecen la volatilización de especies orgánicas y el movimiento de combustibles. El arrastre realizado por la bomba y el compresor elimina los contaminantes que son posteriormente tratados mediante tecnologías adecuadas (intercambio iónico, adsorción, etc.). El agua tratada se vuelve a reintroducir en el proceso.

El calentamiento suave al que se somete al suelo –se alcanzan temperaturas alrededor de los 80 °C– favorece la aparición de bacterias termófilas que son muy eficientes en la eliminación de la contaminación orgánica. El proceso opera normalmente en tres fases diferenciadas:

- **Fase intensiva.** Se calienta el suelo por aplicación de corriente a los electrodos. Se combina el tratamiento con la extracción de vapores y con la extracción de agua subterránea –que es posteriormente tratada– y se añaden al suelo –a través del electrolito– nutrientes, fuentes de carbono u oxígeno, para favorecer los procesos biológicos.

- **Fase de extenuación.** Se paraliza el calentamiento electroquímico pero se mantiene la extracción de agua subterránea y de vapor. Se siguen añadiendo nutrientes. La actividad biológica durante esta etapa es fundamental, ya que el suelo se mantiene a una temperatura elevada.
- **Fase de monitorización.** Una vez descontaminado el suelo, se continúa monitorizando por si vuelve a aparecer el problema de contaminación. En la figura 1.8 se muestra un esquema de estos procesos.

Esta tecnología permite la eliminación de componentes volátiles y semivolátiles, y de fases densas de líquidos no acuosos, como disolventes clorados. Durante el proceso, el suelo y el agua subterránea entre los electrodos se calientan uniformemente por el paso de la corriente eléctrica.

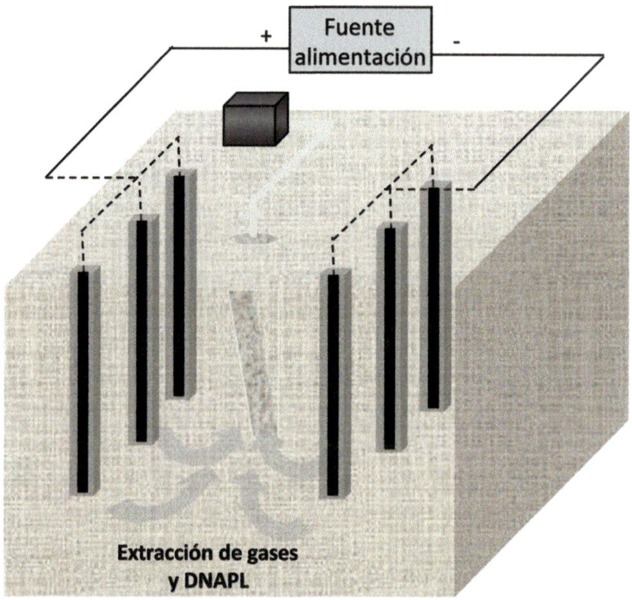

Figura 1.8 Sistema de electrotermorrecuperación de compuestos volátiles.
(Fuente: adaptada de Cañizares y col. (2007), Afinidad 64, (532) 671-680)

1.2.6 Electrofitorremediación

La fitorremediación es una tecnología de remediación de suelos conocida desde hace bastantes años por su elevada efectividad, especialmente en el tratamiento de suelos contaminados con metales pesados. Esta tecnología se basa en la eliminación de contaminantes contenidos en el suelo por su asimilación como nutrientes en el crecimiento de plantas. El principal inconveniente que limita la efectividad de la tecnología es conseguir que los contaminantes lleguen a las proximidades de las raíces de las plantas para posibilitar que éstos sean asimilados por el tejido vegetal. Esto hace que no siempre se pueda aplicar con efectividad esta tecnología y que en el tratamiento de lechos de contaminación profundos –que consecuentemente queden fuera del alcance de las raíces de las plantas– las efectividades alcanzadas sean bajas.

En este contexto, la movilización de agua y contaminantes, que conlleva la aplicación de campos eléctricos a un suelo contaminado, puede ayudar a posicionar los contaminantes en el lugar adecuado para que sean asimilados por las plantas, y de esta forma eliminados del suelo. El proceso mejora si además se aprovecha la movilización de especies contaminantes derivadas del frente ácido que se genera en las proximidades de los ánodos. Asimismo, el proceso puede ser más eficaz si además se añaden al suelo fluidos de mejora que, como consecuencia del flujo electroosmótico o de la electromigración, contribuyan a movilizar los contaminantes. Este proceso, que se ha comenzado a aplicar recientemente, se conoce como "fitoelectrorremediación" (figura 1.9).

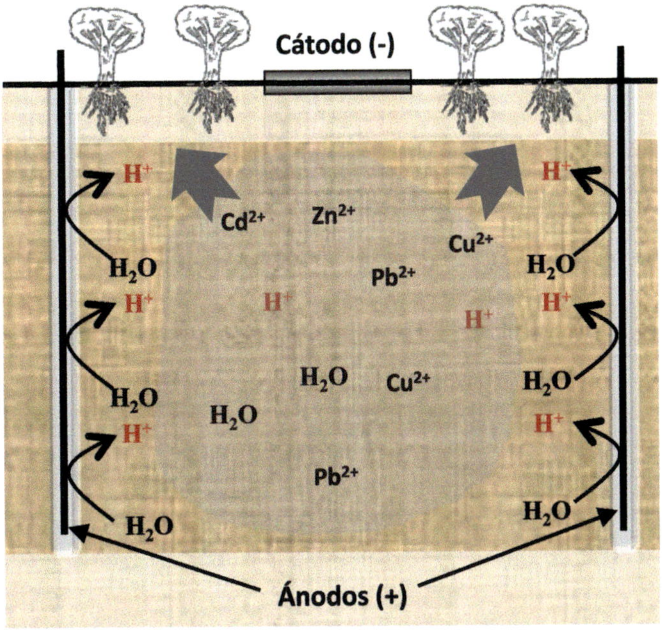

Figura 1.9 Esquema de un proceso de fitoelectrorremediación.
(Fuente: adaptada de Cañizares y col. (2007), Afinidad 64, (532) 671-680)

1.3 El tratamiento de efluentes gaseosos y la combinación con procesos de absorción

Entre las tecnologías electroquímicas en desarrollo para la remediación ambiental, cabe citar las técnicas de tratamientos de efluentes gaseosos, en las que, tras la absorción de contaminantes sobre un soporte líquido, se procede a la oxidación o la reducción de los contaminantes en fase líquida, con el objetivo de transformarlos en sustancias con menor peligrosidad desde el punto de vista medioambiental. El tratamiento electroquímico se aplica de forma simultánea a la absorción (figura 1.10) o en una etapa posterior (figura 1.11).

Algunas de las aplicaciones de esta tecnología son la eliminación de sulfuro de hidrógeno, óxidos de azufre, óxidos de nitrógeno y cloro de corrientes gaseosas. A modo de ejemplo, en la figura 1.12 se muestra un diagrama de flujo de un proceso de eliminación electroquímica de sulfuro de hidrógeno mediante su conversión en azufre sólido. Este proceso electroquímico tiene mayor rendimiento que los procesos convencionales de eliminación de sulfuro de hidrógeno en corrientes gaseosas (99% frente a un 90-98% que alcanza el proceso Claus), lo que evita la necesidad de tratamientos posteriores. Además, no se requieren catalizadores; la operación se realiza a temperatura ambiente, y como subproducto del proceso electroquímico se obtiene una corriente de hidrógeno de alta pureza.

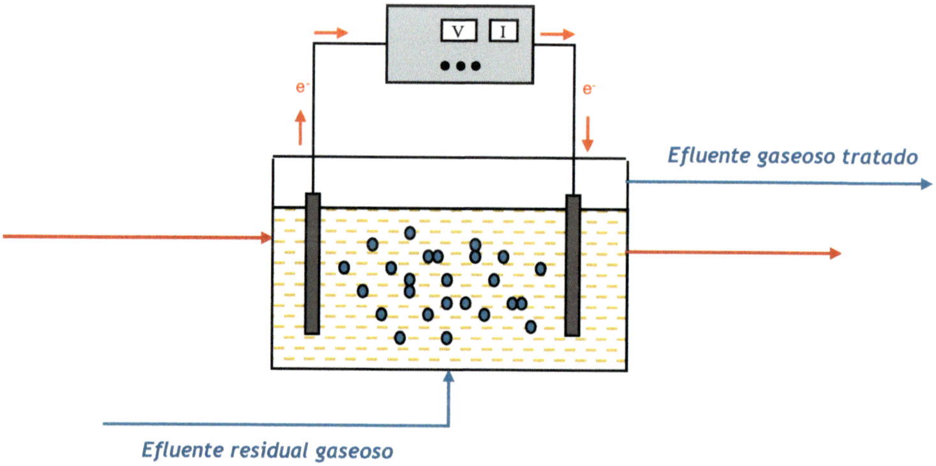

Figura 1.10 Tratamiento de efluente gaseoso con sistema de celda y absorbedor integrado. (Fuente: elaboración propia)

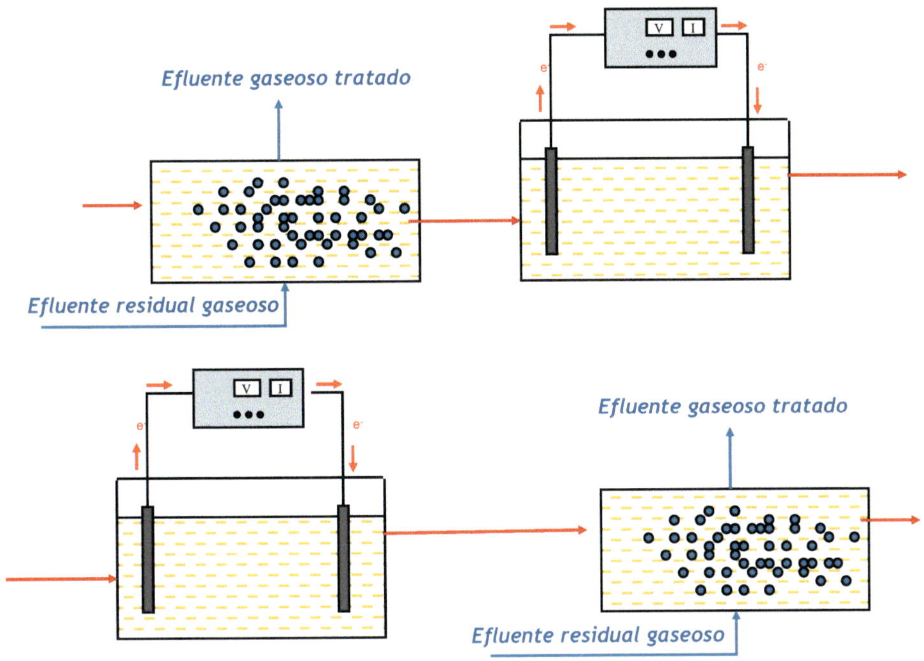

Figura 1.11 Tratamiento de un efluente gaseoso con celda electroquímica y absorbedor separados.
(Fuente: elaboración propia)

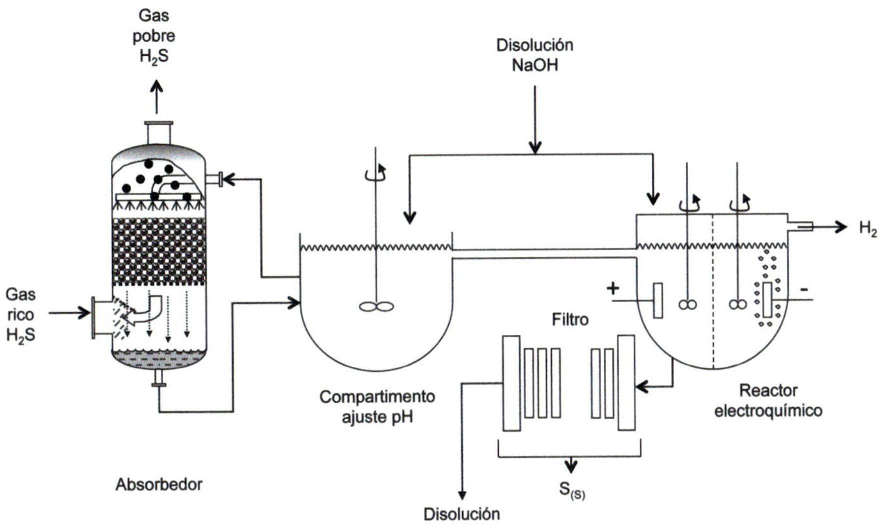

Figura 1.12 Proceso Electro-Claus de eliminación de sulfuro de hidrógeno.
(Fuente: elaboración propia)

1.4 El tratamiento de efluentes líquidos

Si las aplicaciones de la tecnología electroquímica en el tratamiento de suelos contaminados y en la descontaminación de gases son importantes, no lo son menos sus aplicaciones en el tratamiento de efluentes líquidos, medio habitual en el que se desarrollan los procesos electroquímicos. Desde hace décadas se investiga la aplicación de técnicas electroquímicas a la descontaminación de efluentes industriales acuosos, y en la actualidad existen técnicas electroquímicas que pueden competir con las técnicas convencionales de tratamiento en la descontaminación de determinados tipos de efluentes industriales. Así, el tratamiento de efluentes contaminados con iones inorgánicos se puede abordar mediante técnicas de electrodeposición y de electrodiálisis: el tratamiento de efluentes contaminados con baja concentración de materia orgánica, por electrolisis, y el tratamiento de efluentes con materia coloidal o grasas, por técnicas de electrocoagulación y electroflotación. En los siguientes apartados de este capítulo se realiza una descripción más detallada de algunas de estas técnicas.

1.4.1 Electrolisis

La electrolisis es una tecnología electroquímica mediante la que se provoca un cambio químico en un líquido por intervención de la energía eléctrica. La energía eléctrica se introduce mediante la aplicación de una diferencia de potencial entre los elementos conductores (electrodos) sumergidos en el líquido. El líquido en el que se provoca la reacción química debe ser conductor y contener sustancias capaces de oxidarse o reducirse. La diferencia de potencial genera un paso neto de corriente eléctrica (electrones) entre los electrodos, con la consiguiente oxidación de algunas especies en la superficie de uno de los electrodos (ánodo) y la reducción de otras en el otro (cátodo).

En la figura 1.13 se muestra un esquema general de un reactor electrolítico, y en la figura 1.14 se ven los principales procesos que pueden ocurrir en el mismo. Como se observa, los dos electrodos están conectados a una fuente de alimentación de corriente continua (o un rectificador), que provoca un transporte de electrones desde uno hasta el otro. El electrodo conectado al polo negativo de la fuente de alimentación se denomina "cátodo", y en él tienen lugar los procesos de reducción –transferencia electrónica desde el electrodo a la especie química–. Los productos reducidos resultantes pueden pasar a formar parte del cátodo (electrodeposición) o pueden continuar en disolución (electrorreducción). El electrodo conectado al polo positivo se denomina "ánodo", y en él tiene lugar la oxidación –transferencia electrónica hacia el electrodo desde la especie química– de algún compuesto presente en la disolución (electrooxidación), o bien la oxidación de parte del material electródico (electrodisolución). Para mantener el balance de cargas es necesario que dentro de la celda exista transporte de carga. Por este motivo es necesario que en la disolución existan sales, ya que los aniones de las mismas transportarán cargas negativas hacia

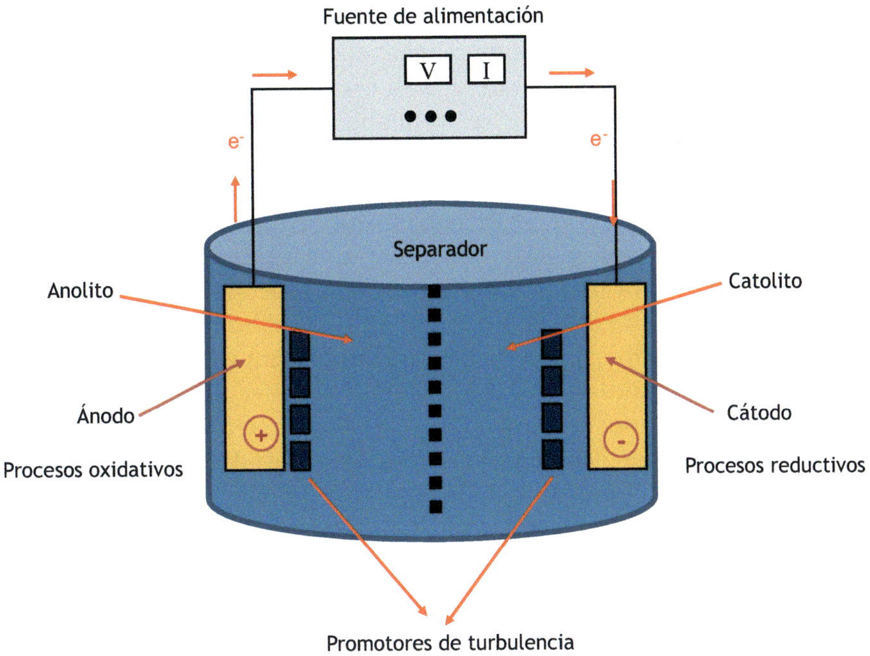

Figura 1.13 Principales componentes de los reactores electrolíticos.
(Fuente: elaboración propia)

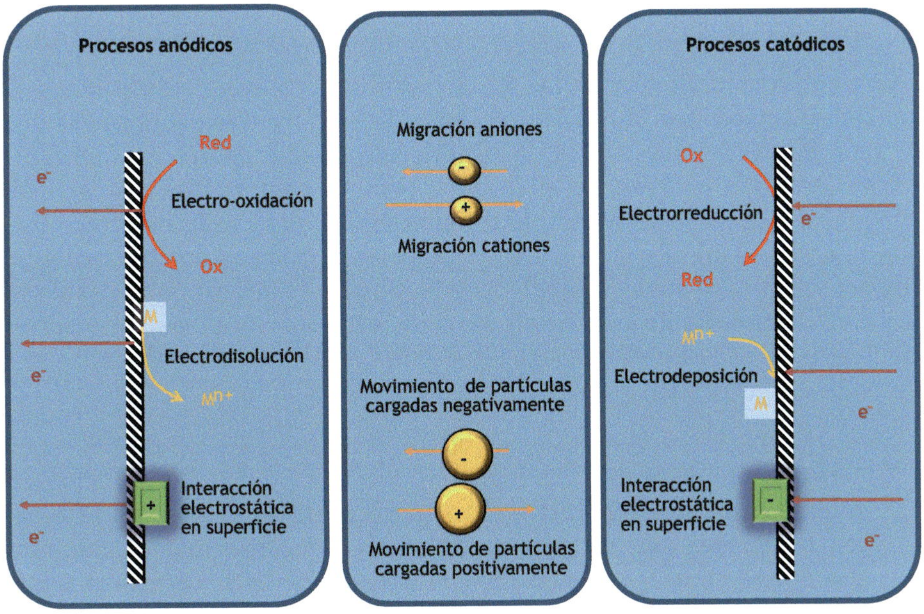

Figura 1.14 Principales procesos que pueden desarrollarse en una celda electrolítica.
(Fuente: elaboración propia)

el ánodo y los cationes transportarán cargas positivas hacia el cátodo, cerrándose así el circuito de transporte de cargas (eléctrico e iónico).

El tratamiento electrolítico de aguas residuales comenzó a estudiarse en la década de los setenta, y se aplicaba fundamentalmente a la destrucción oxidativa de compuestos orgánicos contenidos en el agua residual. Los resultados alcanzados fueron desalentadores ya que, en muchos casos, no se conseguía la mineralización de la materia orgánica, sino la formación de polímeros resistentes al ataque electroquímico, y además los rendimientos en la utilización de energía eléctrica eran bajos, lo que encarecía dramáticamente la aplicación. Por tal motivo, el uso de esta tecnología se desestimó hasta la década de los noventa, en la que con el uso de nuevos materiales electródicos se ha conseguido superar ambos problemas. No obstante, el tratamiento electrolítico todavía no ha logrado superar las reticencias ocasionadas en el mundo industrial, y tampoco ha salido del laboratorio, aunque estudios económicos demuestran que su costo es inferior en algunos casos al de las tecnologías de referencia en el tratamiento de algunos tipos de efluentes residuales.

El objetivo del tratamiento electrolítico de aguas residuales es la oxidación o la reducción de los contaminantes contenidos en las aguas, de modo que estas especies se transformen en otras con menor peligrosidad ambiental (Ecuación 1.1).

$$\text{Contaminante} \pm ne^- \rightarrow \text{Inerte} \qquad \textbf{(1.1)}$$

Sin embargo, dado que en las aguas residuales pueden existir otras muchas especies químicas, durante una electrolisis en los electrodos pueden ocurrir reacciones distintas de las de eliminación directa de los contaminantes. Entre ellas están las reacciones de generación de compuestos con capacidad de oxidar o reducir los contaminantes contenidos en el agua residual. Así, si en el agua residual hay cloruros, estas especies químicas pueden oxidarse a cloro/hipoclorito, y este oxidante actuaría sobre los contaminantes oxidándolos y convirtiéndolos de esta forma en otras especies químicas. Esto permite clasificar a las reacciones que ocurren en una celda electrolítica en dos grandes grupos (figura 1.15).

1. **Reacciones directas.** La transferencia electrónica al producto de interés sucede directamente en la superficie del electrodo. En este caso, las reacciones son de tipo superficial y, en consecuencia, adquieren gran importancia los fenómenos de transporte de contaminantes hacia el electrodo. Para obtener buena eficacia en el proceso debe asegurarse en todo momento que el proceso limitante sea el propiamente electroquímico, y no la transferencia de materia.

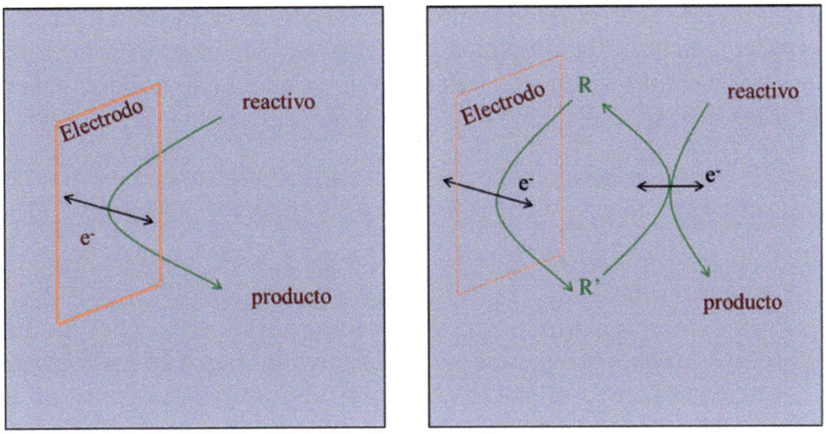

Electrolisis directa **Electrolisis indirecta (mediada)**

Figura 1.15 Tipos de procesos electrolíticos.
(Fuente: elaboración propia)

2. **Reacciones indirectas.** La transferencia electrónica se realiza a un mediador, oxidante o reductor inorgánico (Ti^{3+}, Sn^{2+}, Ce^{4+}, Mn^{3+}, Cl_2, Br_2, etc.), que posteriormente reacciona con el compuesto de interés. Al tratarse de reacciones de tipo químico, están muy influenciadas por la temperatura y, como sucede en todo el volumen de reacción, no son tan importantes los procesos de transporte de materia hacia el electrodo. Estas reacciones se clasifican en irreversibles o reversibles, en función de que el mediador pueda o no volver a su estado inicial.

En algunas ocasiones, para incrementar el rendimiento del proceso electroquímico se añaden al agua residual en tratamiento especies químicas susceptibles de actuar, una vez activadas en los electrodos, como oxidantes o reductores intermedios. Un ejemplo de estos compuestos son los iones cloruro que, una vez oxidados en el ánodo a cloro gas/hipoclorito, incrementan la velocidad de los procesos de oxidación que pueden ocurrir en el reactor electroquímico. En la selección de estas sustancias hay que tener en cuenta que la velocidad de generación del agente redox en la superficie electródica debe ser elevada, y que la velocidad de la reacción química con el contaminante a eliminar debe ser mayor que la de cualquier otra reacción en la que intervenga esta especie. Asimismo, hay que tener en cuenta los factores de peligrosidad de la sustancia adicionada, de modo que ésta no incremente el daño ambiental que ya de por sí ocasionaría el agua residual bruta.

Además de las reacciones de oxidación o reducción de contaminantes o de especies que a su vez puedan actuar sobre los contaminantes, existen otras reacciones menos relacionadas con el proceso de descontaminación. Así, dos de las reacciones superficiales más importantes que ocurrirán en una celda en la que se electroliza un agua residual son la oxidación anódica y la reducción catódica del agua:

$$H_2O - 2e^- \rightarrow \frac{1}{2} O_2 + 2H^+ \quad \textbf{(1.2)}$$

$$2H_2O + 2e^- \rightarrow H_2 + 2OH^- \quad \textbf{(1.3)}$$

Estas reacciones consumen una parte importante de la energía eléctrica suministrada a la celda, ya que los electrones involucrados en las mismas no se dedican a la oxidación o reducción de los contaminantes que contiene el agua residual, ni a la generación de especies que, indirectamente, realicen esta función. Como consecuencia, disminuirá la eficacia en el uso de corriente eléctrica.

Como se deduce de los conceptos revisados hasta el momento, la complejidad de esos procesos es muy superior a la de los procesos químicos y, por este motivo, muchas variables influyen sobre ellos. De esta forma, en los procesos electrolíticos, además de las variables que típicamente inciden en los procesos químicos –como el pH, la temperatura, etc.–, existen otras con igual o superior importancia: la naturaleza del ánodo y el cátodo, la densidad de corriente en la superficie electródica, la geometría de la celda, etc. Este mayor número de variables dificulta aún más el estudio de un proceso electroquímico, pero a la vez ofrece la ventaja de una mayor versatilidad de operación, lo que a menudo ha permitido aplicar técnicas electroquímicas a problemas que mediante las técnicas convencionales serían de difícil solución.

En la actualidad, las principales aplicaciones que se estudian para esta tecnología en el tratamiento de residuos líquidos son la eliminación de la materia orgánica contenida en determinados tipos de efluentes industriales mediante su conversión a dióxido de carbono, y la transformación de esta materia orgánica en otra más sencilla susceptible de ser tratada biológicamente. Los efluentes a los que se suele aplicar esta tecnología proceden fundamentalmente de las industrias químicas, petroquímicas y farmacéuticas; y se caracterizan por tener cargas orgánicas bajas, generadas por materia orgánica biorrefractaria o tóxica. Ejemplos de contaminantes que se han eliminado mediante la vía electroquímica oxidativa son los fenoles, las aminas aromáticas y los compuestos aromáticos nitrados y clorados. En todos estos casos se pueden obtener como productos finales dióxido de carbono y especies inorgánicas de nitrógeno y cloro, si se deja que el tratamiento evolucione hasta la completa oxidación de los componentes. Si el tratamiento se paraliza en un punto intermedio, se pueden obtener aguas residuales susceptibles de ser tratadas biológicamente, ya que la oxidación de los compuestos aromáticos suele llevar, en una primera etapa, a la formación de ácidos carboxílicos, normalmente más biodegradables y menos tóxicos que los compuestos aromáticos en sí. Aparte del tratamiento de efluentes contaminados con estos contaminantes orgánicos, también es posible eliminar mediante esta misma vía (electrolítica oxidativa) efluentes cianurados, transformándose el cianuro en cianatos o en dióxido de carbono.

Estas técnicas de tratamiento alcanzan su máximo rendimiento cuando la concentración del contaminante en el agua está en el orden de los mg/dm^3-g/dm^3. De hecho, la aplicación del tratamiento de efluentes industriales no debe aplicarse para concentraciones superiores a los 10-20 g/dm^3 de DQO ni inferiores a los 10-100 mg/dm^3, ya que, tal y como se explica en este capítulo, existen otras tecnologías más adecuadas para trabajar en estos intervalos. En este contexto, la reducción de la contaminación hasta niveles de $\mu g/dm^3$ puede resultar excesivamente cara, especialmente si lo que se busca es un proceso electrolítico directo, y no un proceso especial, apoyado en la actuación de agentes oxidantes o reductores generados en el agua en tratamiento.

Los principales parámetros que se requieren en los materiales electródicos son su estabilidad física y química, su conductividad, su capacidad catalítica y, en especial, la existencia de grandes sobrepotenciales para el proceso de oxidación del agua. Básicamente se utilizan dos tipos de electrodos como material anódico para estos procesos: recubrimientos de óxidos metálicos y derivados del carbono. Como ejemplo del primer tipo de material electródico destacan los recubrimientos de óxidos de plomo y estaño sobre titanio. La oxidación que se efectúa sobre estos materiales es muy enérgica, y los rendimientos en la utilización de corriente alcanzados son altos. El carbono se ha empleado en forma vitrificada, de fibras, de negro de carbón, de grafito poroso, de carbón activo y de diamante. Precisamente, este último tipo de electrodos ha sido objeto de numerosos estudios, ya que tiene una gran resistencia química y unas inmejorables propiedades electroquímicas, con elevados sobrepotenciales para las reacciones de descomposición del agua, que permiten obtener elevados rendimientos electroquímicos.

Las reacciones catódicas también se pueden utilizar para descontaminar aguas residuales industriales. Así, en la actualidad se estudia la deshalogenación de cloroalcanos, clorofenoles y bifenilos policlorados, transformándolos en compuestos orgánicos con menor toxicidad. Al contrario de lo que ocurría con las electrolisis oxidativas, en este tipo de tecnología es posible que el tratamiento electroquímico no sea el tratamiento final, sino una etapa intermedia del tratamiento, puesto que las características de los productos generados hacen necesario un posterior tratamiento que consiga la completa descontaminación.

Como material catódico se han estudiado electrodos basados en carbono –fundamentalmente grafito–, níquel –metálico o en aleaciones–, platino y plomo, entre otros. En todo caso, el mayor interés respecto al material catódico es que tenga grandes sobrepotenciales para el proceso de evolución de hidrógeno.

Como se ha comentado anteriormente, el tratamiento electrolítico está todavía en fase de investigación y no de aplicación. Por este motivo, no se han construido reactores a escala industrial para llevar a cabo este tratamiento.

No obstante, dadas las características del proceso, el tipo de reactor que más se adecua al tratamiento electrolítico de aguas residuales es el reactor filtro prensa, en el que se consiguen grandes superficies electródicas en un reducido volumen (figura 1.16).

Otra potencial aplicación de las tecnologías electrolíticas es la regeneración de aguas residuales tratadas. Esta tecnología electroquímica tiene tres aplicaciones que, oportunamente, podrían ser combinadas:

- Desinfección electroquímica.
- Eliminación de materia orgánica.
- Eliminación de nitrógeno.

La figura 1.17 muestra un esquema ilustrativo de estos tres procesos durante el tratamiento regenerativo del agua.

La desinfección electroquímica es, probablemente, la aplicación más prometedora de los tres procesos electrolíticos. Básicamente, consiste en una electrolisis del agua residual, conducente a la formación de especies oxidantes a partir de los iones contenidos naturalmente en el agua. Estos oxidantes atacan a los microorganismos contenidos en el agua tratada, destruyéndolos oxidativamente, proceso que normalmente comienza con la lisis de la membrana celular. Suele ser una tecnología muy efectiva, ya que combina la acción del hipoclorito generado a partir de los cloruros que típicamente contiene un agua, con el efecto sinérgico de otros oxidantes-desinfectantes; tales como los peroxosulfatos, los ferratos, etc. El único inconveniente que presenta esta tecnología es que, en ocasiones, una praxis no adecuada puede dar origen a la formación de subproductos no deseados, cuya aparición hay que limitar. Además, tiene una enorme ventaja: no deja de ser un proceso de electrolisis. Esto implica que se puede realizar conjuntamente con otros procesos de oxidación anódica (eliminación de compuestos orgánicos biorrefractarios) o catódica (reducción de nitratos), obteniéndose procesos multipropósito que conduzcan a una mejor calidad de las aguas regeneradas.

En este aspecto, la aparición en el mercado de ánodos basados en recubrimientos de diamante dopado para conducir la electricidad ha marcado un punto de inflexión en el desarrollo de estos procesos.

Entre las características que hacen viable la utilización del diamante conductor en el tratamiento de aguas residuales urbanas está la generación de radicales hidroxilo durante la descomposición oxidativa del agua. Estos radicales son agentes oxidantes muy enérgicos con una vida media muy corta. Como consecuencia, una vez generados plantean tres opciones:

- Reaccionan rápidamente con la materia orgánica contenida en el agua residual tratada; o con los microorganismos presentes, ya sean virus, bacterias, etc.

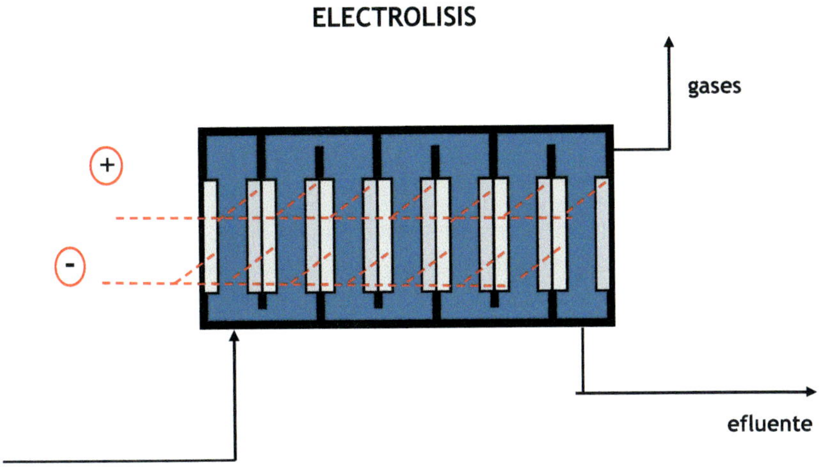

Figura 1.16 Esquema de un proceso de electrolisis en un reactor electroquímico tipo filtro prensa.
(Fuente: elaboración propia)

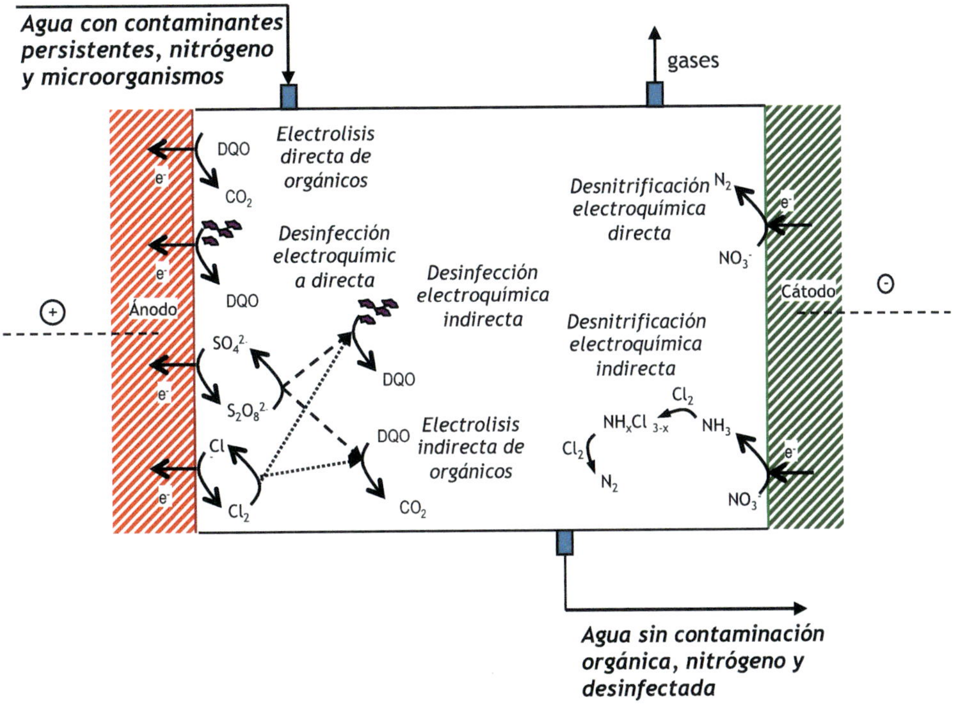

Figura 1.17 Esquema de los procesos con interés desde el punto de vista de la regeneración de un agua tratada en un tratamiento electrolítico.
(Fuente: elaboración propia)

- Reaccionan con otros componentes del agua en tratamiento para generar nuevas especies oxidantes; como hipocloritos, peroxosulfatos, peroxofosfatos, etc.
- Se combinan entre sí para formar oxígeno.

Esto hace que la eficacia del proceso se incremente notablemente respecto a la obtenida con el uso de otros materiales electródicos. Esta generación de radicales hidroxilo hace que en la actualidad se considere que los procesos de electrooxidación con electrodos de diamante conductor de la electricidad son procesos de oxidación avanzada; al igual, entre otros, que el proceso Fenton y la ozonización. En este contexto, es importante comentar que en las electrolisis con ánodos de diamante, además de la acción de los radicales hidroxilo, se ha comprobado que la oxidación de las diferentes especies contaminantes en electrodos de diamante puede ocurrir tanto de forma directa –sobre la superficie del electrodo– como de forma indirecta –por la acción de otros agentes oxidantes inorgánicos electrogenerados en el ánodo–. Una u otra vía se ven favorecidas en función de la composición del agua residual y de las condiciones de operación.

En lo que respecta a la utilización de la electrolisis para la eliminación de contaminantes orgánicos presentes en aguas depuradas, destaca la destrucción de los contaminantes refractarios a los tratamientos secundarios. Normalmente, estos compuestos refractarios corresponden con especies de origen antropogénico que suelen estar incluidas en la categoría de contaminantes emergentes –supone un problema sanitario y ambiental que aún no está suficientemente investigado y cuya regulación legal es todavía poco satisfactoria–, o que están incluidos en las listas de contaminantes prioritarios. Entre ellos, destacan los fármacos y otros productos de higiene personal, los pesticidas y los surfactantes perfluorados y etoxilados, además de múltiples productos ligados a la actividad industrial.

Una última aplicación de la electrolisis en la regeneración de un agua tratada es la eliminación del nitrógeno. En el efluente de un tratamiento secundario, la especie de nitrógeno que predomina es el nitrato –ya que, salvo problemas operativos, la mayor parte de los tratamientos biológicos hidrolizan y nitrifican el nitrógeno presente en las aguas residuales–. Este nitrato se puede reducir electroquímicamente a nitrógeno gas o a ión amonio. En el primer caso, la eliminación del nitrógeno es inmediata, y también en el segundo, si se utilizan reactores de celda única, ya que el amoniaco reacciona con el hipoclorito generado a partir de la oxidación de los cloruros contenidos en las aguas depuradas para formar secuencialmente monocloramina, dicloramina, tricloruro de nitrógeno y, finalmente, nitrógeno gas y cloruros. En este punto es importante comentar dos aspectos:

- Si hubiera amonio en el efluente de la planta de tratamiento –mal funcionamiento del proceso de nitrificación–, la acción del cloruro lo eliminaría.

- Las cloraminas tienen un efecto desinfectante importante, que en la celda electroquímica puede complementar al de las especies oxidantes generadas anódicamente.

Por tanto, se puede emplear la tecnología electrolítica tanto en la desinfección –tratamiento que hay que aplicar siempre en la regeneración de un agua tratada– como en la oxidación de contaminantes orgánicos y en la eliminación de nitrógeno, cuando la aplicación que se intente dar al agua regenerada requiera la eliminación de compuestos orgánicos o cuando se pretenda tratar los rechazos de procesos de membrana.

1.4.2 Electrodeposición

La electrodeposición es un proceso de reducción en el que la especie reducida se deposita como metal sobre la superficie catódica de una celda electroquímica (figura 1.18). Su principal aplicación en el tratamiento de efluentes industriales es la recuperación de metales. En estos procesos no es necesario añadir reactivos al agua residual, con lo que el agua tratada frecuentemente se vuelve a reciclar en el proceso. Además, los costos operativos son bajos, la producción de lodos residuales es mínima y es posible conseguir la deposición selectiva de un metal mediante el control de las condiciones operativas. Por este motivo, y al contrario que el tratamiento electrolítico de efluentes con materia orgánica, esta tecnología está ampliamente extendida en la actualidad.

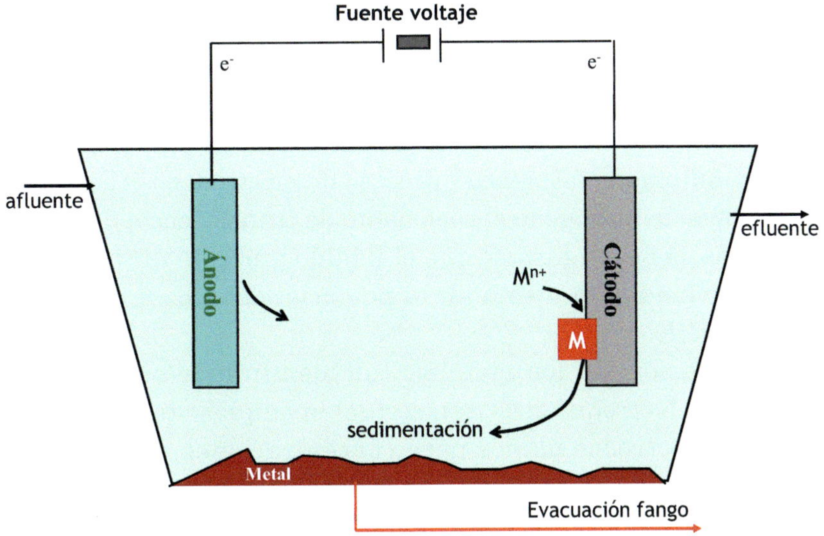

Figura 1.18 Esquema de proceso de electrodeposición.
(Fuente: elaboración propia)

Los principales factores que afectan a este proceso son los potenciales de reducción del par redox ión metálico/metal, la composición y concentración de la disolución, el tipo de electrodo y su interacción con los iones metálicos de la solución, y la existencia de reacciones químicas acopladas.

En la preparación de superficies, el control de las condiciones de operación favorece la aparición de un tipo u otro de depósito. Por ejemplo, la operación a potenciales cercanos al de reducción de ión metálico da lugar a la formación de depósitos compactos. Por el contrario, si se trabaja a potenciales superiores, se provoca la aparición de depósitos más bastos y polvorientos. Asimismo, para favorecer la formación de depósitos porosos, se puede aplicar un campo magnético durante la electrodeposición, o para cambiar el orden de deposición en una mezcla de varios iones metálicos se pueden adicionar agentes acomplejantes.

Los principales problemas de esta tecnología se dan si la concentración del ión en disolución es baja. En ese caso, pueden aparecer limitaciones en el transporte de materia y disminuir la eficacia del proceso. Este hecho es especialmente importante en el tratamiento de las aguas residuales ya que, cuando la concentración del metal que se va a eliminar disminuye mucho, el rendimiento también lo hace. Para minimizar el problema es posible programar la evolución de la intensidad de corriente aplicada o implementar una técnica que permita mejorar el transporte de materia (promotores de turbulencia, electrodos tridimensionales, etc.).

Asimismo, la pérdida de rendimiento derivada de la evolución de hidrógeno o de la reducción del oxígeno se ha de minimizar, ya que en principio supone pérdidas energéticas considerables. Para ello, es conveniente utilizar el pH como variable manipulada. Sin embargo, en algunos casos, la evolución de hidrógeno favorece el proceso de electrodeposición, al aumentar las burbujas de hidrógeno el coeficiente de transferencia de materia del metal. Además, debe asegurarse que el líquido presente un valor adecuado de la conductividad para disminuir el potencial de celda y el consiguiente consumo energético.

La concentración del ión metálico también influye en la elección del tipo de reactor electroquímico. Así, se suelen emplear tanques de mezcla completa con electrodos planos para concentraciones altas (mayores de 100 ppm), celdas de flujo con electrodos planos para concentraciones intermedias (entre 10 y 100 ppm) y celdas especiales con electrodos rotatorios (figura 1.19) o tridimensionales si las concentraciones son bajas (<10 ppm).

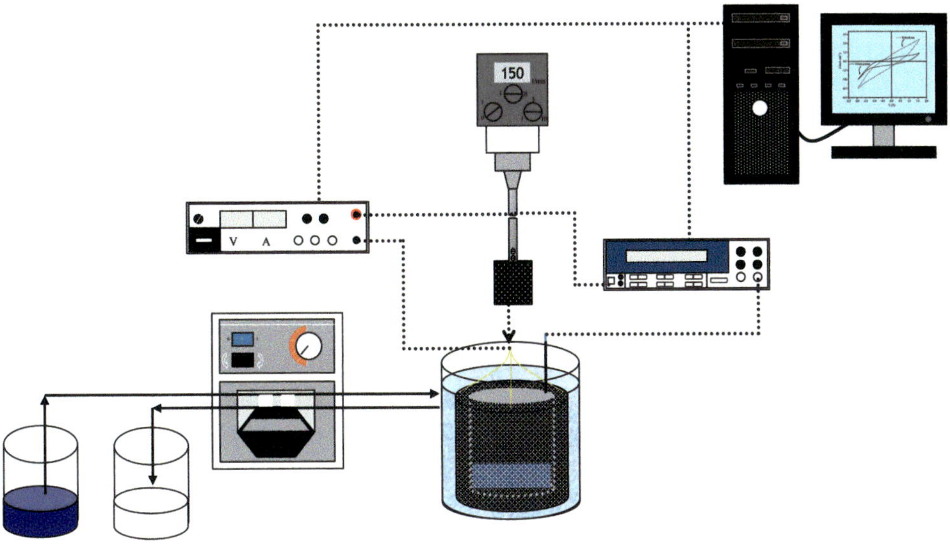

Figura 1.19 Sistema experimental a escala de laboratorio de electrodeposición con electrodo rotatorio.
(Fuente: elaboración propia)

Entre los materiales electródicos más utilizados destacan los de carbón vítreo reticulado, que se obtienen por pirólisis de resinas poliméricas. Como principales ventajas presentan una alta relación superficie/volumen (>66 cm^2/cm^3), elevados coeficientes de transferencia de materia, baja resistencia al flujo hidráulico de líquido y bajas pérdidas de carga. Además, es inerte a muchos contaminantes químicos, presenta una gran estabilidad térmica y electroquímica, presenta un bajo peso específico y un fácil mecanizado. Se ha empleado en la electrodeposición de cobre, cadmio, cromo, plomo, plata, uranio, mercurio y zinc con rendimientos cercanos al 100%. También se utilizan ampliamente electrodos de fibras de carbono y de grafito poroso y, en menor medida, en forma metálica.

1.4.3 Electrocoagulación

La coagulación asistida electroquímicamente, o electrocoagulación (EC), es un proceso electroquímico en el que, a partir de compuestos procedentes de la disolución de un ánodo, se agrupa la materia coloidal existente en un agua residual, lo que posibilita su conversión en sólidos suspendidos y su separación del agua mediante técnicas convencionales de separación sólido/líquido, tales como la decantación, la flotación y la filtración. Como consecuencia de su disolución, los ánodos van desapareciendo a medida que transcurre el tratamiento, llegando un momento en el que es necesaria su reposición (ánodos de sacrificio).

Un reactor electroquímico para llevar a cabo un proceso de electrocoagulación se compone básicamente de un depósito, en el que se sumergen los dos electrodos –el ánodo o electrodo de trabajo y el cátodo o electrodo inerte– y de una fuente de alimentación a la que se conectan los electrodos. Normalmente, el material anódico empleado son planchas de aluminio o de acero. Al establecerse una diferencia de potencial sobre los electrodos de la celda, comienzan los procesos de reducción en el cátodo –generalmente, conversión de los protones del agua en hidrógeno– y los de oxidación en el ánodo –generándose el ión Al^{3+} si el ánodo es de aluminio, o el Fe^{3+} si el ánodo es de acero–. Estos iones de aluminio o de hierro se hidratan rápidamente. A continuación, suceden una serie de etapas interrelacionadas en las que se forman tanto hidróxidos insolubles del metal, sobre los que quedan retenidos los contaminantes, como hidroxocomplejos cargados, positiva o negativamente, que permiten la coagulación por neutralización de cargas.

Un factor importante ligado al proceso de coagulación química y electroquímica es la posibilidad de eliminar otros contaminantes, distintos de la materia coloidal, existentes en el agua en tratamiento. Así, las partículas generadas en estos procesos (precipitados o flóculos) tienen capacidad para adsorber otros contaminantes presentes en el agua, tales como materia orgánica y cationes metálicos o aniones, por lo que esta tecnología también se puede emplear a la hora de eliminar estos contaminantes. En este sentido, se ha descrito la eliminación de fluoruros y nitratos. Asimismo, los precipitados y flóculos pueden unirse a especies que precipiten como consecuencia de la adición del reactivo, posibilitando así la eliminación de algunas macromoléculas orgánicas. Ejemplos de este tipo de tratamiento son la eliminación de colorantes en el tratamiento de efluentes residuales procedentes de industrias textiles o la eliminación de compuestos fenólicos presentes en efluentes de industrias petroquímicas. Esto tiene especial importancia, puesto que se trata de un mecanismo que contribuiría, aunque sea parcialmente, en la eliminación de las especies contaminantes biorrefractarias que se escapan en algunos tratamientos convencionales.

Por otra parte, en el interior de una celda electroquímica, la carga de los coloides facilita su movimiento por el campo eléctrico generado por los electrodos, y la evolución electródica de gases –oxígeno en el ánodo e hidrógeno en el cátodo– genera una mezcla suave. Como consecuencia, se favorece el choque entre coloides y, por tanto, la floculación en el interior de la celda electroquímica sin necesidad de la agitación mecánica. Al no haber elementos móviles, se reducen notablemente los gastos de mantenimiento del proceso. A este proceso se le denomina "electrofloculación", y puede realizar en un reducido espacio los mismos procesos que ocurren en volúmenes superiores en los procesos convencionales.

Asimismo, los gases generados en los electrodos pueden adherirse a la superficie de los flóculos, con lo que disminuye la densidad del conjunto y es posible su separación por flotación. A este proceso se le conoce como "electroflotación". La electroflotación, al igual que la electrofloculación, es un proceso secundario en cualquier proceso de electrocoagulación. Sin embargo, en determinadas ocasiones se puede usar, independientemente de la electrocoagulación, para separar por flotación los sólidos contenidos en un agua (figura 1.20).

A pesar de las grandes ventajas que presenta este tratamiento, se han realizado pocos trabajos en los que se estudie detalladamente la electroflotación como proceso de separación independiente de la electrocoagulación, si bien existen numerosas patentes que demuestran que un diseño adecuado del reactor de electrocoagulación permite combinar todos los procesos anteriores y generar un tratamiento de un gran eficacia.

En este contexto, la pequeña demanda de corriente eléctrica permite que estos procesos se puedan abastecer mediante sistemas "verdes", entre los que se incluirían los basados en energía solar, eólica o incluso en el uso de celdas de combustible. La autonomía de algunos de estos sistemas abre la posibilidad del emplazamiento de este tipo de tecnologías en lugares aislados, en los que difícilmente son aplicables tecnologías más convencionales. En relación con el abastecimiento energético mediante celdas de combustible, es importante tener en cuenta que en el proceso de dosificación electroquímica de metal (Al o Fe) se generan cantidades importantes de hidrógeno de alta pureza, por lo que se abre la posibilidad de valorizar este subproducto mediante su posterior procesado en la celda de combustible.

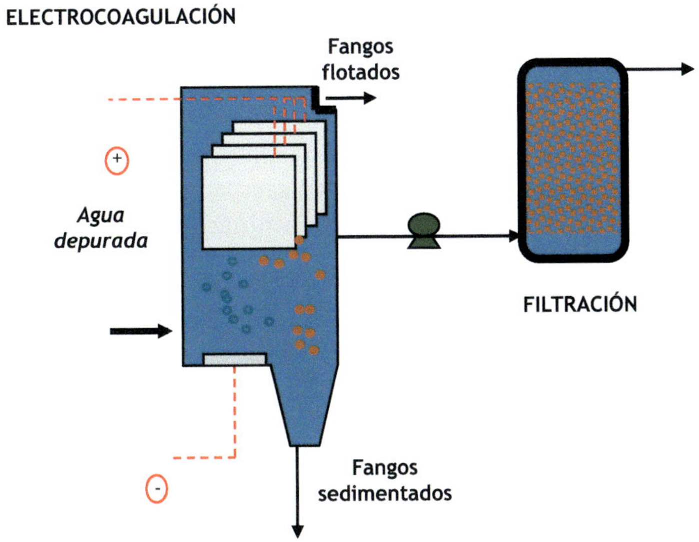

Figura 1.20 Esquema de un proceso de electrocoagulación.
(Fuente: elaboración propia)

Además de esta posible superioridad técnica, en diversos trabajos bibliográficos se señalan como ventaja del proceso electroquímico sus menores costos de operación, comparados con los del proceso de dosificación convencional, aunque normalmente se asume que la inversión necesaria es algo mayor. Así, en algunos trabajos publicados recientemente se ha estudiado la comparación económica de procesos de coagulación convencional y electrocoagulación electroquímica en el tratamiento de aguas residuales textiles. La conclusión principal es que los costos totales del proceso convencional son superiores a los del proceso electroquímico. No obstante, hay que señalar que, muchas veces, en estas evaluaciones económicas no se comparan los costos de ambos procesos en iguales condiciones y, por tanto, pueden conducir a una interpretación equívoca de los resultados.

En la bibliografía se recogen numerosos trabajos sobre el uso de la electrocoagulación para el tratamiento de distintos tipos de aguas residuales sintéticas, como son las suspensiones coloidales, las aguas contaminadas con colorantes, las emulsiones de aceite en agua, así como de aguas contaminadas con fluoruros y con metales. Además, algunos ejemplos de aplicación de esta tecnología a casos reales incluyen:

- Aguas de abastecimiento, centrados en la eliminación de materia coloidal, de flúor, o bien en la de nitratos.
- Aguas residuales urbanas.
- Aguas residuales procedentes de la industria textil, con un elevado contenido de tintes, colorantes y sólidos en suspensión.
- Aguas residuales agroindustriales.
- Aguas procedentes de la fabricación de puertas, con alto contenido de materia coloidal y orgánica.
- Aguas residuales procedentes de un sector industrial que engloba distintos tipos de actividades, para la eliminación de DQO, color y coliformes, entre otros parámetros.
- Aguas procedentes de una industria de fabricación de papel, para la eliminación de fenol y lignina.
- Aguas residuales procedentes de procesos de galvanoplastia, para la eliminación de metales y materia orgánica.
- Emulsiones de aceite en agua procedentes de restaurantes, de la industria de mecanizado de metales, y procedentes del pulido en la fabricación de piezas de metales semiconductores empleados en la integración de circuitos.

A pesar de los buenos resultados mostrados en estos trabajos, llama la atención el hecho de que tales resultados no se correspondan con la aplicación práctica mayoritaria de la tecnología en el tratamiento de efluentes industriales. De hecho, es una tecnología que actualmente se aplica en pocas ocasiones a escala real, fuera de los estudios tecnológicos. La razón se encuentra en el ámbito industrial, pues es la creencia de esta tecnología conlleva unos costos muy superiores a los del tratamiento por coagulación convencional, por paralelismo con las "creencias" asociadas a otras tecnologías electroquímicas en el mundo industrial.

En la figura 1.21 se muestran, a modo de ejemplo y mediante un esquema ilustrativo, los principales procesos que tendrían lugar durante un tratamiento de electrocoagulación de aguas tratadas. Dado que estas aguas contienen cantidades importantes de materia coloidal y suspendida, proveniente del tratamiento biológico, y que además pueden contener moléculas orgánicas de gran tamaño susceptibles de coagular, la electrocoagulación combinada con la electroflotación puede ser un proceso con un gran rendimiento. Aparte de ello, la baja solubilidad de los fosfatos de aluminio y de hierro hace que sea una tecnología adecuada para eliminar este contaminante de las aguas; eliminación que ocurrirá simultáneamente con la electrocoagulación de la materia coloidal, en el mismo reactor. En este sentido, conviene tener claro que el tratamiento se ha de combinar con un sistema de filtración para garantizar una eliminación importante de los sólidos en suspensión.

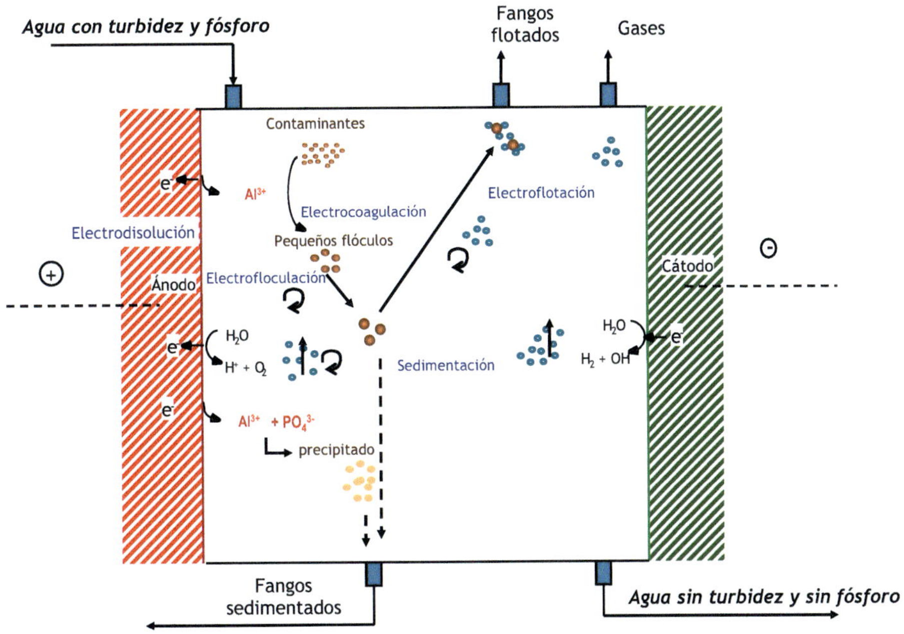

Figura 1.21 Esquema de los procesos con interés desde el punto de vista de la regeneración de un agua tratada en un tratamiento de electrocoagulación.
(Fuente: elaboración propia)

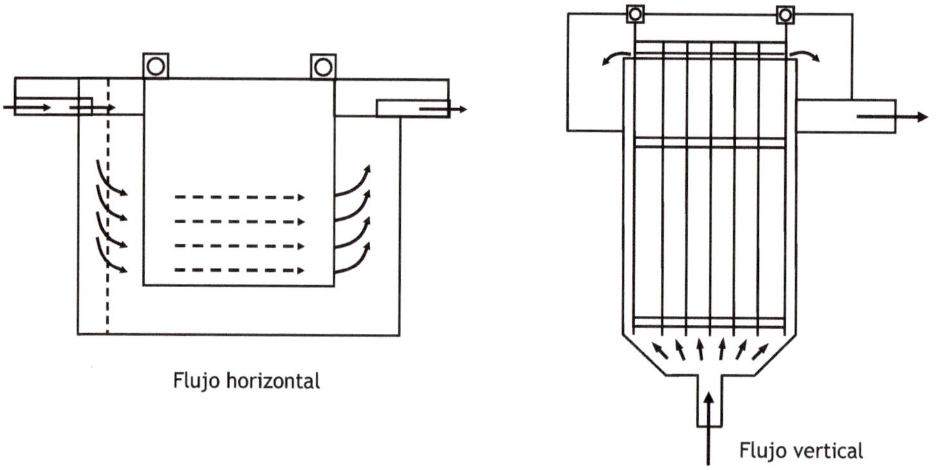

Figura 1.22 Tipos de flujo hidráulico en reactores de coagulación.
(Fuente: adaptada de Cañizares P. y col (2009), Afinidad, 539, 27-37)

Existen muchos tipos de celdas electroquímicas empleadas en el proceso de electrocoagulación, y pueden clasificarse atendiendo a diferentes criterios:

- Dirección del flujo de agua residual.
- Modo de circulación.
- Tipo de conexión electródica.
- Finalidad de la celda.

De esta forma, en función de la dirección del flujo en la celda, los reactores se pueden clasificar en unidades de flujo horizontal y vertical (figura 1.22). Esta disposición resulta importante si se pretende aprovechar el movimiento provocado por el oxígeno y el hidrógeno generados en los procesos anódicos y catódicos de oxidación y reducción del agua, respectivamente.

Según el modo de circulación del agua que se va a tratar entre los electrodos, se pueden encontrar celdas de canales múltiples, o bien de un solo canal, tal y como se observa en la figura 1.23a. La ventaja de las celdas de canales múltiples se encuentra en la sencillez de su disposición. Sin embargo, debido al pequeño caudal de electrolito en cada uno de los canales, esta disposición favorecería el fenómeno de pasivación de los electrodos. Por otra parte, de acuerdo con el tipo de conexión electródica, los reactores se pueden clasificar en monopolares y bipolares (figura 1.23b). La configuración bipolar trabaja a menor intensidad y mayor voltaje que la monopolar. Las celdas bipolares ofrecen la ventaja de la sencillez de su disposición, ya que sólo es necesaria la conexión de dos electrodos (electrodos alimentadores), y por tanto el espacio entre los electrodos puede ser más pequeño. Sin embargo, el elevado potencial entre los electrodos alimentadores también origina que una parte de corriente fluya a través de la disolución causando un *bypass* de corriente a los electrodos bipolares, y produciendo por tanto pérdidas de corriente; lo que se ha de tener en cuenta a la hora de prever el efecto sobre la producción y el tiempo de vida de electrodos.

Un último elemento discriminatorio en el diseño de procesos de electrocoagulación –tal vez el más característico dentro de esta aplicación, ya que los demás son comunes al resto de tecnologías electroquímicas– es la finalidad del reactor. Ésta puede ser simplemente la dosificación de agente coagulante, o bien puede ser más ambiciosa e incluir el movimiento de contaminantes (electrofloculación), o incluso llegar a favorecer el proceso de flotación mediante la utilización del oxígeno y el hidrógeno generados respectivamente en los ánodos y los cátodos de la instalación (electroflotación).

Con estos requisitos existen numerosos prototipos de reactor de electrocoagulación, tales como el mostrado en la figura 1.24. Esta celda se encuentra dividida en dos compartimentos (electrocoagulación y electroflotación) comunicados por la parte inferior, lo que permite la separación de los gases generados (oxígeno en el ánodo e hidrógeno en el cátodo) y la recuperación del hidrógeno en la cámara de electroflotación, lo más puro posible, para su posterior revalorización. En el compartimento de electrocoagulación se incluyen una serie de electrodos dispuestos en paralelo y en posición vertical que trabajan como ánodos del reactor y en el compartimento de electroflotación un electrodo, que trabaja como cátodo, situado en posición horizontal en el fondo del reactor.

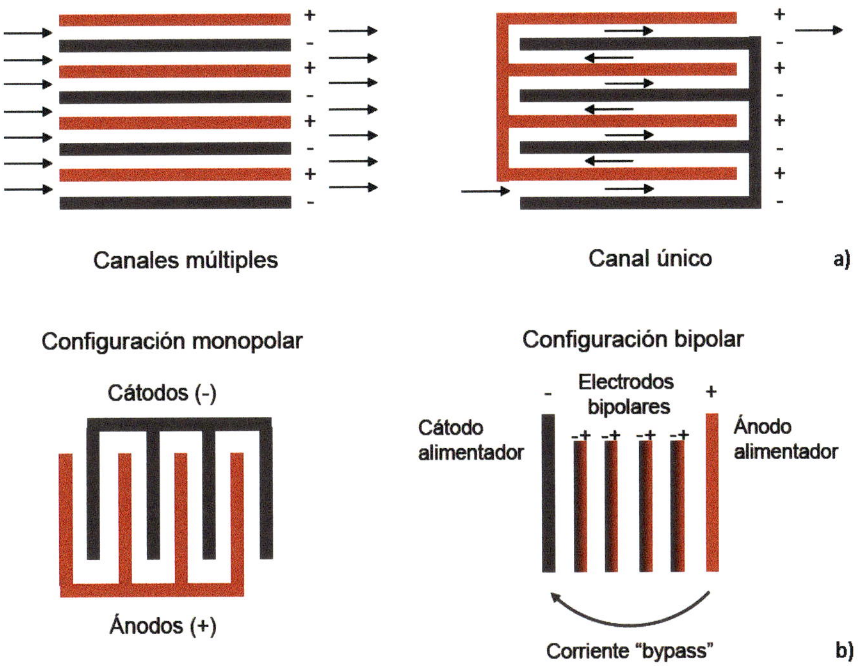

Figura 1.23 Configuración en celdas de electrocoagulación.
(Fuente: adaptada de Cañizares P. y col (2009), Afinidad, 539, 27-37)

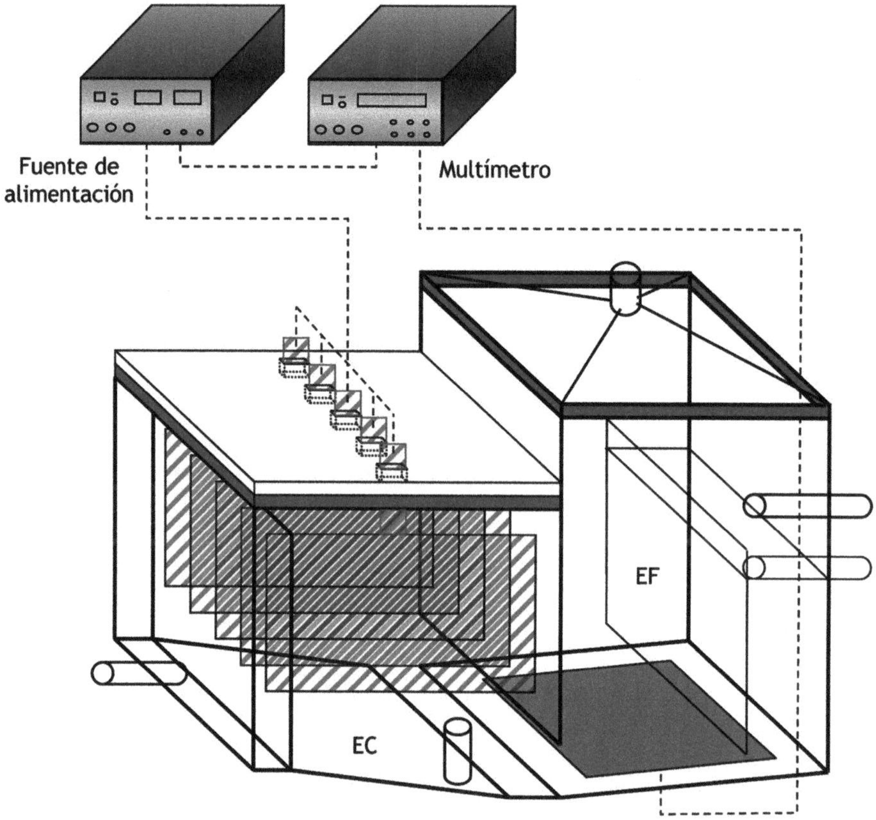

Figura 1.24 Prototipo de reactor de electrocoagulación-electroflotación.
(Fuente: elaboración propia)

En cuanto a los parámetros a optimizar en el proceso de coagulación asistida electroquímicamente, la densidad de corriente y la carga eléctrica aplicada son los más importantes, ya que determinan la cantidad de metal (M^{n+}) que se libera en el sistema: altas densidades de corriente permiten unidades de electrocoagulación más pequeñas. Sin embargo, cuando se usan densidades de corriente demasiado elevadas, aumenta el empleo de energía eléctrica para la reacción paralela de generación de oxígeno, y también la potencia disipada en forma de calor por efecto Joule. Por tanto, para el buen funcionamiento del proceso, se recomienda que se utilicen densidades de corriente inferiores a 20-25 A m^{-2}.

Cuando la conductividad del agua que se va a tratar no es elevada, es frecuente la adición de un electrolito soporte para aumentar su valor, con lo que se consigue una disminución en el potencial de la celda y, por tanto, un ahorro energético considerable. Una de las sales más empleadas para este fin es el cloruro sódico, ya que se ha determinado que los iones cloruro contrarrestan los efectos negativos de aniones como el HCO_3^- y el SO_4^{2-}. En este sentido, la existencia de iones bicarbonato y sulfato en el agua que se trata puede conducir a la precipitación de iones Ca^{2+} y Mg^{2+}, y a la formación de una capa aislante en la superficie de los electrodos que ocasionaría un aumento en el potencial de la celda, y con ello en los costos de tratamiento.

El efecto de la temperatura en el proceso de electrocoagulación ha sido poco estudiado, si bien se ha encontrado un máximo en la eficacia de corriente con la temperatura a 60 °C en el proceso de disolución de aluminio. Asimismo, se ha observado un mínimo en el consumo de energía a 35 °C, en el tratamiento de aguas residuales contaminadas con aceites. Sin embargo, el calentamiento del agua para alcanzar estas condiciones –excepción hecha del incremento de temperatura debido al efecto Joule, que ocurre de forma no intencionada– no tiene sentido desde el punto de vista económico.

1.4.4 Electrodiálisis

En una celda electroquímica, además de los procesos reactivos descritos en los apartados anteriores, se genera un campo eléctrico que favorece el movimiento de los iones, e incluso el de partículas cargadas, hacia el electrodo de signo contrario (figura 1.25).

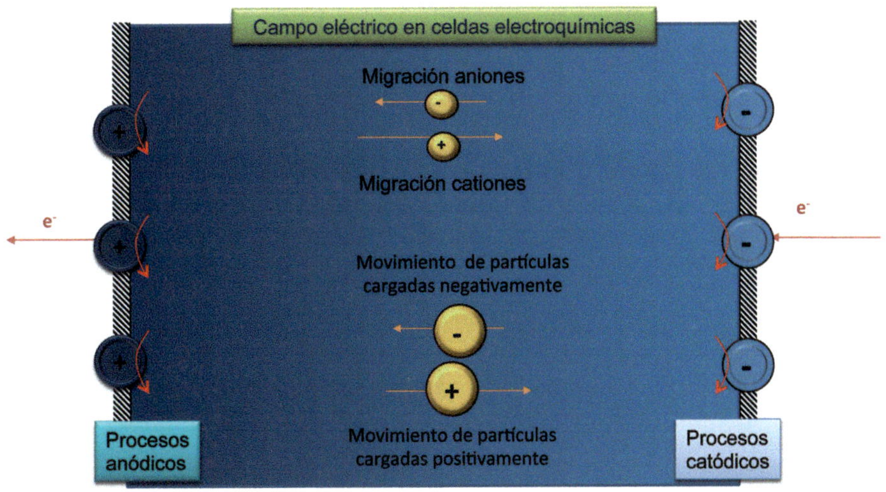

Figura 1.25 Movimiento de cargas en celdas electroquímicas.
(Fuente: elaboración propia)

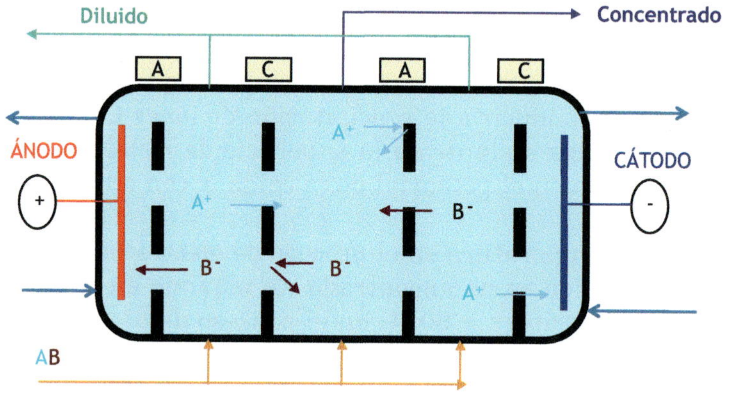

Figura 1.26 Celda de electrodiálisis simple.
(Fuente: elaboración propia)

Este transporte se puede modificar si se incluyen en la celda membranas que permitan el paso selectivo de determinados iones. De este modo, se utilizarían membranas de tipo aniónico o catiónico en combinación con el campo eléctrico generado en la celda electroquímica para concentrar o diluir especies químicas ionizadas –orgánicas e inorgánicas– presentes en la disolución. Cuando se aplica una diferencia de potencial entre los electrodos, los iones migran a través de las membranas. Los aniones se dirigen hacia el ánodo y pueden atravesar las membranas de tipo aniónico. Los cationes se dirigen hacia el cátodo y pueden atravesar las membranas de tipo catiónico. A este proceso unitario de separación se le conoce como "electrodiálisis" y se puede conseguir de diferentes formas mediante la adecuada combinación en la celda electroquímica de membranas de intercambio aniónico y catiónico; y, en ocasiones, mediante la utilización de membranas bipolares. Es importante destacar que esta tecnología no sólo se utiliza en remediación ambiental, sino también para obtener productos valiosos en numerosos procesos industriales.

En la figura 1.26 se muestra el esquema de una unidad de electrodiálisis de dos compartimentos para ilustrar el mecanismo de funcionamiento de este proceso.

Como se observa, la unidad consta de un conjunto de membranas de intercambio iónico (membranas aniónicas y membranas catiónicas) dispuestas alternativamente entre los electrodos, de forma que dan lugar a dos tipos de compartimentos. Por el compartimento "diluido" circula la solución cuyos iones se desea extraer, y por el compartimento "concentrado" circula la solución que está siendo concentrada.

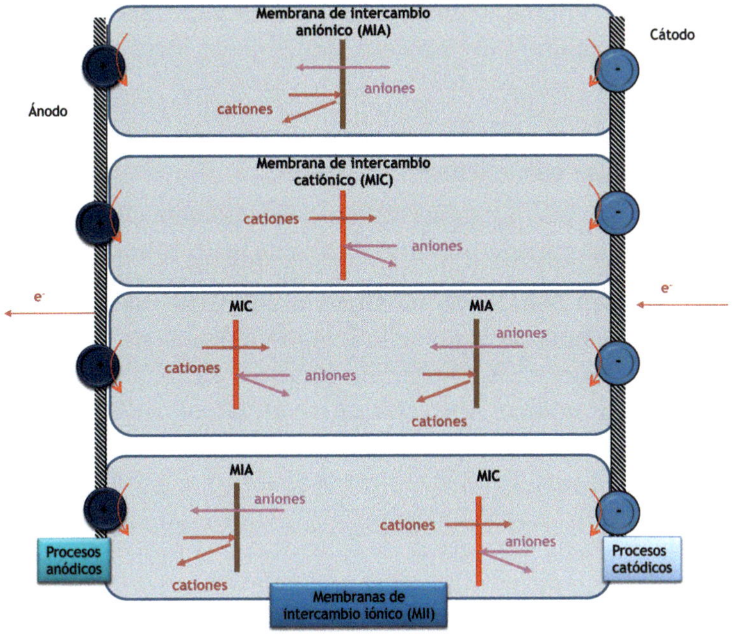

Figura 1.27 Mecanismo de funcionamiento de membranas aniónicas y catiónicas.
(Fuente: elaboración propia)

Como se observa en la figura 1.27, el posicionamiento de las membranas respecto a los electrodos es de gran importancia.

Además de las membranas aniónicas y catiónicas también existen membranas bipolares (figura 1.28) que tienen usos especiales, siendo su aplicación fundamental la disociación del agua.

En electrodiálisis, la diferencia de potencial aplicada entre los electrodos tiene como única misión generar el movimiento de los iones. Por este motivo, los criterios utilizados para seleccionar los materiales son exclusivamente la estabilidad y la relación precio/tiempo de vida.

El tipo de reactor más utilizado para los procesos de electrodiálisis suele ser el reactor tipo filtro prensa y la conexión eléctrica de tipo bipolar. En el diseño se debe cuidar también que la distancia intermembránica sea pequeña (0.5-2 mm) para reducir los consumos específicos de energía. Durante la operación, la densidad de corriente máxima viene determinada por la polarización de las membranas, fenómeno provocado por la disminución de concentración de la especie a transportar en la interfase disolución-membrana por debajo de un valor crítico, de modo que no es posible mantener la velocidad de transporte impuesta por la intensidad de corriente. Como consecuencia, este fenómeno genera un incremento apreciable del voltaje y una disminución de la eficacia del proceso, poniendo en peligro la viabilidad económica del mismo. Aparte de este fenómeno de polarización, la vida media de las membranas, y con ello la economía del proceso, depende de otros dos fenómenos que conviene minimizar:

- Envenenamiento, por adsorción irreversible de ciertos iones, por ejemplo, Mn^{2+} en las catiónicas.
- Incrustación o *fouling*, generalmente relacionado con la oclusión de los poros de la membrana por electrolitos de gran tamaño.

Por tanto, el buen uso de las membranas es crítico para la obtención de buenos resultados con esta tecnología. Las membranas de intercambio iónico suelen tener una vida media larga, de incluso varios años, y no requieren una regeneración periódica. A nivel industrial, la polaridad de los electrodos y los flujos másicos se invierten cada cierto periodo de tiempo para reducir el ensuciamiento de la membrana (*fouling* o *scaling*), y así disminuir drásticamente los costos. Al proceso se le denomina "electrodiálisis reversible" (EDR). Un esquema ilustrativo del mismo se muestra en la figura 1.29.

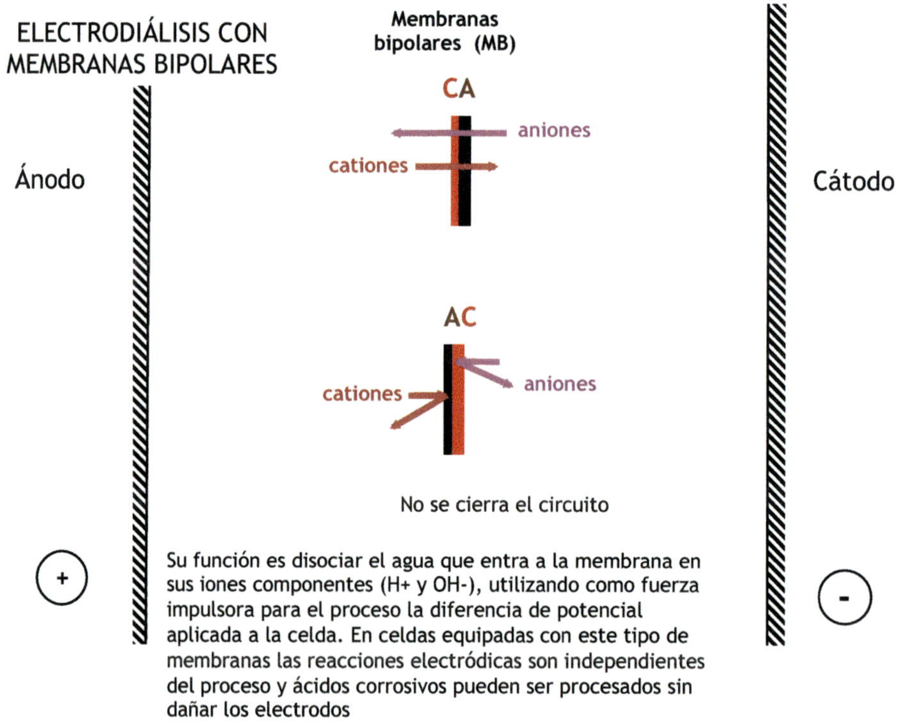

Figura 1.28 Empleo de membranas bipolares.

(Fuente: elaboración propia)

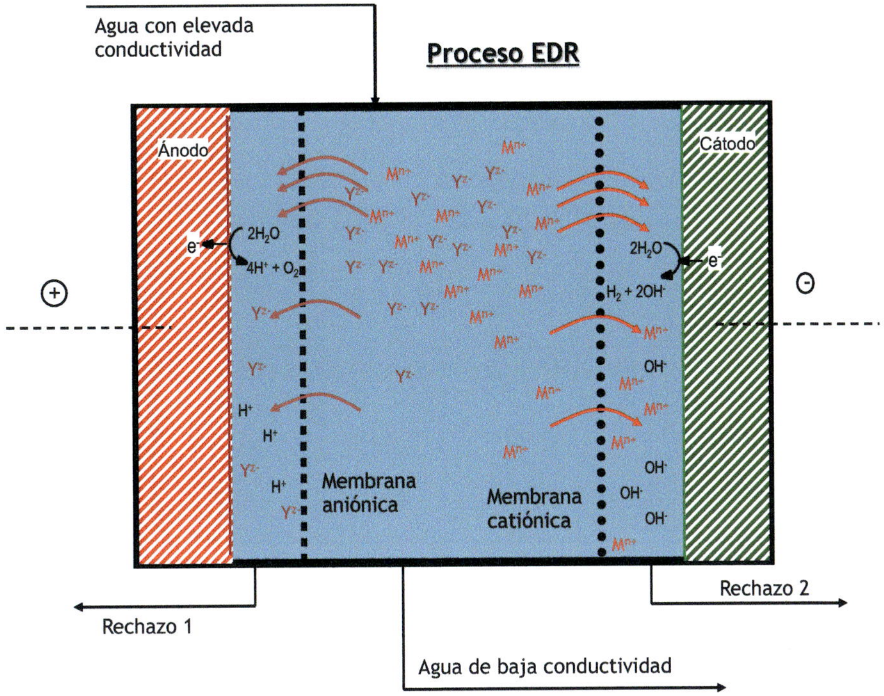

Figura 1.29 Esquema de los procesos con interés desde el punto de vista de la regeneración de un agua depurada en un tratamiento EDR.

(Fuente: elaboración propia)

La electrodiálisis tiene muchas ventajas respecto a otras técnicas para el tratamiento de aguas residuales en las que las especies contaminantes sean de naturaleza iónica. Así, no requiere la adición de reactivos químicos, ni cambios de fase para la separación de iones. Es aplicable a la separación de iones no separables por otras técnicas y puede separar iones multivalentes de monovalentes, y acomplejados de no acomplejados. Una buena operación de la tecnología permite que se alcancen elevadas eficacias de corrientes y que se concentren disoluciones de electrolitos hasta un 20%. Asimismo, se pueden obtener proporciones en concentración de especie concentrada/diluida de hasta 100.

En algunas ocasiones es posible combinar los procesos de separación que tienen lugar a través de las membranas con los procesos reactivos que ocurren en la superficie electródica; en especial, con los procesos de generación de protones y de grupos hidroxilo derivados de la descomposición electródica del agua. Esto da lugar a técnicas combinadas de electrodiálisis-electrolisis.

Otra variante de la electrodiálisis es la electrodesionización (EDI), tecnología que combina la electrodiálisis con el intercambio iónico mediante el diseño especial de la celda electroquímica y la ubicación en compartimentos de la celda de electrodiálisis de resinas de intercambio iónico.

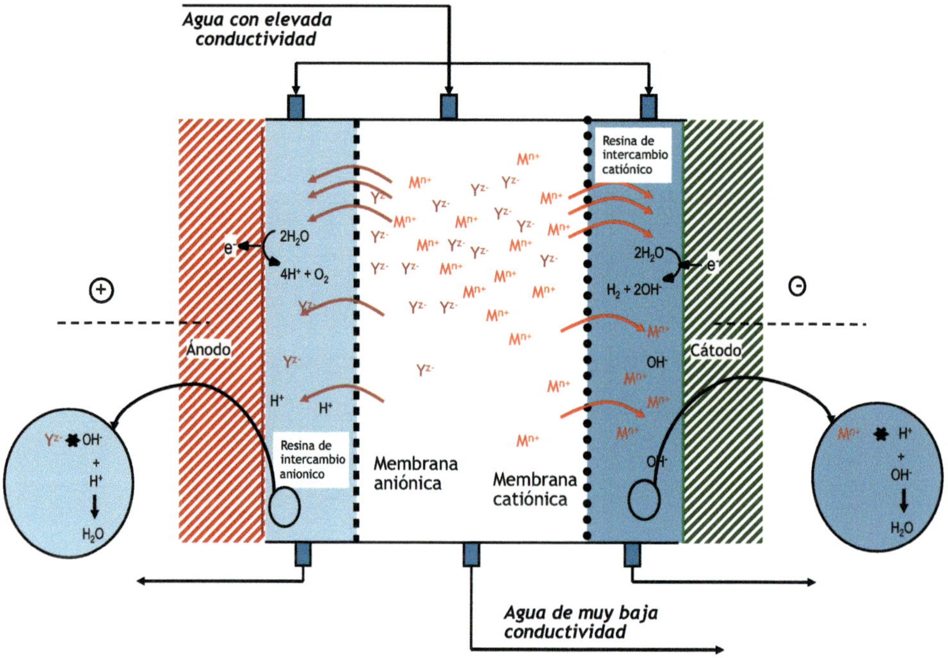

Figura 1.30 Esquema de los procesos con interés desde el punto de vista de la regeneración de un agua depurada en un tratamiento EDI.

(Fuente: elaboración propia)

La electrodesionización es una tecnología descrita por primera vez en los años cincuenta, pero que no empezó a utilizarse masivamente hasta los noventa, en aplicaciones que necesitan agua de muy elevada pureza. Así, este tratamiento consigue la obtención un agua casi completamente desionizada y una regeneración fácil de la resina de intercambio iónico. En principio, esta tecnología se emplea cuando se pretende un agua de características excepcionales, y es una tecnología de referencia en la producción de agua de alta pureza en la industria farmacéutica y microelectrónica. Sin embargo, su rápido desarrollo facilitaría su aplicación en la regeneración de aguas depuradas con vistas a su realización en procesos industriales donde las características del agua a utilizar fuesen muy exigentes. La figura 1.30 muestra un esquema ilustrativo de los principales procesos que pueden tener lugar durante un proceso ED1.

La principal aplicación de la electrodiálisis es la desalación de aguas, donde compite con el intercambio iónico, la ósmosis inversa y la destilación. La electrodiálisis es la mejor de estas tres técnicas en un intervalo de concentraciones de entre 0.5 y 5 g/l de NaCl. También se puede utilizar electrodiálisis en la eliminación de los ácidos húmicos en el tratamiento de aguas de abastecimiento. En el tratamiento de efluentes industriales, el uso más importante de la electrodiálisis es la eliminación o la concentración de iones metálicos en el tratamiento de aguas residuales de industrias de recubrimientos electrolíticos, en las que los metales son concentrados y devueltos a los baños. Se puede aplicar para recuperar la plata contenida en disoluciones de revelado fotográfico y en la eliminación o recuperación de ácidos, incluyendo H_2SO_4, HF, HCl y H_3PO_4 generados en la fabricación de hidrocarburos clorados, en la regeneración de resinas de intercambio iónico y en los procesos hidrometalúrgicos. También es válido para la recuperación de bases y para la producción de ácidos o bases a partir de aguas con sales.

1.5 Conclusiones

La Electroquímica Ambiental es una disciplina con aplicaciones actuales, de gran interés y con una gran proyección de futuro. Como tecnologías en aplicación, destacan las técnicas de tratamiento por electrorremediación de suelos –con numerosas aplicaciones a escala real funcionando en la actualidad–, las tecnologías de electrodiálisis –utilizadas en la desalación de aguas salobres–, las de electrodeposición –para la obtención y la purificación de metales a partir de corrientes residuales– y las de electrocoagulación –para el tratamiento de diferentes tipos de efluentes industriales. Como tecnologías en desarrollo, destaca el gran crecimiento experimentado por las electrolíticas, para el tratamiento de efluentes industriales y para la desinfección de aguas con vistas a su reutilización, y las que combinan la absorción con la electrolisis para el tratamiento de efluentes gaseosos. En este capítulo se ha realizado un breve resumen que pretende aportar una visión global del estado actual de la tecnología electroquímica en la remediación de problemas ambientales.

Agradecimientos

Los autores de este capítulo desean agradecer al Ministerio de Ciencia e Innovación de España por los múltiples proyectos con los que ha colaborado económicamente y que han posibilitado que se extiendan nuestros conocimientos en el campo de la tecnología electroquímica ambiental. En particular, quieren agradecer el proyecto actualmente en vigor, de referencia CTM2010-18833, y los antes finalizados REN2001-0560, CTM2004-03817 y CTM2007-60472.

Referencias

Brillas E., Sirés I. Oturan M. A. (2009). "Electro-Fenton Process and Related Electrochemical Technologies Based on Fenton's Reaction Chemistry". *Chem. Rev.*, 109, pp. 6570-6631.

Brillas E., Martínez-Huitle C. A. (2011). *Synthetic Diamond Films: Preparation, electrochemistry, characterization and applications*. John Wiley and Sons.

Cañizares P., Martínez F., Sáez C., Rodrigo M. A. (2009). "La electrocoagulación, una alternativa al proceso convencional de coagulación de aguas residuales". *Afinidad*, 65, pp. 27-37.

Cañizares P., García-Gómez J., Lobato J., Rodrigo M. A. (2004). "El tratamiento electroquímico en la depuración de efluentes industriales líquidos". *Ingeniería Química*, 36 (416), pp. 188-207.

Cañizares P., Sáez C., Lobato J., Rodrigo M. A. (2006). "Tecnología electroquímica y electrodos de diamante. Parte II. Aplicaciones de los electrodos de diamante conductores de la electricidad". *Afinidad*, 63 (522), pp. 121-129.

Cañizares P., Sáez C., Lobato J., Rodrigo M. A. (2006). "Tecnología electroquímica y electrodos de diamante parte I. Métodos de síntesis y propiedades de los electrodos de diamante". *Afinidad*, 63 (521), pp. 19-25.

Chen G. H. (2004). "Electrochemical technologies in wastewater treatment". *Sep. Purif. Technol.*, 38, pp. 11-41.

Comninellis C., Chen G. (2009). *Electrochemistry for the Environment*. Springer.

Mollah M.Y., Morkovsky P., Gomes J. A., Kesmez M., Parga J., Cocke D. L. (2004). "Fundamentals, present and future perspectives of electrocoagulation". *J. Hazard. Mater.* 114, pp. 199-210.

Panizza M., Cerisola G. (2009). "Direct And Mediated Anodic Oxidation of Organic Pollutants". *Chem. Rev.*, 12, pp. 6541-6569.

Rajeshwar K., Ibañez J. (1997). *Environmental Electrochemistry, Fundamentals and Applications in Pollution Abatement*. Academic Press, London.

Capítulo 2

Parámetros fisicoquímicos y biológicos de la calidad del agua

Arturo Colín Cruz[a], Armando Diez Pérez, Lina A. Bernal Martínez[b]

[a] Facultad de Química. Universidad Autónoma del Estado de México. Paseo Colón esq. Paseo Tollocán, C.P. 52000, Toluca, Edo. de México, México.

[b] Centro Conjunto de Investigación en Química Sustentable. Facultad de Química. Universidad Autónoma del Estado de México. Km 14.5, Carretera Toluca-Atlacomulco, C.P. 50200, Toluca, México.

Resumen

Los parámetros del agua son características físicas, químicas, biológicas, bacteriológicas y radiológicas que permiten detectar cuál es el grado de contaminación que presenta el agua, algunos de estos parámetros se utilizan en el control de los procesos de tratamiento realizando mediciones en forma de lote o continua. Este capítulo tiene el objetivo de mencionar los parámetros fisicoquímicos y biológicos de la calidad de agua; asimismo se intenta contribuir al esfuerzo para monitorear la calidad de agua de cualquier medio. Entre los parámetros físicos se encuentran olor, color, turbidez, temperatura, conductividad y resistividad del agua. Los parámetros químicos son pH, alcalinidad, coloides, sólidos y metales pesados, por mencionar algunos. Y en cuanto a los parámetros biológicos se tiene la demanda química de oxígeno, la demanda bioquímica de oxígeno, el carbono orgánico total y el oxígeno disuelto, asimismo se menciona la normatividad para la calidad del agua.

2.1 Introducción

El agua cubre aproximadamente tres cuartas partes de la superficie total de la Tierra; sin embargo, existen diferentes factores que limitan la cantidad de agua disponible para el consumo humano (Davis, 2009: 331-402; Valcárcel Rojas, 2009: 1683-8904; Ingle de la Mora, 2003: 247-253; Jiménez, 2006: s.n.p.; Aguilar Ibarra, 2005: s.n.p.), entre ellos se encuentran las propiedades físicas, químicas, biológicas y bacteriológicas. Debido a sus propiedades fisicoquímicas, el agua se comporta como un disolvente de compuestos orgánicos e inorgánicos; de manera que existen una gran cantidad de sustancias sólidas, líquidas y gaseosas diferentes que modifican las propiedades y la calidad del agua (Raggio, 2006: 7571-7583). La alteración de la calidad del agua puede ser provocada por efectos naturales y por la actividad humana –industrial, agropecuaria y doméstica– (Oller, 2010: s.n.p.) por lo que los criterios de calidad de agua y las medidas de los parámetros fisicoquímicos y biológicos forman parte de la determinación de la integridad ecológica de cualquier sistema acuático (Hahn-von Hessberg, 2009: 89-105; Menció, 2008: 355-366; Barceló, 2007:1019).

Los parámetros fisicoquímicos dan una información extensa de la naturaleza de las especies químicas del agua y de sus propiedades físicas, sin facilitar información sobre su influencia en la vida acuática; los métodos biológicos aportan esta información pero no señalan nada acerca de algún contaminante, por lo que la mayoría de los investigadores han recomendado la evaluación de ambos parámetros (Orozco, 2005: 234; Samboni Ruiz, 2007: 172-181).

2.2 Características físicas, químicas y biológicas del agua

El agua contiene diversas substancias químicas y biológicas disueltas o suspendidas y una serie de organismos vivos que reaccionan con sus elementos físicos y químicos. Por estas razones es necesario tratarla para hacerla adecuada para su uso como abastecimiento a la población (Jiménez, 2007: 24).

El agua que contiene substancias químicas u organismos microscópicos puede ser perjudicial para ciertos procesos industriales pero al mismo tiempo idónea para otros. Los microorganismos causantes de enfermedades que se transmiten a través del agua la hacen peligrosa para el consumo humano.

Las aguas subterráneas de áreas con piedra caliza pueden tener un alto contenido de bicarbonatos de calcio (dureza) y requieren procesos de ablandamiento previo a su uso.

Según el uso que se le vaya a dar al agua se aplicarán los requisitos de calidad. La calidad se califica como “el grado en el cual se ajusta a los estándares físicos, químicos y biológicos fijados por normas nacionales e internacionales". Es importante conocer los requisitos de calidad para cada uso, a fin de determinar si se requiere tratamiento y qué proceso se debe aplicar para alcanzar la calidad deseada; asimismo, los estándares de calidad también se usan para vigilar los procesos de tratamiento y corregirlos si es necesario.

Se evaluará la calidad del agua mediante un ensayo de sus propiedades físicas, químicas y microbiológicas. Es necesario que los ensayos que evalúan dichos parámetros de calidad tengan aceptación mundial para que sean posibles las comparaciones con los estándares de calidad. En la tabla 2.1, se presenta una lista de parámetros y límites permitidos en la EPA y la OMS (OMS, 2011: s.n.p.; EPA, 2011: s.n.p.).

Tabla 2.1 Estándares para agua potable (EPA-OMS)

Parámetro	EPA (EE.UU.)	OMS
Coliformes totales	< 5% muestras positivas	0
Turbidez	0.5-1.0 UTN	1.0 UTN
Antimonio	6	---
Arsénico	50	50
Asbesto	7 × 10	---
Bario	2000	---
Berilio	4	---
Cadmio	5	5
Cromo	100	5
Flúor	2	---
Mercurio	2	1
Níquel	100	---
Nitrato + Nitrito	10	10
Selenio	50	10
Talio	2	---
Endrín	2	---
Lindano	0.2	3
Metoxiclor	40	30
Toxafeno	3	---
Trihalometano	100	---
Aluminio	0.5-0.20	0.2
Cloruro	250	250
Color	15 UTN	15 UTN
Cobre	1.0	1.0
Hierro	0.3	0.3
Manganeso	0.05	0.1
pH	6.5-8.5	6.5-8.5
Sulfato	250	400
Zinc	5.0	5.0
Sólidos disueltos totales	500	1000

2.3 Parámetros físicos

En cuanto al abastecimiento de agua se deben considerar los sabores, los olores, los colores y la turbidez del agua, porque dan mal aspecto y mal sabor, pero también a causa de su uso en la elaboración de bebidas, en la preparación de alimentos y en la fabricación de textiles. Los sabores y olores se deben a la presencia de substancias químicas volátiles y a la materia orgánica en descomposición (Achak, 2009: 2771-2779; Kreetachat, 2007: 250-257), las mediciones se hacen con base en la dilución necesaria para reducirlos a un nivel apenas detectable por la observación humana.

2.3.1 Color

El color se debe a la presencia de sustancias en solución –color verdadero o real–, sustancias en suspensión –color aparente– y materia coloidal, como los minerales de hierro y manganeso, la materia orgánica y los residuos coloridos de las industrias. El color en el agua doméstica puede manchar los accesorios sanitarios y opacar la ropa.

2.3.2 Turbiedad

La turbiedad es un parámetro importante en la calidad de agua, debido a que es la representación estética del agua, se debe a la presencia de partículas suspendidas coloidales y disueltas: materia en suspensión como la arcilla o el cieno, o materia orgánica e inorgánica, así como compuestos solubles coloridos y plancton; también puede contener microorganismos adheridos a las partículas en suspensión. Por ejemplo, el agua con suficientes partículas de arcilla en suspensión (10 UTN) se aprecia a simple vista, las fuentes de agua superficial varían desde 10 hasta 1,000 UTN, y los ríos muy opacos pueden llegar a 10,000 UTN. Las mediciones de turbidez se basan en las propiedades ópticas de la suspensión que causan que la luz se disperse o se absorba.

2.3.3 Temperatura

La temperatura ideal para el consumo es de entre 8 y 15 °C, e influye en reacciones químicas y biológicas.

2.3.4 Conductividad y resistividad

La conductividad eléctrica es la medida de la capacidad del agua para conducir electricidad, indica la materia ionizable total presente en el agua. Las sales disueltas son las que permiten que el agua conduzca electricidad; la cantidad de sales solubles en el agua se mide por la electroconductividad. La resistividad es la medida recíproca de la conductividad; es decir, es la medida eléctrica de la resistencia al paso de la electricidad entre las dos caras opuestas de un prisma rectangular comparada con la solución de KCl a la misma temperatura (20 °C). La unidad estándar de resistencia eléctrica es el ohmio (Ω); la resistividad de las aguas se expresa en megaohmios/cm, y la conductividad se expresa en el valor recíproco, normalmente como microsiemens/cm. Para el agua ultrapura, los valores respectivos son de 18.24 mohms/cm y 0.05483 µs/cm a 25 °C.

2.4 Parámetros químicos

Los compuestos químicos disueltos en el agua pueden ser de origen natural o industrial, y serán benéficos o dañinos según su composición y concentración; por ejemplo, el hierro y el manganeso en pequeñas cantidades no sólo causan color, también se oxidan para formar depósitos de hidróxido férrico y óxido de manganeso dentro de las tuberías de agua.

Las aguas duras requieren considerables cantidades de jabón para producir espuma y forman incrustaciones en tuberías de agua caliente y calderas. La dureza del agua se expresa en mg equivalentes de $CaCO_3$/L. Diferentes elementos químicos se encuentran en el agua natural y producen alcalinidad, dureza y salinidad:

a) Producen alcalinidad: K_2CO_3, $KHCO_3$, $NaHCO_3$ y Na_2CO_3.
b) Producen dureza carbonatada y alcalinidad: $CaCO_3$, $MgCO_3$, $Ca(HCO_3)_2$ y $Mg(HCO_3)_2$.
c) Producen salinidad y dureza no carbonatada: $CaSO_4$, $CaCl_2$, $Ca(NO_3)_2$, $MgSO_4$, $MgCl_2$, y $Mg(NO_3)_2$.
d) Producen salinidad, pero no dureza: K_2SO_4, KCl, KNO_3, Na_2SO_4, NaCl y $NaNO_3$.

Las substancias que producen acidez en el agua pueden provenir de volcamientos, pero también son frecuentes en el tratamiento de aguas, y son H_2SO_4, $FeSO_4$ y $Al_2(SO_4)_2$. En ocasiones, las aguas contienen otras substancias que generan molestias o trastornos al organismo: fenol, arsénico, selenio, cromo hexavalente, plomo, hierro, manganeso, flúor, cobre, zinc, magnesio, cloruro, sulfatos, calcio, yodo y nitratos. Los parámetros más importantes son los que se describen a continuación (Boyacioglu, 2007:101-106; Hoigne, 1978: 79-84; Hoigne, 1985: 993-1004; FAO, 2008: s.n.p.; Siles Fernández, 2008: 44-49).

2.4.1 pH

El pH es la medida de la intensidad ácida o básica de una solución, y se mide con los parámetros de esta ecuación:

$$pH = -\log[H^+] \tag{2.1}$$

es decir, representa la alcalinidad y acidez, la capacidad amortiguadora de un agua y la contribución de OH^-, CO_3^{-2} y HCO_3^-, pero normalmente la mayor parte se debe al sistema carbónico-carbonato.

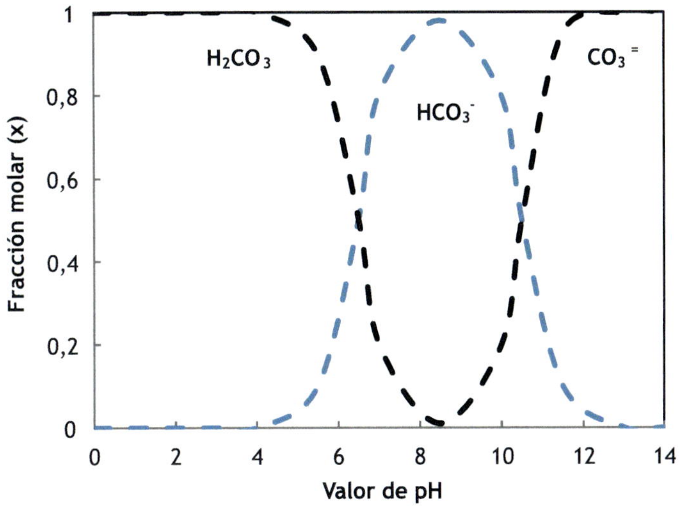

Figura 2.1 Diagrama de especiación del agua (pH = 0-12).
(Fuente: Boyacioglu, 2007:101-106)

2.4.2 Alcalinidad

La alcalinidad es una medida de la capacidad para neutralizar ácidos, viene favorecida por la presencia de los iones bicarbonato (CO_3H^-), carbonato ($CO_3^=$) y oxhidrilo (OH^-), asimismo por los fosfatos y los ácidos de carácter débil. Los bicarbonatos y los carbonatos pueden producir CO_2 en el vapor, que es una fuente de corrosión en las líneas de condensado, también suelen provocar espumas o el arrastre de sólidos con el vapor fragilizando el acero de las calderas. La alcalinidad se mide por titulación de la muestra con una solución valorada de un alcalino –un ácido, según sea el caso– y depende de la concentración de iones hidroxilos (OH^-), carbonato ($CO_3^=$) y bicarbonato (CO_3H). Si la alcalinidad es menor de 10 ppm, está recomendada para el uso doméstico y se corrige por descarbonatación con cal, por tratamiento con ácido o por desmineralización mediante intercambio iónico.

2.4.3 Coloides

Es una medida del material en suspensión en el agua que, por su tamaño de alrededor de los 10^{-4}-10^{-5} mm, se comporta como una solución verdadera y atraviesa el papel del filtro. Los coloides pueden ser de origen orgánico (macromoléculas de origen vegetal) o inorgánico (óxidos de hierro y manganeso). Los coloides se eliminan por floculación, por precipitación y por eliminación de arcillas.

2.4.4 Sólidos

Los sólidos estiman la cantidad de materia sólida, suspendida o disuelta, presente en el agua, entre la que se encuentra la materia flotante, coloidal y en solución; los sólidos incluyen material disuelto –residuo filtrable– y no disuelto –suspendido–. En términos generales, los sólidos se clasifican en:

a) **Sólidos totales (ST):** el agua se evapora y se seca a una temperatura (103-105 °C), y es la suma de sólidos suspendidos totales, de las sales disueltas y de la materia orgánica.

b) **Sólidos volátiles totales (SVT):** la cantidad de materia orgánica capaz de volatilizarse por efecto de calcinación (550 °C ± 50 °C, T de 15 a 20 min), corresponden el 20 % de los sólidos totales.

c) **Sólidos fijos totales (SFT):** residuos de la calcinación, forman parte de la materia inorgánica, representan el 80% de los sólidos totales.

d) **Sólidos suspendidos totales (SST):** material constituido por los sólidos sedimentables, los sólidos suspendidos y coloidales que son retenidos por un filtro y secados a una temperatura de 103 a 105 °C.

e) **Sólidos suspendidos volátiles (SSV):** representan la materia orgánica y son los que se volatilizan en la calcinación (550 °C), resultan de la diferencia en peso de los sólidos suspendidos totales (SST) y los sólidos suspendidos fijos (SSF).

f) **Sólidos suspendidos fijos (SSF):** representan la materia inorgánica y son los sólidos suspendidos que permanecen como residuo de la calcinación (550 °C).

g) **Sólidos disueltos totales (SDT):** material soluble constituido por materia orgánica e inorgánica que permanece como residuo después de evaporar y secar una muestra filtrada a través de un filtro a una temperatura de 103 °C.

2.4.5 Cloruros

El ión cloruro (Cl^-) forma sales muy solubles, suele asociarse con el ión Na^+, esto en aguas muy salinas. Las aguas dulces contienen entre 10 y 250 mg/L de cloruros, el agua de mar contiene alrededor de los 20,000 mg/L de cloruros. Las aguas con cloruros pueden ser corrosivas debido al tamaño del ión que puede penetrar la capa protectora en la interfase óxido-metal y reaccionar con el hierro estructural.

2.4.6 Sulfatos

El ión sulfato (SO_4^{2-}) corresponde a sales de moderadamente solubles a muy solubles. Las aguas dulces tienen alrededor de 2-250 mg/L, y el agua de mar, alrededor de 3000 mg/L. El agua pura se satura de SO_4Ca a unas 1500 mg/L.

2.4.7 Nitrógeno

El nitrógeno orgánico está asociado a la materia orgánica: proteínas, urea, ácidos nucleicos, etc. Las siguientes formas de nitrógeno son las que se encuentran en el agua (ecuación 2.2) e interrelacionan a través del ciclo del nitrógeno (figura 2.2).

$$\text{Nitrato} \rightarrow \text{nitrito} \rightarrow \text{amonio} \rightarrow \text{nitrógeno orgánico} \qquad (2.2)$$

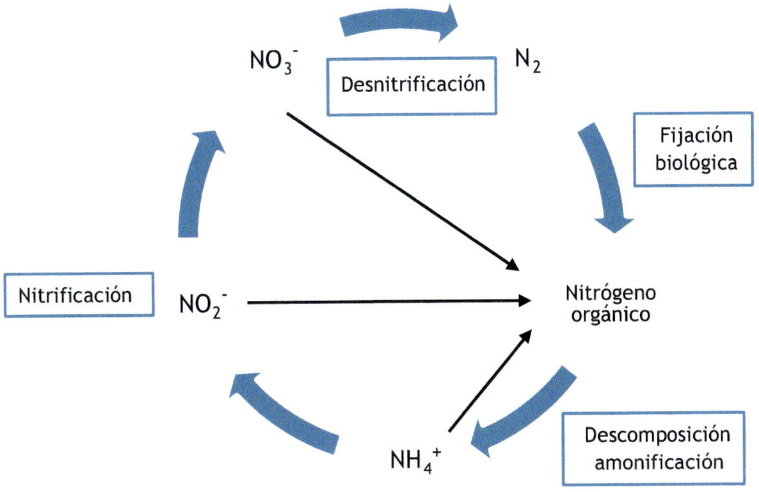

Figura 2.2 Ciclo del nitrógeno.
(Fuente: elaboración propia)

2.4.8 Fosfatos

El ión fosfato (PO_4^{-3}) forma sales muy poco solubles y precipita fácilmente como fosfato cálcico, como proviene de un ácido débil contribuye a la alcalinidad del agua y no hay más de 1 mg/L en el agua, salvo en los casos de contaminación por fertilizantes fosfatados.

2.4.9 Fluoruros

El ión fluoruro (F^-) suele encontrarse en cantidades superiores a 1 mg/L, alrededor de dicha concentración puede resultar beneficioso para la dentadura: a una concentración de hasta 5 mg/L, en el caso de lactantes, se almacena en los dientes nuevos de los niños logrando un endurecimiento y protección de éstos.

2.4.10 Sílice

La sílice (SiO_2) se encuentra disuelta en el agua como ácido silícico SiO_4H_4 y, como materia coloidal, favorece la alcalinidad en el agua. Las aguas naturales contienen entre 1-40 mg/L hasta los 100 mg/L (si son aguas carbonatadas sódicas).

2.4.11 Bicarbonatos y carbonatos

Las aguas dulces contienen entre 50-350 mg/L de ión bicarbonato y, si el pH es inferior a 8.3, no hay ión bicarbonato. El agua de mar contiene alrededor de 100 mg/L de ión bicarbonato.

2.4.12 Componentes aniónicos

Los sulfuros ($S^=$) y el ácido sulfhídrico (H_2S) son característicos de medios reductores, las aguas contienen menos de 1 mg/L. Su principal característica es que el agua tiene mal olor.

Los compuestos fenólicos afectan a la potabilidad del agua, con olores y gustos especialmente desagradables; sobre todo, después de un proceso de cloración. Los detergentes son ligeramente tóxicos, presentan problemas de formación de espumas y consumen el oxígeno del agua. Los ácidos húmicos pueden afectar a los procesos de pretratamiento e intercambio iónico. Otros parámetros químicos importantes son el sodio, el potasio, el calcio, el magnesio, el hierro y el manganeso.

2.4.13 Metales tóxicos

Los más comunes son el arsénico, el cadmio, el plomo, el cromo, el bario y el selenio. Se deben controlar desde el principio. Las mediciones se realizan por espectrofotometría de absorción atómica.

2.4.14 Gases disueltos

El dióxido de carbono (CO_2) es un gas relativamente soluble que se hidroliza formando iones bicarbonato y carbonato en función del pH del agua. Las aguas subterráneas profundas pueden contener hasta 1500 mg/L, las superficiales se sitúan entre 1-30 mg/L, y un exceso de estos hace que el agua sea corrosiva. El oxígeno (O_2), por su carácter oxidante, juega un papel importante en la solubilidad o precipitación de iones que tienen alguna forma insoluble, su presencia en el agua es vital para la vida superior y para la mayoría de los microorganismos. Su ausencia puede representar la presencia de metano, de ácido sulfhídrico y de otros gases no deseables. El ácido sulfhídrico (H_2S) desprende un olor a huevo podrido y es corrosivo. El amoniaco (NH_3) es un indicador de contaminación del agua en forma no iónica. Es tóxico para los peces y, con la cloración, produce cloraminas, que son también tóxicas.

2.5 Parámetros biológicos

Los parámetros biológicos son indicativos de la contaminación orgánica y biológica –actividad natural, como la humana–, contribuyen a la contaminación orgánica de las aguas: la descomposición animal y vegetal, los residuos domésticos, los detergentes y otros. Este tipo de contaminantes son más difíciles de controlar que los químicos o físicos, y sus tratamientos deben estar regulados constantemente (Romero Rojas, 1999: 44; Saad, 2009: 473-477; Tensel, 2008: 17-26; Devi, 2008: 1853-1860; Rivas, 2009: 854-859).

2.5.1 Demanda bioquímica de oxígeno (DBO_5)

La demanda bioquímica de oxígeno (DBO_5) es una estimación de la cantidad de oxígeno que requiere una población microbiana heterogénea para oxidar la materia orgánica de una muestra de agua durante un periodo de cinco días; es decir, es un parámetro que expresa la cantidad de oxígeno necesario para la oxidación bioquímica de los compuestos orgánicos degradables existentes en el líquido residual, fijando condiciones de tiempo y temperatura

(5 días y temperatura de 20 °C). Se expresa en función de la demanda de oxígeno de los microorganismos participantes en la degradación de la materia orgánica presente a 20 °C en 5 días:

$$\text{materia orgánica} + \text{oxidante químico} \rightarrow CO_2 + H_2O \qquad \textbf{(2.3)}$$

Tabla 2.2 Escala de clasificación de la calidad del agua: DBO_5

Criterio	Clasificación	Color
$DBO_5 \leq 3$	Excelente No contaminada	Azul
$3 < DBO_5 \leq 6$	Buena calidad Aguas superficiales con bajo contenido de materia orgánica biodegradable	Verde
$6 < DBO_5 \leq 30$	Aceptable Con indicio de contaminación. Aguas superficiales con capacidad de autodepuración o con descargas de aguas residuales tratadas biológicamente	Amarillo
$30 < DBO_5 \leq 120$	Contaminada Aguas superficiales con descargas de aguas residuales crudas, principalmente de origen municipal	Naranja
$DBO_5 > 120$	Fuertemente contaminada Aguas superficiales con fuerte impacto de descargas de aguas residuales crudas municipales y no municipales	Rojo

(Fuente: elaboración propia)

2.5.2 Demanda química de oxígeno (DQO)

La demanda química de oxígeno es un parámetro que se utiliza para estimar la contaminación orgánica del agua. Se mide a partir de la cantidad de oxígeno disuelto necesario para la degradación química de los contaminantes orgánicos que contiene; es decir, es la estimación de la materia oxidable, en términos de oxígeno equivalente presente en el agua, independientemente de su origen orgánico o mineral. Se entiende como "degradación química" la reacción de un oxidante químico, bien dicromato potásico o permanganato potásico, que consume materia orgánica (ecuación 2.4). La determinación de la DQO no presenta interferencias por amonio, sustancias nitrogenadas, pero tiene limitaciones ya que oxida la materia orgánica sin que importe su biodegradabilidad.

$$\text{materia orgánica} + \text{oxidante químico} \rightarrow CO_2 + H_2O \quad \textbf{(2.4)}$$

Las aguas no contaminadas tienen valores de DQO de 1 a 5 ppm. Las aguas residuales domésticas contienen entre 260 y 600 ppm. Hay un índice que indica qué tipo de aguas se están analizando y se obtiene con la relación de DBO/DQO; si es menor de 0.2, el vertido será de tipo inorgánico y, si es mayor de 0.6, se interpretará como un vertido orgánico.

2.5.3 Carbón orgánico total (COT)

El COT es una medida del control de materia orgánica del agua, es especialmente utilizable en pequeñas concentraciones. En presencia de un catalizador, el carbón orgánico se oxida a CO_2. Últimamente se está popularizando por la rapidez en la realización del análisis. Se mide en un analizador infrarrojo.

2.5.4 Oxígeno disuelto (OD)

El oxígeno disuelto es un indicador de la contaminación y de la capacidad de dar soporte a la vida vegetal y animal; generalmente, un nivel más alto de oxígeno disuelto indica agua de mejor calidad. Si hay un valor de OD en un intervalo de 0-4 mg/L, la calidad del agua es mala –algunas poblaciones de peces y macroinvertebrados empezaran a bajar–; si el OD es de 4.1-7.9 mg/L, la calidad del agua es aceptable, y para valores de OD de 8-12 mg/L, la calidad del agua es buena.

Sin embargo, en las aguas existen una gran variedad de elementos biológicos desde los microorganismos hasta los peces. Los microorganismos pueden ser naturales –constituyen su hábitat natural–, pero también provienen de la contaminación por vertidos municipales o industriales, o por arrastre de los existentes en el suelo por acción de la lluvia.

La calidad y la cantidad de microorganismos está vinculada a las características físicas y químicas del agua; ya que, cuando el agua tiene temperaturas templadas y materia orgánica disponible, la población crece y se diversifica, por lo que es importante mencionar la población biológica que tiene un mayor impacto en la ingeniería sanitaria, como las algas y bacterias, aunque la presencia de hongos, mohos y levaduras es un índice de la existencia de materia orgánica en descomposición. En la figura 2.3 se puede observar la interacción de este tipo de microorganismos biológicos con el oxígeno de un manantial orgánico (Davis, 2009: 331-402).

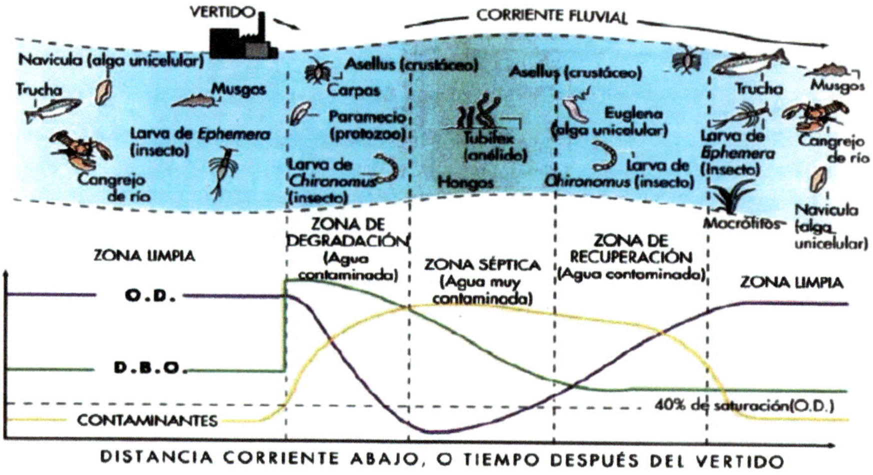

Figura 2.3 Interacción de microorganismos biológicos con el oxígeno de un manantial orgánico.
(Fuente: elaboración propia)

a) **Algas:** contienen la clorofila necesaria para las actividades fotosintéticas, la mayor concentración se da en lagos, lagunas, embalses, remansos de agua y, con menor abundancia, en las corrientes de agua superficiales.

b) **Bacterias:** son de los géneros *Sphaerotilus* y *Crenothrix*, relacionadas con el hierro y el manganeso del agua, y del género *Beggiatoa* del grupo de las bacterias sulfurosas. Las bacterias que se pueden encontrar en el agua son de géneros muy numerosos, pero veremos aquí las que son patógenas para el hombre, las bacterias coliformes y los estreptococos que se utilizan como índice de contaminación fecal.

c) **Hongos, mohos y levaduras:** pertenecen al grupo de bacterias pero no contienen clorofila y, en general, son incoloras. Todos estos organismos son heterótrofos y, en consecuencia, dependen de la materia orgánica para su nutrición.

d) **Protozoarios:** dentro de este grupo, el más importante por su toxicidad es la *Endamoeba histolytica*, que produce la disentería amebiana.

e) **Moluscos:** el género de los caracoles son huéspedes intermedios de los gusanos de la clase *Trematoda* del grupo *Platelmintos*.

f) **Artrópodos:** los más importantes son las clases *Crustácea*, *Insecta* y Arácnida y, desde el punto de vista sanitario, el crustáceo del agua *Cyclops*, que es vector del hunazo *Nematelminto*.

g) **Platelmintos:** entre éstos, el más importante es el *Equinocuccus granulosus*, que produce la enfermedad llamada “hidatidosis”.

h) **Helmintos:** se incluyen los anélidos y los traquelmitos que comprenden los rotíferos y los *Nematelmintos*, entre los cuales hay varias especies patógenas para el hombre: *Dracunculus medinensis*, *Ascaris lumbricoides*, *Trichuris trichiura*, *Enterobius vermicularis*, *Necator americanus* y *Ancylostoma duodenale*.

Por último, un gran número de animales o vegetales microscópicos que flotan libremente en el agua y reciben el nombre genérico de "plancton", el cual tiene importancia para evaluar la calidad sanitaria del agua.

2.6 Parámetros bacteriológicos

La bacteria *Escherichia coli* y el grupo coliformes son los organismos utilizados como indicadores de la contaminación fecal. Las bacterias coliformes son microorganismos de forma cilíndrica, capaces de fermentar la glucosa y la lactosa. Otros organismos utilizados como indicadores de contaminación fecal son los estreptococos fecales y los clostridios, estos últimos son anaerobios, formadores de esporas; éstas son formas resistentes de las bacterias capaces de sobrevivir largo tiempo. El análisis del agua se realiza con el método de los tubos múltiples y se expresa en términos del número más probable (índice NMP) en 100mL de agua. Las aguas con un NMP inferior a 1 son potables.

2.7 Normas de calidad y límites permisibles

La necesidad de proveer agua potable a las poblaciones y de que no produzcan problemas de salud impulsa a la generación de las normas de calidad. Adoptan estas normas de calidad distintos organismos gubernamentales (NOM-001-SEMARNAT-1996; NOM-002-SEMARNAT-1996; NOM-003-ECOL-1997; NOM-127-SSA1-1994).

En México, la Norma Oficial Mexicana NOM-001-SEMARNAT-1996 establece los límites máximos permisibles de contaminantes en las descargas de aguas residuales en aguas y bienes nacionales. La Norma Oficial Mexicana NOM-002-SEMARNAT-1996 establece los límites máximos permisibles de contaminantes en las descargas de aguas residuales a los sistemas de alcantarillado urbano o municipal, y la Norma Oficial Mexicana NOM-003-SEMARNAT-1997 establece los límites máximos permisibles de contaminantes para las aguas residuales tratadas que se reutilicen en servicios públicos.

Para el abastecimiento de agua para uso y consumo humano con calidad adecuada es fundamental prevenir y evitar la transmisión de enfermedades gastrointestinales y otras; para lo cual se requiere establecer límites permisibles en cuanto a sus características organolépticas, físicas, químicas, microbiológicas y radiactivas, con el fin de asegurar y preservar la calidad del agua en los sistemas hasta la entrega al consumidor.

Por tales razones, la Secretaría de Salud propone la Norma Oficial Mexicana NOM-127-SSA1-1994 (Salud ambiental. Agua para uso y consumo humano) con la finalidad de establecer un eficaz control sanitario del agua que se somete a tratamientos de potabilización, a efecto de hacerla apta para el uso y consumo humano. Esta norma oficial mexicana establece los límites permisibles de calidad y los tratamientos de potabilización del agua para el uso y consumo humano. Es aplicable a todos los sistemas de abastecimiento públicos y privados y a cualquier persona física o moral que la distribuya en todo el territorio nacional. En la tabla 2.3 se presentan los distintos parámetros que deben tenerse en cuenta para establecer la calidad de agua potable, según la NOM-127-SSA1-1994.

Tabla 2.3 Parámetros de la NOM-127-SSA1-1994

Parámetro	Límite máximo permisible	Unidades	Referencia
	Organolépticas y físicas		
Olor	Agradable	Adimencional	NMX-AA-083-1982
Sabor	Agradable	Adimencional	SM2160B1992
Color	20	Pt-Co	NOM-201-SSA1-2002
Turbiedad	5	UTN	NOM-201-SSA1-2002
	Fisicoquímicas		
Aluminio	0.2	mg/L	NOM-117-SSA1-1994
Arsénico	0.025	mg/L	NOM-117-SSA1-1994
Bario	0.7	mg/L	NOM-117-SSA1-1994
Cadmio	0.005	mg/L	NOM-117-SSA1-1994
Cianuros	0.07	mg/L	NOM-201-SSA1-2002
Cloro libre residual	0.20-1.50	mg/L	NOM-201-SSA1-2002
Cloruros	250	mg/L	NMX-F-532-1994
Cobre	2	mg/L	NOM-201-SSA1-2002
Cromo total	0.05	mg/L	NOM-201-SSA1-2002
Dureza total	500	mg/L como	NMX-F-517-1992
Fenoles	0.3	$CaCO_3$	NMX-AA-050-SCFI-2001
Hierro	0.3	mg/L	NOM-117-SSA1-1994
Fluoruros	1.5	mg/L	NOM-201-SSA1-2002
Manganeso	0.15	mg/L	NOM-117-SSA1-1994
Mercurio	0.001	mg/L	NOM-117-SSA1-1994
Zinc	5	mg/L	NOM-117-SSA1-1994
Nitrógeno de nitratos	10	mg/L	NOM-201-SSA1-2002
Nitrógeno de nitritos	1	mg/L	NOM-201-SSA1-2002

Tabla 2.3. Parámetros de la NOM-127-SSA1-1994 *(Continuación)*

Parámetro	Límite máximo permisible	Unidades	Referencia
Nitrógeno amoniacal	0.5	mg/L	NMX-AA-026-SCFI-2001
pH in situ	6.5-8.5		NMX-F-534-1992
Plomo	0.01	mg/L	NOM-117-SSA1-1994
Sodio	200	mg/L	SM 3500 Na-D-1992
Sólidos disueltos totales	1000	mg/L	NMX-F-527-1992
Sulfatos	400	mg/L	NMX-F-518-1992
Detergentes (SAAMS)	0.5	mg/L	NOM-201-SSA1-2002
Trihalometanos totales	0.2	mg/L	S.M. 6232 D
Plaguicidas			
Dieldrin	0.03	μg/L	EPA-508
Aldrin	0.03	μg/L	EPA-508
Clordano	0.2	μg/L	EPA-508
DDT	1	μg/L	EPA-508
Gamma-HCH (Lindano)	2	μg/L	EPA-508
Hexaclorobenceno	1	μg/L	EPA-508
Heptacloro	0.03	μg/L	EPA-508
Metoxicloro	20	μg/L	EPA-508
Epoxido de Heptacloro	0.03	μg/L	EPA-508
2.4-D	30	μg/L	EPA-615
Hidrocarburos aromáticos			
Benceno	10	μg/L	C.G.
Etilbenceno	300	μg/L	C.G.
Tolueno	700	μg/L	C.G.
Xileno	500	μg/L	C.G.
Microbiológicos			
Coliformes totales	Ausencia o N.D.	NMP/100 mL	NOM-112-SSA1-1994
Coliformes fecales	Ausencia o N.D.	NMP/100 mL	NOM-112-SSA1-1994

2.8 Conclusiones

Los parámetros fisicoquímicos y biológicos son complementarios para la evaluación de la calidad de las aguas, pues así como reflejan las diferentes alteraciones en un sistema de agua, también presentan una serie de ventajas que tienen que ver con la precisión y determinación de cuáles son las sustancias contaminantes, con la cuantificación de las mismas y con las posibles soluciones, por lo que es importante su medición a fin de mantener un estricto control de calidad del agua.

Agradecimientos

Al centro de Investigación en Química Sustentable (CIQS) por las facilidades otorgadas.

Referencias

Achak M., Mandi L., Ouazzani N. (2009). "Removal of organic pollutants and nutrients from olive mill wastewater by a sand filter". *J. Env. Manag.*, 90, pp. 2771-2779.

Agencia de Protección Ambiental de Estados Unidos (EPA), 2011, http://www.epa.gov/. (04-10-2011)

Aguilar Ibarra A. (2005). "Los peces como indicadores de la calidad ecológica del agua". *Revista Digital Universitaria*, 6 (8) ISSN, pp. 1067-6079.

Barceló D., Petrovic M. (2007). "Emerging contaminants in wastewaters". *Trends Anal Chem.*, 26, p. 1019.

Boyacioglu H. (2007). "Development of a water quality index based on a European classification scheme". *Water SA,* 33 (1), pp. 101-106.

Comisión Nacional de Agua (CONAGUA) (2005). *Saneamiento, calidad del agua y aspectos de salud. En estadísticas del agua en México.*

Davis (2009). "Water Quality Management". Mc Graw Hill, pp. 331-402.

Devi R., Dahiya R. P. (2008). "COD and BOD removal from domestic wastewater generated in decentralized sectors". *Bioresour Technol.* 99., pp. 1853-1860.

FAO (2008). Water Quality and Environment Programme. www.fao.org/nr/water/aquastat/ countries.stm. (04/ 10/2011).

Hahn-von C. M., Ricardo D., Grajales A., Duque G. M., Serna L. (2009). "Determinación de la calidad del agua mediante indicadores biológicos y fisicoquímicos en la estación piscícola". Universidad de Caldas, Colombia. Bol.cient.mus.hist.nat. 13 (2) ISSN 0123 3068, pp. 89-105.

Hoigne J., Bader H., Haag W. R., Staehelin J. (1985). "Rate constants of reactions of ozone with organic and inorganic compounds in water-III". *Water Res.* 19 (8), pp. 993-1004.

Hoigne J., Bader H. (1978). "Ozonation of water: kinetics of the oxidation of ammonia by ozone and hydroxyl radicals". *Environ. Sci. Technol.,* 12, pp. 79-84.

Ingle G., Villareal E. L., Arredondo J. L., Ponce J. T., Barriga I. A. (2003). "Evaluation of some water quality parameters in a closed aquaculture recirculating-water system, submitted to diferent loads of fish". *Hidrobiológica*, 13(4), pp. 247-253.

Jiménez C. B. (2007). "Información y calidad del agua en México, Sustentabilidad un debate a fondo". *Trayectorias-Dossier*, p. 24.

Jiménez M. A., Vélez M. V. (2006). "Análisis comparativo de indicadores de la calidad de agua superficial. Avances de recursos hidráulicos". ISSN 0121-5701, 14, pp. 53-69.

Kreetachat T., Damrongsri M., Punsuwon V., Vaithanomsat P., Chiemchaisri C., Chomsurin C. (2007). "Effects of ozonation process on lignin-derived compounds in pulp and paper mill effluents". *J. Hazard. Mater.*, 142, pp. 250-257.

Menció A., Mas-Pla J. (2008). "Assessment by multivariate analysis of groundwater-surface water interactions in urbanized Mediterranean streams". *J. Hydrology.*, 352, pp. 355-366.

Norma Oficial Mexicana NOM-001-SEMARNAT-1996. Establece los límites máximos permisibles de contaminantes en las descargas de aguas residuales en aguas y bienes nacionales. DOF. México, 06/01/1997.

Norma Oficial Mexicana NOM-002-SEMARNAT-1996. Establece los límites máximos permisibles de contaminantes en las descargas de aguas residuales a los sistemas de alcantarillado urbano o municipal. DOF. México, 03/06/1998.

Norma Oficial Mexicana NOM-003-ECOL-1997. Establece los límites máximos permisibles de contaminantes para las aguas residuales tratadas que se reúsen en servicios al público.

Norma Oficial Mexicana NOM-127-SSA1-1994. Salud ambiental, agua para uso y consumo humano-Límites permisibles de calidad y tratamientos a que debe someterse el agua para su potabilización. DOF. México, 18/01/1996 (modificada).

Oller I., Malato S., Sánchez-Pérez J. A. (2010). "Combination of Advanced Oxidation Processes and biological treatments for wastewater decontamination-A review". *Science of the Total Environment.*

Organización Mundial de la Salud (OMS), (2011).

Orozco C., Pérez A., González M. N., Rodríguez F., Alfayate J. (2005). *Contaminación ambiental. Una visión desde la Química*. 3a Ed., Thomson Editorials Spain Paraninfo, S. A., p. 234.

Raggio M., Moro de Raggio N. (2006). "Índice de calidad del agua en la cuenca del río Amajac, Hidalgo, México, Diagnóstico y Predicción". *International Journal of experimental botany*, 75, pp. 7571-7583.

Rivas J., Gimeno O., Beltrán F. (2009). "Wastewater recycling, Application of ozone based treatments to secondary effluents". *Chemosphere*, 74, pp. 854-859.

Romero Rojas J. A. (1999). *Calidad del agua*, 2da Edición. Alfaomega México, p. 44.

Saad A., Jill All. (2009). "COD and BOD reduction of domestic wastewater using activated sludge, sand filters and activated carbon in Saudi Arabia". *Biotechnology*, 8 (4), pp. 473-477.

Samboni N. E., Carvajal Y., Escobar J. C. (2007). "Revisión de parámetros fisicoquímicos como indicadores de calidad y contaminación del agua". *Ing. Investigación,* 27 (3), pp. 172-181.

Siles E., Monforte J., Estrany F., Oliver R., Carreras S. (2008). "Eliminación del nitrógeno amoniacal en aguas residuales sanitarias". *Informe Técnico*, pp. 44-49.

Tensel B. (2008). "New Technologies for water and wastewater treatment, A survey of recent petents". *Recent Patents on Chem. Eng.*, 1, pp. 17-26.

Valcarcel L., Alberro N., Frías D. (2009). "El índice de calidad de agua como herramienta para la gestión de los recursos hídricos". *Medio ambiente y desarrollo.* Revista electrónica de la Agencia de Medio Ambiente". 16, ISSN-1683-8904.

Capítulo 3

Coagulación y floculación

Thelma B. Pavón Silva[a], Víctor F. Pacheco Salazar[a]

[a] Facultad de Química. Universidad Autónoma del Estado de México. Paseo Colón esq. Paseo Tolloca, C.P. 52000, Toluca, Edo. de México, México.

Resumen

Los coloides son partículas muy pequeñas; por lo general, menores a los diez nanómetros de longitud y, generalmente, poseen una carga eléctrica alrededor de ellos, lo que provoca que estén dispersos en la solución acuosa. En consecuencia, a velocidad promedio, el proceso de sedimentación no permite eliminarlos y estos permanecen en la solución. En este capítulo se revisan los principios teóricos de los fenómenos de coagulación y floculación que deben ocurrir para que las partículas coloidales –que en tratamiento de agua pueden ser contaminantes orgánicos, inorgánicos o iones metálicos– puedan ser separadas y eliminadas del agua. Además, se presenta un caso de estudio en el que se emplean coagulantes de última generación aplicados al tratamiento de agua residual y en el que se puede observar que, al adicionar adecuadamente los coagulantes, es posible separar las partículas coloidales y mejorar la calidad del agua residual.

3.1 Partículas coloidales

Muchas de las impurezas existentes en el agua, incluidos los microorganismos patógenos, los ácidos húmicos son habitualmente responsables del color, los ácidos fúlvicos y los complejos arcilla-metal están en el rango del tamaño coloidal: 1 nm a 10 μm (1 nanómetro = 10^{-9} m; 1 micrómetro = 10^{-6} m). Los coloides son partículas de tamaño intermedio entre las moléculas y las partículas suspendidas que tarde o temprano sedimentan por efecto de la gravedad (Alistair, 1995: 22-30).

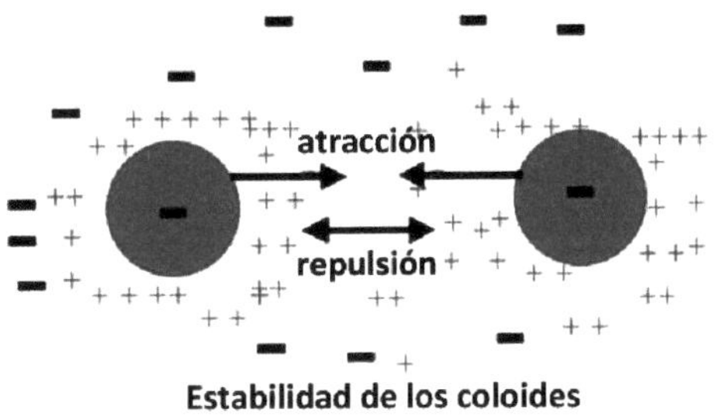

Figura 3.1 Esquema de repulsión coloidal.
(Fuente: elaboración propia)

Normalmente, los coloides poseen cargas negativas, la figura 3.1 muestra esquemáticamente el efecto de repulsión electrostática entre partículas coloidales imperceptibles; debido a la repulsión electrostática, los coloides son estables. Dicha repulsión sobrepasa las fuerzas de atracción de Van Der Waals; en consecuencia, no se aglomeran ni sedimentan.

Existen varias clasificaciones para distinguir los tipos de sistemas coloidales. Para el tratamiento de agua, los más importantes son los hidrofóbicos y los hidrofílicos. Una clasificación de los coloides se muestra en la figura 3.2.

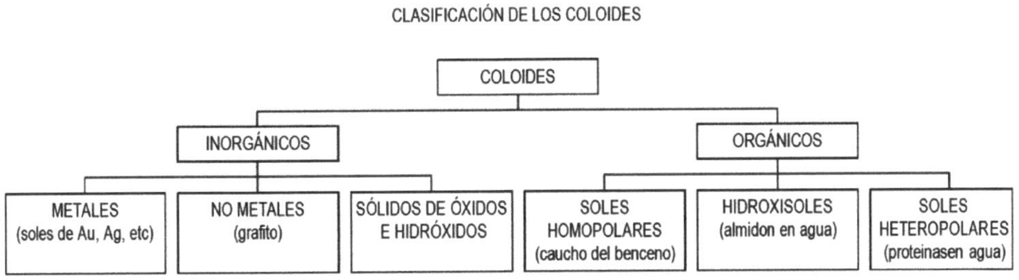

Figura 3.2 Clasificación de los coloides.
(Fuente: Campos Medina, 2003)

3.2 Propiedades de los coloides

Los coloides ofrecen una variedad muy interesante de propiedades. A continuación se presentan las más importantes (CEPIS, 1992: 13-114).

a) **Movimiento browniano:** choque aleatorio y desordenado de partículas coloidales.
b) **Difusión:** tiene relación con el movimiento browniano. El movimiento constante de las moléculas del líquido.
c) **Presión osmótica:** presión hidrostática que iguala dos medios (agua y sistema coloidal). El paso de agua iguala las concentraciones en ambos medios separados por una membrana semipermeable.
d) **Propiedades ópticas:** efecto de Tyndall-Faraday.
e) **Propiedades de superficie:** la superficie específica de los coloides en general es muy alta, ya que las partículas son muy pequeñas. Esto permite que tengan una gran capacidad de adsorción de sustancias.
f) **Propiedades electrocinéticas:** en este sentido se dice que los coloides en general tienen carga eléctrica y, por tanto, pueden ser afectados por campos eléctricos.

3.3 Proceso de coagulación y floculación

La coagulación y la floculación son dos procesos dentro de la etapa de clarificación del agua. La figura 3.3 muestra cómo ambos procesos se pueden resumir como una etapa en la cual las partículas se aglutinan en pequeñas masas llamadas flóculos, de tal manera que su peso específico supere al del agua y se puedan precipitar.

El proceso de coagulación transforma las pequeñas partículas coloidales en grandes aglomerados, de manera que se facilite la sedimentación.

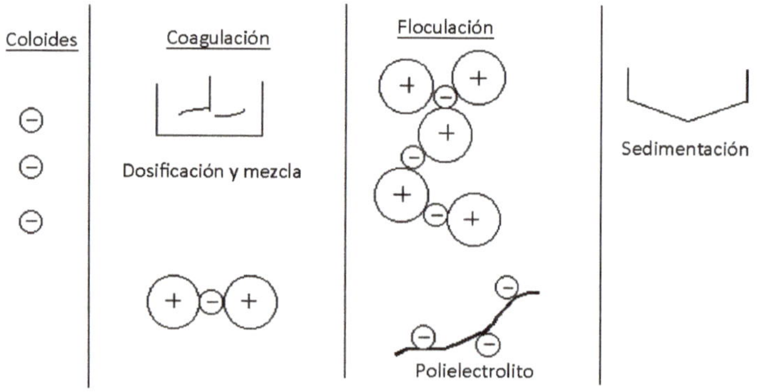

Figura 3.3 Esquema de las etapas de coagulación y floculación.
(Fuente: CEPIS, 1992)

La coagulación implica tres etapas:

1. **Adición de coagulante:** sales de aluminio o hierro, para producir cationes poliméricos, tales como $[Al_{13}O_4(OH)_{24}]^{7+}$ y $[Fe_3(OH)_4]^{5+}$; cuyas cargas positivas neutralizan las cargas negativas de los coloides, permitiendo que las partículas se unan formando aglomerados pequeños denominados flóculos.
2. **Desestabilización de la partícula coloidal y formación de flóculos.**
3. **Sedimentación de flóculos.**

La unión de estos flóculos pequeños en conglomerados mayores (floculación) se realiza con ayuda de polímeros, que permiten la decantación a velocidades altas de sedimentación. Debido a que la coagulación y la inmediata etapa de floculación ocurren rápidamente, en la práctica poco se distinguen.

La floculación está relacionada con los fenómenos de transporte dentro del líquido para que las partículas hagan contacto. Esto implica la formación de puentes químicos entre partículas, de modo que se forme una malla de coágulos, la cual sería tridimensional y porosa; de esta manera, el crecimiento de partículas coaguladas en un flóculo es lo suficientemente grande y pesado como para sedimentar.

El término "coágulo" se refiere a las reacciones que suceden al agregar un reactivo químico (coagulante) en agua, originando productos insolubles. La coagulación comienza al agregar el coagulante al agua y dura fracciones de segundo.

Las principales sustancias con propiedades coagulantes utilizadas en el tratamiento de las aguas son:

- Sulfato de aluminio
- Cloruro férrico
- Sulfato ferroso y férrico
- Clorosulfato férrico

3.4 Modelos teóricos de la coagulación y la floculación

Existen dos modelos de coagulación:

a) El **modelo físico** o de **la doble capa**, basado en fuerzas electrostáticas de atracción y repulsión: al poner en contacto las partículas coloidales con el electrolito (coagulantes químicos), los iones de signo opuesto al de la partícula coloidal, que quedan en exceso en la disolución y que rodean a la partícula, forman con esta una "doble capa eléctrica", como

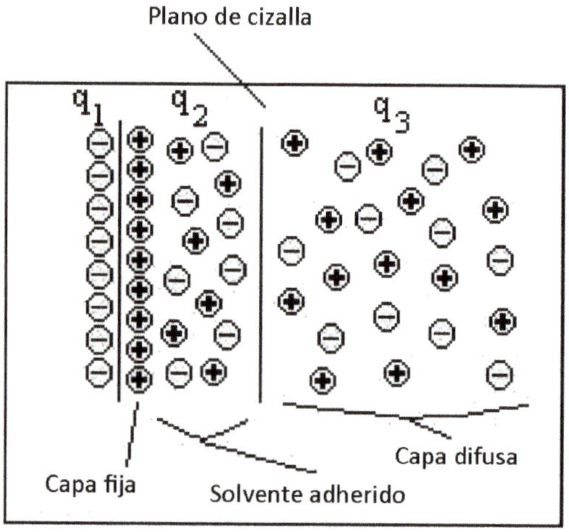

Figura 3.4 Modelo de la formación de la doble capa.
(Fuente CEPIS, 1992)

se muestra en la figura 3.4. Algunos de estos iones quedan fijados al sólido por fuerzas electrostáticas de adsorción, y los demás constituyen una zona de difusión hasta llegar a una distribución iónica uniforme en el líquido. La diferencia de potencial de esta capa difusa se conoce como "potencial Z" (Eckenfelder, 1996: 275).

b) El **modelo químico**, llamado **puente químico**, que relaciona una dependencia entre el coagulante y la superficie de los coloides (Escobar, 2004: s.n.p.).

Otros modelos teóricos basados en la floculación son:

a) El primero es llamado **ortocinético**, el cual está promovido por agitación externa principalmente. Influye en partículas de tamaño superior a la micra y tiene relación con los gradientes de velocidad del líquido.
b) El segundo modelo se llama **pericinético**, y se diferencia del primero en que su fuente de agitación es interna. Principalmente están involucrados el movimiento browniano y la sedimentación. Sobre todo tiene efecto en partículas de tamaño inferior a un micrón (Linares, 2004: 94).

La coagulación es un proceso que depende del tiempo. Stumm y O'Melia (1986) identificaron varias etapas durante la reacción (Stumm, 1986: 514):

1. Hidrólisis de los iones y su subsecuente polimerización hasta llegar a especies hidrolíticas multinucleadas.
2. Absorción de las especies hidrolíticas en la interfase de la solución sólida para lograr la desestabilización del coloide.

3. Aglomeración de las partículas desestabilizadas mediante un puente entre las partículas que involucra el transporte de estas y las interacciones químicas.
4. Aglomeración de las partículas desestabilizadas mediante el transporte de las mismas y las fuerzas de Van Der Waals.
5. Formación de flóculos.
6. Sedimentación de flóculos.

3.5 Factores que influyen en el proceso de coagulación y floculación

3.5.1 Temperatura

Este efecto es apreciable en climas muy marcados, principalmente cuando se alcanzan temperaturas de congelación, debido a que la viscosidad del agua incrementa cuando disminuye la temperatura y, como esta es inversamente proporcional a la agitación pericinética de las partículas, el fenómeno de transporte también disminuye. Las partículas de tamaño menor a un micrón necesitan la agitación pericinética para conseguir la aglomeración inicial hasta alcanzar el diámetro de una micra.

Antes de llegar a este tamaño, la floculación ortocinética es totalmente ineficiente y se anula el transporte de partículas, de tal manera que el porcentaje de remoción baja porque no se consigue la aglomeración de partículas pequeñas.

3.5.2 Características del agua cruda

La coagulación y, por consiguiente, la floculación son extremadamente sensibles a las características fisicoquímicas del agua cruda, tales como la alcalinidad; la cual se define como la capacidad del agua para neutralizar los ácidos donde los bicarbonatos, los carbonatos y el ion hidroxilo representan las formas más importantes de alcalinidad, pero en algunos casos los boratos, los silicatos y los fosfatos pueden contribuir en ello. Aunque el bicarbonato HCO_3^- es la forma más común de alcalinidad, lo que más interesa es el sistema amortiguador CO_2, H_2CO_3, HCO_3^-, $CO_3^=$ (Zhao, 2002: 115-121).

El pH, el tamaño de las partículas, la temperatura, la concentración y la naturaleza de las partículas que producen la turbiedad también tienen una notable influencia en el proceso de floculación. Por lo general, es más fácil flocular aguas con elevada turbiedad y que presenten una amplia gama de tamaños de partículas. La tabla 3.1 muestra una clasificación del agua cruda dependiendo de su concentración coloidal y de su alcalinidad.

Tabla 3.1 Clasificación del agua según su comportamiento en la coagulación

Alta concentración de coloides Baja alcalinidad	Adsorción de polímeros metálicos o coagulantes positivos en la superficie de los coloides (pH 4 a 7)	Dosis del coagulante incrementa con la concentración de partículas. Adición de alcalinidad en algunos casos
Alta concentración de coloides Alta alcalinidad	Adsorción de polímeros metálicos o coagulantes positivos y precipitación de hidróxidos (pH > 7)	Dosis de coagulantes incrementa con concertación de partículas
Baja concertación de coloides Alta alcalinidad	Formación de precipitado (flóculo de barrido)	Altas concentraciones de coagulantes. Adición de partículas
Baja concentración de coloides Baja alcalinidad	Formación de precipitado (flóculo de barrido)	Altas dosis de coagulantes. Adición de alcalinidad o ambos

(Fuente: CEPIS, 1992)

3.5.3 Otras variables importantes

- **Dosis óptima:** es la dosis química requerida para llevar a cabo el proceso de floculación-coagulación y depende del mecanismo de desestabilización.
- **pH óptimo:** el pH del agua cruda es un factor importante en el proceso de coagulación, debido a la alcalinidad del agua cruda define el tipo de tratamiento, incluyendo de esta manera coagulación, ablandamiento, corrosión e incrustación.
- **Concentración óptima:** se conoce como concentración óptima del coagulante a la relación de dilución ideal para permitir el proceso de coagulación que conlleve la mejor formación de flóculos en el proceso de floculación.

3.6 Floculación

Normalmente, la floculación se analiza como un proceso causado por la colisión entre partículas, en el cual intervienen tres mecanismos (Cepis, 1992):

1. Floculación pericinética o browniana: debida a la energía térmica del fluido.

2. Floculación ortocinética o gradiente de velocidad: producida en la masa del fluido en movimiento.
3. Sedimentación diferencial: debida a las partículas grandes, las cuales cuando se precipitan colisionan con las más pequeñas que van descendiendo lentamente y se aglomeran.

3.7 Factores que influyen en la floculación

Los factores que influyen en la eficiencia de este proceso son (Cepis, 1992):

a) Naturaleza del agua: aglomeración y naturaleza de las partículas coloidales.
b) Intensidad de aglomeración, "influencia del gradiente de aglomeración": cuanto mayor es el gradiente de aglomeración, más rápida es la aglomeración de las partículas. La resistencia de la masa depende de una serie de factores como tamaño, forma y compactación.
c) Tiempo de floculación: "compartimentalización" dada por las pruebas de jarras (*jar test*). La literatura reporta modelos propuestos para la floculación, en la cual la aglomeración de las partículas es proporcional al tiempo.

3.8 Diferencia entre floculante y coagulante

Es importante conocer en primera instancia las definiciones de lo que son sustancias floculantes y sustancias coagulantes:

- **Floculantes:** son polímeros generalmente orgánicos aplicados para promover la formación de flóculos en el agua, promueven la formación de los enlaces entre las partículas. Estos se dividen en tres grupos: catiónicos, aniónicos y no iónicos.
- **Coagulantes:** son los iones positivos con alta valencia. Generalmente se aplican el aluminio y el hierro; aluminio como $Al_2(SO_4)_3$ e hierro como $FeCl_3$ o $Fe_2(SO_4)_3$. Se puede también aplicar en forma relativamente barata el $FeSO_4$, a condición de que se haya oxidado a Fe^{3+} durante la aireación. La coagulación depende en gran medida de las dosis de coagulantes, del pH y de las concentraciones coloidales.

De tal manera, la diferencia entre un coagulante y un floculante se basa en añadir al agua un electrolito –en el caso de la coagulación– llamado "coagulante", el cual es habitualmente una sal de hierro o aluminio. Su forma de actuación es la liberación de iones positivos capaces de atraer a las partículas coloidales y neutralizar su carga, o mediante la formación de productos de baja solubilidad que se precipitan arrastrando los coloides, mientras que los floculantes se caracterizan por ser macromoléculas de cadena larga y de alto peso molecular, generalmente polímeros. Estos polímeros tienen un efecto muy específico, dependiente de sus cargas, su peso molar y su grado molecular de ramificación. Los polímeros son solubles en agua y su peso molar varía entre 10^5 y 10^6 g/mol. Puede haber varias cargas en un floculante.

3.9 Prueba de jarras (*jar test*)

Las pruebas de jarras son simulaciones, que se hacen en el laboratorio, de las operaciones de coagulación, floculación y sedimentación que se realizan en las plantas de tratamiento y potabilización de aguas. Al igual que otras pruebas analíticas, se ha estandarizado un método para facilitar la comparación y la convalidación de los resultados. El estudio de la prueba de jarras nos proporciona los elementos para su aplicación en el diseño de unidades de tratamiento físico-químico. El equipo para las pruebas de jarras consiste en un set de agitadores mecánicos, controlados por un aparato que regula su velocidad, y una lámpara de iluminación.

3.10 Caso de estudio

Se aplicó la prueba de jarras para evaluar la tratabilidad de agua residual de la industria de alimentos con los siguientes productos químicos: cloruro férrico, sulfato de aluminio, hidroxicloruro de aluminio, clorosulfato de aluminio, sulfato de polialuminio y poliacrilamida. Las condiciones de agitación y tiempos fueron las siguientes:

- mezcla rápida: 110 rpm por 1 minuto
- mezcla lenta: 40 rpm por 10 minutos
- sedimentación: 0 rpm por 10 minutos

Se tomó como respuesta la turbiedad residual, con ayuda del turbidímetro Cole Parmer Vernon Hills, Illinois 60061.

Para los productos con mejores eficiencias de remoción se evalúa el carbono orgánico total con el equipo Apollo9000 de Tekmark.

3.10.1 Cloruro férrico ($FeCl_3$), grado industrial

La aplicación de cloruro férrico en la muestra de agua residual se aplicó en dosis de 5 a 65 mg/L. La dosis óptima experimental en la prueba de jarras es de 5 mg/L. La eficiencia de remoción de materia contaminante para el cloruro férrico es del 21%, considerando una turbiedad inicial de 102.7 UTN.

Cabe señalar que, en algunos casos, la aplicación de este coagulante presenta la característica de proporcionar color al agua residual; los flóculos formados son inestables, en ocasiones inexistentes y muy esponjosos, es decir de difícil separación posterior. El comportamiento de pH final con el uso de cloruro férrico no varía respecto al pH inicial (6.0) del agua residual industrial y se mantiene constante al final de la prueba a pesar del incremento de dosis.

3.10.2 Sulfato de aluminio ($Al_2(SO_4)_3$), grado industrial

El empleo de este coagulante no proporciona buena respuesta en cuanto a la remoción de turbidez; presenta una eficiencia de remoción del 52% con una dosis de 45 mg/L partiendo de una turbidez inicial de 113.1 UTN. La morfología de los lodos obtenidos es inestable ante turbulencias mínimas de consistencia viscosa y de difícil eliminación por sedimentación. El pH, después de la adición de este coagulante inorgánico, no presenta cambios significativos y se mantiene así un pH ligeramente incrementado de 5.6 (pH inicial) a 5.8 unidades.

3.10.3 Poliacrilamida

El cambio de pH con el uso de la poliacrilamida no registra cambio alguno en comparación con el pH inicial después de la aplicación a alguna dosis en el agua residual industrial. La menor turbidez en cuanto a remoción de materia contaminante es de 15.4 UTN considerando una turbiedad inicial de 88.6 UTN, con una dosis de 0.03 mg/L de poliacrilamida y con una eficiencia de remoción del 82%. La generación de lodo es baja y muestra una consistencia viscosa, de difícil eliminación debido a que los lodos tienden a pegarse en la paleta de agitación y en las paredes de la jarra de prueba, por lo cual no se recomienda como un coagulante efectivo.

3.10.4 Hidroxicloruro de aluminio (PAC) Clarian®

La dosis suministrada de este coagulante fue de 0.058 mg/L a 2.8 mg/L como Al_2O_3. La dosis óptima obtenida es de 0.29 mg/L con una turbiedad residual de 3 UTN considerando una turbiedad inicial de 122.3 UTN y alcanzando una eficiencia del 97%. Los lodos generados con el uso de hidroxicloruro de aluminio son de buena calidad cualitativa debido a que poseen cierta estabilidad y un adecuado tamaño de separación. Se procedió a la cuantificación de los lodos obtenidos en un promedio de 0.4011 g/L de agua tratada. Sin embargo, a partir de una dosis de 0.12 mg/L, la turbiedad residual disminuye a menos de 30 UTN y, si tenemos en cuenta que hay un tratamiento posterior –proceso biológico–, se puede considerar que es una dosis adecuada para eliminar la alta carga de contaminantes. Se realizaron pruebas para observar el comportamiento de este coagulante a varios valores de pH 4, 8 y el del agua cruda correspondiente a 6.2, y se ajustó el pH con soluciones de ácido sulfúrico e hidróxido de sodio. En ninguno de los tres casos hubo cambio de pH después de la aplicación de hidroxicloruro de aluminio, por lo cual es preferente emplear este coagulante en un pH del agua cruda como un pH óptimo de aplicación.

3.10.5 Clorosulfato de polialumino

La aplicación de este coagulante sintetizado obtuvo una remoción de materia contaminante del 70%. La característica cualitativa de los lodos generados por el uso de este coagulante conlleva la formación a lodos o flóculos inestables y abultados, de difícil separación de la fase líquida obtenida conocida como "sobrenadante". La dosis óptima es de 5.7 mg/L, su relación con la turbidez residual, considerando una turbiedad inicial de 55.9 UTN. El cambio de pH no tuvo modificación alguna con el incremento sucesivo de aplicación para este coagulante.

3.10.6 Sulfato de polialuminio

La mejor dosis óptima de este coagulante sulfato de polialuminio (SPA) es de 0.254 mg/L, y se obtuvo una eficiencia de remoción de materia contaminante del 98%, considerando una turbiedad inicial de 118.0 UTN; respecto al pH, con el uso de esta sustancia coagulante fue manteniéndose constante.

En la tabla 3.2 se muestran los porcentajes de remoción de materia contaminante para cada producto químico aplicado, así como las observaciones encontradas durante su aplicación, donde se resume que la eficiencia del hidroxicloruro de aluminio y del sulfato de polialuminio son superiores respecto a la sedimentación.

Tabla 3.2 Porcentajes de remoción respecto a la turbiedad según los diferentes coagulantes aplicados

Coagulante	Dosis Mg/l	Remoción %	Observaciones
$FeCl_3$	5	21	Incremento de la coloración del agua tratada, lodos inestables, de difícil separación posterior
$Al_2(SO_4)_3$	44.3	52	Baja sedimentabilidad e incremento de turbiedad del agua
Hidroxicloruro de aluminio (PAC)	0.29	97	Sedimentabilidad adecuada con formación de flóculos estables
Poliacrilamida	0.3	82	Formación de flóculos extremamente viscosos de difícil limpieza
Clorosulfato de polialuminio	5.7	70	Baja sedimentabilidad y formación de flóculos inestables
Sulfato de polialuminio (SPA)	0.25	98	Sedimentabilidad adecuada

(Fuente: elaboración propia)

Las características cualitativas de separación de lodos generados es práctica en cuanto a su aplicación en el proceso de tratamiento. Una vez seleccionados los dos agentes coagulantes de mejor remoción de contaminantes, se procedió a repeticiones de este ensayo para llevar a cabo un análisis fino y, de esta manera, determinar el abatimiento de carbono orgánico total (COT). Esto se puede apreciar en la figura 3.5, donde a continuación se presentan los resultados en abatimiento de carbono orgánico total expresados en ppm, así como también expresados en mg de carbono, contenidos en las muestras tratadas bajo el proceso fisicoquímico de coagulación floculación llevada a cabo en la prueba de jarras.

La turbidez residual se remueve, en términos de eficiencia, un 97% con la aplicación de hidroxicloruro de aluminio (PAC) logrado con 0.29 mg/l y con un abatimiento del COT de un 60%. La dosis óptima en el caso del sulfato de polialuminio (SPA) es de 0.25 mg/l, y se obtiene una eficiencia de remoción de materia contaminante del 98%, como turbiedad residual, y en términos de abatimiento de COT, un 63%. La cuantificación de los lodos producidos después de la aplicación de estos procesos fisicoquímicos de coagulación floculación son ligeramente semejantes: 0.4011 g/L y 0.4232 g/L en el agua tratada para PAC y SPA, respectivamente.

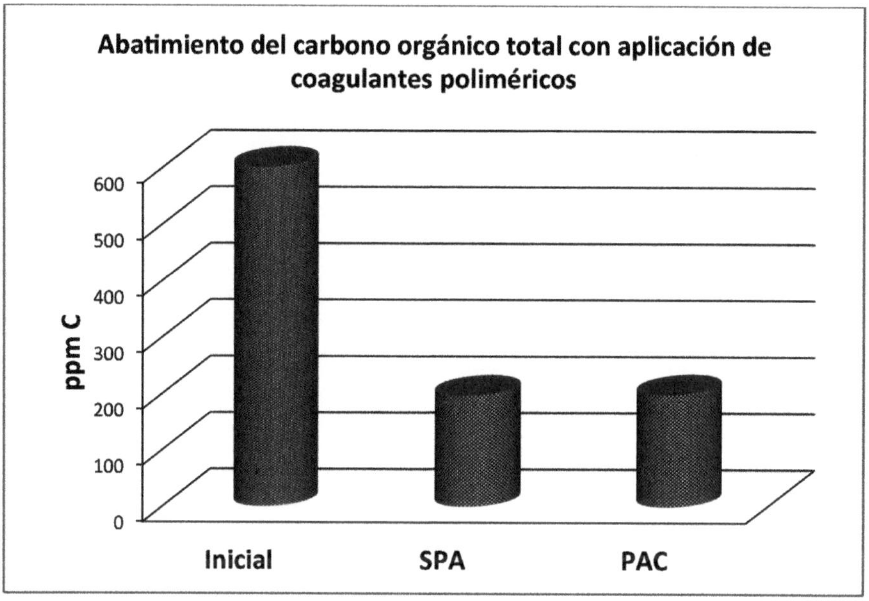

Figura 3.5 Determinación de carbono orgánico total para los coagulantes PAC y SPA. (Fuente: elaboración propia)

3.11 Conclusiones

Con el uso de los coagulantes inorgánicos de cloruro férrico y de sulfato de aluminio no se alcanzaron eficiencias de remoción significativas de turbiedad: 21% y 52%, respectivamente; y esta última con una dosis de 44 mg/L.

Con la aplicación de ambos reactivos, hidroxicloruro de aluminio (PAC) y sulfato de polialuminio, se obtienen eficiencias de remoción en el agua del proceso de descarga de la industria alimentaria del 97% y el 98% para turbiedad, y del 60% y el 63% para el carbono orgánico total.

Clorosulfato de polialuminio y sulfato de polialumino son productos que se sintetizan en el laboratorio de Especialidad de la Facultad de Química, por lo que no se consideran productos aplicables en la industria, debido a que no se han producido en altos volúmenes.

Se recomienda el uso de PAC, con el beneficio de que se puede disminuir la dosis por el arreglo de la planta de tratamiento de agua.

Agradecimientos

Se agradece a la empresa alimentaria el apoyo otorgado en el giro de la panificación al permitirnos realizar las pruebas con el agua de su proceso de manufactura. Asimismo, a la estudiante Teresa Torres Blancas por el trabajo realizado para obtener su título de Licenciatura de Química.

Referencias

ALISTAIR S. *et al.* (1995). *Food Polysaccharides and Their Applications*. Ed. Marcel Dekker, New York, pp. 22-30.

CAMPOS MEDINA E. (2003). "Tratamientos electroquímico y radiación gamma en la remoción de contaminantes de un agua residual industrial". Tesis Doctorado Universidad Autónoma del Estado de México, México, p. 152.

CENTRO PANAMERICANO DE INGENIERÍA SANITARIA Y CIENCIAS DEL AMBIENTE CEPIS (1992). "Manual 3: teoría coagulación, tomo 1". Compiladores Richert C., Carrión J., Canempa L. Serie: filtración rápida, Curitiba-Brasil, pp. 13-114.

ECKENFELDER, W. W. (1996). *Industrial water pollution control.* McGraw-Hill, New York.

ESCOBAR, J. C. (2004). *Tratamiento primario avanzado (TPA) de aguas residuales diagramas de coagulación-floculación y variables operativas*. ASOCIACIÓN INTERAMERICANA DE INGENIERÍA SANITARIA Y AMBIENTAL (AIDIS).

LINÁRES HERNÁNDEZ I. (2004). "Diagnóstico de la operación de un sistema de tratamiento de aguas residuales de la industria alimentaria". Tesis Licenciatura Facultad de Química. UAEM, México.

METCALF y EDDY (1994). *Reingeniería Sanitaria: tratamiento, evacuación y reutilización de aguas residuales.* Mcgraw-Hill, 3a ed., Bogotá.

STUMM W., O'MELIA C. R. (1986). "Stoichiornetry or coagulation". *Journal AWWA*, 60, p. 514.

TORRES BLANCAS T. (2005). "Comparación de procesos fisicoquímicos para la eliminación de COT en agua residual industrial". Tesis de Licenciatura en Química.

ZHAO, Y. Q., PAPAVASILOPOULOS, E. N., BACHE, D. H., MACKINNON, P. A. (2002). "Polymer conditioning of alum sludge and discrepancy between the estimates of the optimum dosage". *Water Science and Technology*, 46, pp. 115-121.

Capítulo 4

Celdas de laboratorio y reactores industriales electroquímicos

Bernardo A. Frontana-Uribe[a], Rubén César Vásquez Medrano[b]

[a] Centro Conjunto de Investigación en Química Sustentable. Universidad Autónoma del Estado de México. Km 14.5, Carretera Toluca-Atlacomulco, C.P. 50200, Toluca, México.
Instituto de Química, Universidad Nacional Autónoma de México. Circuito Exterior s/n, Ciudad Universitaria, Delegación Coyoacán. C.P. 04510, México D.F. Email: bafrontu@unam.mx

[b] Departamento de Ingeniería y Ciencias Químicas. Universidad Iberoamericana. Campus Cd. de México, prol. Paseo de la Reforma, 880, col. Lomas de Santa Fe, C.P. 01219, México D.F. México.

Resumen

La reacción electroquímica ocurre en la superficie de los electrodos que se encuentran dentro de una celda electroquímica. En cuanto a la reacción de transferencia de electrones de naturaleza heterogénea es importante describir los fundamentos de estos dispositivos. En este capítulo se describen las principales características físicas y de diseño de celdas de laboratorio y de reactores electroquímicos industriales que permiten obtener transformaciones eficientes gracias a un correcto control del potencial del electrodo en estos sistemas.

4.1 La reacción electroquímica y su naturaleza heterogénea

La principal característica de una reacción electroquímica es la naturaleza heterogénea de la transferencia de electrones entre el electrodo y las especies, con lo que se provocan reacciones de reducción-oxidación (redox). La energía de los electrones del electrodo se modifica a voluntad mediante una fuente de poder. El aumento de esta a niveles del LUMO (Lowest Unocuppied Molecular Orbital) de una molécula por transformar permite transferir electrones del cátodo hacia la molécula provocando una reducción. El proceso inverso en el ánodo produce una oxidación al retirar electrones del HOMO (Highest Ocuppied Molecular Orbital) de una molécula.

Todo proceso electroquímico sucede en la interfase electrodo-disolución, y los intermediarios de esta reacción redox terminan de reaccionar en el seno de la disolución para dar lugar a las especies estables finales. Esta situación hace que factores como el material de los electrodos, la correcta disposición de estos, el transporte de masa y de caida de potencial sean factores de suma importancia en la concepción de una celda o en el diseño de un reactor electroquímico. Así, la cinética de los procesos electroquímicos viene controlada por la naturaleza y la afinidad del material del electrodo (Gileadi, 1993: pp). Esta situación parecería desfavorable; sin embargo, es una de las principales ventajas de las reacciones electroquímicas frente a las reacciones redox en una fase homogénea, ya que es posible desfavorecer una reacción frente a otra ganando en selectividad y logrando una alta eficiencia. Un ejemplo de ello es el uso de los electrodos de diamante dopados con boro (BDDE) que se han empleado en la electrodescontaminación de efluentes por medio de una electrooxidación a altos valores de potencial. En estos electrodos, la reacción de oxidación de agua a O_2 es poco eficiente y requiere una alta energía para que ocurra; lo que permite que la ventana de electroactividad anódica aumente casi 1 V, en comparación con la observada para un electrodo de Pt. Algo similar ocurre con los sistemas H^+/H_2, I^-/I_2 y Br^-/Br_2, donde se requiere una adsorción de los reactivos en la superficie del electrodo (mecanismo de transferencia electrónica por esfera interna; Kraft, 2007:355-385). Esta situación generada por la lenta cinética de la reacción anódica del agua permite oxidar moléculas en una región de potencial donde no se podría usar un electrodo de Pt. Si bien, el hecho de tener un sistema heterogéneo de reacción se puede utilizar a nuestro favor, también puede ser un limitante, ya que la velocidad de la reacción electroquímica depende de la energía de la superficie del electrodo –potencial de electrodo– y también en gran medida de la velocidad con la que la materia prima llega al electrodo –transporte de masa–. Para ello, para lograr una transformación eficiente o un análisis exitoso tanto el material de electrodo como el potencial de trabajo, transporte de masa y factores inherentes a la heterogeneidad de la reacción, tienen que analizarse cuidadosamente a la hora de proponer un diseño de celda, tanto a nivel laboratorio como a nivel industrial. De no ser así, se corre el riesgo de generar reacciones parásitas acopladas al proceso de interés, de tener tiempos de reacción muy largos o de trabajar con un sistema excesivamente costoso.

La ecuación de conservación de masa al electrodo (ecuación 4.1) determina también las limitantes de construcción y manejo de la celda. Para lograr la transformación de una materia prima en un tiempo adecuado, esta deberá reaccionar en una celda con la mayor relación S/V [superficie o área de electrodo (S) y volumen (V)], parámetro denominado "constante de celda". Dado que es poco factible disminuir el volumen por electrolizar, ya que la solubilidad de la materia prima puede ser comprometida, generalmente las celdas para una macrotransformación se construyen con la mayor área de electrodo posible. El primer término diferencial representa el consumo de la especie en la superficie del electrodo donde x es la distancia del electrodo hacia la disolución. Por ello, cuanto más rápido sea el perfil de cambio de concentración dentro de la capa límite de difusión[1], mayor será la velocidad de reacción electroquímica. El tamaño de esta capa depende de dos factores: el primero es el voltaje del electrodo (energía en la interfase) y el segundo es el tamaño de la capa de difusión (agitación).

$$\frac{\partial C}{\partial t} = D\frac{S}{V}\left(\frac{\partial C}{\partial x}\right)_{x=\delta} + \left(\frac{\partial C}{\partial t}\right)_{\text{Quim}} \qquad \textbf{(4.1)}$$

Así, un electrodo sometido a un mayor voltaje –sin alcanzar otras reacciones electroquímicas más que la de interés– y a una agitación eficiente –transferencia de masa maximizada– genera cambios de concentración más rápidos en la capa límite de difusión; lo que, de acuerdo a la ecuación 4.1, aumenta la velocidad total de la transformación. La dependencia directa de la velocidad electroquímica con el coeficiente de difusión de la especie por electrolizar (D) indica que la velocidad de la transformación es inversamente proporcional a la viscosidad del medio, factor determinante en la transferencia de masa por difusión al electrodo. El segundo término diferencial indica que la materia prima puede consumirse en una reacción electroquímica si esta reacciona químicamente con algún intermediario producido durante la electrólisis (reacción química = Quím).

Con estos antecedentes se describirán las principales características físicas y de diseño de celdas de laboratorio y de reactores electroquímicos que permitan obtener transformaciones eficientes y donde el potencial de electrodo esté bien controlado.

---

[1] La capa límite de difusión ($x = \delta$) se define como la distancia hacia la disolución, a partir de la interfase electrodo-disolución, hasta donde existe diferencia de concentración que provoca la difusión de especies hacia el electrodo y se representa con la letra griega δ.

4.2 Celdas electroquímicas de laboratorio

4.2.1 Celdas galvánicas y electrolíticas

Existen dos grandes grupos de celdas electroquímicas: las galvánicas y las electrolíticas. En las primeras (figura 4.1.a), la reacción electroquímica ocurre de manera espontánea gracias a que el ΔG de las reacciones que ocurren en los electrodos es negativo y, por lo tanto, el trabajo eléctrico es positivo y aprovechable. Como ejemplo de estas encontramos las pilas y las baterías, donde la energía química se transforma espontáneamente en energía eléctrica mediante las reacciones electroquímicas de los electrodos.

En las celdas electrolíticas ocurre lo contrario, por lo que para poder llevar a cabo la reacción deseada es necesario dar energía al sistema mediante el uso de una fuente de poder externa. El movimiento de los electrones a través del sistema se favorece al imponer una diferencia de potencial entre dos electrodos (ánodo y cátodo), lo que provoca transferencia de electrones en las interfases de estos. Por cuestiones de espacio, en este capítulo sólo nos centraremos en las celdas electrolíticas (figura 4.1.b), donde la corriente que circula en el sistema durante la electrólisis es directamente proporcional a la concentración de materia prima; es decir, generan corriente que sigue la ley de Faraday, denominada "corriente faradaica".

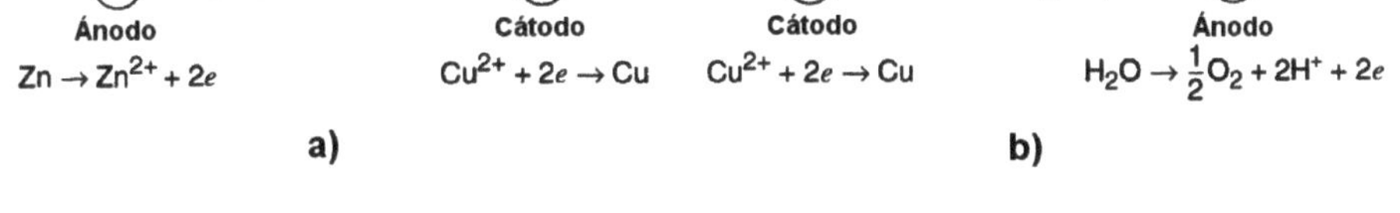

Figura 4.1 Esquema de una celda galvánica y una electrolítica.
(Fuente: Adaptada de Bard, A. L. Faulkner, 2001:19)

4.2.2 Generalidades de las celdas electrolíticas

En estas celdas se lleva a cabo una electrólisis –transformación redox no espontanea por transferencia de electrones en la superficie de un electrodo–, lo que requiere una fuente externa de poder. Las celdas que se emplean en un laboratorio de investigación tienen como principal objetivo recabar infor-

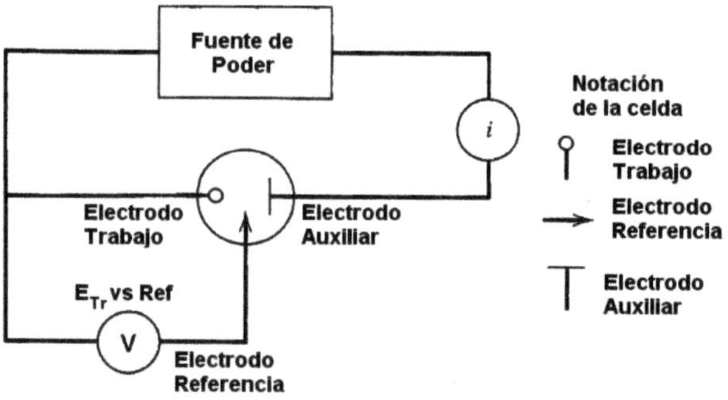

Figura 4.2 Esquema de una celda electrolítica de tres electrodos.
(Fuente: Adaptada de Bard, A. L. Faulkner, 2001: 26)

mación fundamental de los procesos electródicos y de la cinética de estos. Se dividen en dos grandes grupos: las celdas para estudios analíticos que emplean electrodos de trabajo pequeño[2] y las celdas para estudios preparativos o de macroelectrólisis, dotadas de electrodos de tamaño más grande de hasta algunas decenas de cm^2 de área. En las primeras celdas, la relación S/V de la ecuación 4.1 es muy pequeña, por lo que la transformación del analito es mínima y sólo cambia la concentración de la interfase sin que ello afecte a la concentración en el seno de la disolución. Puesto que se requiere un control exacto del potencial de electrodo de trabajo, se emplea una celda con arreglo de tres electrodos (figura 4.2). Esta consta de un electrodo de trabajo (ET, donde ocurre la reacción de interés), un electrodo auxiliar (EA, cierra el circuito eléctrico y realiza la reacción de polaridad contraria al ET) y un electrodo de referencia (ER, sirve para fijar el potencial en el electrodo de trabajo).

Debido a que el potencial eléctrico en un electrodo es una medida relativa, el introducir una referencia en paralelo al circuito eléctrico de la fuente externa de poder (potenciostato) permite ajustar el voltaje del ET al valor deseado, tomando como valor de potencial cero el que tenga el ER. Un amperímetro conectado en serie mide la corriente eléctrica que circula entre los electrodos donde ocurren las reacciones electroquímicas (ET y EA) al imponer un potencial en el electrodo de trabajo, y generalmente esta variable se usa como señal analítica en técnicas de cuantificación (Monk, 2001; Scholtz, 2010). Por lo tanto, la corriente eléctrica nunca circula por el electrodo de referencia, lo que asegura su integralidad y su valor de potencial constante a lo largo de los experimentos.

---

[2] Se emplean ultramicroelectrodos con decenas de micrómetros de diámetro o microelectrodos de hasta medio centímetro de diámetro y la corriente que circula por ellos está en el rango de nA a µA.

4.2.3 Celdas para estudios voltamperométricos analíticos

Como se mencionó previamente, en estas celdas se busca únicamente información termodinámica o cinética de los sistemas en estudio. Por ello, sólo se tiene una microtransformación en la interfase de los electrodos provocada por la imposición de potencial o corriente sin que afecte a la composición del medio. Los microelectrodos permiten monitorear eficientemente pequeños volúmenes desde 100 µL hasta varias decenas de mL, según la técnica que se emplee en el estudio. Un detalle importante en las celdas analíticas de tres electrodos (figura 4.2) es la distancia entre el electrodo de referencia y el electrodo de trabajo. Puesto que se emplean valores pequeños de corriente en estas celdas, y si se tiene una solución electrolítica de buena conducción, la posición de este electrodo no es muy relevante; sin embargo, una posición cercana al electrodo de trabajo es siempre la preferida. Si el sistema presenta limitaciones de conductividad –análisis en medios no acuosos– y la distancia entre el ET y el ER es muy grande, la resistencia del medio puede ser muy alta, lo que genera un potencial de caída óhmica muy importante que altera el potencial del electrodo de trabajo. Si esto ocurre, el potencial que impone el potenciostato no es en realidad el potencial de trabajo del electrodo. En estos sistemas se emplea un capilar de Luggin para acercar lo más posible el electrodo de referencia al electrodo de trabajo. Este es un compartimiento de vidrio que termina en forma de capilar con una membrana o polímero transportador de iones como el Vycor®, que va lleno de la disolución de electrolito soporte y contiene al electrodo de referencia en él. Para conseguir mediciones fiables de potencial y corriente, sobre todo en casos en los que se utilizarán disolventes poco conductores como los orgánicos, es necesario realizar la compensación por la caída óhmica del medio. Así, los resultados obtenidos a partir de estas mediciones de potencial no reflejarán la distorsión debida a la resistencia del medio ($E = IR$). Para determinar la resistencia, el método más empleado es el de retroalimentación positiva (*positive feedback*) y es importante seguir cuidadosamente las instrucciones del fabricante del potenciostato para realizarla, ya que un exceso de retroalimentación positiva puede dañar gravemente el equipo. Generalmente, los electrodos auxiliares que cierran el circuito son de mayor área que el electrodo de trabajo para evitar limitaciones del paso de corriente por él y, si la conductividad de la solución es adecuada, no tienen una posición preferida en la celda. Estos electrodos se fabrican con materiales químicamente inertes y resistentes a los potenciales de oxidación que se pueden alcanzar al realizar un experimento, siendo los más usados platino, oro, acero inoxidable y grafito. El control de la temperatura es en muchos casos obligatorio, lo que requiere una celda enchaquetada para realizar esta labor, sobre todo cuando es imprescindible mucha exactitud y precisión a la hora de obtener la información termodinámica. También se precisa una disolución conductora que contenga un electrolito soporte inerte en alta concentración (100 veces más que el analito) para evitar aportes a la corriente por procesos de migración si el analito está cargado y generalmente se usa en el rango de 0.01 M a 1 M. En algunos experimentos, sobre todo en los que requieren de ultramicroelectrodos donde se emplean valores de corriente del orden de pA, es necesario aislar la celda de la perturbación electromagnética del ambiente, colocándola dentro de una caja de Faraday. Una celda clásica se muestra en la figura 4.3.

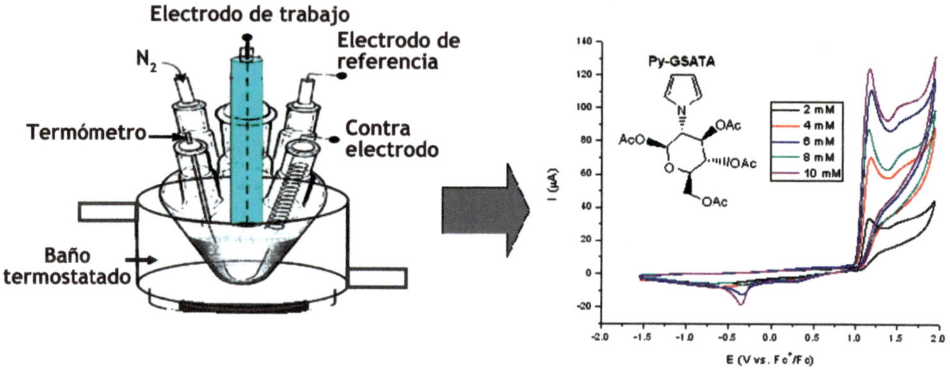

Figura 4.3 Celda de tres electrodos para estudios voltamperométricos y voltamperograma típico.
(Fuente: Páramo-García, 2010)

4.2.4 Celdas para macroelectrólisis a nivel laboratorio

Las celdas electrolíticas para estudios de macroelectrólisis en un laboratorio buscan transformar una cantidad apreciable de materia (0.1 g a 5 g) en un tiempo razonable –hasta unas cuatro horas aproximadamente–. Estas celdas pueden trabajar de modo potenciostático, controlando el potencial del electrodo de trabajo –requiere un arreglo de tres electrodos como el de la figura 4.2–, o galvanostático, es decir controlando la corriente del circuito –con un arreglo de dos electrodos, sólo ánodo y cátodo, como en la figura 4.1.b–. Una celda electrolítica potensiostática está limitada a celdas a nivel laboratorio y, cuando mucho, a un primer escalamiento de la celda y los electrodos; esto se debe al alto costo que tiene un potencióstato con la salida de corriente que se requiere para estos sistemas (>10 Amperes). Por ello, para sistemas industriales de macroelectrólisis es necesario trabajar con una corriente controlada en celdas de dos electrodos (más adelante en este capítulo).

Al realizar estudios de electrotransformaciones a nivel laboratorio, en las celdas electrolíticas que se emplean se combinan las propiedades mostradas en la tabla 4.1, y la elección de la forma de trabajo de cada una de ellas marcará el arreglo final (Lund, 2001: 223-292).

Tabla 4.1 Propiedades de las celdas electrolíticas y posibilidades de elección

Posibilidad 1	Propiedad	Posibilidad 2
Lotes	Modo de operación	Continuo
Potenciostático	Control eléctrico	Galvanostático
Un par	Número de electrodos	Múltiples pares
Estático	Movimiento del electrodo	Móvil
Bidimensional	Geometría del electrodo	Tridimensional
Superficial	Flujo del electrolito en el electrodo	Flujo forzado (percola)
Monopolar	Conexiones de los electrodos	Bipolar
Moderado	Volumen de electrolito	Capilar
Con separador	Separación entre electrodos	Sin separador
Celda abierta	Sellado de la celda	Celda cerrada

(Fuente: elaboración propia)

Un factor muy importante y que se refleja en las celdas descritas anteriormente es el arreglo paralelo de los electrodos. En estas celdas de macroelectrólisis a nivel laboratorio, la corriente que circula en ellas ya es considerable (cientos de mA a algunos A), por lo que los electrodos tienen que respetar un arreglo paralelo entre ellos manteniendo una distancia constante. Esto asegura una distribución uniforme de las líneas de potencial eléctrico y de corriente sobre los electrodos (figura 4.4). Si esta condición no se respeta, se deforma su distribución homogénea; lo que da lugar a regiones con un potencial diferente al impuesto favoreciendo zonas con diferente velocidad de reacción o la aparición de reacciones parásitas, condición que provoca una baja en la eficiencia de corriente o zonas muertas donde no ocurre la reacción electroquímica[3]. La simetría entre electrodos se puede lograr con celdas de electrodos concéntricos circulares, tubulares o cónicos, así como con láminas metálicas del mismo tamaño colocadas una frente a otra. Debido a que se trabaja a escala de laboratorio, el calentamiento de la celda es despreciable, por lo que no son necesarios sistemas de intercambio de calor y, por el contrario, en algunas ocasiones es preferible enfriar para estabilizar intermediarios (Yoshida, 1999: 9546, Maruyama, 2005: 7324-7325) o bien ganar selectividad en la transformación (Nieto-

[3] La eficiencia de corriente es el cociente entre la carga experimental y la carga teórica necesaria para completar la reacción de interés, esta última determinada a partir de la ecuación de la ley de Faraday. Cuando la totalidad de la electricidad que se aplica se consume exclusivamente en la reacción deseada, entonces se tiene una eficiencia de corriente del 100%.

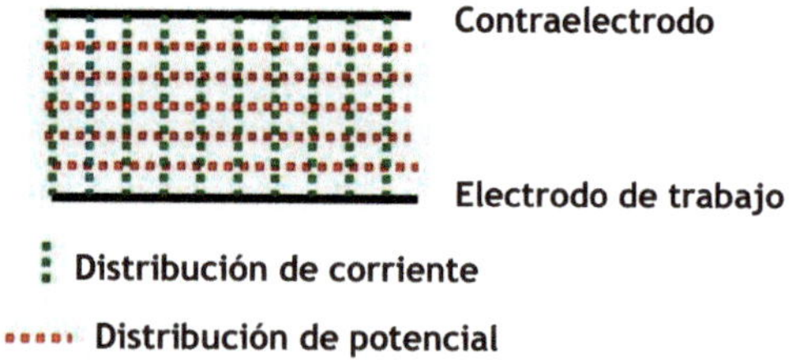

Figura 4.4 Distribución de las líneas de corriente y de potencial en una celda electrolítica con un arreglo ideal.
(Fuente: elaboración propia)

Mendoza, 2005: 4538-4541). Sin embargo, aún en esta escala, si se trabaja en un sistema de baja conductividad (medio orgánico), es necesario verificar el máximo de corriente que se puede aplicar sin que el disolvente sufra sobrecalentamiento y provoque su evaporación excesiva.

A continuación (figura 4.5) se describen como ejemplo dos celdas electroquímicas que se usan comúnmente a nivel laboratorio para realizar electrosíntesis y se describe la elección de las propiedades para su construcción.

Celda de lotes potensiostática, con un par de electrodos monopolares, con electrodo estático de mercurio bidimensional de volumen moderado con separador poroso y abierta (Moinet, 1969: 690-696)	Celda de electrólisis continua galvanostática, con electrodos monopolares, con electrodo tridimensional de carbón y de flujo forzado, de volumen moderado con separador poroso y cerrada (Lamoreux, 1986: 1-12)
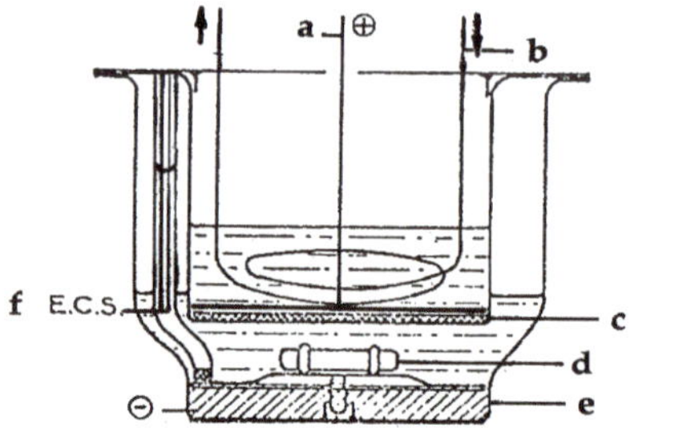	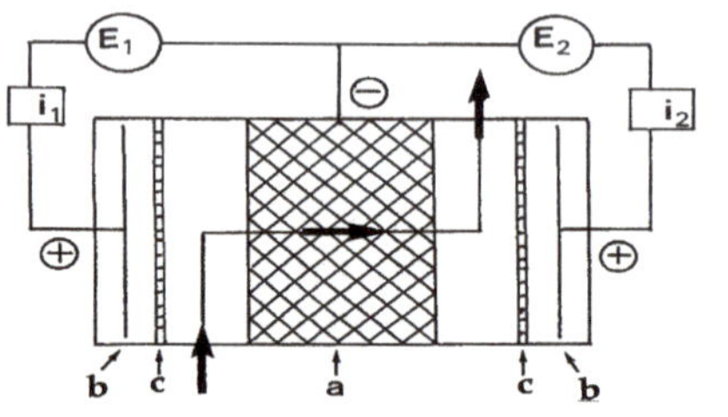
a) Contra-electrodo **d)** Barra magnética **b)** Refrigerante **e)** Electrodo de Hg **c)** Separador poroso **f)** Electrodo de referencia	**a)** Electrodo tridimensional (fieltro de carbón) **b)** Contra-electrodos de acero inoxidable **c)** Separador poroso (membrana iónica) E = Fuente de poder I_1 I_2 = Amperímetros

Figura 4.5 Celdas electrolíticas empleadas a nivel laboratorio y sus características de construcción.
(Fuente: elaboración propia)

4.2.5 Celdas espectroelectroquímicas

Las celdas espectroelectroquímicas se usan para recabar información sobre los cambios de absorción de radiación electromagnética de una especie al sufrir esta un proceso redox provocado por una reacción electroquímica (Wolfgang, 2008: 1). Como el espectro de absorción se registra antes, durante o después de la reacción electroquímica, se obtiene información valiosa sobre la estructura electrónica del compuesto en estudio (Stephen, 2011: 10246-10258), se pueden proponer intermediarios de vida media corta (Zalibera, 2011: 3942-3948) o bien es posible realizar estudios de cinética porque se acoplan ambas técnicas (Jin, 2008: 179-185). En estas celdas se busca que la transformación electroquímica sea rápida y completa para evitar señales de la materia prima, por lo que las celdas espectroelectroquímicas tienen un arreglo de celdas de capa delgada (*thin film cell*), donde la relación S/V de la ecuación 4.1 es muy grande. Esto hace que, al imponer un pulso de potencial por un tiempo corto, se transforme la mayor parte de materia prima que se encuentra en disolución y se obtenga el espectro del producto de electrólisis. Esta es una técnica ideal para determinar los cambios espectrales en función del potencial aplicado. Las celdas están constituidas por un electrodo en forma de malla de tamaño de poro amplio que permita el paso del haz de radiación a través de él, o bien por electrodos ópticamente transparentes como es el caso de cuarzo recubierto con óxidos de indio-estaño (ITO, por sus siglas en inglés):

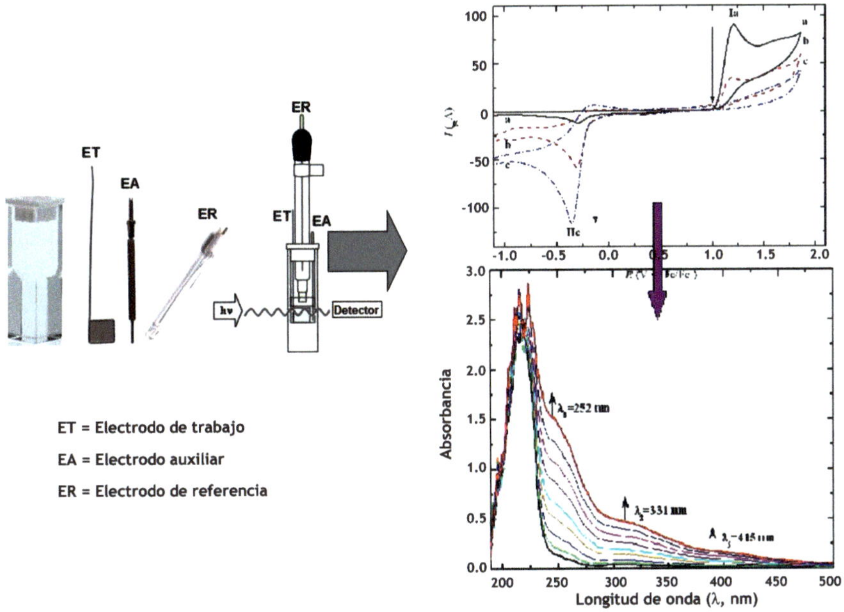

Figura 4.6 Celda espectroelectroquímica para estudios de UV-Vis-NIR acoplados con electroquímica.
(Fuente: adaptada de Páramo-García, 2010)

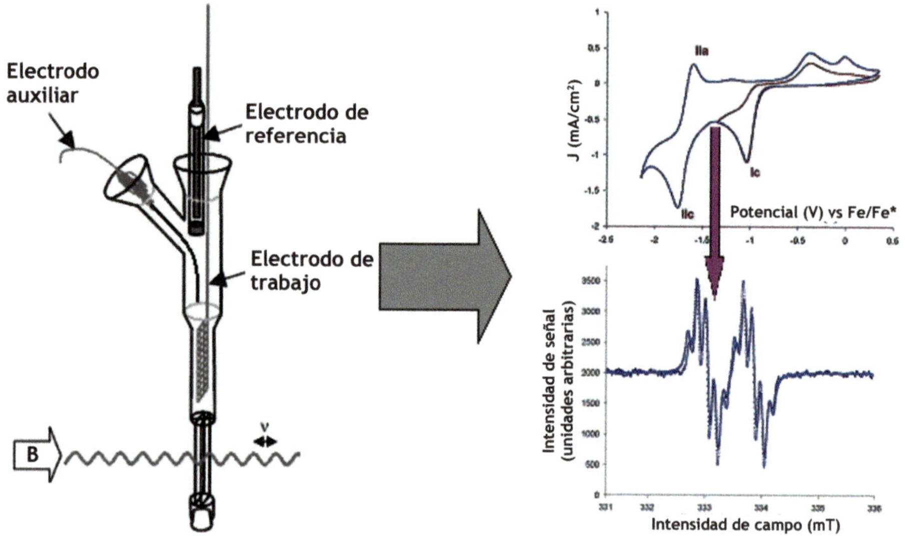

Figura 4.7 Celda espectroelectroquímica para estudios de EPR acoplados con electroquímica. La línea continua es el espectro experimental y la punteada es el simulado.

(Fuente: Frontana-Vázquez, 2004; 307-314)

La celda es una celda de UV-Vis clásica de 1 cm × 1 cm de volumen muy pequeño, del orden de 200-500 μL. Dadas las restricciones de absorción de radiación del vidrio, es importante tener en cuenta el rango de interés de análisis para verificar si se puede sustituir el cuarzo por este material menos costoso. Las técnicas espectroscópicas acopladas con electroquímica que más se usan son las UV-Vis-NIR (Figura 4.6), el infrarrojo, Raman y la espectroscopia de resonancia paramagnética electrónica (EPR por sus siglas en Inglés, Figura 4.7). Recientemente se han desarrollado técnicas multiespectroscópicas donde se puede realizar la adquisición de dos espectros de diferente técnica cuando se realiza una electrólisis (Dunsch, 2011: 1631-1646).

Los cambios de absorbancia en espectrofotometría UV-Vis siguen la ley de Lambert-Beer y, por lo tanto, representan cambios en la concentración de la especie oxidante y reductora en función del potencial aplicado. La relación entre la concentración de estas especies viene dada por la ecuación 4.2, donde A_E es la absorbancia al equilibrio en el potencial aplicado, A_R es la absorbancia del reductor y A_O es la del oxidante.

$$\frac{[Ox]}{[\mathrm{Re}\,d]} = \frac{A_E - A_R}{A_O - A_E} \qquad \textbf{(4.2)}$$

Dado que la ecuación 4.2 está relacionada con la ecuación de Nerst mediante la ecuación 4.3, el gráfico del cambio del logaritmo de esta relación en función del potencial aplicado (E_{app}) permite obtener el potencial de media onda ($E_{½}$) en la ordenada al origen (log $[Ox]/[\mathrm{Re}\,d] = 0$) y a partir del valor de la pendiente se obtiene el número de electrones involucrados en la reacción redox (n). Un ejemplo de este comportamiento nerstiano es la mioglobina que presenta un cambio rápido reversible de un electrón en el grupo hemo de esta proteína (Taboy, 2000: 39048–39054).

$$\log \frac{[Ox]}{[\mathrm{Re}\,d]} = \left(\frac{nF}{RT}\right)E_{app} - \left(\frac{nF}{RT}\right)E_{1/2} \quad \textbf{(4.3)}$$

Las celdas para espectroelectroquímica de resonancia paramagnética electrónica (EPR) son celdas construidas en cuarzo ultrapuro con espacios para cada uno de los electrodos de una celda de tres electrodos, siendo la parte de detección una típica celda plana para EPR. El electrodo de trabajo es una fina malla o un alambre delgado de un metal noble (Pt o Au) que se coloca dentro de esta zona plana y, al igual que en las celdas para UV-Vis, opera una electrólisis de celda de capa delgada consumiendo rápidamente la materia prima. Existen diversos tipos de celdas espectroelectroquímicas pero recientemente se ha descrito una que permite realizar determinaciones a bajas temperaturas y en sistemas de electrólisis en flujo, está construida dentro de un tubo de resonancia magnética nuclear (Wain, 2007: 1865–1873).

Las especies paramagnéticas (radicales, radicales aniones o radicales cationes) generadas por la electrólisis se detectan cuando se crean por la imposición del potencial en el electrodo de trabajo dentro de la cavidad del equipo de EPR. La identidad de estas especies se determina mediante simulación del espectro obtenido, donde se delimita el valor de constante hiperfina de cada uno de los átomos que interaccionan con el centro paramagnético. Cuanto mayor es esta constante con un átomo, más grande es la interacción del electrón desapareado con ese núcleo (López-Peña H. A., Hernández-Muñoz L. S., Frontana-Uribe B. A., González F. J., González I., Frontana C., Cardoso J. (2012). "Tacticity Influence on the Electrochemical Reactivity of Group Transfer Polymerization-Synthesized PTMA" *J. Phys. Chem. B,* 116, pp. 5542–5550, Weil, 2007: 35). La espectroelectroquímica de EPR también sirve para identificar compuestos paramagnéticos y, además, se usa para calcular el sitio de intercambio electrónico en una molécula de gran tamaño que presente varias posibilidades de favorecer el intercambio, así como para determinar el potencial de media onda de un compuesto.

Dado el diseño de la celda de EPR, esta presenta problemas para imponer un pulso de potencial desde el potencial de corriente nula hasta el potencial de interés, por lo que generalmente se realizan barridos lentos de potencial deteniendo el barrido en la región de potencial de interés para realizar la electrólisis (Bard, 1972: 2550).

4.2.6 Celdas electroquímicas para análisis en flujo

Las celdas electroquímicas analíticas para análisis en flujo generalmente se encuentran como detectores de equipos de cromatografía de líquidos de alta presión (HPLC por sus siglas en inglés) (Acworth, 1997: 3–50). Están compuestas por tres electrodos –trabajo, auxiliar y referencia– colocados dentro de un sistema de flujo continuo. En la actualidad, existen dos tipos: los denominados "amperométricos" y los "coulombimétricos". Los primeros tienen una disposición que hace que el flujo choque directamente en la superficie del electrodo de trabajo, mientras que, en los coulombimétricos, el flujo pasa a través del electrodo de trabajo (figura 4.8). El nivel de detección es al menos diez veces mayor en los coulombimétricos, dado que la corriente de detección es proporcional a la cantidad de analito electrolizado. El material del electrodo de trabajo es generalmente carbón, platino, oro o plata, pero últimamente para detección de compuestos de alto valor de oxidación se han desarrollado detectores con electrodos de diamante dopados con boro.

Dado que los detectores suelen ser sistemas cerrados, los electrodos deben tener un mínimo de mantenimiento. Por ello, el electrodo de referencia empleado para este fin es el de hidrógeno/paladio (ESA, 2011; Manchester, 1994: 62-82). Este electrodo es libre de mantenimiento pero su potencial cambia con el pH del eluyente del orden de 60 mV por unidad de pH y tiene una diferencia de 300 mV menos que el electrodo de Ag/AgCl. Al estar poco accesibles, los electrodos requieren protocolos electroquímicos de limpieza que involucran la imposición de valores altos de potencial anódico y catódico para mantener la superficie libre de impurezas. Recientemente se han desarrollado electrodos desechables que están serigrafiados en un polímero; de esta manera, los niveles de detección se mantienen y los problemas de línea base

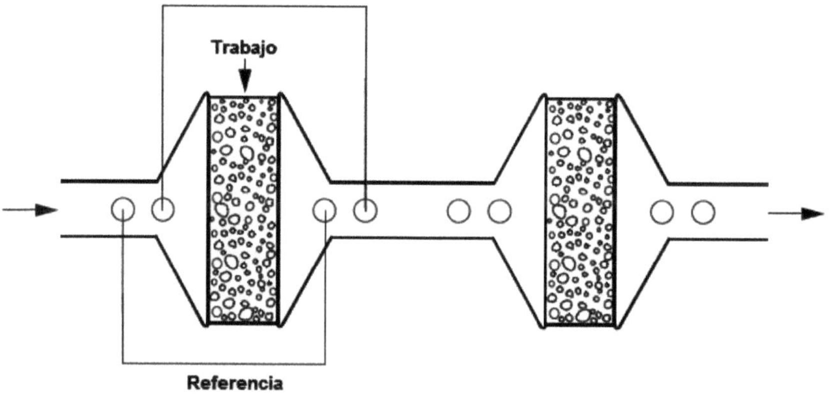

Figura 4.8 Celda del detector electroquímico de flujo para un equipo de HPLC equipada con dos detectores coulombimétricos.
(Fuente: ESA, 2011)

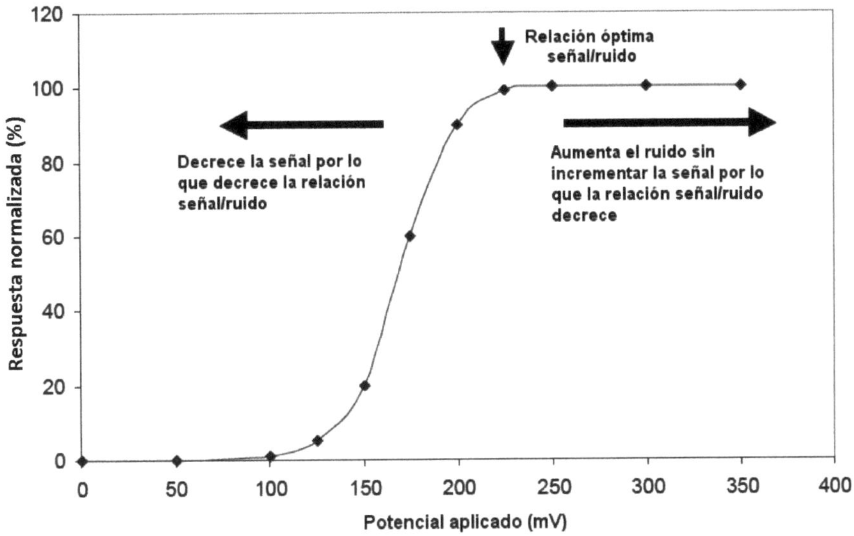

Figura 4.9 Voltametría hidrodinámica típica en un detector electroquímico de un equipo de HPLC.
(Fuente: elaboración propia)

se minimizan, evitando la pérdida de tiempo por los protocolos electroquímicos de limpieza (DROPSENS, "Flow-Cell for Screen-Printed Electrodes". Documento electrónico FLWCL, www.dropsens.com (consultado noviembre 2013, DIONEX, 2011). El potencial de trabajo se selecciona con base en un voltamperograma hidrodinámico (figura 4.9) donde se analiza una solución patrón de analito a distintos potenciales y se selecciona el menor valor de potencial donde la señal de corriente es máxima. Un ejemplo típico es el análisis de catecolamina, como la noradrenalina, la adrenalina y la dopamina, mediante HPLC empleando el detector electroquímico de flujo. Esta técnica tiene una relación señal/ruido de 53,000 con una concentración mínima detectable de 56 pM (figura 4.10) (Agilent, 2011).

4.2.7 Celdas de microflujo

Uno de los mayores problemas en electrosíntesis es la recuperación y reutilización del electrolito soporte. Este problema se minimiza si se usa una celda de microflujo que tenga una distancia muy pequeña entre los electrodos (Paddon, 2002: 825-831; Horii, 2006: D143-D147; He, 2007: 141-143). Este concepto, gracias a la gran relación área/volumen de las microestructuras que componen estos sistemas (Nagaki, 2005: 11666-11675; Yoshida, 2005: 4509-4516), permite que aumente el transporte de masa hacia el electrodo, con lo que incrementa la velocidad de las reacciones químicas posteriores a la transferencia electrónica. Así, se puede usar una menor concentración de

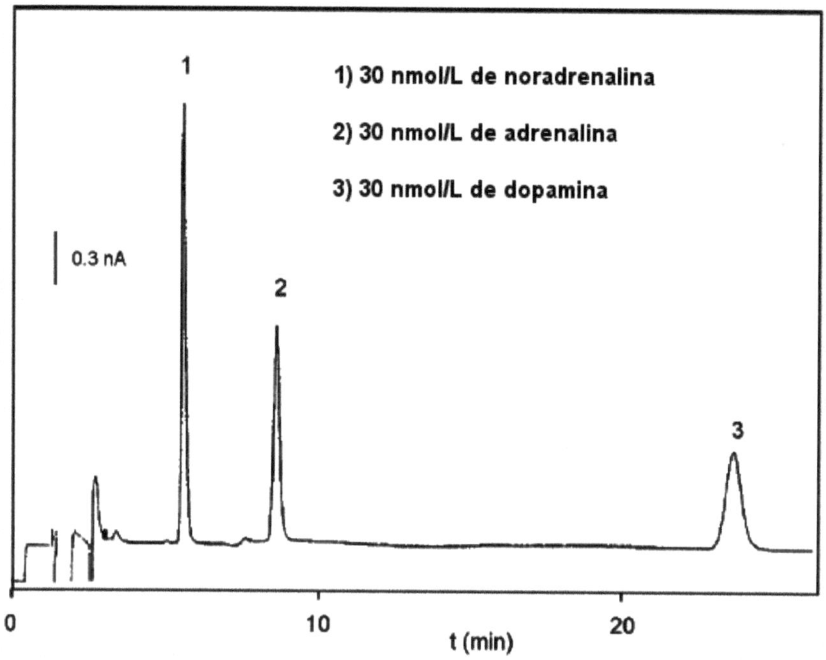

Figura 4.10 Análisis de catecolaminas con detector electroquímico en un equipo de HPLC.
(Fuente: Agilent, 2011)

electrolito soporte y, en algunos casos, hasta se puede generar dentro de la celda electroquímica, con un ánodo de sacrificio (Chaussar, 1990: 369-381), ácidos (Nakajima, 2009: 305-308) o bases (Tajima, 2005: 6192-6196; Mentel, 2007: 4283-4292; Tajima, 2008: 5167-5169) soportados en una fase sólida. Además, la velocidad de las reacciones químicas posteriores a la electroquímica se acelera respecto a la metodología tradicional de electrólisis en lotes, debido a que en los mezcladores de estos sistemas (M1, figura 4.11) se emplea un elemento de mezclado microlaminado que permite disminuir la distancia de difusión entre las especies que reaccionan, lo que hace más eficaz la reacción global. El tiempo de residencia dentro del microrreactor o los mezcladores se puede ajustar para unos cuantos segundos, lo que permite emplear intermediarios de duración de vida media corta. De esta manera, se puede evitar el enfriamiento para estabilizarlos y es posible realizar reacciones con ellos a temperatura ambiente. El control de la temperatura en reacciones muy exotérmicas se consigue si se introduce un elemento intercambiador de calor, esto permite controlar eficientemente la cinética de reacción, un ejemplo es la reacción de polimerización radicalaria (Iwasaki, 2005: 1159) y la preparación de iones aciliminio (Suga, 2005: 1206) (figura 4.11).

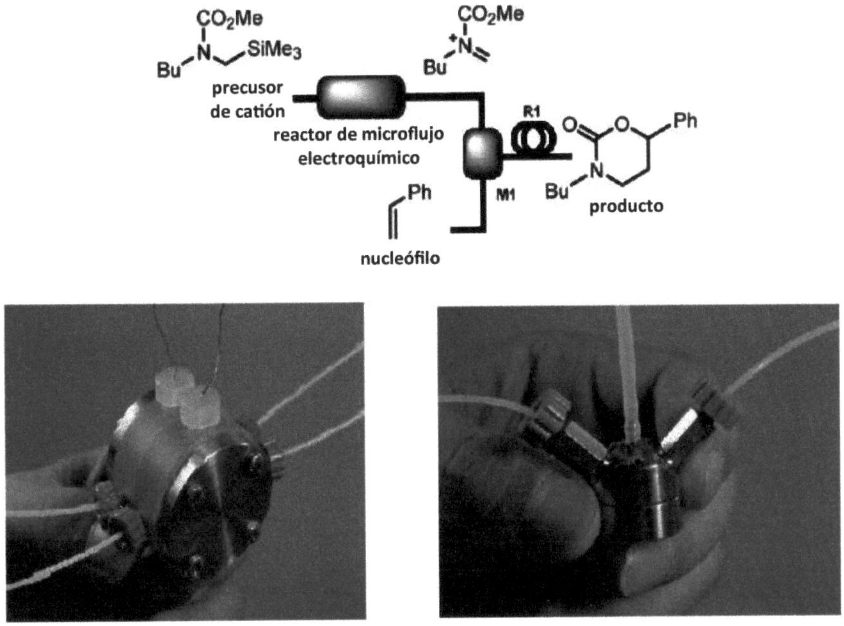

Figura 4.11 Ejemplo de una reacción electroquímica realizada en un sistema de microflujo.
(Fuente: Suga, 2005: 1206)

4.3 Reactores electroquímicos para industria

4.3.1 Fundamentos

La ingeniería electroquímica es la rama de la ingeniería química que realiza el diseño y el arranque de plantas electroquímicas, así como la fabricación de sistemas de generación de potencia. Para determinar el diseño más adecuado es necesario seleccionar varias rutas que sean factibles, tanto técnica como económicamente, buscar una óptima tasa de retorno y considerar los factores ambientales y de seguridad. Un reactor electroquímico industrial, que no es otra cosa que una celda electrolítica de gran capacidad, permite realizar la transformación de reactivos con un cambio en la energía del sistema. En términos generales, la forma del reactor depende del número de fases implicadas, así como de los requerimientos de energía; mientras que el tamaño es función de la velocidad de reacción.

Dentro de los parámetros de desempeño más importantes de las celdas electroquímicas están la conversión, la eficiencia de corriente, el rendimiento espacio-tiempo y el consumo de energía del proceso.

4.3.1.1 Conversión

La conversión de un reactivo A, representado por X_A, relaciona la cantidad del reactivo que ha reaccionado por unidad de volumen en un determinado tiempo ($c_A(t)$) entre la concentración inicial de dicho reactivo (c_{A0}) (Goodridge,1995: 156-157).

$$X_A = \frac{c_{A0} - c_A(t)}{c_{A0}} \tag{4.4}$$

La expresión de la conversión se utiliza frecuentemente en forma diferencial:

$$dX_A = \frac{dc_A(t)}{c_{A0}} \tag{4.5}$$

4.3.1.2 Eficiencia de corriente

La eficiencia de corriente (EC) se basa en las leyes de Faraday relacionando la cantidad de masa generada del producto con la carga eléctrica consumida durante el proceso de electrólisis. La carga, $Q(t)$, que se transfiere en un determinado tiempo (t), viene dada por la siguiente expresión, donde I es la intensidad de corriente:

$$Q(t) = Idt \qquad \text{Unidades: } Q[=]\,C;\, I[=]\,A;\, t[=]\,s \tag{4.6}$$

de tal manera que la carga transferida en un intervalo de tiempo (t) viene dada por:

$$Q(t) = \int I\,dt \tag{4.7}$$

Asimismo, se puede determinar la masa molar (m) obtenida del producto como función del número de moles de electrones intercambiados en la reacción por mol de producto (n) y del número de Faraday (F) de la siguiente manera:

$$m = \frac{Q}{nF} = \frac{\int I\,dt}{nF} \quad \text{Unidades: } m\,[=]\,mol;\, n\,[=]\frac{mole^-}{mol};\, F\,[=]\frac{C}{mole^-} \tag{4.8}$$

Para cualquier reactor en el que se efectúe más de una reacción electroquímica, la corriente total es la suma de los valores de corriente asociados a cada reacción:

$$I = \sum I_j \tag{4.9}$$

De las ecuaciones 4.8 y 4.9 se deduce el número total de moles producidos (Scott, 1991: 9):

$$\sum m_j = \frac{1}{F}\sum\left(\frac{\int I\,dt}{n_j}\right) \tag{4.10}$$

La eficiencia de corriente (*EC*) se define como la carga utilizada para formar un producto *j* entre la carga total empleada en el proceso, por lo que es un parámetro adimensional (Pletcher, 1993: 73). Así, la *EC* para el producto *j* se puede expresar de las formas siguientes (Scott, 1991: 9; Bard, 2001: 421; Scott, 1995: 14):

$$EC = \frac{Q_j(t)}{Q(t)}\cdot 100 = \frac{\int I_j\,dt}{\int I\,dt}\cdot 100 \tag{4.11}$$

Si la corriente es constante durante el proceso, entonces la *EC* se puede expresar como:

$$EC = \frac{I_j}{I}\cdot 100 \tag{4.12}$$

4.3.1.3 Rendimiento espacio-tiempo

Otro de los criterios de rendimiento de un reactor electroquímico es el rendimiento espacio-tiempo (*RET*). Este parámetro es muy útil para determinar los costos de capital y producción de un proceso (Scott, 1995: 14). El *RET* es la cantidad de masa molar producida (m_p) por unidad de tiempo y por unidad de volumen del reactor (V_R):

$$RET = \frac{1}{V_R}\frac{dm_p}{dt} \tag{4.13}$$

Si se deriva la expresión 4.8 y la sustituimos en la expresión 4.13, se obtiene lo siguiente:

$$RET = \frac{1}{V_R}\frac{I}{nF} \tag{4.14}$$

de tal manera que, si se sustituye la expresión 4.14 en la 4.13, se obtiene:

$$\frac{1}{V_R}\frac{dm_p}{dt} = \frac{I}{nFV_R}$$

Las unidades de ambos lados de la ecuación son:

$$\frac{mol}{m^3 s} \tag{4.15}$$

4.3.1.4 Rendimiento de energía

Los costos de los procesos electroquímicos están estrechamente relacionados con la eficiencia de corriente y con la energía necesaria para que éstos se lleven a cabo. El rendimiento de energía (RE) se calcula de la forma siguiente (Bard, 2007: 11; Walsh, 1993: 207; Wendt, 1999: 152):

$$RE \frac{G(EC)}{-nFE_{\text{celda}}} = \frac{E_0}{E_{\text{celda}}}(EC) = \frac{E_0^C - E_0^A}{E_{\text{celda}}}(EC) \tag{4.16}$$

donde E_0 es el potencial de equilibrio dado por la siguiente ecuación:

$$E_0 \frac{-\ G}{nF} = E_0^C - E_0^A \tag{4.17}$$

A su vez, $$E_{\text{celda}} = E_0 - \eta_{\text{anódico}} - |\eta|_{\text{catódico}} - \eta_{\text{óhmico}} \tag{4.18}$$

y donde: E_0^C y E_0^A son los potenciales reversibles del cátodo y el ánodo.

4.3.1.5 Consumo de energía

El consumo molar de energía viene determinado por mol de producto producido (Pletcher, 1993: 75). Sin embargo, más comúnmente se utiliza el consumo específico de energía eléctrica en (kWh) por kilogramo de producto generado. Con la siguiente expresión se determina el consumo de energía por mol de producto:

$$\begin{gathered} \text{Consumo molar de energía} = \frac{-nFE_{\text{celda}}}{EC} [=] \frac{J}{\text{mol}} \\ \text{Unidades: } [=] \frac{mole^-}{mol}; F[=] \frac{C}{mole^-}; E[=]\, V = \frac{J}{C} \end{gathered} \tag{4.19}$$

Por otro lado, el consumo específico de energía eléctrica (CEEE) se puede calcular como:

$$\begin{gathered} CEEE = \frac{-nFE_{\text{celda}}}{3600(EC)M} [=] \frac{\text{kWh}}{\text{kg}} \\ \text{Unidades } [=] \frac{\text{J}}{\text{mol}} \cdot \frac{1 \text{ kWs}}{1000 \text{ J}} \cdot \frac{1 \text{ h}}{3600 \text{ s}} \cdot \frac{1000 \text{ mol}}{1 \text{ kmol}} \cdot \frac{\text{kmol}}{M \text{ kg}} = \frac{\text{kWh}}{\text{kg}} \end{gathered} \tag{4.20}$$

donde M es la masa molecular o atómica del producto.

A partir de ecuación 4.20 se obtendrá el costo por kg de producto producido, dado que las tarifas eléctricas se manejan en términos de kWh.

4.3.2 Modos de operación

De manera global, en los reactores electroquímicos se genera el producto final de la electrólisis directamente en el reactor, que contiene los electrodos por medio de una transferencia de electrones heterogénea al sustrato –electrólisis directa–; o bien, mediante un catalizador redox que genera el electrodo y que realiza la transferencia de electrones que da lugar al producto final de modo homogéneo entre él y el sustrato. Este último proceso se denomina "proceso electrocatalítico" y se puede realizar en el reactor que contiene los electrodos y que genera la forma activa del catalizador (Nieto-Mendoza, 2005: 4538-4541) o bien, fuera de este reactor, en otro contenedor con condiciones especiales para favorecer el producto final o para promover su separación (Floner, 1997: 525-529). Cuando el producto se genera en la celda, el proceso se denomina "in-cell"; mientras que cuando el producto se forma fuera de ella, el proceso se conoce como "ex-cell" (figura 4.12). Para que el ciclo catalítico no se detenga, la forma inactiva del catalizador redox se ha de enviar al reactor con los electrodos para que se vuelva a generar la forma activa de éste.

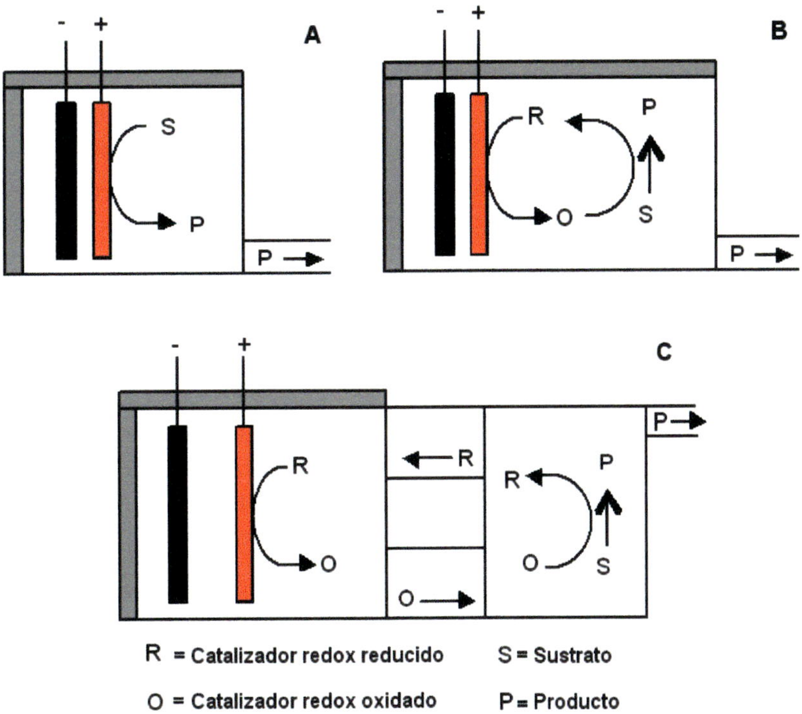

Figura 4.12 A) celda de electrólisis directa, B) celda con catalizador REDOX in-cell, C) celda con catalizador REDOX ex-cell.
(Fuente: elaboración propia)

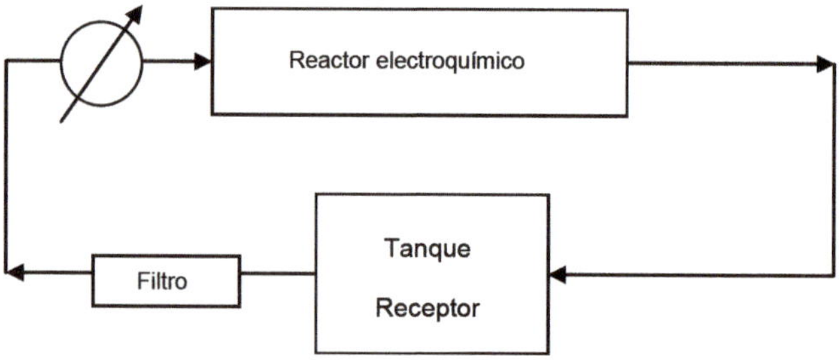

Figura 4.13 Esquema de la recirculación en un proceso electroquímico con filtrado. (Fuente: elaboración propia)

Por otro lado, dentro de los procesos electrólisis es necesario recircular parte de la solución electrolítica, o toda ella, con varios propósitos; entre los cuales se pueden mencionar (Scott, 1995: 14; Walsh, 1993: 207):

1. Mantener la temperatura de la solución electrolítica haciendo pasar el flujo del electrolito en intercambiadores de calor.
2. Conservar la velocidad de flujo y, por lo tanto, el perfil de velocidad dentro del reactor, para operar con la transferencia de masa adecuada para obtener altas conversiones de producto.
3. En el tanque receptor se pueden efectuar reacciones homogéneas de interés, sobre todo si éstas son lentas en el reactor electroquímico.
4. Para separar impurezas insolubles de la solución electrolítica.
5. Para inyectar reactivos o aditivos.

En la figura 4.13 se muestra un proceso donde se filtra la disolución antes de recircularla a la celda electrolítica, ya que después de la reacción redox se genera un precipitado.

Los reactores electroquímicos pueden operar a corriente, a potencial de electrodo o a potencial de celda constante (Scot, 1991: 67; Scott, 1995: 32-33). Sin embargo, debido al alto costo y a la inviabilidad económica de construir potenciostatos de alta salida de corriente para mantener el control del potencial de electrodo constante, en la industria se maneja generalmente la operación mediante aplicación de corriente constante (modo galvanostático). Durante el proceso, el parámetro de control que se mide es el potencial de celda, ya que una disminución en su valor normal puede significar la existencia de cortocircuitos o bien un aumento de este valor indica un aumento en la resistencia de la celda, por ejemplo, provocado por el agotamiento del electrolito soporte. Ambas desviaciones reducen la eficiencia de la corriente y pueden provocar contaminación del producto. Generalmente, los reactores electroquímicos están constituidos por varias celdas conectadas en configuraciones monopolares (figura 4.14) o bipolares (figura 4.15) (Scott, 1991: 68-70;

Bard, 2007: 182-184). En el arreglo monopolar existe una conexión eléctrica para cada electrodo; por lo cual, el voltaje de celda se aplica entre cada ánodo y cada cátodo manteniendo ambas caras de los electrodos activas. Este tipo de conexión se maneja cuando se aplican bajos voltajes con altas densidades de corriente (Bard, 2007: 182-184).

Por otro lado, en el arreglo bipolar se usan sólo dos conexiones eléctricas, que están colocadas en los electrodos de los extremos. En una celda bipolar, excluidos los extremos, tiene un lado anódico y otro catódico. El arreglo bipolar está diseñado para minimizar la resistencia óhmica; por lo tanto, se usa cuando se manejan potenciales de celda altos y, normalmente, la distribución de la corriente es uniforme (Scott, 1995: 68-70; Wendt, 1999: 209-210; Scott, 1991: 418-419).

A continuación, se presenta una clasificación de los reactores electroquímicos de acuerdo con su operación, así como las características de cada tipo de reactor.

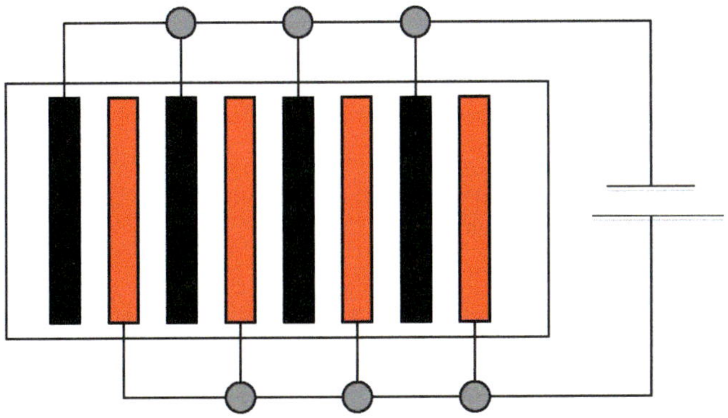

Figura 4.14 Arreglo con conexión monopolar.
(Fuente: elaboración propia)

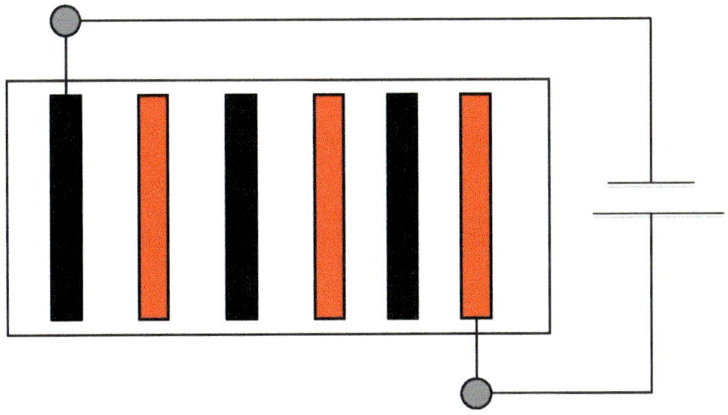

Figura 4.15 Arreglo con conexión bipolar.
(Fuente: elaboración propia)

4.3.2.1 Reactores por lotes (*batch*)

Los reactores por lotes son aquellos que trabajan por cargas; es decir, se introduce la alimentación de los reactivos, posteriormente se lleva a cabo la conversión de los reactivos a productos y, finalmente, se descarga el reactor. El tiempo de residencia en el reactor depende de la velocidad de reacción. Existen dos tipos de reactores por lotes: sin recirculación y con recirculación. En este tipo de reactores, las concentraciones de los productos y los reactivos cambian con el tiempo (figura 4.16).

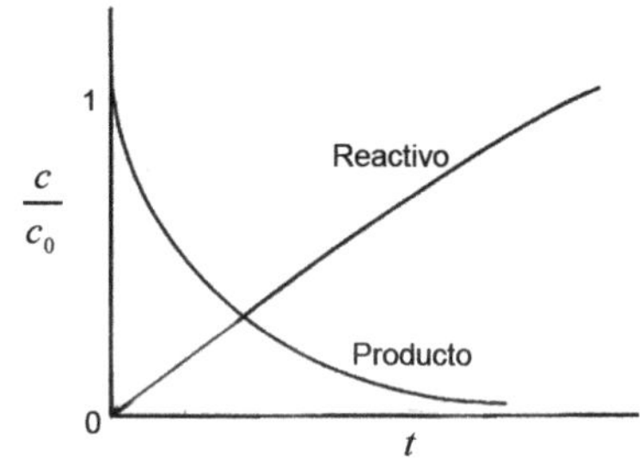

Figura 4.16 Perfil adimensional de concentraciones en un reactor por lotes. (Fuente: elaboracón propia)

Los reactores por lotes, además de presentar un cambio de concentración respecto al tiempo, pueden presentar un perfil de temperatura respecto al tiempo. Este cambio no se presenta en los reactores con recirculación, ya que entre el reactor y el tanque receptor se coloca un intercambiador de calor para que el proceso se efectúe a una temperatura prácticamente constante (figura 4.13).

Ecuaciones de diseño para reactores por lotes

En una reacción catódica de tipo:

$$A + ne^- \xrightarrow{j_A} B \qquad \textbf{(4.21)}$$

Para determinar la densidad de corriente (j) y el área del reactor (S) se parte de la expresión general del modelo de un reactor electroquímico (Goodridge, 1995: 123):

$$j = j_A = \frac{c_A(t)}{\left(\frac{1}{nFk_A \exp(-b_A E_0)}\right) + \left(\frac{1}{nFk_L}\right)} \qquad \textbf{(4.22)}$$

donde: $c_A(t)$ es la concentración de A en cualquier tiempo, k_A es la constante de velocidad de reacción, k_L es el coeficiente de local de transferencia de masa, F es el número de Faraday, E_0 es el potencial de electrodo y b_A es la pendiente de la gráfica ln $[j_A]$ contra E_0.

Unidades: La expresión de la densidad de corriente para un reactor por lotes sin recirculación se muestra en la ecuación 4.23 (Goodridge, 1995: 157):

$$j = \frac{c_A(1 - X_A)}{\left(\dfrac{1}{nFk_A \exp(-b_A E_0)}\right) + \left(\dfrac{1}{nFk_L}\right)} \tag{4.23}$$

Mientras que el área del reactor por lotes sin recirculación (S) se determina con la siguiente ecuación (Goodridge, 1995: 157):

$$S = \frac{nFV}{t}\int_{o}^{X_{Af}} \left[\left(\frac{1}{nFk_A \exp(-b_A E_0)}\right) + \left(\frac{1}{nFk_L}\right)\right]\frac{dX_A}{(1 - X_A)} \tag{4.24}$$

donde V es el volumen del reactor [=] m^3 y t es el tiempo [=] s y X_A es la conversión (adimensional).

Los reactores por lotes se utilizan extensamente en procesos de refinación electrolítica de metales, tanto en electrorrefinación como en electrowinning, en procesos para la oxidación de compuestos orgánicos en aguas residuales, así como en procesos de electrosíntesis orgánica e inorgánica (Bard, 2007: 191-192, 216-217, 321, 860-861).

4.3.2.2 Reactores tubulares de flujo pistón

Los reactores de flujo pistón son reactores que operan de manera continua y en estado estacionario. Los reactivos alimentan al electrolito que fluye en el reactor y a los reactivos que no reaccionaron, así como a los productos; se descargan en el extremo final del reactor (figura 4.17).

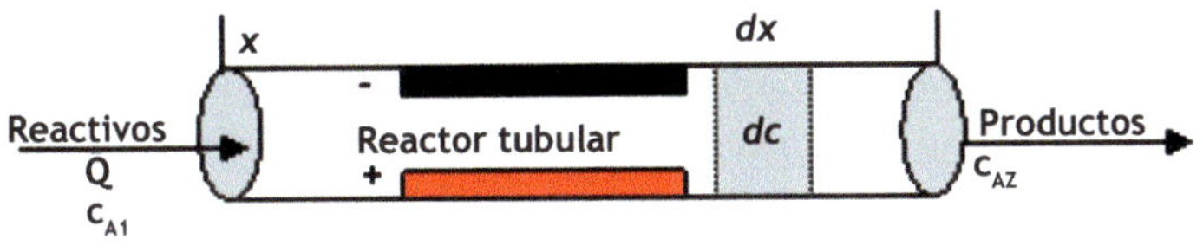

Figura 4.17 Reactor tubular de flujo pistón.
(Fuente: elaboración propia)

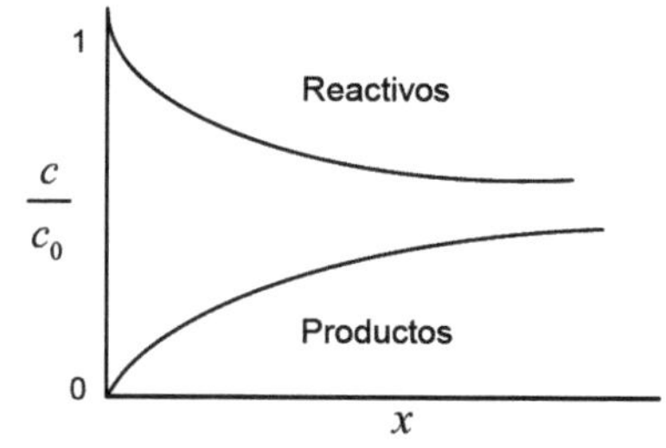

Figura 4.18 Perfil de concentración en reactores tubulares con flujo pistón.
(Fuente: elaboración propia)

La concentración, tanto del reactivo como del producto, es función de la longitud del reactor (x), tal y como se presenta en el perfil adimensional de la concentración (figura 4.18). En este tipo de reactores, el tiempo de residencia es igual para todas las especies (Pletcher, 1993: 97). Por otro lado, cuando existe una alta resistencia a la transferencia de masa, la concentración también es función del radio, debido a que existe una apreciable disminución de la concentración del reactivo en la capa límite de transferencia de masa (Scott, 1995: 67).

La expresión que determina la relación entre la concentración de los reactivos a la salida y la entrada del reactor (c_{A2}, c_{A1}) para reactores de flujo pistón sin recirculación es la que se presenta a continuación (Scott; 1991: 32-33):

$$In \frac{c_{A2}}{c_{A1}} = -ak_L\tau \qquad \textbf{(4.25)}$$

donde, a es el área especifica [=] m^2/m^3, k_L es el coeficiente de transferencia de masa [=] m/s y τ es el tiempo de residencia en el reactor. A su vez, el tiempo de residencia se define como:

$$\tau = \frac{x}{v} = \frac{x}{\frac{q}{A}} = \frac{xA}{q} = \frac{V}{q} \; [=] \; s \qquad \textbf{(4.26)}$$

donde v es la velocidad de flujo en el reactor, q es el flujo volumétrico [=] m^3/s y A es la sección transversal del reactor [=] m^2.

Por otro lado, con el propósito de mantener las condiciones de operación constantes y así obtener la conversión deseada, en muchos casos, los reactores de flujo pistón operan con recirculación (figura 4.19).

Para los reactores de flujo pistón con recirculación, la concentración cambia con la conversión. Si el volumen del tanque receptor (V_{rec}) es mucho mayor que el volumen en el reactor tubular (Vc), entonces la concentración de

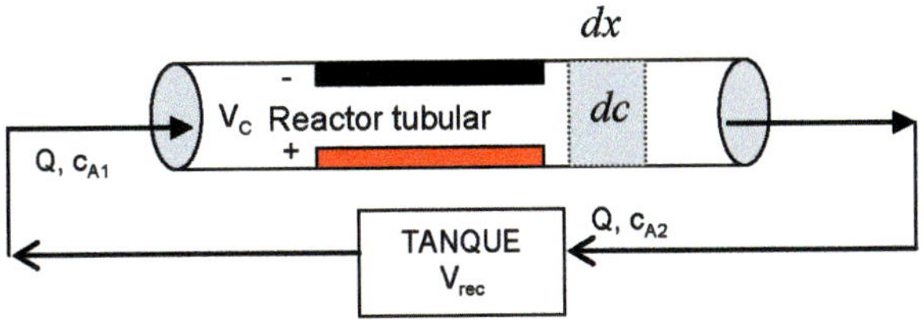

Figura 4.19 Reactor tubular de flujo pistón con recirculación.
(Fuente: elaboración propia)

entrada al reactor tubular a cualquier tiempo (c_{A1}(t)) está definida por la siguiente expresión (Scott, 1995: 68-70):

$$c_{A1}(t) = c_{A1_0} \exp\left[\left(-\frac{t}{\tau_r}\right)(1 - \exp(-ak_L\tau)\right] \quad \textbf{(4.27)}$$

donde, c_{A1_0} es la concentración inicial del reactivo alimentado al reactor tubular de flujo pistón, y τ_r es el tiempo de residencia en el tanque receptor.

4.3.2.3 Reactores continuos tipo tanque agitado

En los reactores continuos tipo tanque agitado, el flujo de alimentación y el de descarga tienen el mismo valor. Los reactores electroquímicos continuos se usan en operaciones de producción de compuestos inorgánicos, en el tratamiento de efluentes y, en menor cantidad, en la electrosíntesis orgánica (Bard, 2007: 182-184). En la figura 4.20 se presenta un dibujo esquemático de este tipo de reactores, mientras que el perfil de concentración se puede observar en la figura 4.21.

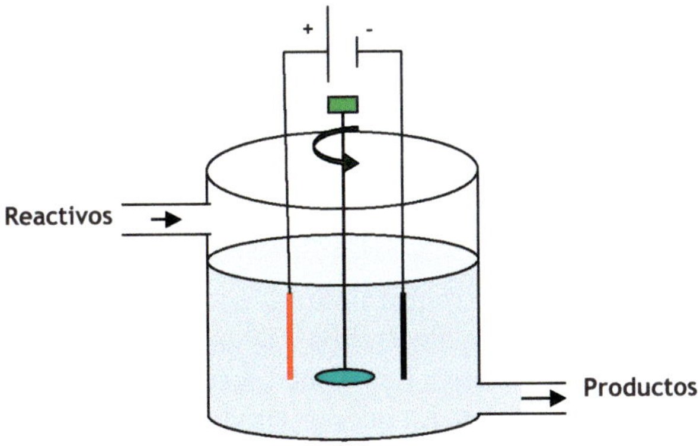

Figura 4.20 Reactor de flujo continuo tipo tanque agitado.
(Fuente: elaboración propia)

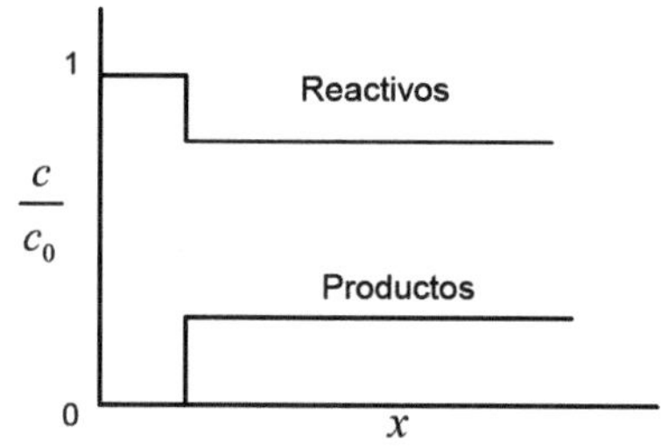

Figura 4.21 Perfil adimensional de concentración en un reactor de flujo continuo. (Fuente: elaboración propia)

Según el perfil de concentraciones, se puede observar que la composición del flujo de descarga es la misma que en el reactor. Las expresiones 4.28 y 4.29 presentan las ecuaciones de diseño para el reactor de flujo continuo sin recirculación cuando se tienen dos reacciones en paralelo (Goodridge, 1995: 174-175):

$$A + ne^- \xrightarrow{j_A} B,\ G + ne^- \xrightarrow{j_G} L$$

$$S = nFQ\int_o^{X_{Af}}\left[\left(\frac{1}{nFk_A\exp(-b_AE_0)}\right)+\left(\frac{1}{nFk_L}\right)\right]\frac{dX_A}{(1-X_A)} \qquad \textbf{(4.28)}$$

$$j = \frac{c_A(1-X_A)}{\left(\frac{1}{nFk_A\exp(-b_AE_0)}\right)+\left(\frac{1}{nFk_L}\right)} + k_G\exp(-b_GE_0) \qquad \textbf{(4.29)}$$

donde, $c_A(t)$ es la concentración de A en cualquier tiempo, k_A y k_G son las constantes de velocidad de reacción para A y G, k_L es el coeficiente de local de transferencia de masa, F es el número de Faraday, E_0 son los potenciales de electrodo, b_A y b_G son las pendientes de ln [j] contra E_0 para A y G.

$$\text{Unidades:}\ j\ [=]\frac{A}{m^2};\ k_A \text{ y } k_G\ [=]\frac{m}{s};\ b_A \text{ y } b_G\ [=]\ V^{-1};\ E_0\ [=]\ V;\ k_L\ [=]\frac{m}{s}$$

4.3.3 Geometría de los reactores electroquímicos

El diseño de los reactores electroquímicos viene determinado por las condiciones de operación, por el tipo de electrodos, por la naturaleza de los electrolitos y los reactivos y por los productos. Los electrodos de las celdas pueden ser bidimensionales y tridimensionales. La geometría de los reactores es muy variada; se pueden citar diferentes formas: rectangular, tipo filtro prensa, en forma de disco, cilíndricas y con lechos (camas) fijos o empacados. Dentro de las características de diseño de los reactores, se deben tener en cuenta algunos factores:

buen control de la temperatura del electrolito, baja resistencia eléctrica, adecuado transporte de masa, fácil y segura operación, capacidad para trabajar con reactivos o con productos en fase gaseosa y costo adecuado (Scott, 1995: 80). Siempre se debe de buscar el arreglo simétrico de los electrodos que contiene el reactor, así se conserva la homogeneidad de líneas de potencial y de corriente, como ya se mencionó previamente en la sección 4.2.4 y queda reflejado en la figura 4.4. A escala industrial, este punto es obligatorio para maximizar la eficiencia de corriente y el rendimiento de energía, parámetros que inciden directamente en el consumo de energía y en el costo del proceso electroquímico.

4.3.3.1 Celda electrolítica tipo tanque rectangular

La celda más simple usada en procesos industriales consiste en un tanque rectangular en el que se encuentran los electrodos en forma de placas colocados en forma paralela y con un espaciado constante (figura 4.22). En la actualidad, las celdas industriales están construidas de concreto polimérico, debido a su alta resistencia a la corrosión y a su alta resistencia a los esfuerzos mecánicos durante la operación (Bard, 2007: 179-180).

Según el proceso, el flujo de alimentación se puede realizar por la parte baja a través de un canal, mientras que la descarga del fluido se efectúa por la parte superior de la celda. Con este arreglo se asegura el contacto entre el flujo del electrolito y la superficie de los electrodos. Por otro lado, el contacto eléctrico se realiza a través de una barra de cobre, denominada "bus bar". En algunos casos es necesario separar los electrodos con membranas aniónicas o catiónicas. Para evitar caídas de potencial óhmico, la distancia entre cada ánodo y cada cátodo debe ser la menor posible, aunque cuando hay generación de gases en los electrodos es difícil reducir esta distancia (Bard, 2007: 179-180). En algu-

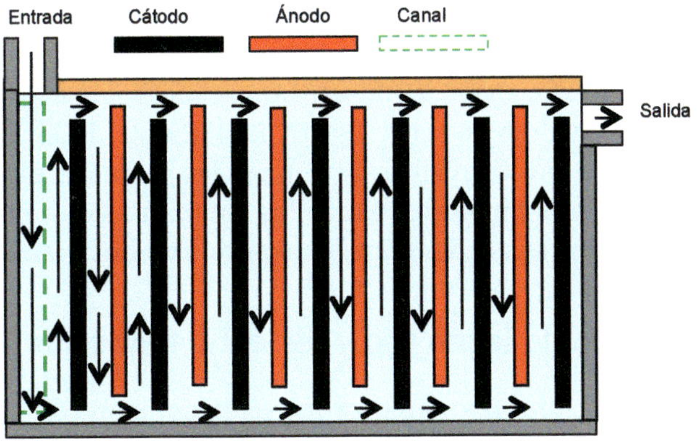

Figura 4.22 Celda electrolítica tipo tanque rectangular.
(Fuente: elaboración propia)

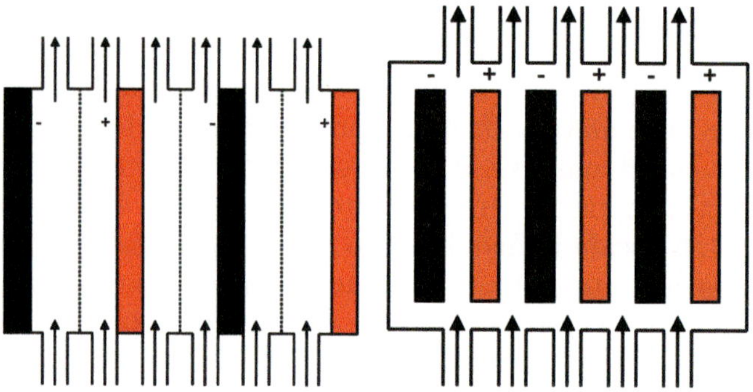

Figura 4.23 Flujo en paralelo.
(Fuente: elaboración propia)

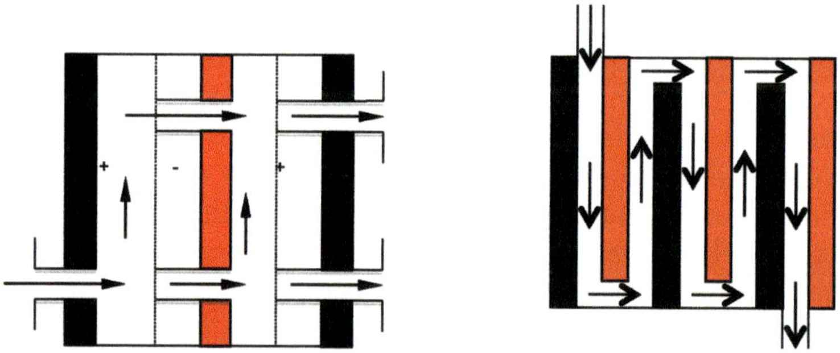

Figura 4.24 Flujo en serie.
(Fuente: elaboración propia)

nos arreglos, los módulos multicelda con configuración monopolar, las cámaras del anolito y el catolito van separadas por membranas, ya sean catódicas o anódicas. En el diseño de la celda se debe contemplar la distribución uniforme del flujo del electrolito con la superficie de los electrodos. En este sentido, existen dos formas de transferencia de *momentum* en las celdas: flujo en paralelo o múltiple (figura 4.23) y flujo en serie (figura 4.24) (Scott, 1995: 74-77, 135-136).

Diferentes procesos de electrosíntesis utilizan las caldas de placas con flujo en paralelo y con conexiones bipolares. Entre las compañías que han desarrollado el diseño de estas celdas se encuentran Monsanto, DuPont, BASF y Asahi EHD.

4.3.3.2 Reactores de lecho fijo y de lecho fluidizado

Existen reactores que emplean electrodos tridimensionales y que se clasifican en reactores con lechos estacionarios o fijos y reactores con lechos fluidizados (figura 4.25). Los lechos fijos tienen forma de una matriz continua como fieltros o telas de grafito y esponjas metálicas porosas; mientras que,

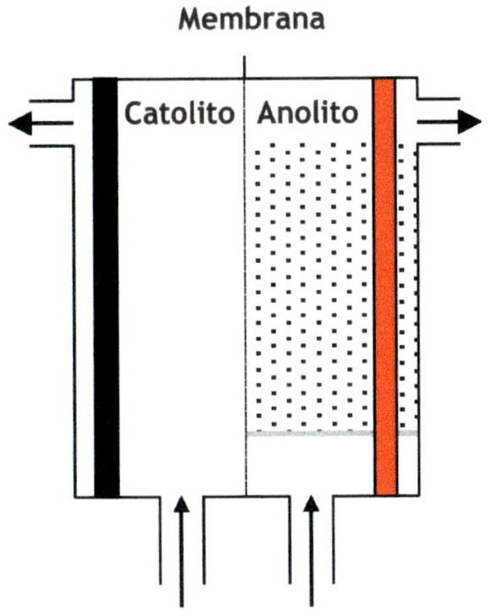

Figura 4.25 Reactor de lecho fijo con ánodo poroso.
(Fuente: elaboración propia)

en los reactores de lecho fluidizado, partículas conductoras forman el electrodo de trabajo y se mueven ya sea por medios mecánicos o por el propio flujo del electrolito (Bard, 2007: 181-182).

Los reactores de lecho se usan en muchos procesos de tratamiento de efluentes. En este tipo de reactores se ha logrado remover la concentración de metales en el agua hasta 100 ppb incluso menos. También se han recuperado metales de diferentes soluciones diluidas, dentro de estos metales se pueden mencionar plata, cobre, níquel, zinc y mercurio (Scott, 1995: 138-141).

4.3.3.3 Reactor tipo filtro prensa

Actualmente, los reactores electroquímicos de tipo filtro prensa (figura 4.26) se usan de manera extensa en diferentes procesos ya que presentan diversas ventajas, entre las cuales se pueden mencionar (Walsh,1993: 265-268):

1. Presentan simplicidad en su construcción y todas sus partes se pueden sellar para evitar fugas de electrolito.
2. Las distribuciones de potencial y corriente son uniformes.
3. La transferencia de masa puede incrementarse usando promotores de turbulencia.
4. Es versátil, ya que se pueden conectar eléctricamente en forma monopolar o bipolar.
5. Se pueden utilizar electrodos tridimensionales.

Estos reactores se usan en el tratamiento de efluentes, electrolisis del agua, obtención de cloro y sosa, así como en la síntesis del adiponitrilo (Bard, 2007: 291-292).

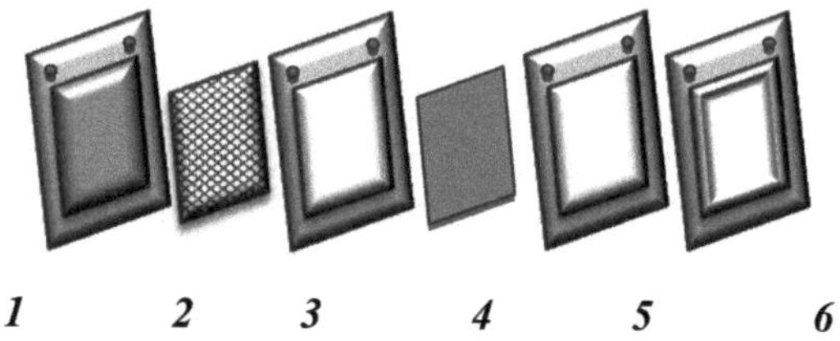

1) Ánodo, 2) promotor de turbulencia, 3) marco, 4) membrana, 5) marco, 6) cátodo.

Figura 4.26 Reactor tipo filtro prensa.
(Fuente: elaboración propia)

4.3.3.4 Reactores con electrodo giratorio

Gracias al movimiento angular de los reactores de electrodo giratorio se puede aumentar de manera significativa la velocidad de transferencia de masa sin que afecte al tiempo de residencia del electrolito en la celda (Scott, 1995: 82-83). Las configuraciones que se han diseñado para este tipo de reactores son las de disco giratorio y las de cilindro giratorio (figura 4.27).

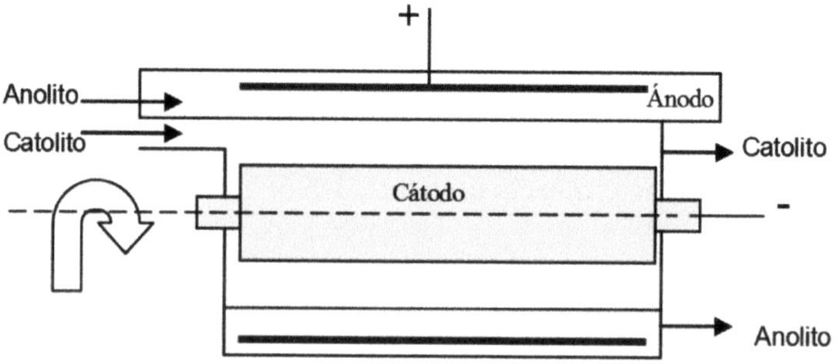

Figura 4.27 Reactor con electrodo giratorio.
(Fuente: elaboración propia)

Los electrodos de disco giratorio se usan para la producción de productos químicos orgánicos a pequeña escala –entre éstos, p-aminofenol y o-toluidina–, así como para recuperar metales de efluentes líquidos (Bard, 2007: 15). Las celdas de electrodo giratorio utilizan conexiones eléctricas en forma bipolar.

4.3.4 Aplicaciones industriales de los reactores

Los reactores electroquímicos presentados hasta ahora son los más comunes en cuanto a modo de operación y geometría. Sin embargo, se han diseñado reactores con características especiales cuyo objetivo es obtener los productos deseados con altas conversiones y con eficiencias de corriente. A continuación, la tabla 4.2 presenta algunos tipos de reactores que se usan para procesos industriales.

Tabla 4.2 Tipos de reactores electroquímicos utilizados a nivel industrial

Tipo de reactor	Uso industrial	Referencia
Celdas de lecho fluidizado	Recuperación de metales	(Bard, 2007: 15).
Celdas de electrodo capilar con conexión bipolar	Producción de anisaldehído, ter-butil benzaldehído y adiponitrilo	(Bard, 2007: 17; Wendt, 1999: 350; Jörissen, 2004: 50)
Celda de Hybinette (celda rectangular)	Electrorrefinación de níquel	(MacKinnon, 1989: 65-82)
Celda Mintek (celda rectangular)	Electrowinning de oro	(Bard, 2007: 213)
Celda de Möbius (celda rectangular)	Electrorrefinación de plata	(Cornelius, 1982: 215-226)
Celda de Hall-Héroult	Producción de aluminio	(McGravie, 1986: 3-19)
Celda de mercurio de Uh	Producción de cloro-sosa	(Uh de Nora, 2004: 446; Bard, 2007: 273)
Celda de membrana de ELTECH Systems	Producción de cloro-sosa	(Bard, 2007: 276)
Celda tipo filtro prensa	Producción de persulfato	(Bard, 2007: 306)
Celdas de lecho fluidizado	Separación de cobre de corrientes de aguas residuales de hidrocarburos; recuperación de mercurio de plantas de producción de cloro-sosa; purificación de electrolitos de zinc	(Scott, 1995: 138-140)
Enviro-cell (celda de lecho fijo)	Recuperación de cobre y mercurio en la industria del electroplateado	(Scott, 1995: 143)
Celdas de cilindros concéntricos	Remoción de impurezas en electrolitos de cromo	(Scott, 1995: 187)

(Fuente: elaboración propia)

4.4 Conclusiones

Como se ha descrito, la celda electrolítica es el corazón del proceso electroquímico, tanto a nivel de laboratorio como a nivel industrial. Un buen diseño de celda requiere conocimientos avanzados de ingeniería química; existen pocos grupos de investigación en México, donde este conocimiento se esté cultivando. Ojalá que este breve panorama de las celdas y los reactores electroquímicos genere inquietud en los alumnos para que se atrevan a adentrarse en el fascinante mundo de la electroquímica.

Agradecimientos

Bernardo A. Frontana Uribe agradece el apoyo financiero de PAPIIT-UNAM proyecto 202011. Rubén César Vásquez Medrano agradece el apoyo financiero de la Universidad Iberoamericana proyecto 51: "Reacciones electroquímicas y fotoquímicas para eficientar la energía".

Referencias

Acworth I. N., Bowers, M. "An Introduction to HPLC-Based Electrochemical Detection: From Single Electrode to Multi-Electrode Arrays".

Acworth I. N., Naoi M., Parvez H., Parvez S. (Editores), (1997). "Progress in HPLC-HPCE" en *Coulometric Electrode Array Detectors for HPLC*, Vol. 6. Editorial VSP, Utrecht, pp. 3-50.

Agilent Inc. Aplication note N° 16 publication part SI-A-1969. "Catecholamine analysis with star 9080 EC Detector". www.agilent.com (accesado en octubre de 2011).

Bard A. J., Goldberg I. B., Feldberg S. W. (1972). "Resistive effects in thin electrochemical cells. Digital simulations of electrochemistry in electron spin resonance cells". *J. Phys. Chem.*, 76, p. 2550.

Bard A. J., Stratmann M., Macdonald D., Schmuki P. (Editores) (2007). "Electrochemical Engineering" en *Encyclopedia of Electrochemistry*, Vol. 5, Wiley-VCH, Weinheim, p. 11.

Bard A. L., Faulkner (2001). *Electrochemical Methods. Fundamentals and Applications.* 2ª Ed, John Wiley & Sons. New York.

Chaussar J., Folest J. C., Nedelec J., Perichon J., Troupel M. (1990). "Use of Sacrificial Anodes in Electrochemical Functionalization of Organic Halides". *Synthesis*, p. 369-381.

Cornelius G. (1982). "Die Raffination von Gold und Silber durch Elektrolyse". *Elektrolyse der Nichteisenmetalle*, Verlag Chemie, Weinheim, pp. 215-226.

Dunsch L. (2011). "Recent Advances in in situ multi-spectroelectrochemistry". *J. Solid State Electrochem.*, 15, pp. 1631-1646.

Environmental Sciences Associates Inc. (ESA). Technical Note. "The reference electrode" ESA. Inc. www.esainc.com (visto en septiembre 2011).

Floner D., Laglaine L., Moinet C. (1997). "Indirect electrolysis involving an ex-cell two-phase process. Reduction of nitrobenzenes with a titanium complex as mediator". *Electrochimica* Acta. 42, pp. 525-529.

Frontana-Vázquez C. E., Frontana-Uribe B. A., González, I. (2004). "Electrochemical and ESR study on the transformation processes of α-hydroxy-quinones". *J. Electroanal. Chem.,* 573, pp. 307-314.

Gileadi E. (1993). "Electrode Kinetics for Chemists". *Chemical Engineers and Materials Scientists*. Wiley-VCH, Germany.

Goodridge F., Scott. K. (1995). "Electrochemical Process Engineering". *A Guide to the Design of Electrolytic Plant*. Ed. Plenum Press. New York.

He P., Watts P., Marken F., Haswell S. J. (2007). "Scaling out of electrolyte free electrosynthesis in a micro-gap flow cell". *Lab Chip*, 7, pp. 141-143.

Horii D., Atobe M., Fuchigami T., Marken F. (2006). "Self-Supported Methoxylation and Acetoxylation Electrosynthesis Using a Simple Thin-Layer Flow Cell". *J. Electrochem. Soc.*, 153, pp. D143-D147.

Iwasaki T., Yoshida (2005). "Free Radical Polymerization in Microreactors. Significant Improvement in Molecular Weight Distribution Control". *J. Macromolecules*, 38, pp. 1159.

Jin B., Tao F., Liu P. (2008). "Rapid-scan time-resolved FT-IR spectroelectrochemistry - Study on the electron transfer of ferrocene-substituted thiophenes". *J. Electroanal. Chem.*, 624, pp. 179-185.

Jörissen J. (2004). "Practical Aspects of Preparative Scale Electrochemistry". *Encyclopedia of Electrochemistry, Organic Electrochemistry*. Ed. H. Schäfer, Viley-VCH, Weinheim, Vol 8, Chapter 2.

Kraft A. (2007). "Doped Diamond: A Compact Review on a New, Versatile Electrode Material". Int. *J. Electrochem. Sci.*, 2, 355-385.

Lamoreux C., Moinet C., Tallec A. (1986). "Cellules d'electrolyse a circulation. Montages particuliers et applications a des reactions electrochimiques consecutives et opposes". *Electrochim. Acta*, 31, 1-12.

Lund H., Hammerich O., Lund H. (2001). *Organic Electrochemistry.* Capítulo 5, 4a Ed., Marcel Dekker, New York EUA, p. 223-292.

MacKinnon D. J. (1989). *CIM Bull*. 82, pp. 65-82.

Manchester F. D., San Martín A., Pitre, J. M. (1994). "The H-Pd (hydrogen-palladium) System". *J. Phase Equ.,* 15, p. 62-82.

Maruyama T., Suga S., Yoshida J. (2005). "Radical Addition to "Cation Pool". Reverse Process of Radical Cation Fragmentation". *J. Am. Chem. Soc.*, 127, pp. 7324-7325.

McGravie F., Robertson W. W., Solinski S. T. (1986). "25th Conference on Metallurgists (Eds.: E. Ozberk, D. W. Macmillan, R. I. L. Guthrie)". *The Metallurgical Society of the Canadian Institute of Mining and Metallurgy*. Series 25-7, No. 2, p. 3-19.

Mentel M., Breinbauer R. (2007). "Electrons as a Reagent in Solid-Phase Organic Synthesis". *Eur. J. Org. Chem.*, pp. 4283-4292.

Moinet C., Peltier D. (1969). "Réalisation et controle du functionnement d'une cellule a cathode de mercure travaillant a potential impose". *Bull. Soc. Chim. Fr.,* pp. 690-696.

Monk P. M. S. (2001). *Fundamentals of Electroanalytical Chemistry*. Wiley, Inglaterra.

NAGAKI A., TOGAI M., SUGA S., AOKI N., MAE K., YOSHIDA J.-I. (2005). "Control of Extremely Fast Competitive Consecutive Reactions using Micromixing. Selective Friedel–Crafts Aminoalkylation". *J. Am. Chem. Soc.,* 127, pp. 11666-11675.

NAKAJIMA A., TAJIMA T. (2009). «Anodic oxidation of organic compounds based on the cation exchange reaction between KBF4 and solid-supported acids" *Electrochem. Commun.,* 11, pp. 305-308.

NIETO-MENDOZA E., GUEVARA-SALAZAR J. A., RAMÍREZ-APAN M. T., FRONTANA-URIBE B. A., COGORDAN J. A., CÁRDENAS J. (2005). "Electro-Oxidation of Hispanolone and Anti-Inflammatory Properties of the Obtained Derivatives". *J. Org. Chem.,* 70, pp. 4538-4541.

PADDON C. A., PRITCHARD G. J., THIEMANN T., MARKEN F. (2002). "Paired electrosynthesis: micro-flow cell processes with and without added electrolyte". *Electrochem. Commun.,* 4, pp. 825-831.

PÁRAMO-GARCÍA U., FRONTANA-URIBE B. A., GUADARRAMA P., UGALDE-SALDÍVAR V. M. (2010). "Experimental and theoretical evidences of a persistent radical-cation dimer generated during the electrooxidation of a N-glucosamine-pyrrole derivative". *J. Org. Chem.*, 75, pp. 7265-7272.

PLETCHER D., WALSH F. C. (1993). *Industrial Electrochemistry*. 2ª Ed. Blackie Academic & Professional, Londres.

DIONEX "Product manual of disposable electrodes". Documento electrónico 065040, www.dionex.com (accesado en octubre de 2011).

SCHOLTZ F. Ed. (2010). *Electroanalytical Methods*. Springer-Verlag, Berlin.

SCOTT K. (1991). *Electrochemical Reactor Engineering*. Academic Press, San Diego.

SCOTT K. (1995). *Electrochemical Process for Clean Technology*. Ed. Royal Society of Chemistry. Cambridge.

STEPHEN E., HUANG D. *et al.* (2011). "Redox Non-Innocence of Thioether Crowns: Spectroelectrochemistry and Electronic Structure of Formal Nickel(III) Complexes of Aza-Thioether Macrocycles". *Chem. Eur. J.*, 17, pp. 10246-10258.

SUGA S., TSUTSUI Y., NAGAKI A., YOSHIDA, J. (2005). «Cycloaddition of "N-Acyliminium Ion Pools" with Carbon-Carbon Multiple Bonds». *Bull. Chem. Soc. Jpn.*, 78, pp. 1206-1217.

TABOY C. H., FAULKNER K. M., KRAITER D., BONAVENTURA C., CRUMBLISS A. L. (2000). "Concentration-dependent Effects of Anions on the Anaerobic Oxidation of Hemoglobin and Myoglobin". *J. Biol. Chem.,* 275, pp. 39048-39054.

TAJIMA T., FUCHIGAMI T. (2005). "Development of a Novel Environmentally Friendly Electrolytic System by Using Recyclable Solid-Supported Bases for In Situ Generation of a Supporting Electrolyte from Methanol as a Solvent: Application for Anodic Methoxylation of Organic Compounds". *Chem. Eur.* J. 11, pp. 6192-6196.

TAJIMA T., KURIHARA H. (2008). "Deprotonation in Anodic Methoxylation of Fluoroethyl Phenyl Sulfides Using Site-Isolated Heterogeneous Bases". *Chem. Commun.*, pp. 5167-5169.

UH DE NORA (2004). "Chlorine Symposium", p. 446.

WAIN A. J., COMPTON R. G., LE ROUX R., MATTHEWS S., FISHER A. C. (2007). "Microfluidic Channel Flow Cell for Simultaneous Cryoelectrochemical Electron Spin Resonance". *Anal. Chem.,* 79, pp. 1865-1873.

WALSH. F. (1993). "A First Course in Electrochemical Engineering". Ed. The Electrochemical Consultancy. England.

Weil J. A., Bolton J. R. (2007). *Electron Paramagnetic Resonance; Elementary Theory and Practical Applications.* 2ª Ed., Wiley, EUA.

Wendt H., Kreysa. G. (1999). *Electrochemical Engineering. Science and Technology in Chemical and Other Industries.* Ed. Springer, Frankfurt, Germany, p. 152.

Wolfgang Kaim., Axel Klein (2008) (Eds.) *Spectroelectrochemistry*, Springer, Alemania.

Yoshida J., Suga S., Suzuki S., Kinomura N., Yamamoto A., Fujiwara K. (1999). "Direct Oxidative Carbon–Carbon Bond Formation Using the 'Cation Pool' Method. 1. Generation of Iminium Cation Pools and Their Reaction with Carbon Nucleophiles". *J. Am. Chem. Soc.,* 121, pp. 9546-9549.

Yoshida J. I. (2005). "Flash chemistry using electrochemical method and microsystems". *Chem. Commun.*, pp. 4509-4516.

Zalibera M., Rapta P., Gescheidt G., Christensen J. B., Hammerich O., Dunsch, L. (2011). "Spectroelectrochemistry of Dendrimers: The Radical Cations of Low-Generation PAMAM-Like Dendrimers with a 1, 4-Phenylenediamine Core As Studied by Electron Spin Resonance (ESR)/UV–Vis NIR Spectroelectrochemistry". *J. Phys. Chem. C*, 115, pp. 3942-3948.

Capítulo 5

Elementos de análisis de reactores electroquímicos para su diseño y caracterización

Fernando F. Rivera[a], Martín R. Cruz-Díaz[b,c], Eligio P. Rivero[c], Ignacio González[a]

[a] Departamento de Química, Universidad Autónoma Metropolitana, San Rafael Atlixco 186, C.P. 09340, México D.F., México.

[b] División de Química y Bioquímica, Tecnológico de Estudios Superiores de Ecatepec, Av. Tecnológico s/n, Esq. Av. Hank González, Valle de Anáhuac, C.P. 55120, Ecatepec, Edo. de México, México.

[c] Facultad de Estudios Superiores Cuautitlán, Departamento de Ingeniería y Tecnología, Universidad Nacional Autónoma de México, Av. 10 de Mayo Col. Sta. María las Torres, C.P. 54740, Cuautitlán Izcalli, Edo. de México, México.

Resumen

La implementación de procesos electroquímicos a nivel industrial requiere del diseño eficiente del dispositivo central: el reactor electroquímico. El diseño de estos dispositivos se ha llevado a cabo recurriendo a dos estrategias: una, que utiliza ecuaciones fenomenológicas fundamentales, y la otra, que utiliza la caracterización experimental, generando números adimensionales y parámetros que cuantifican el grado de desviación de un patrón de flujo ideal, necesarios en la resolución de modelos paramétricos que describen el funcionamiento de un reactor electroquímico con geometrías complejas de electrodos.

En este capítulo, se abordan ambas estrategias para evaluar el comportamiento de diversas geometrías de electrodos que se utilizan en los reactores electroquímicos. Para ilustrar la aplicación de la resolución de las ecuaciones fenomenológicas al diseño de reactores electroquímicos, se analizan dos ejemplos de reactores electroquímicos con electrodos bidimensionales, 2D: reactor FM01-LC con placas paralelas y reactor de electrodo de cilindro rotatorio. Para la descripción de geometrías de electrodos tridimensionales, 3D, se utilizaron modelos teórico-paramétricos, con el fin de simplificar la resolución de las ecuaciones requeridas.

5.1 Desarrollo de la ingeniería electroquímica

La ingeniería electroquímica es una ciencia multidisciplinaria enfocada al diseño, la caracterización y la operación de reactores y procesos electroquímicos. El rendimiento y la eficiencia de estos procesos dependen en gran medida de los fenómenos que ocurren dentro de los reactores utilizados, relacionados con la hidráulica de la celda y con el transporte de masa. Puesto que en la práctica es difícil cuantificar y correlacionar estos fenómenos de transporte con el rendimiento y la eficiencia del reactor –por ejemplo, los campos exactos de velocidad, los gradientes de concentración locales o las distribuciones de corriente eléctrica– es necesario representar los fenómenos de transporte involucrados a través de modelos matemáticos.

Algunos de los fenómenos implicados en el comportamiento del reactor electroquímico son:

- Termodinámica, que estudia el equilibrio de las fases del sistema electroquímico.
- Cinética electródica, que estudia las velocidades de las reacciones electroquímicas.
- Hidráulica, que describe la distribución de fluido dentro de la celda, sus desviaciones y el efecto de caídas de presión.
- Transporte de masa, que describe el transporte de las especies electroactivas a la superficie del electrodo.
- La distribución de corriente y potencial, asociada con la selectividad de reacciones electroquímicas y, por lo tanto, con la eficiencia de corriente.

Esta información, junto con las especificaciones del proceso electroquímico, permite desarrollar un modelo matemático que describa el comportamiento del reactor (figura 5.1).

Como se observa en la figura 5.1, para el diseño y la descripción de reactores electroquímicos es necesario un trabajo multidisciplinario; como la electroquímica fundamental, la física y la ingeniería química, entre otras. Se han publicado diversas obras acerca de este trabajo multidisciplinario. Por ejemplo, uno de los primeros trabajos que contempla el desarrollo de esta ciencia es la obra de Pletcher y Walsh en 1982 (Pletcher, 1982: 294). Este trabajo es una descripción de las principales características de los procesos industriales existentes hasta ese momento: industria de cloro-álcali, extracción de aluminio, obtención de gases de hidrógeno y oxígeno a partir de la electrólisis de agua, entre otros procesos.

Aunque el diseño de un reactor depende fuertemente de las características operacionales de los diversos procesos en los que una tecnología electroquímica se puede aplicar, es importante mencionar que el movimiento del electrolito y del transporte de masa a la superficie de los electrodos también impactan en el rendimiento del reactor electroquímico. Dos de las más importantes obras que se enfocan en este aspecto fueron publicadas por Coeuret en 1992 (Coeuret, 1992:27) y por Walsh en 1993 (Walsh, 1993: s.n.p).

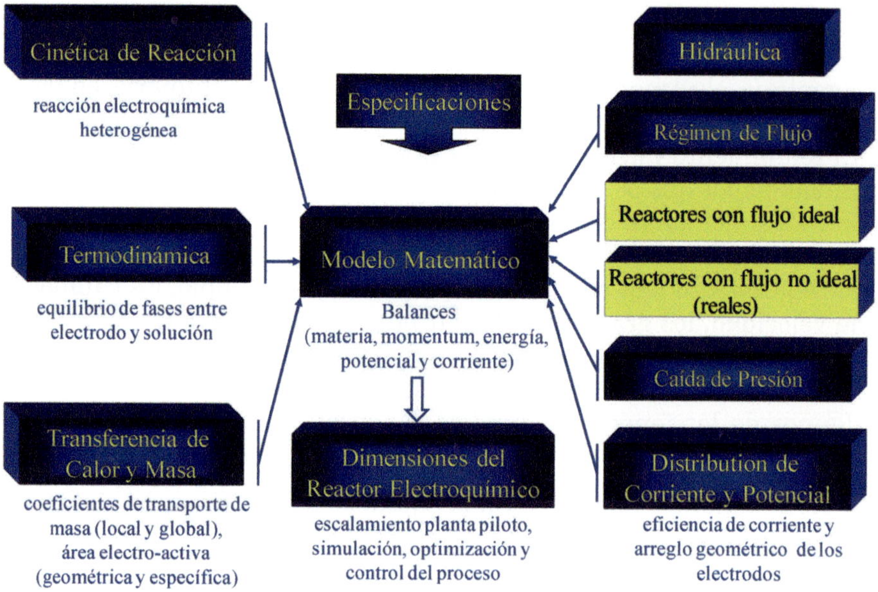

Figura 5.1 Esquema de diseño de un proceso electroquímico.
(Fuente: elaboración propia)

Estas obras se enfocan, además de la descripción de los conceptos fundamentales en electroquímica (termodinámica y cinética electródica), en la descripción de las ecuaciones fundamentales que describen el movimiento de la fase fluida dentro del reactor, empleadas en la rama de Ingeniería Química (fenómenos de transporte de cantidad de movimiento y masa). Es importante destacar que la complejidad matemática de las ecuaciones fundamentales de transporte muchas veces impide que se resuelvan de manera analítica para la descripción de reactores electroquímicos. Cabe señalar que en los años noventa, la implementación de estas ecuaciones para su resolución por métodos numéricos requería de tecnologías computacionales que difícilmente estaban disponibles en esa época.

Es por ello que ambos autores han propuesto la simplificación de las teorías involucradas en la deducción de las ecuaciones fundamentales de los fenómenos de transporte –por ejemplo, la aplicación de la teoría de la capa estancada (Walsh, 1993: s.n.p)–, con el propósito de describir el comportamiento del transporte interfacial solución-electrodo, mediante el uso de relaciones adimensionales que son fáciles de manejar, ya que no requieren una implementación matemática compleja, y el uso de modelos de reactores en régimen de flujo ideal (flujo pistón o tanque perfectamente agitado), que son fáciles de resolver matemáticamente. Esta propuesta se ha utilizado ampliamente en la caracterización de diversos procesos electroquímicos, en los que se han usado distintos diseños y modos de operación en reactores electroquímicos a escala de laboratorio (Nava, 2006: 1469-1474; Rivera, 2007: 5868-5872; Griffiths, 2005: 682-687).

Finalmente, dos de las obras que complementan la aplicación de estos conceptos en el escalonamiento de diversos sistemas electroquímicos, son las publicadas por Goodridge y Scott en 1995 (Goodridge, 1995: 312), y por Wendt y Kreysa en 1998 (Wendt, 1998: s.n.p). En estos trabajos se ejemplifica cómo se puede aplicar la información obtenida de los estudios de caracterización en la construcción de reactores de mayor capacidad, llegando hasta una escala industrial. Además, el trabajo de Kreysa tiene la peculiaridad de resumir los conocimientos adquiridos en rectores con electrodos tridimensionales porosos –por ejemplo, lechos empacados– que han sido publicados por diversos autores, como son Alkire, Mund y Rousar (Alkire, 1978: 1842; Mund, 1975: 463 467; Rousar, 1986b: 353), entre otros.

Como se menciona, el desarrollo de la ingeniería electroquímica ha evolucionado con el paso del tiempo y cada vez ha ido incorporando aspectos que requieren de la interacción de diversas disciplinas fundamentales y aplicadas a la ingeniería. En este capítulo se presentan los elementos para el análisis de los reactores electroquímicos a través de la resolución de las ecuaciones fundamentales de fenómenos de transporte, utilizando simulación computacional (CFD); mediante la caracterización del patrón de flujo por medio de distribución de tiempos de residencia y números dimensionales, y finalmente, a través del desarrollo de modelos adimensionales teórico-paramétricos. Para cada elemento de análisis se presenta un ejemplo que permite una mejor comprensión de los conceptos descritos.

5.2 Fenómenos de transporte en los procesos electroquímicos

En los reactores electroquímicos, las especies electroactivas se transportan del seno del electrolito a la superficie del electrodo, donde se llevan a cabo reacciones de oxidación o reducción. Los productos de la reacción pueden formar una nueva fase gaseosa o sólida, o pueden ser solubles en el líquido, en cuyo caso se difunden en sentido inverso, hacia el seno de la solución. En un esquema simplificado se puede considerar una sola especie i de concentración c_i que se consume en una reacción electroquímica en el electrodo, como se muestra en la figura 5.2. En estas circunstancias, la disminución de la concentración en la interfase del electrodo $c_{i,w}$ ocasiona un flux de masa del componente "i", N_i, hacia el electrodo; supliendo de esta manera, en condiciones de estado estacionario, la cantidad exacta consumida del componente "i". Bajo estas condiciones, la densidad de corriente eléctrica J es igual, de acuerdo con la ley de Faraday, a zFN_i, donde z es el número de electrones involucrados en la reacción electroquímica y F es la constante de Faraday (96486 C mol^{-1}). La velocidad de la reacción electroquímica por unidad de área del electrodo, y en consecuencia la densidad de corriente, depende de la concentración de la solución adyacente al electrodo y del sobrepotencial eléctrico, η. Por otro lado, el flux de difusión de masa N_i depende de la diferencia de concentración entre el seno del electrolito y la interfase $(c_i - c_{i,w})$ y de las características hidrodinámicas del fluido.

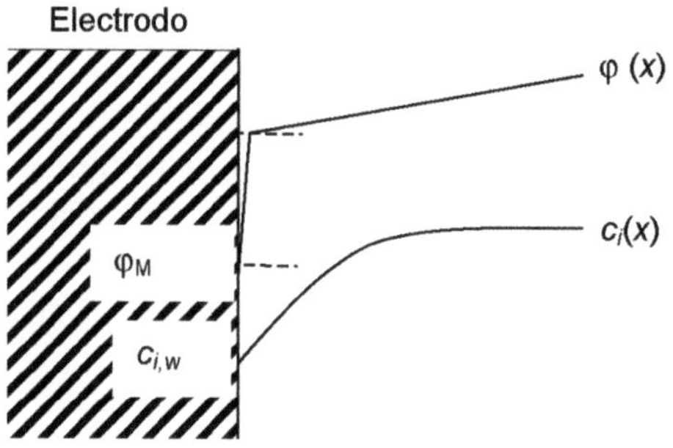

Figura 5.2 Esquema de los perfiles de concentración de la especie electroactiva "i", c_i y potencial φ en la región cercana al electrodo.
(Fuente: elaboración propia)

En la figura 5.3 se ilustra el comportamiento de las curvas de polarización y de concentración interfacial $c_{i,w}$ a dos condiciones hidrodinámicas, Re_1 y Re_2, donde Re es el número de Reynolds ($l_c u \rho / \mu$). Para un potencial del electrodo indicado por la línea punteada, la densidad de corriente y la concentración interfacial a cierta condición hidrodinámica, Re_1, vienen dados por los puntos marcados con "A". Un incremento en la velocidad del líquido, hasta alcanzar la condición Re_2, ocasiona un aumento en el flux de transferencia de masa hacia el electrodo incrementando la concentración interfacial, lo que produce un aumento en la velocidad de reacción y en la densidad de corriente (puntos marcados con "B"). Este comportamiento es general; sin embargo, en la zona conocida como "controlada por transferencia de carga", la densidad de corriente es tan pequeña que la concentración en la interfase es muy cercana a la concentración del seno del líquido, $c_{i,w}$ c_i, y cualquier cambio en la hidrodinámica no tiene un efecto significativo sobre la concentración interfacial ni sobre la densidad de corriente. Por otro lado, en la zona donde la concentración de la interfase es muy pequeña, $c_{i,w} \cong 0$, cualquier cambio en la hidrodinámica ocasiona un cambio de concentración en la interfase, despreciable en términos macroscópicos pero no en su efecto en la cinética de la reacción electroquímica, por lo que la densidad de corriente se modifica de manera notable. Esta zona es conocida como "limitada por transporte de masa".

La discusión precedente resalta la estrecha interrelación entre el transporte de masa, la concentración en la interfase, la corriente y el potencial del electrodo. De esta manera, la influencia de la hidrodinámica en el transporte de masa repercute en el comportamiento del reactor. Por ello, en estos reactores, el transporte de masa es muy importante, no sólo por la cantidad de especies que pueden alcanzar el electrodo sino también por su efecto en los sobrepotenciales necesarios para efecturar la reacción electroquímica. Un desbalance entre la velocidad de transporte de masa y la corriente puede ocasionar sobrepotenciales altos que darían lugar a reacciones secundarias indeseables, con la consiguiente pérdida de eficiencia y con otros posibles

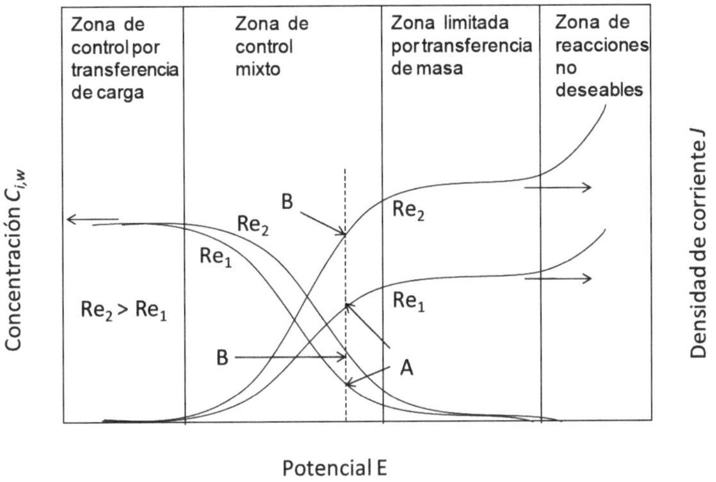

Figura 5.3 Densidad de corriente, J, y concentración en la interfase, $c_{i,w}$, en función del potencial bajo dos condiciones hidrodinámicas.
(Fuente: elaboración propia)

problemas de operación: formación de fase gaseosa, cambio de conductividad eléctrica y pH, alteración de los coeficientes de transferencia de masa, entre otros. Para evaluar el efecto de las condiciones hidrodinámicas en el transporte de masa se tiene que considerar que la velocidad y la concentración dentro de un reactor pueden cambiar de un punto a otro –y en algunas ocasiones, las propiedades físicas cambian también como consecuencia del cambio de concentración–.

Adicionalmente, en los reactores se presentan desviaciones del comportamiento ideal de flujo (flujo pistón) y los patrones de flujo pueden ser complejos, presentándose canalización, *by-pass*, estancamiento y recirculación. Una manera directa de evaluar el efecto de estas desviaciones de flujo en el transporte de masa y en la reacción electroquímica es mediante la solución de las ecuaciones de transporte de cantidad de movimiento y masa acopladas a las ecuaciones de conducción eléctrica y la cinética de la reacción electroquímica. El propósito de la siguiente sección es plantear, analizar y establecer la metodología para abordar este complejo problema en los reactores electroquímicos, donde es particularmente importante sintonizar el transporte de masa con la distribución de corriente y potencial para lograr altas velocidades de transporte de masa y al mismo tiempo disminuir la proporción de reacciones indeseables. Se recomienda revisar los textos especializados de fenómenos de transporte para un desarrollo más detallado (Pletcher, 1982: 249, Coeuret, 1992: 27).

5.3 Aplicación del análisis de los fenómenos de transporte a la descripción de reactores electroquímicos

5.3.1 Ecuaciones de movimiento

Las ecuaciones que rigen el movimiento del fluido se derivan de la segunda ley de Newton aplicada a los fluidos. Si además se consideran las ecuaciones constitutivas de Stokes, se obtiene lo que se conoce como "ecuaciones de Navier-Stokes" (Bird, 2006: 180, Rousar, 1986a, 337) que para el caso de un fluido incompresible newtoniano se puede plantear, en notación compacta, como:

$$\rho \frac{\partial \mathbf{u}}{\partial t} + (\rho \mathbf{u} \cdot \nabla)\mathbf{u} = -\nabla p + \nabla \cdot \mu(\nabla \mathbf{u} + (\nabla \mathbf{u})^T) + \mathbf{F} \quad (5.1)$$

donde ρ es la densidad, $\mathbf{u}$ el vector velocidad, p la presión, μ la viscosidad y $\mathbf{F}$ es cualquier fuerza externa; por ejemplo, la fuerza de la gravedad. En el caso de un sistema de flujo en estado estacionario, el primer término del lado izquierdo desaparece.

Las condiciones a la frontera comúnmente utilizadas corresponden a entradas, salidas e interfases. Los detalles y las opciones de cada una de éstas no se revisarán en este resumen introductorio.

La solución analítica de la ecuación 5.1 se puede obtener sólo para algunos casos de geometría simple y en régimen laminar; por ejemplo, flujo laminar totalmente desarrollado entre placas planas, dentro de tubos, en películas descendentes sobre superficies planas o cilíndricas, en espacio anular entre cilindros concéntricos con un cilindro rotatorio y en el conocido sistema de disco rotatorio inmerso en un fluido, entre otros (Bird, 2006: 180). Los métodos numéricos permiten ampliar los casos al flujo laminar en geometrías más complejas (Mousavi, 2011: 5675-5694). A continuación se presenta un ejemplo para ilustrar la solución de las ecuaciones de Navier-Stokes.

Ejemplo 5.1 Reactor de cilindros concéntricos, con el espacio anular lleno con un líquido hasta una altura L, donde el cilindro interior de radio r_i gira a una velocidad angular ω y el cilindro exterior de radio r_0 se encuentra fijo.

Solución La figura 5.4 muestra el sistema de cilindros concéntricos con sus dimensiones. El problema se resuelve de forma más simple en un sistema de coordenadas cilíndricas.

Suponiendo que la velocidad en la dirección, z, es cero y que no hay variación de velocidad en la dirección angular, la componente angular de la

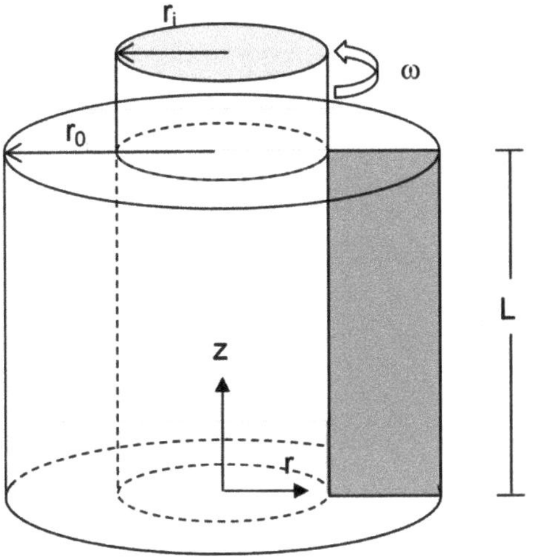

Figura 5.4 Movimiento entre cilindros concéntricos, cilindro exterior fijo y cilindro interior moviéndose a una velocidad ω.

(Fuente: elaboración propia)

ecuación 5.1 se puede simplificar a la siguiente ecuación 5.2. La componente radial de la ecuación 5.1 no es necesaria para el cálculo de velocidad.

$$\mu \frac{\partial}{\partial r}\left(\frac{1}{r}\frac{\partial(r u_\theta)}{\partial r}\right) = \frac{\rho u_\theta}{r}\frac{\partial u_\theta}{\partial \theta} = 0 \qquad \textbf{(5.2)}$$

Las condiciones a la frontera son:

en $r = r_i$, $u = r_i \omega$ y en $r = r_0$, $u_\theta = 0$.

La solución analítica es:

$$u_\theta = \omega \frac{r_0^2 r_i^2 \; / \; r - r_1^2 r}{r_0^2 - r_1^2} \qquad \textbf{(5.3)}$$

La solución obtenida (ecuación 5.3) proporciona la variación de velocidad, u_θ, en la dirección radial, suponiendo $u_z = 0$. Es interesante notar que, si se relaja esta restricción –es decir, permitiendo variaciones de velocidad en z–, se puede obtener una solución que muestre la aparición de estructuras de flujo conocidas como “vórtices de Taylor”. Aprovechando la simetría axial y suponiendo que no hay variaciones de velocidad en la dirección angular, se puede resolver el problema sobre un plano r-z, como el indicado en la sección rectangular sombreada de la figura 5.4. La figura 5.5 muestra la solución numérica obtenida mediante elementos finitos utilizando un *software* comercial. ■

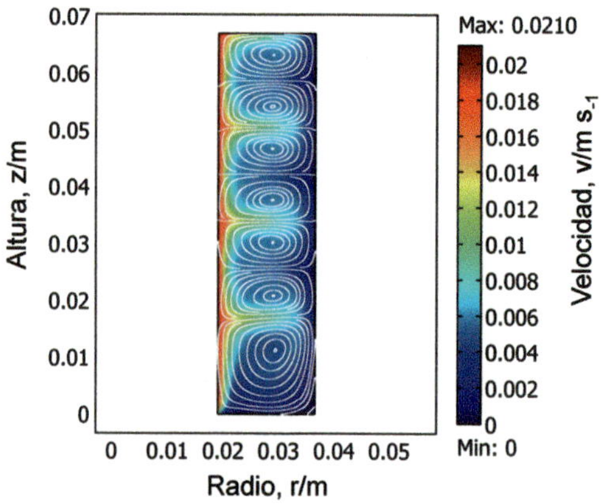

Figura 5.5 Campo de velocidad obtenido de la solución de las ecuaciones de Navier-Stokes en un reactor de cilindros concéntricos de laboratorio suponiendo, simetría axial. Altura del líquido, 0.067 m; radio del cilindro interior, 0.019 m; radio del cilindro exterior, 0.0365 m; velocidad del cilindro interior, 10 rpm. (Fuente: elaboración propia)

Desafortunadamente, en las aplicaciones prácticas de reactores electroquímicos rara vez se presenta un régimen laminar. De mayor interés es el flujo turbulento, que permite lograr altas velocidades de transporte de masa hacia los electrodos. Sin embargo, aún no es posible resolver las ecuaciones de Navier-Stokes bajo estas condiciones en casos prácticos. Esto es debido a las características propias de la turbulencia –flujo irregular, aleatorio y caótico–, que se presenta e intensifica al aumentar el número de Reynolds, con la presencia de remolinos de diferentes escalas que se forman y desaparecen disipando su energía cinética. La solución de las ecuaciones de Navier-Stokes en régimen turbulento mediante simulación numérica directa (DNS) se ha llevado a cabo únicamente bajo condiciones muy restringidas, para geometrías sencillas en pequeños dominios a bajos niveles de turbulencia –*Re* bajos– y con grandes requerimientos computacionales (Bernard, 2002: 410).

Una forma de abordar problemas prácticos y obtener una solución aproximada del campo de velocidad es recurriendo a algunas suposiciones relacionadas con las características del flujo turbulento. Para esto, se transforma primero la ecuación de Navier-Stokes en régimen turbulento a una ecuación en términos de cantidades promedio. Es decir, la velocidad se puede expresar en términos de la velocidad promedio, **U**, más una fluctuación, **u**′, de acuerdo con la ecuación 5.4; de manera similar, la presión se puede expresar mediante la ecuación 5.5.

$$\mathbf{u} = \mathbf{U} + \mathbf{u}' \tag{5.4}$$

$$p = P + p' \tag{5.5}$$

La sustitución de las ecuaciones 5.4 y 5.5 en la ecuación 5.1 conduce a la ecuación conocida como de Navier-Stokes promediada del Reynolds (RANS), que es igual que la ecuación de de Navier-Stokes pero en términos de cantidades promedio, **U** y P, más un término adicional que agrupa las derivadas de los promedios de segundo orden de las fluctuaciones de velocidad. Estos promedios, llamados "esfuerzos del Reynolds", se pueden expresar de manera similar a los esfuerzos cortantes mediante una viscosidad turbulenta, μ_T, y un gradiente de velocidad. La ecuación 5.6 es la ecuación RANS obtenida al sustituir esta última relación.

$$\rho \frac{\partial \mathbf{U}}{\partial t} + (\rho \mathbf{U} \cdot \nabla)\mathbf{U} = -\nabla P + \nabla \cdot (\mu + \mu_T)(\nabla \mathbf{U} + (\nabla \mathbf{U})^T) + \mathbf{F} \qquad \textbf{(5.6)}$$

Para evaluar las fluctuaciones de velocidad o los esfuerzos del Reynolds es necesario hacer suposiciones respecto al comportamiento de la turbulencia. Esta condición de cerradura tiene que ser impuesta para resolver las ecuaciones RANS. Diferentes suposiciones se han propuesto, conocidas como "modelos de turbulencia". A este respecto es importante mencionar que no existe un modelo universal para la turbulencia y que aún hay muchas incógnitas en lo referente a la validez de las suposiciones de los modelos propuestos. Se han elaborado diferentes intentos para proponer modelos de turbulencia de primer o segundo orden; probablemente, los más populares son de dos ecuaciones; por ejemplo, k-ε y k-ω. Estos son conocidos como "modelos de primer orden" y se basan en una analogía entre flujo laminar y flujo turbulento. Estos modelos también son conocidos como "modelos de viscosidad de remolino" (EVM) y se basan en la hipótesis generalizada de Boussinesq (Bird, 2006: 180). En esta breve introducción se presenta el modelo de primer orden de dos ecuaciones k-ε; en el cual, la viscosidad turbulenta está descrita por la ecuación 5.7.

$$\mu_T = \rho C_\mu \frac{k}{\varepsilon} \qquad \textbf{(5.7)}$$

donde k es la energía cinética de los remolinos, ε es la velocidad de disipación de dicha energía y C es una constante. Las dos ecuaciones de transporte adicionales son:

$$\rho \frac{\partial k}{\partial t} - \nabla \cdot \left[\left(\mu + \frac{\mu_T}{\sigma_k} \right) \nabla k \right] + \rho \mathbf{u} \cdot \nabla k = \frac{1}{2} \mu_T (\nabla \mathbf{u} + (\nabla \mathbf{u})^T)^2 - \rho\varepsilon \qquad \textbf{(5.8)}$$

$$\rho \frac{\partial \mathbf{U}}{\partial t} + (\rho \mathbf{U} \cdot \nabla)\mathbf{U} = -\nabla P + \nabla \cdot (\mu + \mu_T)(\nabla \mathbf{U} + (\nabla \mathbf{U})^T) + \mathbf{F} \qquad \textbf{(5.9)}$$

Una gran cantidad de trabajos han presentado la solución de las ecuaciones RANS mediante diferentes modelos utilizando *software* libre (Novaresio,

2012: 125-146; Santos, 2010: 379-392; Alexiadis, 2011: 2252-2260) o comercial (Frías-Ferrer, 2011: 210-281; Mandin, 2006: D40-D50; Vázquez, 2010: 3437-3445; Martínez-Delgadillo, 2010: 776-783) para diferentes reactores electroquímicos; se ha logrado obtener descripciones del comportamiento hidrodinámico que pueden ser útiles para establecer geometrías efectivas. Sin embargo, el aspecto más importante es utilizar los resultados para evaluar el transporte de masa, como se presenta más adelante.

5.4 Transporte de masa

El transporte de masa en los reactores electroquímicos se puede llevar a cabo básicamente mediante tres mecanismos: difusión, migración y convección, de acuerdo con la ecuación de Nernst Planck.

$$\mathbf{N}_i = -D_i \nabla c_i - z_i u_{m,i} F c_i \nabla \varphi + c_i \mathbf{u} \qquad \textbf{(5.10)}$$

donde D_i es el coeficiente de difusión, c_i es la concentración de la especie electroactiva, z_i es la carga de la especie i y φ es el potencial.

El balance de materia de la especie i resulta:

$$\frac{\partial c_i}{\partial t} + \nabla \cdot (-D_i \nabla c_i - z_i u_{m,i} F c_i \nabla \varphi + c_i \mathbf{u}) = R_i \qquad \textbf{(5.11)}$$

donde R_i es la velocidad de reacción.

Frecuentemente, en el líquido se encuentra presente un electrolito soporte –cationes y aniones, que no son electroactivos, pero son los responsables de transportar la carga en la celda electroquímica–, en cuyo caso el término de migración de la especie electroactiva de la ecuación 5.11 (segundo término del lado derecho) se puede despreciar; sin embargo, en ausencia de electrolito soporte, este término no se desprecia, además se debe incluir el balance de cargas y la condición de electroneutralidad.

En régimen laminar, si las propiedades (μ,ρ) se mantienen constantes, el campo de velocidad obtenido de la solución de la ecuación de Navier-Stokes (ecuación 5.1) se puede sustituir directamente en el término de convección de la ecuación 5.11 para obtener el campo de concentración. Existen soluciones a la ecuación 5.11 para el transporte de masa en casos de geometría simple en régimen laminar (Bird, 2006: 180, Crank, 1875: s.n.p) y para el caso donde $\mathbf{u} = 0$, como es el caso de difusión en sólidos (Crank, 1875: s.n.p). Sin embargo, el caso más importante, desde el punto de vista de ingeniería de reactores electroquímicos, es el transporte de masa bajo condiciones de flujo turbulento.

A pesar de que en la literatura científica se han presentado muchos trabajos para describir el comportamiento hidrodinámico en flujo turbulento en reactores electroquímicos (Vázquez, 2010: 3437-3445, Martínez-Delgadillo, 2010: 776-783), no se ha prestado demasiada atención al transporte de masa bajo estas condiciones. El problema de resolver la ecuación 5.11 en régimen turbulento es muy complejo, por lo que el enfoque comúnmente utilizado es mediante el uso de coeficientes de transferencia de masa que engloban todos los fenómenos de movimiento caótico del fluido y su efecto en los mecanismos de transporte de masa. Un parámetro de tal naturaleza que contenga toda esta información sólo se puede obtener de manera experimental para un reactor en particular. Muchos de los estudios previos en transporte de masa se han enfocado principalmente en obtener correlaciones empíricas de números adimensionales, de la forma $Sh = a\, Re^b Sc^c$. (Griffiths, 2005: 682-687; Gabe, 1998: 759-780; Low, 2005: 246-262) para estimar el coeficiente de transferencia de masa, km. En la sección 5.5 se describen las características de esta relación funcional. Estos coeficientes de transferencia de masa permiten que se obtenga una evaluación general del reactor sin que se requiera una descripción local del efecto de las propiedades de flujo. Sin embargo, regiones estancadas, recirculaciones, formación de corrientes de mayor velocidad –entre otros patrones de flujo– producen cambios locales en el transporte de masa que afectan la eficiencia de corriente y al desempeño del reactor.

Por otro lado, es posible obtener una solución aproximada de la ecuación 5.11 de una manera similar a la utilizada en el caso de las ecuaciones RANS y los modelos de turbulencia, con lo que se logra una descripción más detallada del efecto de la hidrodinámica en el trasporte de masa a lo largo del reactor. Considerando que la concentración c_i es igual a la concentración promedio C_i más una fluctuación c_i', se obtiene la ecuación 5.12.

$$c_i = C_i + c_i' \qquad \textbf{(5.12)}$$

Si se sustituyen las ecuaciones 5.12 y 5.4 en 5.11 y se desprecia el transporte de masa por migración, se tiene:

$$\frac{\partial C_i}{\partial t} = -\mathbf{u} \cdot \nabla C_i + \nabla \cdot (D_i + D_{i,T}) \nabla C_i \qquad \textbf{(5.13)}$$

donde los promedios de segundo orden de las fluctuaciones se han sustituido por el término de difusión turbulenta. Es importante mencionar que el coeficiente de difusión turbulenta, $D_{i,T}$, es una característica que depende de la dinámica de flujo y no es una propiedad física del líquido.

Uno de los problemas para aplicar las ecuaciones 5.6 y 5.13 en reactores electroquímicos, y en muchos otros equipos o dispositivos, es la presencia de paredes sólidas. El comportamiento del fluido cerca de las paredes es completamente diferente; en esta región, el flujo del fluido se transforma rápidamente de un estado de turbulencia hasta un estado de completa inmovilidad. Los modelos de turbulencia, por lo menos en sus versiones originalmente planteadas, se basan en características de la turbulencia que no son válidas cerca de las paredes. En la evolución de los modelos de turbulencia se han propuesto algunas adaptaciones en las ecuaciones de transporte (ecuaciones 5.8 y 5.9) para amortiguar el cambio de flujo turbulento en el seno del fluido al flujo laminar de la subcapa viscosa. Con este enfoque se han realizado trabajos concernientes a la resolución de las ecuaciones 5.6 y 5.13 para obtener el campo de velocidad y concentración, respectivamente, en una celda comercial de laboratorio de electrodos paralelos de 63 cm^2 de área activa, DiaCell (Santos, 2010: 379-392), mediante el modelo k-ε de bajo número de Reynolds. Otra opción para resolver las ecuaciones 5.6 y 5.13 que evita los excesivos requerimientos computacionales, y por lo tanto podría ser atractiva en aplicaciones de ingeniería, es mediante el uso de funciones de pared. En reactores donde se considere válida la distribución universal de velocidades en las regiones cercanas a las paredes de interés, se pueden resolver las ecuaciones RANS únicamente en la zona turbulenta, hasta cierta distancia δ de las paredes. La condición a la frontera a la distancia δ de la pared se obtiene de la velocidad $u(\delta)$ de la zona turbulenta, llamada "función de pared". La resolución de la ecuación de transporte de masa (ecuación 5.13) puede seguir un procedimiento similar mediante funciones de pared; sin embargo, en este caso no se cuenta con una distribución universal de concentración, como en el caso de la velocidad, por lo que se han propuesto diferentes aproximaciones. Una de ellas es utilizar la analogía entre el transporte de masa y *momentum*, y desarrollar una función de pared equivalente mediante el número de Schmidt. A continuación se presenta un ejemplo.

Ejemplo 5.2 Reducción del ión ferricianuro en un reactor FM01-LC de placas planas paralelas bajo condiciones de corriente límite.

El reactor FM01-LC es uno de los reactores electroquímicos de flujo continuo más utilizados para estudios a nivel laboratorio. Las características de este reactor y las ventajas de su sencillez geométrica y flexibilidad para adaptarlo a diferentes aplicaciones han sido descritas en diferentes estudios publicados (Walsh, 1993: s.n.p). Aun cuando la patente sobre este diseño ha expirado, el FM01-LC continúa siendo una referencia común de un reactor electroquímico de placas paralelas (Griffiths, 2005: 682-687; Frías-Ferrer, 2008: 811-823; Vázquez, 2010: 3437-3453; Ponce-de-León, 2007: 5815-5823). Básicamente, este reactor está construido mediante placas y marcos, de manera similar a un filtro prensa, que conforman un canal, o varios, para la circulación del electrolito. La figura 5.6 muestra un diagrama esquemático del reactor en modo no dividido.

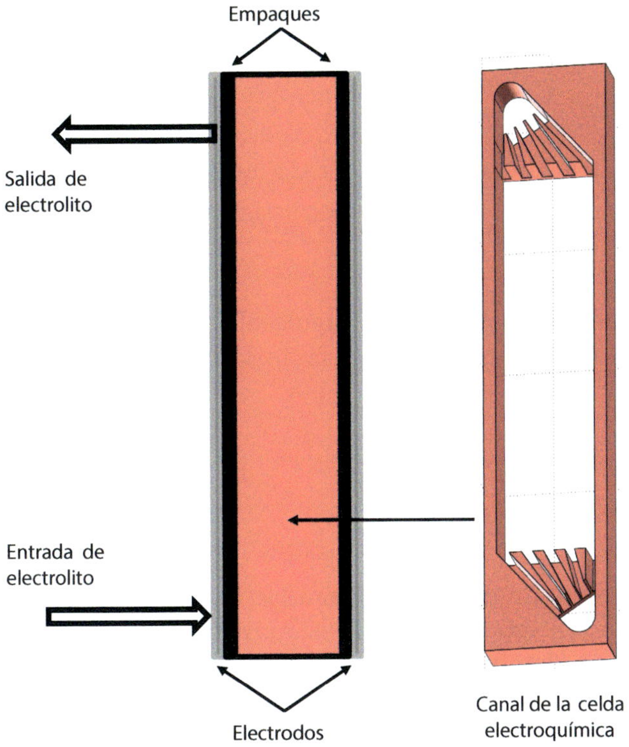

Figura 5.6 Diagrama esquemático del reactor FM01-LC.
(Fuente: elaboración propia)

Solución La primera parte corresponde a la solución de las ecuaciones de transporte de cantidad de movimiento (ecuación 5.6) en estado estacionario mediante el modelo k-ε, usando la función de pared (ecuación 5.14).

$$u^+ = 5.5 + \frac{1}{\kappa} \ln \delta^+ \tag{5.14}$$

donde $u^+ = u/u_t$, $u_t = (\tau_w/\rho)^{1/2}$, τ_w es el esfuerzo en la pared, $\delta^+ = \delta u_t \rho/\mu$.

La segunda parte es la solución de la ecuación de transporte de masa (ecuación 5.13) en estado estacionario usando la siguiente expresión del número de Schmidt turbulento (adaptada de la ecuación de Kays Crawford para el número de Prandtl turbulento, Pr_T).

$$Sc_T = \left(\frac{1}{2Sc_{T\infty}} + \frac{0.3}{\sqrt{Sc_{T\infty}}} \frac{\mu_T}{\rho D_i} - \left(0.3 \frac{\mu_T}{\rho D_i} \right) (1 - \exp(-\rho D_i \,/\, (0.3\mu_T \sqrt{Sc_{T\infty}}))) \right)^{-1} \tag{5.15}$$

donde $Sc_{T\infty}$ es una constante. La función de pared de composición sugerida es:

$$C^{+} = Sc_T \left(\frac{1}{\kappa} \ln \delta^{+} + 5.5 + Pc \right) \quad (5.16)$$

donde la concentración adimensional está definida por:

$$C^{+} = \frac{(C_{i,w} - C_i) C_{\mu}^{1/4} k^{1/2}}{J_{i,w}} \quad (5.17)$$

El término empírico Pc tiene en cuenta el cambio de resistencia al transporte de masa en la subcapa viscosa, en la capa de amortiguamiento y en la capa turbulenta, el cual está definido por:

$$Pc = A \left[\left(\frac{Sc}{Sc_T} \right)^{3/4} - 1 \right] \quad (5.18)$$

La solución obtenida para la velocidad y la concentración se muestran en la figura 5.7a, en un dominio de simulación que consiste en los distribuidores de líquido y el espacio entre los electrodos, donde todas las paredes se encuentran a una distancia δ. A partir de la solución obtenida del campo de concentración se puede determinar el flux de difusión sobre el electrodo. La figura 5.7b muestra el resultado, donde destaca la no homogeneidad del flux de transferencia de masa sobre el electrodo, lo que demuestra la necesidad de resolver las ecuaciones de transporte para obtener una descripción detallada del comportamiento del reactor. ■

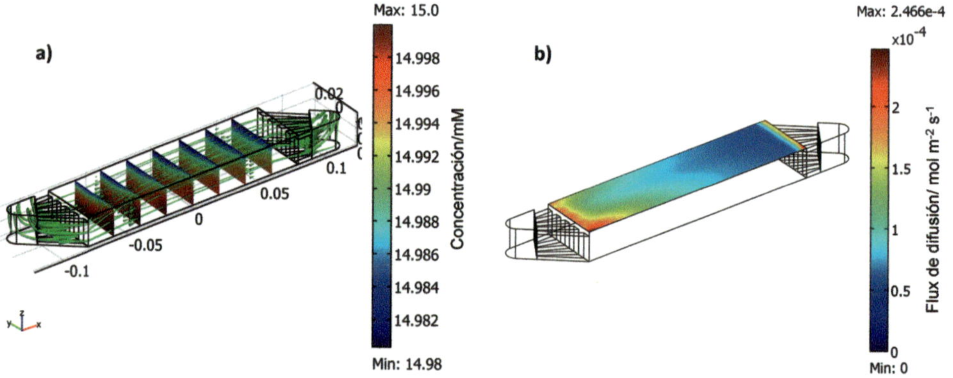

Figura 5.7 Solución de las ecuaciones RANS y transporte de masa con el modelo de turbulencia k-ε usando funciones de pared, en la reducción de ferricianuro en una celda FM01-LC bajo condiciones de corriente límite. $Re = 1407$, $C_e = 15$ mM $K_3Fe(CN)_6$, $C_{i,w} = 0$. a) Líneas de flujo del campo de velocidad y superficies que muestran el perfil de concentración; b) flux de difusión sobre el cátodo.
(Fuente: Rivero, 2012)

Elementos de distribución de corriente y potencial

La distribución de corriente y potencial en un reactor electroquímico proporcionan información valiosa para establecer las zonas del reactor con mejor desempeño y las zonas que podrían ocasionar problemas de operación.

Lo que se conoce como "distribución primaria de corriente y potencial" considera únicamente la ley de Ohm (ecuación 5.19). En este caso, sólo se puede analizar la distribución de corriente producida por la diferencia de potencial en la geometría particular del reactor, lo que se obtiene mediante la ecuación de continuidad (ecuación 5.20).

$$\mathbf{J} = \sigma \nabla \varphi \tag{5.19}$$

$$\nabla \cdot \mathbf{J} = \nabla \cdot (\sigma \nabla \varphi) = 0 \tag{5.20}$$

En el caso de distribución secundaria, se consideran además los sobrepotenciales asociados a las reacciones que tienen lugar en el volumen del electrolito considerado. Pero, sin duda, el caso más importante se da cuando también se tienen en cuenta los sobrepotenciales asociados a cambios de concentración en la interfase, la cual es diferente a la del seno del fluido; aspecto que tiene que ver con el transporte de materia y su interrelación con la velocidad de reacción electroquímica. La ventaja del enfoque de los fenómenos de transporte es que se pueden incluir los fenómenos eléctricos, con lo que se logra una descripción completa del campo eléctrico y del vector densidad de corriente en todo el reactor, y particularmente sobre el electrodo. La densidad de corriente sobre el electrodo es el escalar que se determina con la corriente y el área del electrodo; esta densidad de corriente es el producto punto entre el vector $\mathbf{J}$ y el vector normal a la superficie $\mathbf{n}$. La relación del potencial del electrodo y el potencial en la solución adyacente al electrodo, con la velocidad de reacción, puede establecerse como condición de frontera en las ecuaciones de transporte de masa, acopladas con la continuidad eléctrica en el medio. El siguiente ejemplo, simple en régimen laminar, explica estos conceptos.

Ejemplo 5.3 Ejemplo ilustrativo de la solución simultánea de transporte de cantidad de movimiento, transporte de masa, cinética de reacciones electroquímicas y distribución terciaria de corriente y potencial en una celda electroquímica de placas planas en el sistema Cu(II)/Cu(0) en régimen laminar. Se considera un sistema idealizado con 100% de eficiencia de carga, donde el cobre se disuelve en el ánodo y se deposita en el cátodo sin tener en cuenta las modificaciones geométricas en los electrodos.

Solución La figura 5.8 muestra un esquema de la celda en dos dimensiones en el plano x-y. La velocidad promedio y concentración a la entrada es U_{ent}

y C_e, los electrodos de longitud L son de cobre y se encuentran separados a una distancia S, la solución contiene un electrolito soporte en concentración mucho mayor a C_e. Se supondrá un flujo totalmente desarrollado (es decir, $\partial u_x/\partial x = 0$) sin variaciones de velocidad ni concentración en la dirección z.

La solución se obtiene resolviendo simultáneamente las ecuaciones 5.1, 5.11 y 5. 20. Considerando que las propiedades (ρ y μ) son constantes, la ecuación de Navier-Stokes se puede resolver por separado. La solución de la ecuación de Navier-Stokes en estado estacionario produce la bien conocida "distribución parabólica de velocidades":

$$u_x = u_{\max}\left(1 - \frac{y^2}{S^2}\right) \tag{5.21}$$

donde $u_{\max}$ es la velocidad en el punto medio $y = 0$, y S es la mitad del espaciamiento entre los electrodos.

Si se sustituye la ecuación 5.21 en el término de convección de la ecuación de difusión-convección (ecuación 5.11), se eliminan el término temporal y los términos de variaciones en la dirección z, se tiene:

$$-D_i\left(\frac{\partial^2 c_{Cu^{2+}}}{\partial x^2} + \frac{\partial^2 c_{Cu^{2+}}}{\partial y^2}\right) + \frac{u_{\max}}{S^2}\,\frac{\partial c_i(S^2 - y^2)}{\partial x} = 0 \tag{5.22}$$

Las condiciones a la frontera en la dirección x son:

$$\text{En } x = 0,\ c_{Cu^{2+}} = C_e$$

$$\text{En } x = L,\ \partial c_{Cu^{2+}} / \partial x = 0$$

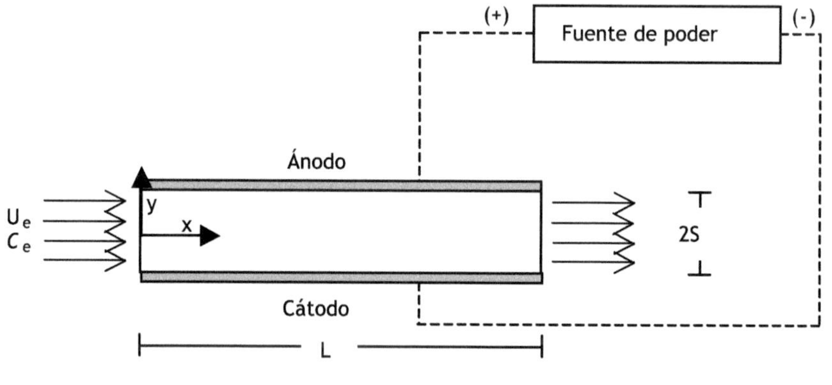

Figura 5.8 Esquema de celda de electrólisis de placas planas, con flujo de fluido perpendicular al campo eléctrico, para el sistema Cu^{2+}/Cu del ejemplo 5.3.
(Fuente: elaboración propia)

Las condiciones a la frontera en la dirección y son más complicadas por la relación con la reacción electroquímica, la corriente y el potencial en la celda (ver la figura 5.2). La concentración $c_{i,w}$ no se conoce, por lo que no es posible una condición tipo Dirichlet; lo que se conoce es que el flux de masa puede relacionarse con la corriente faradaica. Por lo tanto, la condición a la frontera en la superficie del electrodo, en este caso del cátodo, es:

$$\text{En } y = 0, \ -\mathbf{n} \cdot \mathbf{N}_i = D_i \frac{\partial c_{Cu^{2+}}}{\partial y} = \frac{J_c}{zF}$$

Se puede expresar la densidad de corriente mediante la ecuación de Butler-Volmer, para el caso específico de la reacción global Cu^{2+}/Cu.

$$J_c = J_0 \left\{ \exp\left(\frac{1.5F(\varphi_{M,c} - \varphi_c - E_{eq})}{RT} \right) - \frac{c_{Cu^{2+}}}{c_{Cu^{2+},ref}} \exp\left(\frac{0.5F(\varphi_{M,c} - \varphi_c - E_{eq})}{RT} \right) \right\} \tag{5.23}$$

donde J_0 es la densidad de corriente de intercambio; $\varphi_{M,c}$, el potencial del cátodo; φ_c, el potencial de la solución adyacente al cátodo; E_{eq}, el potencial de equilibrio; $c_{Cu^{2+}}$, la concentración en la interfase, y $c_{Cu^{2+},ref}$ es la concentración en el seno del fluido (C_e, en este ejemplo).

Es importante mencionar que la ecuación de Butler-Volmer utilizada (ecuación 5.23) considera que el mecanismo de reducción de Cu^{2+} se lleva a cabo a través de los pasos Cu^{2+}/Cu^{+} y $Cu^{+}/Cu(0)$, donde el paso lento corresponde a la primera etapa de reducción; por esta razón, la ecuación tiene una estructura diferente a la correspondiente a la de una sola etapa de transferencia de carga.

La densidad de corriente depende de la concentración en la interfase y del sobrepotencial. La concentración en la interfase no se conoce; sin embargo, se puede obtener mediante la solución simultánea de la ecuación de transferencia de masa (ecuación 5.11). El sobrepotencial tampoco se conoce, sin embargo, éste depende del potencial aplicado y de la solución de la ecuación de continuidad eléctrica (ecuación 5.20).

De manera similar, las condiciones a la frontera en el caso del ánodo (donde se considera que se lleva a cabo la disolución del Cu a Cu^{2+}) son:

$$\text{En } y = S, \ -\mathbf{n} \cdot \mathbf{N}_i = D_i \frac{\partial c_{Cu^{2+}}}{\partial y} = \frac{J_a}{zF}$$

De forma equivalente, la ecuación para J_a es:

$$J_a = J_0 \left\{ \exp\left(\frac{1.5F(\varphi_{M,a} - \varphi_a - E_{eq})}{RT} \right) - \frac{c_{Cu^{2+}}}{c_{Cu^{2+},ref}} \exp\left(\frac{0.5F(\varphi_{M,a} - \varphi_a - E_{eq})}{RT} \right) \right\} \tag{5.24}$$

La ecuación de continuidad eléctrica para obtener los potenciales (ecuación 5.20) para el caso particular del ejemplo es:

$$\frac{\partial^2 \varphi}{\partial x^2} + \frac{\partial^2 \varphi}{\partial y^2} = 0$$

Las condiciones a la frontera del tipo Dirichlet no son posibles porque no se conocen los potenciales φ_c y φ_a, por lo que las condiciones tipo Neumann son:

$$\text{En } y = 0, \ \sigma \frac{\partial \varphi}{\partial y} = J_c$$

$$\text{En } y = S, \ \sigma \frac{\partial \varphi}{\partial y} = J_a$$

De esta forma quedan acopladas las tres ecuaciones diferenciales (Navier-Stokes, difusión convección y continuidad eléctrica) y se pueden relacionar con la rapidez de las reacciones electroquímicas a través de las condiciones a la frontera.

Las ecuaciones se resolvieron para una velocidad promedio de 0.05 m s^{-1}, una concentración de iones Cu^{2+} a la entrada C_e = 18.8 mM, un potencial relativo de equilibrio E_{eq} = 0 V, $\varphi_{M,a}$ = 0.139 V y $\varphi_{M,c}$= –0.139 V. La solución de las ecuaciones de Navier-Stokes (ecuación 5.1), transporte de masa (ecuación 5.11), ecuación de continuidad eléctrica (ecuación 5.20) y ecuaciones de Butler-Volmer (ecuaciones 5.23 y 5.24) se muestra en las siguientes figuras. La figura 5.9 muestra el perfil parabólico de velocidad (flechas) obtenido con la ecuación 5.21 y los resultados de distribución de potencial. Es conveniente mencionar que el perfil de velocidades se mantiene sin cambios a cualquier distancia x de la entrada –perfil totalmente desarrollado–; no ocurre lo mismo con el perfil de concentraciones, el cual no se encuentra completamente desarrollado.

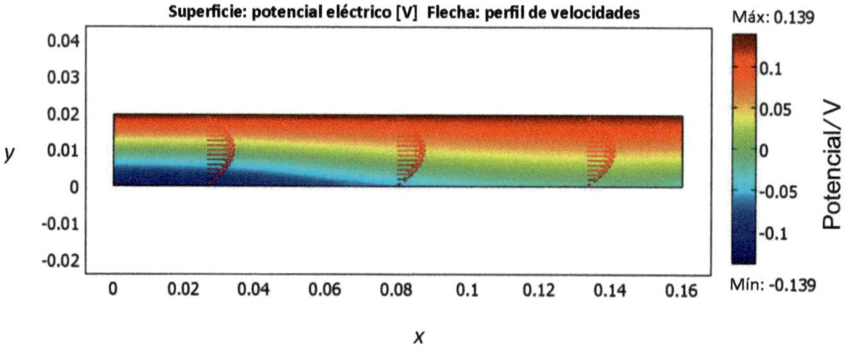

Figura 5.9 Resultados del perfil de velocidades (flechas) y distribución de potencial en el sistema Cu^{2+}/Cu en una celda de placas planas (figura 5.8). Velocidad promedio 0.05 m s^{-1}, concentración de entrada 18.8 mM Cu^{2+}. Solución numérica mediante Comsol Multiphysics.
(Fuente: elaboración propia)

La figura 5.10 muestra la concentración de Cu^{2+} calculada en la interfase del cátodo y el ánodo a lo largo de la dirección axial. Esta figura muestra el efecto de la concentración de entrada, donde los perfiles de concentración se forman durante la primera parte del reactor (para $x < 0.06$ m), y posteriormente ($x > 0.06$ m) se alcanza la condición de un proceso electroquímico limitado por el transporte de masa en el cátodo con un valor de concentración en la interfase de cero. La densidad de corriente a lo largo del electrodo se muestra en la figura 5.11, donde se observa que la densidad de corriente es muy grande en la zona de entrada de la celda y que posteriormente disminuye; esto sucede porque la concentración en las interfases cambia desde el valor de concentración a la entrada C_e hasta su valor constante (de acuerdo con la figura 5.10). Es interesante notar que aun en la zona ($x > 0.06$) donde se ha alcanzado un concentración constante en la interfase –cero en el cátodo– la densidad de corriente continúa disminuyendo; esto sucede porque los perfiles de concentración no llegan a desarrollarse en la pequeña longitud (16 cm) del reactor FM01-LC y el transporte de masa hacia –o desde– el electrodo cambia conforme los gradientes de concentración se modifican. La figura 5.12 muestra el flux de transporte de masa sobre cada uno de los electrodos donde se observa este efecto. ■

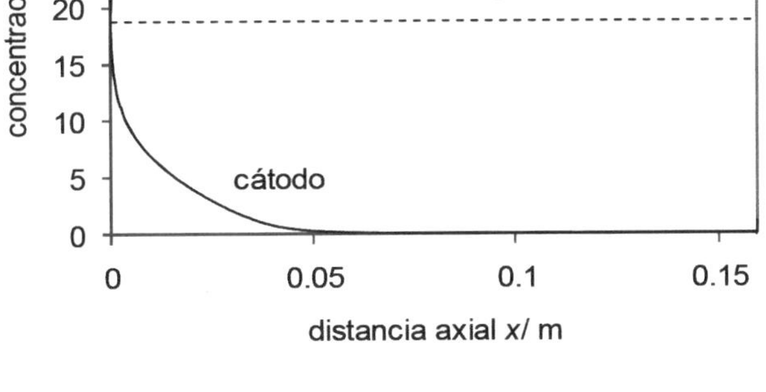

Figura 5.10 Perfil de concentración de iones Cu^{2+} en la interfase de los electrodos en función de la distancia axial. Concentración de entrada, C_e = 18.8 mM; velocidad promedio, 0.05 m s^{-1}, y potenciales, $\varphi_{M,a}$ = 0.139 V y $\varphi_{M,c}$= –0.139 V. Solución numérica con Comsol Multiphysics.

(Fuente: elaboración propia)

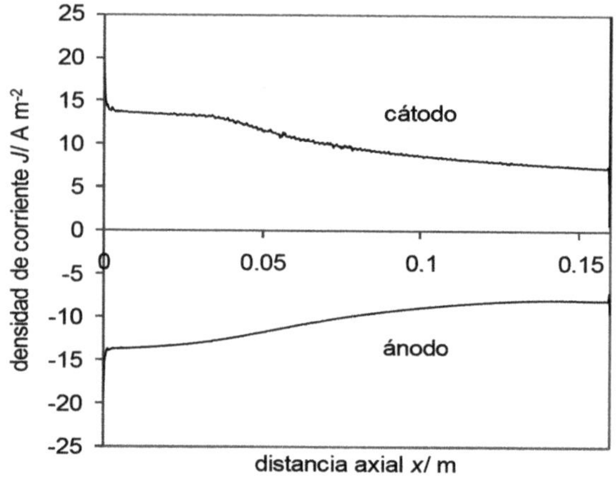

Figura 5.11 Densidad de corriente calculada a lo largo de cada uno de los electrodos. Concentración de entrada, C_e = 18.8 mM; velocidad promedio, 0.05 m s^{-1}, y potenciales, $\varphi_{M,a}$ = 0.139 V y $\varphi_{M,c}$ = –0.139 V. Solución numérica con Comsol Multiphysics.

(Fuente: elaboración propia)

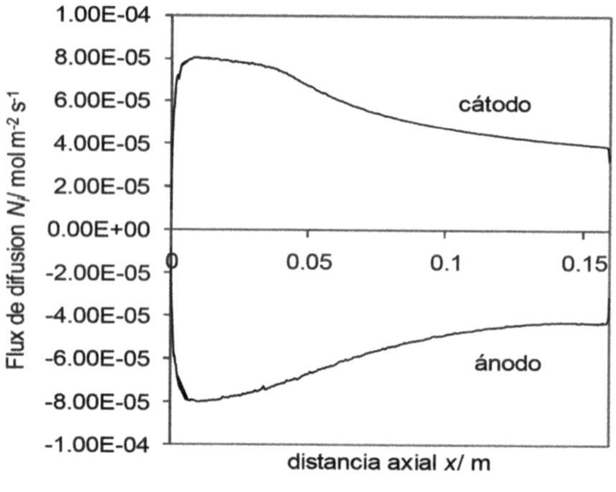

Figura 5.12 Flux de masa calculado sobre cada uno de los electrodos. Concentración de entrada, C_e = 18.8 mM; velocidad promedio, 0.05 m s^{-1}, y potenciales, $\varphi_{M,a}$ = 0.139 V y $\varphi_{M,c}$ = –0.139 V. Solución numérica con Comsol Multiphysics.

(Fuente: elaboración propia)

En el ejemplo anterior se mostró la importancia de la hidrodinámica en el transporte de masa y en las reacciones electroquímicas. Para las condiciones del ejemplo se observa que los gradientes de concentración no llegan a desarrollarse completamente, a pesar de que se supuso un flujo totalmente desarrollado –es decir, los perfiles de velocidad permanecen constantes a lo largo de la celda–. En el caso de un flujo no desarrollado, deberán tenerse en cuenta en la solución de las ecuaciones los efectos de entrada ocasionados por los cambios simultáneos en los perfiles de velocidad y concentración. La figura 5.13 muestra la solución numérica de las ecuaciones de Navier-Stokes, transporte de masa, ley de Ohm y ecuaciones de Butler-Volmer para diferentes potenciales aplicados al cátodo, para una velocidad promedio de 0.01 m s^{-1} y una concentración de entrada C_e = 18.8 mM.

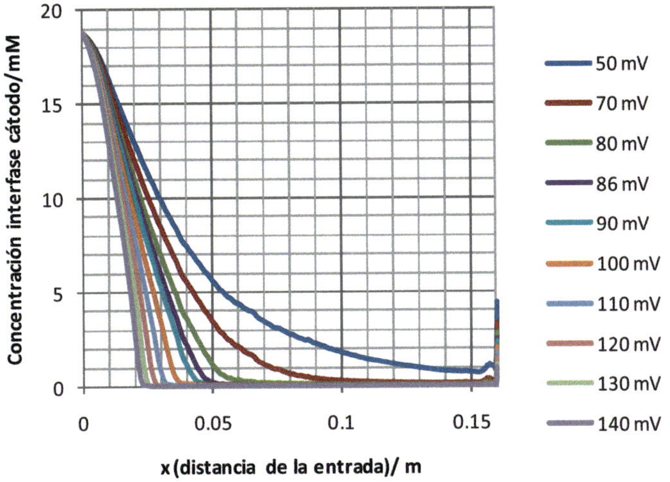

Figura 5.13 Concentración interfacial de Cu^{2+} en el cátodo para un flujo laminar no desarrollado a diferentes potenciales; velocidad promedio, 0.01 m s^{-1}, y concentración de entrada, 18.8 mM Cu^{2+}. Solución numérica de las ecuaciones de Navier-Stokes, transporte de masa, continuidad eléctrica y ecuaciones de Butler-Volmer mediante Comsol Multiphysics.

(Fuente: elaboración propia)

5.5 Utilización de modelos paramétricos para la descripción de reactores electroquímicos (métodos en los que se simplifican las ecuaciones fundamentales de transporte)

A pesar de que la mejor manera para determinar y caracterizar la hidráulica en un reactor electroquímico es mediante la resolución de las ecuaciones de Navier-Stokes y las ecuaciones de transferencia de masa, esta técnica es difícil de implementar en geometrías complejas –por ejemplo, electrodos tridimensionales–. Por esta razón, se han buscado alternativas para llevar a cabo la caracterización de la fase fluida dentro de diversos tipos de reactores. Una de las metodologías más utilizadas para realizar la caracterización de la hidráulica en reactores electroquímicos es la determinación del grado de mezclado de la fase fluida y el uso de correlaciones adimensionales para la descripción del transporte de masa. A continuación se detallan dichas metodologías.

5.5.1 Distribución de flujo

Muchos reactores electroquímicos operan bajo condiciones de corriente límite (J_L); esto es, cuando el sobrepotencial es lo suficientemente alto para que la velocidad global de la reacción esté limitada por la velocidad de convección-difusión de las especies hacia la superficie del electrodo. *"En estas condiciones, el proceso se convierte completamente dependiente de las condiciones del flujo del fluido en el reactor"*. Por lo tanto, al igual que los reactores químicos, los reactores electroquímicos se pueden dividir en reactores ideales y no ideales, según el patrón de flujo dentro del reactor. A su vez, dependiendo de las no idealidades del flujo, se pueden desarrollar modelos matemáticos que incorporen estas desviaciones; por lo general, estas ecuaciones de diseño se pueden expresan con modelos diferenciales o de etapas (figura 5.14).

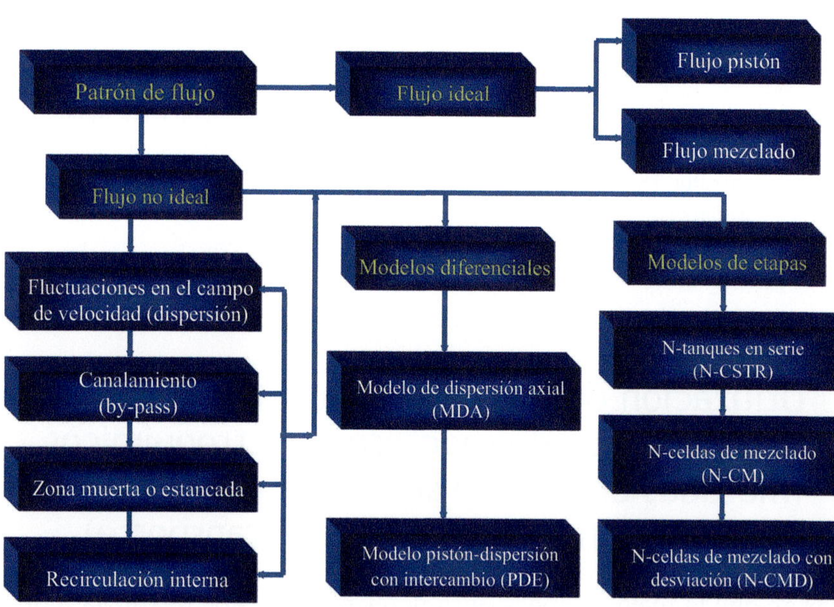

Figura 5.14 Clasificación de los reactores según el patrón de flujo: ideales y no ideales. Modelos matemáticos o ecuaciones de diseño que caracterizan el patrón de mezclado: modelos diferenciales o de etapas.
(Fuente: elaboración propia)

5.5.1.1 Evaluación del patrón de flujo en un reactor con electrodo 3D utilizando la distribución de tiempos de residencia (DTR)

En el diseño de reactores electroquímicos, se considera que existen dos tipos de patrón de flujo ideal: mezclado perfecto y flujo pistón. A partir de estas suposiciones surgen algunos modelos matemáticos sencillos llamados "modelos de reactores ideales", que se pueden consultar en la bibliografía especializada de reactores químicos y electroquímicos (Levenspiel, 1957: 227; Walsh, 1998: 40; Scott Fogler, 2008: 834; Van Swaaij, 1969: 1083). Sin embargo, es importante mencionar que este tipo de modelos asumen que el grado de mezclado no presenta fluctuaciones en el campo de velocidad y concentración, por lo que es difícil obtener este comportamiento en unidades reales (Levenspiel, 1957: 227).

El comportamiento del patrón de flujo es fundamental en el diseño de reactores electroquímicos, debido a que determina las condiciones de su funcionamiento, ya que impacta en el rendimiento y la selectividad de las reacciones electroquímicas, con lo que consecuentemente se tiene un efecto significativo sobre la transferencia de masa y la fuerza motriz efectiva. Además, las desviaciones de la idealidad pueden provocar la presencia de zonas estancadas en las que pueden ocurrir reacciones no deseadas.

En la práctica, el patrón de flujo se desvía de estos casos límite, por lo que el funcionamiento de un reactor electroquímico real se evalúa comparando la distribución de masa dentro del reactor con los modelos de flujo ideal (PFR y CSTR). Diferentes causas producen las desviaciones: fluctuaciones en el campo de velocidad debido a la difusión molecular o turbulenta, recirculación de los elementos de fluido, flujo preferencial, canalamiento o presencia de zonas estancadas.

La presencia de no idealidades en el flujo modifica el tiempo de residencia de los elementos de fluido dentro del reactor y genera una nueva función conocida como la "distribución de tiempos de residencia o curva C", definida de tal forma que $Cd\varphi$ represente la fracción de material en la corriente de salida, la cual tiene una edad entre φ y $\varphi + d\varphi$, donde φ es el tiempo adimensional ($\varphi = t_i/\varphi$) y φ es el tiempo de residencia promedio.

5.5.1.2 Obtención experimental de la curva de distribución de tiempos de residencia (DTR)

La caracterización del patrón de flujo por medio de la distribución de tiempos de residencia (DTR) es una técnica eficiente para evaluar y determinar las desviaciones del patrón de flujo ideal de un reactor, existen dos métodos para generar la curva de DTR: a) la técnica de pulso y b) la técnica de escalón.

En este capítulo sólo se aborda la técnica de pulso (figura 5.15); para profundizar más sobre este tema, el lector puede revisar libros sobre el diseño de reactores.

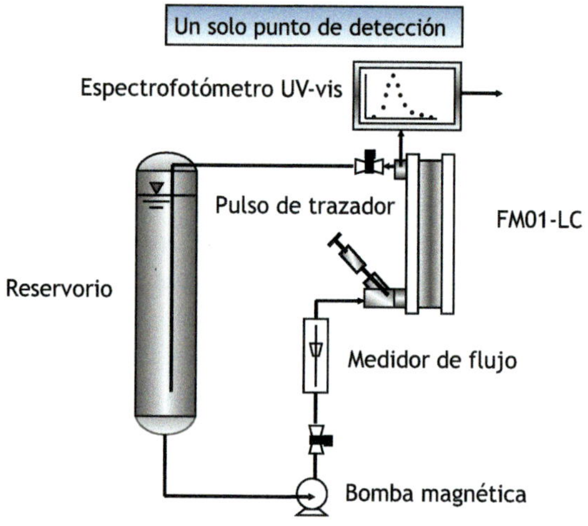

Figura 5.15 Esquema de la técnica utilizada para la distribución de tiempos de residencia (DTR) utilizando un solo punto de detección.
(Fuente: elaboración propia)

La función de distribución de tiempos de residencia (FDTR) se determina experimentalmente mediante técnicas de estímulo-respuesta utilizando trazadores. Las técnicas estímulo-respuesta consisten en introducir en el reactor una cantidad de trazador con una concentración dada y determinar su concentración en la salida del reactor en función del tiempo. Como trazadores se pueden utilizar colorantes, ácidos, bases, sales, isótopos radiactivos, ente otros, y la forma de analizarlos en el fluido de salida dependerá del tipo de trazador utilizado –por ejemplo, absorbancia, pH, conductividad eléctrica–. El estímulo o la perturbación que se introduce al sistema también puede variar: impulso, escalón, senosoidal, rampa, al azahar, etc. Lo más empleado y fácil de interpretar son los experimentos de inyección de un pulso de trazador.

5.5.1.3 Modelos diferenciales

El conocimiento del patrón del fluido y del grado de mezclado, en el reactor FM01-LC, es esencial para determinar el grado de conversión y la selectividad durante una reacción electroquímica. Una manera de cuantificar dicho grado de mezclado es mediante la obtención del coeficiente de dispersión axial (D_{ax}). Este coeficiente va asociado directamente al grado de mezclado dentro del reactor de flujo, e indica si el patrón de fluido se encuentra en los casos ideales: flujo pistón (cuando $D_{ax} \to 0$), tanque perfectamente mezclado (cuando $D_{ax} \to \infty$) o si existen desviaciones de dichos comportamientos. Para cuantificar tal coeficiente de dispersión es necesario seleccionar modelos que ajusten el comportamiento experimental de las curvas DTR. Dos de los modelos más utilizados son el modelo de dispersión axial (MDA) y el modelo de zonas dinámicas y estancadas (PDE). A continuación se detallan dichos modelos.

Modelo de dispersión axial para la determinación del D_{ax}

El denominado modelo de dispersión axial (MDA) es fundamentalmente un modelo desarrollado para caracterizar el mezclado axial. En este modelo se propone que la dispersión del fluido dentro de las unidades de proceso, que se rige por una analogía con la ley de difusión de Fick, se sobreimponga al flujo pistón. Así pues, además del transporte por el flujo volumétrico, cada componente de la mezcla se transporta a través de cualquier sección transversal del reactor, a una velocidad igual a $\left[-D_{ax}A_c\left(dC_{traz}/dy\right)\right]$, que es resultado de la difusión molecular y por convección. Teniendo en cuenta que se realiza la inyección instantánea de un pulso de trazador en el reactor, la siguiente expresión matemática en su forma adimensional representa adecuadamente el balance de materia del trazador.

$$\frac{\partial c_{traz}{}^{*}}{\partial \theta} = \frac{1}{Pe}\frac{\partial^2 c_{traz}{}^{*}}{\partial Y^2} - \frac{\partial c_{traz}{}^{*}}{\partial Y} \qquad \textbf{(5.25)}$$

donde $c_{traz}{}^{*}$ es la concentración del trazador adimensional y Pe, es el número de Peclet.

Considerando un sistema con fronteras cerrado-cerrado (Danckwerts, 1953: 1), es decir que el patrón de flujo en los distribuidores de entrada y salida sean cercanos al flujo pistón (Figura 5.16), las condiciones a la frontera son las siguientes:

$$Y = 0,\ c_{traz}{}^{*} = 1 + \frac{1}{Pe}\frac{\partial c_{traz}{}^{*}(0^{+},\theta)}{\partial Y}; \qquad Y = 1,\ \frac{\partial c_{traz}{}^{*}(1^{-},\theta)}{\partial Y} = 0 \qquad \textbf{(5.26)}$$

La condición inicial antes de que el trazador sea inyectado en la celda es:

$$\theta = 0; \qquad c_{traz}{}^{*}(Y, \theta = 0) = 0 \qquad \textbf{(5.27)}$$

Figura 5.16 Esquema de las condiciones a la frontera de un recipiente cerrado-cerrado utilizadas en los modelos MDA y PDE.
(Fuente: Rivera et al. 2010)

En las ecuaciones anteriores:

$$c_{traz}{}^* = \frac{C_{traz}}{C_{traz}{}^\infty}; \quad Y = \frac{y}{L}; \quad \theta = \frac{tu_{ef}}{L}; \quad Pe = \frac{u_{ef}L}{D_{ax}} \qquad \textbf{(5.28)}$$

donde C_{traz} es la concentración del trazador en mol cm^{-3}, $C_{traz}{}^\infty$ es la concentración del trazador al inicio del pulso, Y es la longitud adimensional, y es la coordenada axial, L es la longitud del reactor en cm, θ es el tiempo adimensional, t es el tiempo que permanece el trazador dentro del reactor en s y u_{ef} es la velocidad efectiva $u_{ef} = U_0/\xi$ en cm s^{-1}, donde ξ representa la fracción vacía de los electrodos 3D.

Modelo de dispersión de flujo pistón con intercambio de materia (PDE)

El modelo de flujo Pistón con Dispersión e Intercambio de materia (PDE) considera dos zonas: a) una zona de alta velocidad o dinámica con dispersión axial moderada, y b) una zona de muy baja velocidad o de estancamiento aparente, en donde existe intercambio de la masa del trazador en ambos sentidos. Un mecanismo de este tipo se muestra en la figura 5.17.

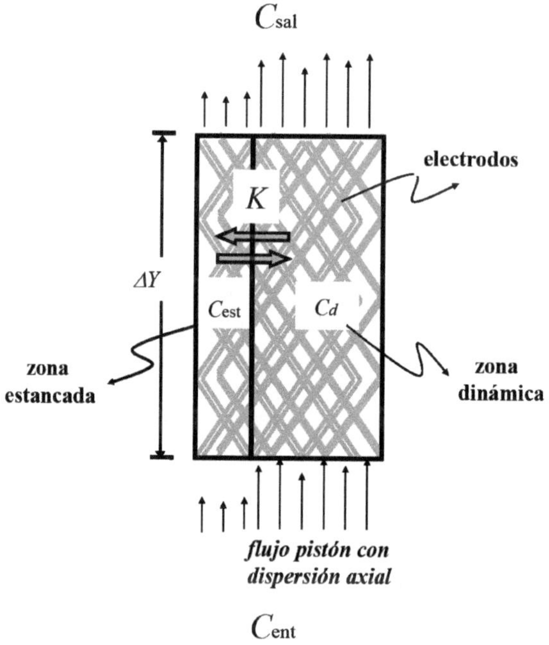

Figura 5.17 Mecanismo de intercambio de materia descrito por el modelo PDE. (Fuente: Rivera et al. 2010)

Para describir el cambio de concentración de un pulso de trazador, a través del reactor FM01-LC con una configuración de canal en particular, se emplean las siguientes ecuaciones diferenciales adimensionales (Van Swaaij, 1969: 1083).

La concentración adimensional del trazador c_d en la fase dinámica se describe por la ecuación:

$$h_\varphi \frac{\partial c_d}{\partial \theta} = \frac{1}{\mathrm{Pe}_d} \frac{\partial^2 c_d}{\partial Y^2} - \frac{\partial c_d}{\partial Y} - N\left(c_d - c_s\right) \qquad \textbf{(5.29)}$$

donde Pe_d es el número de Peclet de la zona dinámica, h_φ es la relación entre el volumen dinámico y volumen total –también conocida como "hold up"– y N es el número de unidades de transferencia de masa. La concentración adimensional c_s del trazador en la zona de baja velocidad o estancada se encuentra representada por:

$$\frac{\partial c_s}{\partial \theta} = \frac{N}{1-h_\varphi}\left(c_d - c_s\right) \qquad \textbf{(5.30)}$$

Considerando un sistema con fronteras cerrado-cerrado –es decir, que el patrón de flujo en los distribuidores de entrada y salida sean cercanos al flujo pistón (Figura 5.17)– las condiciones inicial y a la frontera son las siguientes:

$$Y = 0, \quad c_d = 1 + \frac{1}{\mathrm{Pe}_d} \frac{\partial c_d\left(0^+, \theta\right)}{\partial Y}; \qquad Y = 1, \quad c_d = \frac{\partial c_d\left(1^-, \theta\right)}{\partial Y}$$

$$\theta = 0; \quad c_d = (Y, \theta) = c_s\,(Y, \theta) = 0 \qquad \textbf{(5.31)}$$

Las variables adimensionales utilizadas se definen como:

$$c_d = \frac{C_d}{C_{traz}{}^{\infty}}; \quad c_s = \frac{C_{est}}{C_{traz}{}^{\infty}}; \quad Y = \frac{y}{L}; \quad \theta = \frac{t u_{d,ef}}{L}$$

$$\mathrm{Pe}_d = \frac{u_{d,ef} L}{D_{ax}}; \quad N = \frac{k a_{sp} L}{u_{d,ef}}; \quad h_\varphi = \frac{h_d}{h_d + h_s} \qquad \textbf{(5.32)}$$

donde C_d es la concentración del trazador presente en la fase dinámica en mol cm^{-3}, C_{est} es la concentración de trazador en la fase estática, $u_{d,ef}$ es la velocidad dinámica efectiva $u_{d,ef} = u_{ef}/h_\varphi$ en cm s^{-1}, Pe_d es el número de Peclet de la fase dinámica, ka_{sp} es el coeficiente de intercambio de trazador entre la fase dinámica y la fase estancada, h_d es la fracción de volumen dinámica y h_s es la fracción del volumen estancado.

Las curvas experimentales de DTR se analizan utilizando los modelos antes descritos, este análisis permite establecer el coeficiente de dispersión axial, como una medida de cuánto se aleja el flujo en el reactor del comportamiento ideal.

A continuación, en la figura 5.18, se presentan algunas curvas experimentales de DTR a diferentes flujos de líquido (1.6 a 4.0 LPM), las cuales se realizaron para caracterizar el patrón de flujo del reactor FM01-LC, que se empacó con siete mallas expandidas de acero inoxidable (L = 0.16 m; S = 0.04 m). La técnica de experimentación fue de un pulso de inyección con un punto de detección, como trazador se utilizó "azul de dextrana". Los datos experimentales fueron aproximados a los modelos previamente mencionados (Rivera, 2010:361-371).

En la figura 5.18 se observa que, para flujos menores de 3.0 LPM, el modelo MDA no aproxima correctamente las curvas de DTR. Ello se debe a que, en los flujos de 1.69 y 2.15 LPM, el reactor presenta fenómenos de estancamiento (coleo), flujo preferencial o canalamiento (el valor máximo de la curva aparece antes del valor central = 1.0), dichos fenómenos no se consideran en el modelo MDA, pero sí en el modelo PDE. Por otro lado, a flujos de 3.0 y 4.0 LPM, ambos modelos aproximan correctamente las curvas DTR, ello significa que sólo está presente el fenómeno de dispersión; por lo tanto, los parámetros h_φ y N son prácticamente uno y cero, respectivamente, tal como se muestra en la tabla 5.1.

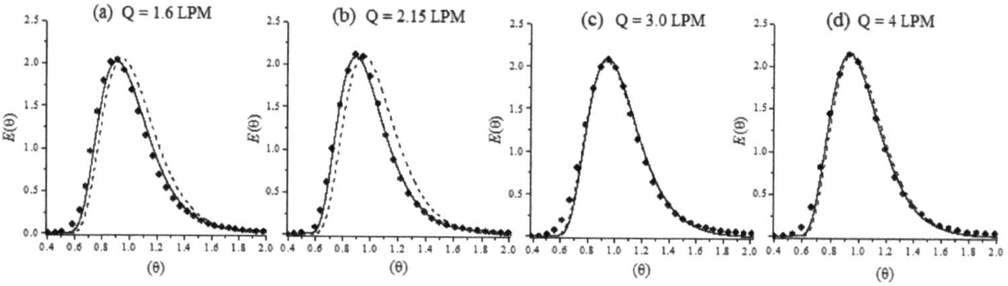

Figura 5.18 Curvas experimentales de DTR del reactor FM01-LC empacado con siete mallas expandidas de acero inoxidable.
Datos experimentales; y curvas construidas con los modelos: (línea punteada) con MDA, (línea continua) con PDE (Fuente: Rivera, 2010)

Tabla 5.1 Resumen de los parámetros utilizados por los modelos MDA y PDE. Reactor FM01-LC empacado con siete mallas expandidas de acero inoxidable

Q (L min^{-1})	u_{mt} (m-s^{-1})	Re	$D_{ax} \times 10^4$ (m^2 s^{-1})	Pe_{ADM}	$Pe_{d\ PDE}$	h_φ	N
1.60	0.0439	120	2.50	28	30	0.950	0.04
2.15	0.0589	223	3.20	29	31	0.960	0.04
3.00	0.0822	312	4.60	29	29	0.995	0.00
4.00	0.1096	416	5.76	30	31	0.995	0.00

(Fuente: Rivera, 2010)

En la tabla 5. 1 se observa que, a medida que se incrementa el flujo de líquido, el patrón de flujo dentro del reactor FM01-LC se aproxima hacia el flujo pistón (se incrementa el valor del número de Peclet, *Pe* y Pe_d).

5.5.2 Correlaciones adimensionales en el transporte de masa

Para describir el transporte de masa sin la complejidad de resolver las ecuaciones acopladas de movimiento, conservación (RANS) y Nernst-Planck, es necesario simplificar el problema de transporte de masa y obtener un parámetro cuantitativo de la velocidad de transporte de las especies electroquímicas. La manera de simplificar el problema se ha abordado de la manera que se expone a continuación (Walsh, 1993: s.n.p.; Wendt, 1998: s.n.p).

Cuando se considera que el flux de materia por transporte de masa, es el mismo que reacciona en la superficie del electrodo ($x = 0$), se asume que en las cercanías del electrodo se forma una capa de fluido estancada –análoga a la capa límite de fluido– (Walsh, 1993: s.n.p.) y, por lo tanto, los fenómenos de transporte de masa son los más importantes (Figura 5.19), por lo que el flux de materia puede ser determinado a partir de la siguiente relación:

$$N_i = \frac{1}{\dfrac{1}{k_m} + \dfrac{1}{k_0}} (C^\infty - C_{x=0}) \qquad \textbf{(5.33)}$$

donde C^∞ es la concentración en el seno de la disolución, $C_{x=0}$ es la concentración en la superficie del electrodo, k_0 es el coeficiente de transporte de carga y k_m es un coeficiente de resistencia al transporte, conocido como "coeficiente de transporte de masa", asociado con el coeficiente de difusión y con el espesor de la capa estancada y se expresa en cm s^{-1}.

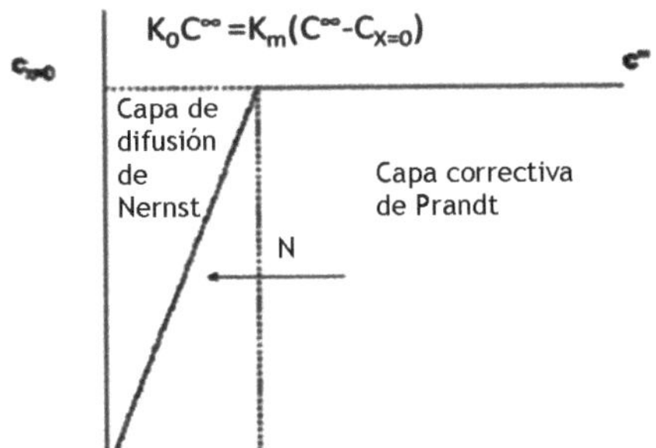

Figura 5.19 Esquema de la teoría de la capa de fluido estancada. El flux de materia va desde el seno de la disolución hasta la superficie del electrodo ($x = 0$).
(Fuente: elaboración propia)

Si se sustituye la ecuación 5.33 en la 5.34, se obtiene la siguiente expresión que describe la densidad de corriente, en función del flux de la especie electroactiva de interés, por transferencia de masa, y en términos del coeficiente de transporte de carga k_0 y de masa k_m:

$$J = \frac{i}{A} = zF\left(\frac{1}{\frac{1}{k_m} + \frac{1}{k_0}}\right)(C^{\infty} - C_{x=0}) \tag{5.34}$$

donde F es la constante de Faraday, F = 98485 C mol^{-1}, y z es el número de electrones intercambiados en la reacción electroquímica. Cuando la velocidad de reacción electroquímica en la superficie del electrodo es muy grande –la constante de transferencia de carga es muy grande ($k_0 \rightarrow \infty$)–, se dice que la concentración en la superficie del electrodo es igual a cero ($C_{x=0} = 0$), por lo que el proceso electroquímico se encuentra limitado por transporte de masa –es decir, la velocidad de reacción se encuentra determinada por el coeficiente de transporte de masa k_m–, por lo que la ecuación que describe la densidad de corriente límite es la siguiente:

$$J_{lim} = zFk_mC^{\infty} \tag{5.35}$$

J_{lim} corresponde al paso de corriente que se presenta en el reactor electroquímico cuando un proceso se encuentra limitado por transporte de masa. Es importante señalar que el coeficiente de transporte de masa, k_m, se puede predecir a través del uso de los modelos fundamentales y de sus respectivas simplificaciones –que permiten obtener soluciones analíticas de las ecuaciones fundamentales de transporte–. En el caso de régimen turbulento, las mediciones experimentales de corriente límite son las técnicas más confiables. Sin embargo, la determinación de dicho coeficiente para diferentes geometrías de electrodos y condiciones de operación es una tarea complicada, debido a que el k_m depende de una gran cantidad de variables presentes en el sistema electroquímico. Por ello, en ingeniería electroquímica se ha optado por realizar la determinación del coeficiente k_m a través de mediciones experimentales. Una forma de simplificar el análisis de los datos experimentales es mediante el uso de grupos adimensionales que permitan interrelacionar las variables involucradas en el valor de k_m –llamado "análisis de π-Buckingham"– y la obtención de correlaciones adimensionales. Este análisis consiste en establecer las variables de las cuales depende el valor del coeficiente de transporte de masa y, así, encontrar relaciones entre las dimensiones de dichas variables. Entre estas relaciones se citan los siguientes grupos adimensionales:

- El número de Sherwood, Sh, describe la relación que existe entre el transporte convectivo y el transporte difusivo de masa y se define como:

$$Sh = \frac{k_m l_c}{D_i} \tag{5.36}$$

donde l_c es la longitud característica del reactor electroquímico utilizado y D_i es el coeficiente de difusión de la especie electroactiva.

- El número de Reynolds que relaciona la intensidad de convección forzada, con respecto a los esfuerzos viscosos:

$$Re = \frac{ul_c}{\nu} \quad \textbf{(5.37)}$$

donde u es la velocidad superficial del electrolito y ν es la viscosidad cinemática del electrolito.

- Por último, el número de Schmidt relaciona las propiedades que cuantifican el transporte de cantidad de movimiento y de difusión del electrolito y se define como:

$$Sc = \nu/D_i \quad \textbf{(5.38)}$$

Cuando la convección forzada del electrolito predomina en los reactores electroquímicos –que es el caso más común–, es posible conocer el coeficiente de transporte de masa, en función del régimen hidráulico mediante la siguiente relación de los grupos adimensionales anteriormente descritos como:

$$Sh = a\, Re^b Sc^c \quad \textbf{(5.39)}$$

Cabe señalar que los valores de las constantes a, b y c se obtienen de manera experimental, y dependerá de la geometría del sistema, de la magnitud de la convección forzada del electrolito, de las propiedades de transporte y de la distribución de potencial, entre otras.

A pesar de que es conveniente el uso de análisis dimensional para la obtención de los k_m, es importante señalar que en estas correlaciones adimensionales existen muchas simplificaciones; entre ellas, que el perfil de velocidad de fluido se encuentra totalmente desarrollado –ya sea como fluido laminar o turbulento–. Por ello, este coeficiente de transporte de masa k_m debe complementarse con el uso de modelos que tengan en cuenta las desviaciones de fluido ideal.

Ejemplo 5.2 Obtención de coeficientes de transporte de masa en un reactor electroquímico de cilindro rotatorio.

Solución En este ejemplo se presentan los resultados de caracterización de transferencia de masa en un reactor con electrodo de cilindro rotatorio, aplicado a la recuperación de cobre, similar al descrito en la sección 5.3.1. Esta caracterización se llevó a cabo en dos etapas: 1) la determinación del dominio de potencial donde el proceso Cu^{2+}/Cu^0 se encuentra limitado por la transferencia de masa; 2) posteriormente, se caracterizó la transferencia de masa en el RCE, por electrólisis, empleando un dispositivo de seis ánodos que fue el dispositivo que mostró mejor eficiencia de corriente durante el proceso (Rivera, 2007: 5868-5872). ■

5.5.2.2 Pruebas de microelectrólisis. Obtención de la curva de polarización para el proceso Cu^{2+}/Cu^0

Para determinar los intervalos de potencial donde el proceso Cu^{2+}/Cu^0 se encuentra limitado por la transferencia de masa, se obtuvieron las curvas de polarización de corriente muestreada mediante la técnica de cronoamperometría a diferentes pulsos catódicos comprendidos entre $-1.1 \leq E \leq -0.2$ V y velocidades angulares comprendidas entre $10.4 \leq \omega \leq 50$ s^{-1} en un sistema de electrodo de disco rotatorio (RDE). A partir de las curvas I–t, se construyó la curva de polarización muestreando la corriente a un tiempo de 4.5 s. La figura 5.20 expone las curvas de polarización del proceso Cu^{2+}/Cu^0.

Como se observa en la figura 5.20, en el intervalo $-0.65 \leq E \leq -0.2$ V vs. SSE, las densidades de corriente fueron invariantes con la velocidad del RDE; además, las densidades de corriente fueron insignificantes, algo característico de un proceso de activación del electrodo. A $-0.7 \leq E \leq -0.65$ V vs. SSE se observa un ligero incremento en la corriente, la cual permanece invariante con ω, indicando que en este intervalo se tiene un control por transferencia de carga. En el intervalo $-0.85 \leq E \leq -0.7$ V se modifican las pendientes en función de la velocidad angular, indicando que se tiene un control mixto. Por otro lado, en el intervalo $-1 \leq E \leq -0.85$ V se observa que las pendientes son menos pronunciadas que las obtenidas en el caso de la región de control mixto. Sin embargo, no se logra apreciar una meseta de corriente límite en su totalidad debido a la formación de la fase metálica. Por otro lado, conforme la velocidad angular del RDE va aumentando, la corriente asociada a estas pendientes incrementa en su valor absoluto (a $-1 \leq E \leq -0.85$ V vs. SSE). Esto último indica que se tiene un control por transferencia de masa. Por otro lado, a potenciales $E < -1$ V vs. SSE (no expuestos), la evolución de hidrógeno toma lugar.

Del análisis de la figura 5.20 se seleccionó un intervalo de potencial entre -1 V $< E < -0.85$ V, donde el proceso Cu^{2+}/Cu^0 se encuentra limitado por transferencia de masa para llevar a cabo los estudios de electrólisis en el RCE.

En la figura 5.21 se muestra el comportamiento semilogarítmico del decaimiento de la concentración normalizada de la figura 5.21.

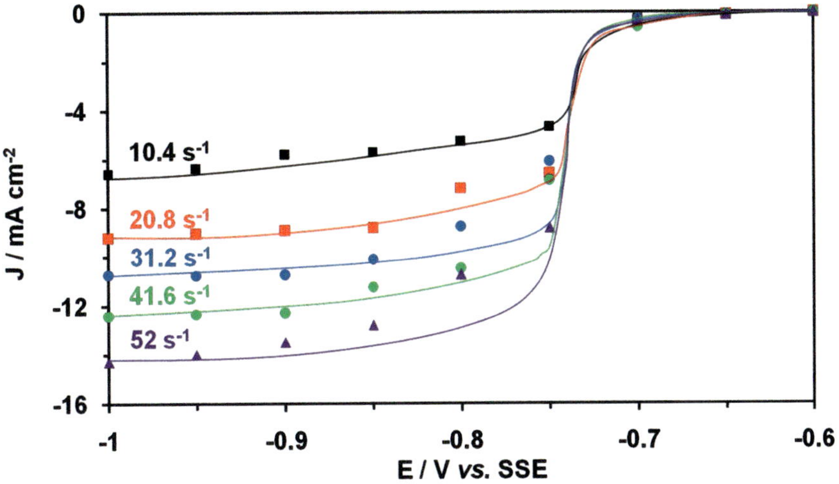

Figura 5.20 Curvas de corriente muestreada frente al potencial para el depósito de iones Cu(II) en ácido sulfúrico. [Cu(II)] = 1200 mg L^{-1} en 1M H_2SO_4. El electrodo de trabajo fue un RDE de acero inoxidable 316 con un área de 0.0706 cm^2. Las velocidades angulares se muestran en la figura.

(Fuente: Rivera, 2008)

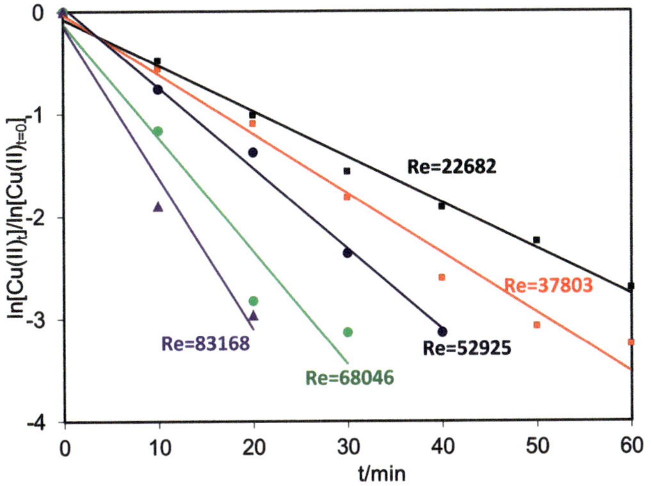

Figura 5.21 Decaimiento semilogarítmico de la concentración normalizada de Cu(II) en función del tiempo de electrólisis a diferentes números de Reynolds, mostrados dentro de la figura, para RCE con seis ánodos –similar a la mostrada en la figura 2–. El área efectiva del electrodo cilíndrico fue A_{ef} = 80 cm^2, con un volumen de solución V_t = 350 cm^3. El área específica del cátodo a_{esp} = 0.23 cm^{-1}. Potencial aplicado = –1.0 V vs. SSE.

(Fuente: Rivera, 2008)

Del análisis de la figura 5.21 se observa que, conforme el número de Reynolds aumenta, el valor absoluto de las pendientes también aumenta, confirmando que el proceso catódico se encuentra limitado por la trasferencia de masa, además de que ésta se ve favorecida por el aumento del Reynolds en el sistema.

Por otro lado, mediante el análisis de la figura 5.21 y el uso de la ecuación 5.39, se obtuvieron los coeficientes de transferencia de masa en el RCE a partir de las pendientes obtenidas –considerando una reacción *batch* de primer orden (Walsh, 1993: s.n.p)–. La figura 5.22 muestra los datos del coeficiente de transferencia de masa en función del número de Reynolds.

A través del análisis de la figura 5.22 se observa que el coeficiente de transferencia de masa k_m aumenta como función del Reynolds. Los valores de k_m obtenidos en este trabajo fueron del orden de $10^{-3}<k_m<10^{-2}$, los cuales se encuentran en el mismo orden de magnitud que los reportados en otros trabajos documentados (Crank, 1975: s.n.p.; Walsh, 1992: s.n.p.; Nahlé, 1995: 450).

La correlación presenta un valor de a = 0.0014 y un valor de b = 0.95. Los valores de estas constantes se pueden utilizar para llevar a cabo el escalamiento de un sistema similar con mayor capacidad de remoción.

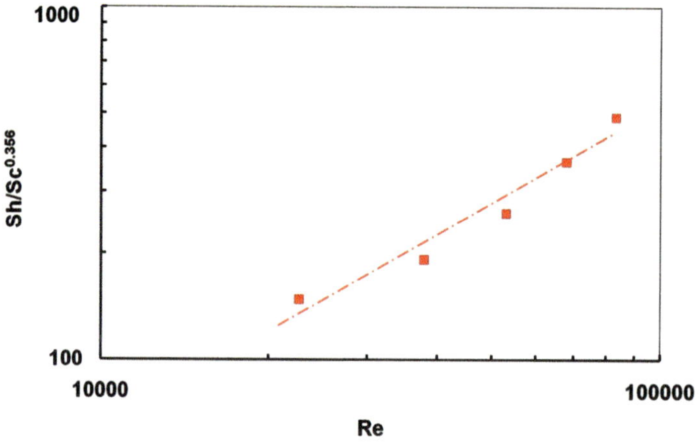

Figura 5.22 Coeficiente de transferencia de masa en función del número de Reynolds. Los datos fueron obtenidos de las electrólisis mostradas en la figura 5.21. (Fuente: Rivera, 2008)

5.6 Descripción de un reactor electroquímico FM01-LC utilizando electrodo tridimensional

Una vez que los problemas de descripción de hidráulica y transporte de masa han sido simplificados a través de parámetros obtenidos experimentalmente, como son el k_m y el D_{ax}, es posible establecer modelos que describan el comportamiento de un reactor electroquímico a partir de los balances de materia en dicho reactor, como se presenta en el ejemplo que a continuación se describe.

5.6.1 El reactor FM01-LC a escala de laboratorio

En los reactores electroquímicos para aplicaciones sustentables es importante obtener altos rendimientos, con el propósito de que la operación sea eficiente para las aplicaciones de interés. Es por ello que, además de elegir los materiales de electrodo idóneos, es importante seleccionar un diseño de celda o reactor electroquímico, en donde la transferencia de masa sea lo más eficiente posible, tratando de evitar desviaciones de un patrón de flujo ideal. A partir de múltiples trabajos editados, es bien conocido que un reactor que presenta un buen comportamiento hidráulico y de distribución de transporte de masa es el reactor de tipo filtro prensa FM01-LC (de las siglas en inglés Filter Monopolar 01 Laboratory Cell, figura 5.23), ya que el control de las condiciones de operación para obtener distribuciones de fluido y concentración no es muy complejo, aunque se utilicen varias geometrías de electrodo (Griffiths, 2005: 682-687; Gabe, 1998: 759-780).

Sin embargo, a pesar de estas características, se ha informado que, bajo ciertas condiciones de operación (Bengoa, 1997: 1313-1322), existen desviaciones importantes del comportamiento hidráulico de la celda, lo que provoca que el transporte de masa y el rendimiento de dicha celda sean ineficientes.

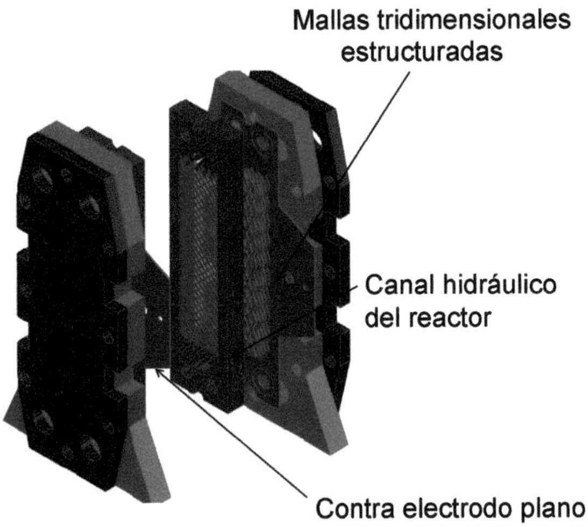

Figura 5.23 Reactor electroquímico monopolar tipo filtro prensa FM01-LC con una configuración geométrica típicamente utilizada.
(Fuente: Gabe, 1998; Griffiths, 2005; Ponce de León, 2006)

5.6.2 Modo de operación en *batch* con recirculación

Para realizar el balance de materia en el sistema electroquímico es necesario definir en qué modo de operación trabajará el reactor FM01-LC en una situación real. Existen varios modos de operación de reactores químicos y electroquímicos, como modo de operación en continuo, *batch*, *batch* con recirculación y by-pass, entre otros (Goodridge, 1995: 312; Levespiel, 1999: 125).

Una manera conveniente de llevar a cabo la operación de un reactor electroquímico de flujo tipo filtro prensa es en un modo de operación *batch* con recirculación, cuyo esquema se muestra en la figura 5.24.

Este modo de operación se usa en varios procesos electroquímicos, como la remoción de metales (Ponce-de-León, 2007: 5815-5823) y el almacenamiento de energía en celdas de flujo tipo redox (Ponce-de-León, 2006: 716-732; Scamman, 2009: 1220-1230). Esta configuración tiene, entre otras ventajas, la de amortiguar las caídas de potencial a través de este tipo de reactores, ya que el cambio de concentración de la especie electroactiva se lleva a cabo de manera gradual en el reactor electroquímico, por lo que los cambios importantes de concentración se producen en el tanque CST.

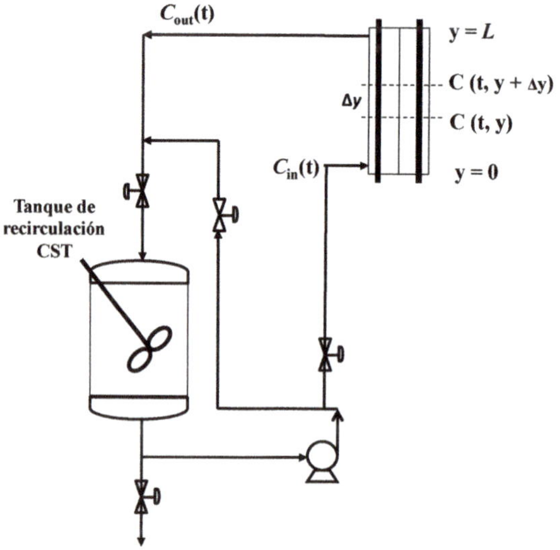

Figura 5.24 Esquema de un reactor FM01-LC funcionando en *batch* con recirculación. (Fuente: elaboración propia)

5.6.3 Modelo de dispersión-reacción acoplado con tanque de recirculación

El desarrollo del modelo de dispersión-reacción CST se obtiene proponiendo las siguientes consideraciones de operación en el reactor FM01-LC:

a) Operación en flujo cruzado; es decir, las líneas de corriente son perpendiculares a las líneas de flujo de fluido.

b) La reacción electroquímica estudiada se encuentra en condiciones de corriente límite.

c) La relación de longitud de reactor (L) con respecto al ancho (d), es mucho mayor que 1 (L/d = 8.42), por lo que se considera una distribución de concentración axial (cabe señalar que la configuración de los electrodos y de un promotor de turbulencia permite un mezclado completo de elementos de fluido en la dirección radial).

d) El tanque de recirculación se encuentra perfectamente mezclado (CSTR).

e) No hay zonas considerables de baja velocidad en el reactor.

f) El sistema es isotérmico.

Bajo estas consideraciones se ha demostrado que la concentración dentro del reactor FM01-LC únicamente varía en la dirección axial (Fedkiw, 1981: 831), mientras que el cambio de potencial eléctrico se lleva a cabo en las direcciones axial y lateral. Debido a esto, la descripción de la concentración y la distribución del potencial a través del área del reactor se lleva a cabo acoplando los balances de materia de la especie electroactiva, en el reactor electroquímico y en el tanque de recirculación; dichos balances se acoplan a la ecuación de Poisson para determinar la distribución de potencial dentro del reactor FM01-LC.

En primera instancia se presenta el balance de materia, mediante el análisis de un elemento diferencial, en el reactor electroquímico FM01-LC (Figura 5.24). Dicho balance se encuentra descrito por la ecuación 5.40 y toma en consideración el término de acumulación de materia en el tiempo, la velocidad a la que está desapareciendo la especie electroactiva en el reactor electroquímico (y que se encuentra límitada por transporte de masa, determinada por el coeficiente k_m), el término de llegada de la especie electroactiva por convección (considerando un flujo pistón), y el término que cuantifica el grado de mezclado de los elementos de fluido por el cual llega la especie electroactiva (cuantificado por el coeficiente de dispersión axial).

$$D_{ax}\frac{\partial^2 C_i}{\partial x^2} - u_{ef}\frac{\partial C_i}{\partial x} - k_m a_{esp} C_i = \frac{\partial C_i}{\partial t} \quad \textbf{(5.40)}$$

donde D_{ax} es el coeficiente de dispersión axial, parámetro que describe las desviaciones de la idealidad de flujo, u_{ef}, es la velocidad efectiva en el lecho empacado, a_{esp} es el área específica en [cm^2/cm^3] $a_{esp} = A_{ef} / V_{electrodo}$, A es el área efectiva del electrodo tridimensional y $V_{electrodo}$ es el volumen del electrodo en cm^3.

La ecuación 5.40 se conoce como la "ecuación de dispersión-convección" y describe la transferencia de masa y distribución de concentraciones en un reactor electroquímico, tomando en consideración las desviaciones de la idealidad en el flujo –régimen hidrodinámico–, asumiendo que no existe dispersión lateral en dicho reactor (Bengoa, 1997: 1313-1322) y que las especies electroactivas no llegan por migración.

Por otro lado, la ecuación de Poisson en su forma escalar (ecuación 5.41), describe la distribución de potencial terciaria en función de las distribuciones de concentración y velocidades de reacción electroquímica.

$$\frac{\partial^2 \varphi}{\partial x^2} + \frac{\partial^2 \varphi}{\partial y^2} = -\frac{nFa_{esp}k_m}{k_{ef}}(C_i) \quad \textbf{(5.41)}$$

donde k_{ef} es la conductividad efectiva en el medio de electrodos estructurados.

Finalmente, para completar el balance de materia en el sistema de tanque con recirculación, el balance en el tanque perfectamente agitado se describe como:

$$\frac{dC_i}{dt} = \frac{Q}{V_T}(C_s - C_i) \quad \textbf{(5.42)}$$

donde V_T es el volumen total del tanque, Q es el flujo volumétrico, C_s aquí representa la concentración de entrada al tanque CST (salida del FM01-LC), y C_i es la concentración a la salida del tanque.

Como se aprecia en el conjunto de ecuaciones propuestas (modelo de dispersión-reacción-CST), es posible describir el comportamiento de tres variables: la concentración dentro del reactor (C_i), el potencial eléctrico de solución a través del reactor (φ) y la concentración de entrada en el tanque de recirculación CST (C_s). En el conjunto de ecuaciones presentado, las variables descritas no presentan una dependencia lineal; por lo que, al cambiar el valor de una variable, el valor de las otras variables también cambiará. Se dice que este tipo de sistemas se encuentran física y matemáticamente acoplados, y que la solución de dichas ecuaciones debe llevarse a cabo de manera simultánea. Además, el modelo propuesto requiere una cantidad importante de características físicas del sistema; sin embargo, también es necesaria la cuantificación de comportamientos hidráulicos (D_{ax}) y de transporte de masa dentro de la celda (k_m).

5.6.4 Resultados de la aplicación del modelo dispersión-reacción CST a la descripción del reactor electroquímico FM01-LC utilizado durante un proceso de electrosíntesis de disulfuro de formamidina (DSFA)

A continuación, se presentan los perfiles de concentración en el reactor y el tanque, así como los de distribución de potencial obtenidos a partir de las ecuaciones 5.40 y 5.42. Los parámetros utilizados para la resolución de las ecuaciones (velocidades de fluido, k_m y D_{ax}) son los obtenidos experimentalmente. La descripción detallada de estos resultados se encuentra en Rivera, 2010: 361-371 y en Cruz-Díaz, 2011: p.p, respectivamente, y se resumen en la tabla 5.2.

Tabla 5.2 Parámetros experimentalmente obtenidos que se han utilizado en la resolución de las ecuaciones 40 y 42.

Q / LPM	u / cm s^{-1}	Re_p	D_{ax} cm^2 s^{-1}	Pe	K_m 10^4 cm s^{-1}
0.15	7.0	90.40	3.80	30	1.5
0.20	9.4	138.6	2.75	54	1.7
0.30	14.0	184.8	3.40	66	1.8
0.40	18.7	200.0	3.80	79	1.9

En las figuras 5.25 a y b se presentan los perfiles de concentración adimensional (c_i) en función de la posición axial adimensional (Y); así como la variación de la distribución de potencial en el reactor FM01-LC. Se observa que, conforme aumenta el flujo, la conversión disminuye a la salida del reactor (Y = 1). Este comportamiento es el esperado, ya que las altas velocidades de flujo disminuyen el tiempo de residencia promedio, aunque el comportamiento de fluido tiende a ser de tipo flujo pistón (Figura 5.25 a). Se hace notar también que las conversiones son muy pequeñas (de entre el 10% y 5%), debido a que la evaluación se realiza para un solo paso en el reactor, por lo que generalmente dichas medidas no se llevan a cabo de manera experimental.

Por otro lado, en los resultados obtenidos para la distribución de potencial, se observa que, conforme el flujo aumenta, la caída de potencial (φ*-V*) es más pequeña en la coordenada axial, a una coordenada lateral fija (para 0.15 LPM la caída en mV fue aproximadamente de 500 mV, mientras que para 0.4 LPM fue aproximadamente de 150 mV) (Figura 5.25 b). Esto se debe a que, conforme la velocidad de flujo es más rápida, la cantidad de especie electroactiva que se convierte dentro del reactor FM01-LC, en un solo paso es menor.

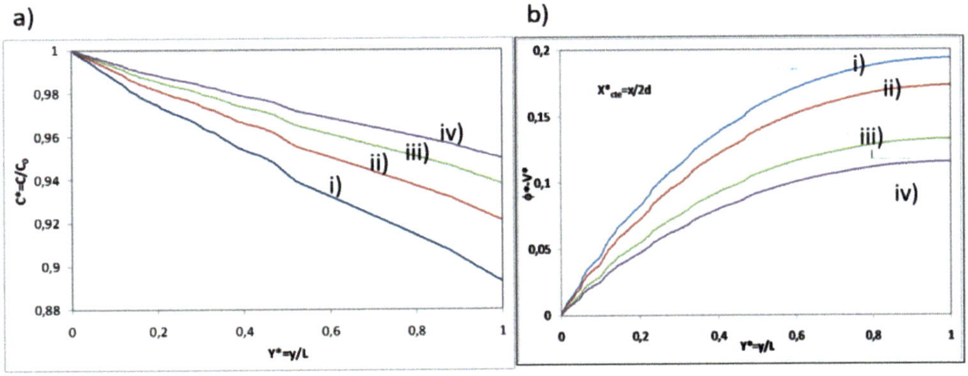

Figura 5.25 Distribución de concentración y potencial en un reactor tipo FM01-LC, obtenida por la solución de las ecuaciones 5.40-5.42: a) perfiles de concentración, b) distribución de potencial terciaria, para diferentes flujos: i) 0.15 LPM, ii) 0.2 LPM, iii) 0.3 LPM, iv) 0.4LPM.

(Fuente: elaboración propia)

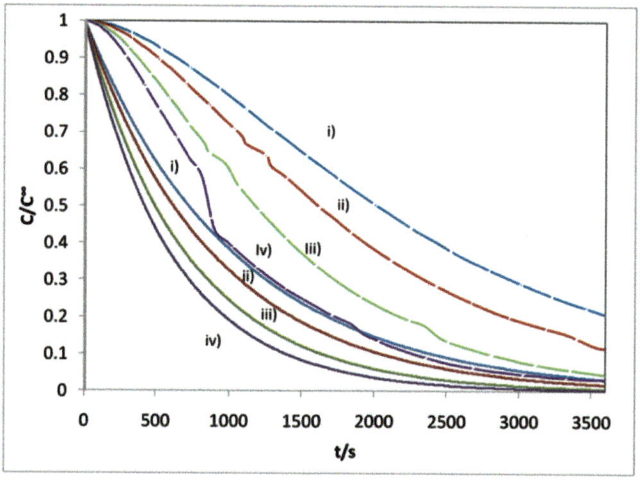

Figura 5.26 Comparación de los perfiles de concentración en el tanque de los modelos de dispersión-reacción (línea punteada) y el de flujo pistón (línea sólida). i) 0.15 LPM, ii) 0.2 LPM, iii) 0.3 LPM, iv) 0.4LPM.
(Fuente: elaboración propia)

Por último, la conversión de reactivo total en el tanque CSTR también queda reflejada respecto al tiempo y comparada con el modelo de flujo pistón (Figura 5.26). El modelo de flujo pistón predice un decaimiento de la concentración más rápido que el del modelo de dispersión-reacción. Esta diferencia es la esperada debido a que las desviaciones de la idealidad del fluido provocan dispersión en los campos de velocidad y concentración, obteniendo bajas velocidades de reacción. Es importante mencionar que una consideración inadecuada dentro del reactor FM01-LC puede llevar a predicciones incorrectas de las distribuciones de concentración y potencial, utilizando los modelos de flujo pistón, y provocar problemas durante el estudio de los procesos electroquímicos y el posterior escalamiento. Por esta razón, el planteamiento del modelo propuesto en este trabajo considera las desviaciones de flujo para tener una mejor descripción de la operación del reactor FM01-LC.

5.7 Conclusiones

Un análisis de reactores electroquímicos requiere tener en cuenta los diferentes fenómenos fisicoquímicos y de transporte que se producen simultáneamente en la zona electroactiva, con el fin de evaluar el rendimiento, la selectividad y la eficiencia del reactor. De esta manera, el comportamiento hidrodinámico del electrolito afecta directamente al transporte de masa y, en consecuencia, a la concentración interfacial, influyendo en diferentes aspectos: la velocidad de las reacciones electroquímicas, la distribución de corriente y el potencial en la superficie de los electrodos. El entendimiento de esta interrelación, en diferentes configuraciones geométricas de los electrodos, es la base para analizar y diseñar reactores electroquímicos.

Los fenómenos de transporte, de cantidad de movimiento y de transporte de masa, sumados a la cinética de las reacciones electroquímicas y a la continuidad eléctrica, proporcionan las ecuaciones para describir esta interrelación. Mediante el uso de estas ecuaciones se puede describir, por ejemplo, el efecto de la distribución deficiente de flujo, ocasionada por el diseño del distribuidor de líquido de entrada al reactor. Asimismo, se puede describir la forma de cómo diferentes zonas del reactor pueden trabajar bajo condiciones de corriente disímiles; donde algunas zonas pueden alcanzar una operación bajo condiciones de corriente límite, mientras que otras zonas se encuentran en la región de control mixto.

En régimen de flujo laminar, la interrelación entre los fenómenos mencionados se puede obtener, en principio, sin problemas con la ayuda de simulación computacional utilizando Comsol multiphysics^{MR}. Por otro lado, en los casos de flujo turbulento, que son de mayor interés práctico, sólo es posible obtener una solución aproximada. De las diferentes opciones para abordar este problema, en este capítulo, se plantea por un lado el uso de modelos de turbulencia que, junto con funciones de pared apropiadas para el transporte de masa, proporcionan una solución de gran utilidad para el análisis y el diseño de reactores electroquímicos, con recursos moderados de cómputo. Esta metodología se utilizó para describir el comportamiento de un reactor con electrodo de cilindro rotatorio (RCE) y la distribución de corriente y potencial en un reactor electroquímico de placas paralelas (PPR).

Por otro lado, cuando las soluciones de los modelos de flujo turbulento con funciones de pared son difíciles de obtener en geometrías complejas –por ejemplo, electrodos tridimensionales–, se propone el uso de una metodología que consiste en utilizar modelos matemáticos acoplados que requieren el uso de parámetros experimentales. En este capítulo se presenta esta metodología para describir el comportamiento de un reactor electroquímico de flujo con electrodo tridimensional. Para llevar a cabo dicha descripción fue necesaria la caracterización de la hidráulica y del transporte de masa en el reactor electroquímico: la primera se efectuó mediante la obtención del coeficiente de dispersión (D_{ax}), a través de las curvas de distribución de tiempos de residencia (DTR); mientras que el transporte de masa se caracterizó por la obtención de coeficientes de transporte de masa (K_m) mediante curvas de polarización corriente-potencial (I-E). Una vez realizada dicha caracterización, las predicciones del modelo paramétrico (dispersión-reacción con tanque de recirculación, MDA-CST) se compararon con datos experimentales de un sistema electroquímico modelo, obteniendo un ajuste aceptable en todos los casos analizados.

Agradecimientos

Los autores agradecen al Consejo Nacional de Ciencia y Tecnologia (CONACyT) y a la Universidad Autónoma Metropolitana el apoyo brindado.

Referencias

Alexiadis A., Dudukovic M. P., Ramachandran P., Cornell A., Wanngard J., Bokkers A. (2011). "Liquid–gas flow patterns in a narrow electrochemical channel", *Chem. Eng. Sci.* 66, pp. 2252-2260.

Alkire R., Gould R. (1976). "Analysis of Multiple Reaction Sequences in Flow-Through Porous Electrodes". *J. Electrochem. Soc.*, 123, 1842.

Bengoa C., Montillet A., Legentilhomme, Legrand J. (1997). "Flow visualization and modelling of a filter-press type electrochemical reactor", *J. Appl. Electrochem.* 27, pp. 1313-1322.

Bernard P. S., Wallace, J. M. (2002). *Turbulent Flow: Analysis, Measurement, and Prediction*. John Wiley & Sons, New Jersey. p. 410.

Bird R. B., Stewart W. E., Lightfoot E. N. (2006). *Transport Phenomena*. John Wiley & Sons, 2nd edition, USA. p. 180.

Coeuret F. (1992). *Introducción a la ingeniería electroquímica*. Reverté, España. p. 27.

Crank J. (1975). *The mathematics of diffusion*. 2nd Edition, Oxford University Press, Great Britain.

Cruz-Díaz M. R., Rivera F. F., Rivero E. P., González I. (2012). "The FM01-LC reactor modeling using axial dispersion model with a reaction term coupled with a continuous stirred tank (CST)". *Electrochim. Acta*, 63, 47-54.

Danckwerts, P. (1953). "Continuous flow systems: Distribution of residence times". *Chem Eng. Sci. 2*, pp. 1-13.

Fedkiw P. S. (1981). "Ohmic Potential Drop in Flow-Through and Flow-By Porous Electrodes". *J. Electrochem. Soc.*, 128, p. 831.

Frías-Ferrer Á., González-García J., Sáez 5, Ponce de León C., Walsh (2008) "The effects of manifold flow on mass transport in electrochemical filter-press reactors". *F.C. AIChE J.* 54, pp. 811-823.

Frías-Ferrer A., Tudela I., Louisnard O., Sáez, 5. Esclapez M. D., Díez-García M. I., Bonete P., González-García J. (2011). "Optimized design of an electrochemical filter-press reactor using CFD methods". *Chem. Eng. J.* 169, pp. 210-281.

Gabe D. R., Wilcox G. D., González-García J., Walsh F. C. (1998). "The rotating cylinder electrode: its continued development and application", *J. Appl. Electrochem.* 28, pp. 759-780.

Goodridge, F., Scott, K. (1995). *Electrolytic Reactor Design, Selection and Scale-up en Electrochemical Process Engineering: a guide to the design of electrolytic plant.* Edit. Plenum Press. New York, USA. p. 312.

Griffiths M., Ponce de León C., Walsh F.C. (2005). "Mass transport in the rectangular channel of a filter-press electrolyzer (the FM01-LC reactor)". AIChE J. 51, pp. 682-687.

Levenspiel O., Smith W. K. (1957). "Notes on the diffusion-type model for the longitudinal mixing of fluids in flow". *Chem. Eng. Sci. 6*, 227.

Levespiel O. (1999). *Chemical Reaction Engineering*. 3rd ed., John Wiley, New York, p. 125.

Low C. T. J., Ponce de León C., Walsh F. C. (2005). "The Rotating Cylinder Electrode (RCE) and its Application to the Electrodeposition of Metals". *Aust. J. Chem.* 58, pp. 246-262.

Mandin Ph., Fabian C., Lincot D. (2006). "Numerical Simulation of Hydrodynamic and Mass-Transport Properties at a Laminar Rotating Cylinder Electrode". *J. Electrochem. Soc.* 153 D40-D50.

Martínez-Delgadillo S. A., Mollinedo-Ponce H., Mendoza-Escamilla 5, Barrera-Díaz C. (2010). "Residence time distribution and back-mixing in a tubular electrochemical reactor operated with different inlet flow velocities, to remove Cr(VI) from wastewater". *Chem. Eng. J.* 165, pp. 776-783.

Mousavi S. A., Nguyen S. N. T., Chan S. H. (2011). "A review on membraneless laminar flow-based fuel cells". *Int. J. Hydrogen Energ.* 36, pp. 5675-5694.

Mund K., Sturm, F. (1975) "Degree of utilization and specific effective surface area of electrocatalysts in porous electrodes". *Electrochim. Acta,* 20, pp. 463-467.

Nahlé A. H., Reade G. W., Walsh F. C. (1995) "Mass transport to reticulated vitreous carbon rotating cylinder electrodes". *J. Appl. Electrochem.* 25, p. 450.

Nava J. L., Sosa E., Carreño G., Ponce-de-León C., Oropeza. M. T. (2006). "Modelling of the concentration–time relationship based on global diffusion-charge transfer parameters in a flow-by reactor with a 3D electrode". *Electrochim.* Acta 51 pp. 1469-1474.

Novaresio V., García-Camprubí M., Izquierdo S., Asinari P., Fueyo N. (2012). "An open-source library for the numerical modeling of mass-transfer in solid oxide fuel cells". *Comput. Phys. Commun.* 183, pp. 125-146.

Pletcher D., Walsh, F. C. (1982). "Industrial Electrochemistry". Blackie Academic & Professional, UK. p. 249.

Ponce de León C., Frias-Ferrer A., González-García J., Szánto D. A., Walsh F. C. (2006). "Redox flow cells for energy conversion". J. Power Sources., 160, pp. 716-732.

Ponce-de-León C., Reade G. W., Whyte I., Male S. E., Walsh F. C. (2007) "Characterization of the reaction environment in a filter-press redox flow reactor" *Electrochim.* Acta, 52, pp. 5815-5823.

Rivera F. F., Nava J. L. (2007). "Mass transport studies at rotating cylinder electrode (RCE): Influence of using plates and concentric cylinder as counter electrodes". *Electrochim.* Acta, 52, pp. 5868-5872.

Rivera F. F., Cruz-Díaz M. R., Rivero E. P., González I. (2010). "Analysis and interpretation of residence time distribution experimental curves in FM01-LC reactor using axial dispersion and plug dispersion exchange models with closed–closed boundary conditions", *Electrochim.* Acta 56, pp. 361-371.

Rivera F. F., González I., Nava J. L. (2008). "Copper removal from an effluent generated by a plastics chromium plating industry using a rotating cylinder electrode (rce) reactor". *Environ. Tech.,* 29, pp. 817-825.

Rivero E. P., Rivera F. F., Cruz-Díaz M., Mayen E., González I. (2012). "Numerical simulation of mass transport in a filter press type electrochemical reactor FM01-LC: Comparison of predicted and experimental mass transfer coefficient". *Chem. Eng. Res. Des.*, 90, pp. 1969-1978.

Rousar I., Micka K., Kimla A. (1986a). "Electrochemical Engineering I". *Elsevier*, Czechoslovakia Vol. 2, p. 337.

Rousar I., Micka K., Kimla A. (1986b). “Electrochemical Engineering I”. *Elsevier*, Czechoslovakia Vol. 1 p. 353.

Santos J. L.C., Geraldes V., Velizarov S. Crespo J. G. (2010). “Characterization of fluid dynamics and mass-transfer in an electrochemical oxidation cell by experimental and CFD studies”, *Chem. Eng. J.* 157, pp. 379-392.

Scamman D. P., Reade G. W., Roberts P. L. (2009). “Numerical modelling of a bromide-polysulphide redox flow battery: Part 1: Modelling approach and validation for a pilot-scale system”. Journal of Power Sources, 189, pp. 1220-1230.

Scott Fogler H. (2008). *Elements of Chemical Reaction Engineering* 4th ed., Prentice Hall, México. p. 834.

Van Swaaij W. P. M., Charpentier J. C., Villermaux J. (1969). “Modèle représentatif de la distribution des temps de séjour dans un réacteur semi-infini à dispersion axiale avec zones stagnantes. Application à l’écoulement ruisselant dans des colonnes d’anneaux Raschig”. *Chem. Eng. Sci.* 24, p. 1083.

Vázquez L., Alvarez-Gallegos A., Sierra F. Z., Ponce de León C., Walsh F. C. (2010). “Prediction of mass transport profiles in a laboratory filter-press electrolyser by computational fluid dynamics modelling”. *Electrochim.* Acta, 55, pp. 3446-3453.

Vázquez L., Alvarez-Gallegos A., Sierra F. Z., Ponce de León C., Walsh F. C. (2010). “Simulation of velocity profiles in a laboratory electrolyser using computational fluid dynamics”. *Electrochim.* Acta, 55, pp. 3437-3445.

Walsh F. C., Robinson D. (1998). “Filter-Press Reactors Technology Designed for Versatility and Efficiency”, *Electrochem. Soc.* Interface summer 40.

Walsh, F. C. (1992) “Electrochemistry for a Cleaner Environment (Eds J.D. Genders N., Weinberg L. *Electrosynthesis*. New York , NY. s.n.p.

Walsh, F. C. (1993) “A First Course in Electrochemical Engineering”. *Electrochemical Consultancy.* New York. s.n.p.

Wendt H., Kreysa G. (1998). “Electrochemical Engineering”. *Springer*, New York, USA. s.n.p.

Capítulo 6

Electrocoagulación

Gabriela Roa Morales[a], Ivonne Linares Hernández[b], Araceli Amaya Chávez[c]

[a] Centro Conjunto de Investigación en Química Sustentable. Facultad de Química. Universidad Autónoma del Estado de México. Km 14.5, Carretera Toluca-Atlacomulco, C.P. 50200, Toluca, México.

[b] Centro Interamericano de Recursos del Agua (CIRA), Universidad Autónoma del Estado de México, Facultad de Ingeniería, Unidad San Cayetano, km. 14.5, carretera, Toluca-Atlacomulco, C.P. 50200 Toluca, Estado de México, México.

[c] Facultad de Química. Universidad Autónoma del Estado de México. Paseo Colón Esq. Paseo Tollocan s/n C.P. 52000.

Resumen

Debido a la baja eficiencia de los tratamientos convencionales de agua residual, tales como los sistemas biológicos, se han desarrollo métodos alternativos, como la electrocoagulación. La electrocoagulación es un método que remueve color, turbiedad, mediante la demanda química de oxigeno (DQO), gracias a la formación de un agente coagulante *in situ* generado en una celda electroquímica utilizando electrodos de hierro o aluminio, este proceso también ha demostrado tener capacidad desinfectante. En este capítulo se presenta el fundamento teórico del proceso, los parámetros de operación más importantes –como el pH de la solución, la densidad de corriente y la concentración de electrolito soporte, entre otros– que deben considerarse para la optimización del tratamiento, así como las eficiencias que se han logrado aplicando este método a diversos tipos de aguas residuales.

6.1 Tecnologías electroquímicas en el tratamiento de aguas residuales

El uso de la electricidad para tratar aguas fue propuesto por primera vez en el Reino Unido en 1889. Sin embargo, actualmente las técnicas electroquímicas no sólo son comparables con otras tecnologías en términos de costos, sino que también resultan más eficientes y compactas. En algunas situaciones, las tecnologías electroquímicas resultan ser un paso indispensable en el tratamiento de aguas residuales que contienen contaminantes refractarios (Chen, 2004: 11-41; Janssen, 2002: 137-146).

El tratamiento electroquímico es uno de los métodos utilizados para remover tanto contaminantes orgánicos como inorgánicos del agua residual; en estos procesos, los contaminantes se destruyen por la oxidación directa o indirecta del proceso. En una oxidación anódica directa, los contaminantes son primero adsorbidos sobre la superficie del ánodo y posteriormente son destruidos por la reacción de transferencia electrónica anódica. En una oxidación indirecta, los contaminantes se destruyen debido a la reacción de oxidación generada por la adición de un agente oxidante como hipoclorito/cloro, ozono y peróxido de hidrógeno (Janssen, 2002: 137-146; Rajkumar, 2003: 1833-1839).

Uno de los procesos electroquímicos que ha sido desarrollado comercialmente en plantas de tratamiento de aguas municipales en toda Europa y también en algunas ciudades del Reino Unido se conoce como *Harness Targeted Electric Water Fusion Technology* o electrocoagulación (Beagles, 2004: s.n.p.).

6.2 Electrocoagulación

La electrocoagulación tiene una larga historia en la tecnología del tratamiento de aguas, fue patentada en el Reino Unido en 1909 y se ha empleado para remover una amplia variedad de contaminantes obteniendo un alto grado en la calidad del agua (Chen, 2004: 11-41).

La electrocoagulación se define como un proceso efectivo para desestabilizar finamente las partículas dispersas en el agua natural o residual, usualmente se utilizan electrodos de hierro o aluminio en este proceso y, cuando se aplica corriente eléctrica, los ánodos producen iones de hierro (Fe^{2+}) o aluminio (Al^{3+}); estos iones generados electroquímicamente son buenos coagulantes y pueden hidrolizarse cerca del ánodo para producir una serie de intermediarios activados que son capaces de desestabilizar las partículas dispersas presentes en el agua, y las partículas desestabilizadas se unen para formar flóculos. Al mismo tiempo, las pequeñas burbujas de hidrógeno generadas en el cátodo hacen que los flóculos formados floten, facilitando la separación de partículas del agua residual (Chen, 2004: 11-41; Holt, 2004: 177-184; Holt, 2005a: 355-367; Cañizares, 2004: 1923-1931; Chen, 2002: 2449-2455).

La electrocoagulación es un proceso complejo con un gran número de mecanismos, que operan sinérgicamente, para remover los contaminantes del agua residual, de ahí que existan diversas opiniones, documentadas, sobre dos puntos centrales: el mecanismo de reacción y la configuración del reactor. Se han realizado diferentes diseños de reactores electroquímicos que operan en lote o de manera continua; estas variaciones incluyen desde un reactor de lecho fluidizado empleando *pellets* (gránulos) de aluminio, electrodos de aluminio bipolar o electrodos de malla, así como electrodos en forma de platos (Holt, 2002a: s.n.p.).

En la figura 6.1 se muestra el diseño de los reactores electroquímicos en su interior, comúnmente constan de ánodos y cátodos en forma de platos intercalados, conectados a una fuente de poder.

En la tabla 6.1, Holt (Holt, 2002a: s.n.p.) reporta las mejores condiciones de operación: tipos de electrodo, diseño del reactor, suministro de corriente, para remover contaminantes orgánicos, color, grasas, aceites, iones y metales pesados utilizando métodos electroquímicos en diversos contaminantes.

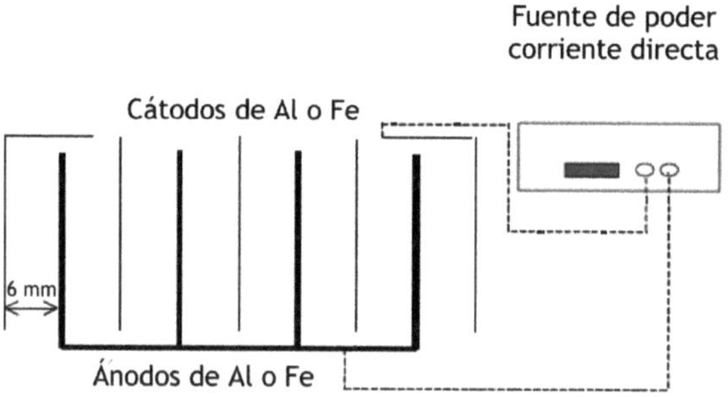

Figura 6.1 Diseño de un reactor electroquímico en forma de placas intercaladas. (Fuente: elaboración propia)

Como se muestra en la tabla 6.1, existe una gran variedad de contaminantes que es posible eliminar mediante tratamientos electroquímicos pero, de igual manera, los mecanismos de reacción que operan sinérgicamente durante este proceso son diversos, por lo que en las siguientes secciones se explicará lo que ocurre durante la electrocoagulación.

6.3 Mecanismos de remoción de contaminantes

Un reactor de electrocoagulación es una celda electroquímica donde el ánodo metálico –generalmente, de aluminio, y algunas veces, de hierro– se usa para dosificar al agua contaminada un agente coagulante. La electrocoagulación produce cationes metálicos *in situ*, en lugar de dosificarlos externamente. Simultáneamente, se generan gases electrolíticos, especialmente hidrógeno,

Tabla 6.1 Condiciones de operación por el método de electrocoagulación

Contaminante	Corriente	Electrodos Cátodo/Ánodo	Tipo de electrodo	Remoción de contaminante	Reactor
Sólidos suspendidos					
Bentonita	0.2, 0.5, 1 A	acero inox.	6 electrodos	sedimentación	reactor de 4L
Carbón	120-170 Am^{-2}	Al/Fe	plato horizontal	flotación	continuo
Sílica y alúmina	2.5 a10 V/cm	acero inox.	malla	sedimentación	3 L en *batch*
Arcilla	3.4 a 27 Am^{-2}	Al/acero inox.	platos paralelos	flotación y sedimentación	7 L en *batch*
Sólidos suspendidos	5 a 50 Am^{-2}	Al/Fe	platos paralelos	sedimentación	continuo
Metales pesados					
Se y Sn	10-20 Am^{-2}	Fe/Fe		cámara de electroflotación	continuo $5.6 \times 10^{-6}\ m^3\ s^{-1}$
Cd^{2+}	10-30 Am^{-2}	acero	platos planos en paralelo	sedimentación	continuo $58.3 \times 10^{-6}\ m^3\ s^{-1}$
Cr^{6+}	8.33 Am^{-2}	Fe	platos paralelos	sedimentación	continuo con aire para agitación $3.3 \times 10^{-4}\ m^3\ s^{-1}$
Ni y Cr	2000 Am^{-2}	Acero	platos	sedimentador-clarificador	continuo

(Fuente: Holt, 2002)

en el cátodo. La electrocoagulación tiene la capacidad de remover un amplio rango de contaminantes incluyendo sólidos suspendidos, metales pesados, colorantes, materia orgánica, grasas, aceites, iones y radionúclidos. Las propiedades fisicoquímicas de los contaminantes influyen e interactúan en el sistema de remoción de contaminantes, por ejemplo, los iones son probablemente electros precipitados, mientras que los sólidos suspendidos son adsorbidos por el coagulante Holt (Holt, 2002a: s.n.p.).

En general, durante un tratamiento por electrocoagulación se presentan los siguientes procesos:

a) Reacciones electrolíticas en la superficie del electrodo.

b) Formación de coagulantes en la fase acuosa.

c) Los coagulantes adsorben a los contaminantes solubles o coloidales y se remueven por sedimentación o por flotación (Can, 2003: 3391-3396).

En la figura 6.2 se muestra la complejidad de un sistema de electrocoagulación. El coagulante y sus productos de hidrólisis pueden tener numerosas interacciones con el contaminante, con otras especies iónicas o con las burbujas del gas electrolítico.

Las principales reacciones que ocurren en los electrodos son:

$$\text{Ánodo:} \quad Al \rightarrow Al\,(aq)^{3+} + 3e^- \tag{6.1}$$

$$\text{Cátodo:} \quad 3H_2O + 3e^- \rightarrow 3/2\ H_2 + 3(OH^-) \tag{6.2}$$

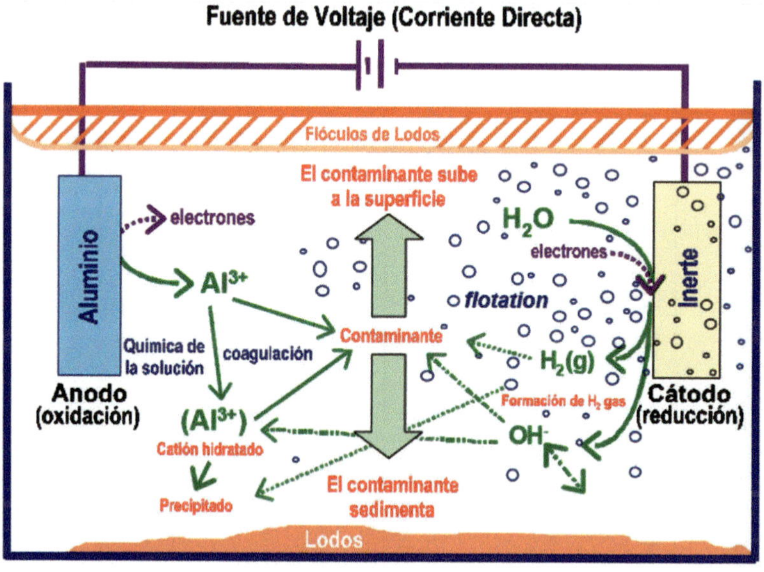

Figura 6.2 Interacciones ocurridas en un reactor de electrocoagulación. (Fuente: Holt, 2004)

Si el potencial del ánodo es lo suficientemente alto, también pueden ocurrir reacciones secundarias, como la oxidación directa de compuestos orgánicos y de iones cloruro presentes en el agua residual (Can, 2003: 3391-3396).

$$2Cl^- \rightarrow Cl_2 + 2e^- \quad \textbf{(6.3)}$$

El cloro producido es un fuerte agente oxidante que puede oxidar algunos de los compuestos orgánicos.

Por otro lado, el cátodo puede ser químicamente atacado por iones hidroxilo (OH^-) generados durante la generación de hidrógeno (H_2) a valores altos de pH (Can, 2003: 3391-3396; Picard, 2000: 77-80).

$$2Al + 6H_2O + 2OH^- \rightarrow 2Al(OH)_4^- + 3H_2 \quad \textbf{(6.4)}$$

Los iones $Al^{3+}_{(aq)}$ y OH^- generados en las reacciones (1) y (2) reaccionan para formar varias especies monoméricas como son $Al(OH)^{2+}$, $Al(OH)_2^+$, $Al_2(OH)_2^{4+}$ y $Al(OH)_4^-$, y también para formar especies poliméricas como $Al_6(OH)_{15}^{3+}$, $Al_7(OH)_{17}^{4+}$, $Al_8(OH)_{20}^{4+}$, $Al_{13}O_4(OH)_{24}^{7+}$ y $Al_{13}(OH)_{34}^{5+}$; los cuales se transforman finalmente a $Al(OH)_3$, de acuerdo con la compleja precipitación cinética (Gurses, 2002: 491-499; Malakootian, 2009: 131-136; Drouiche, 2007: 31-37).

Así como existen una gran variedad de especies químicas que se forman durante la electrocoagulación, también hay algunos factores que se deben controlar, ya que son determinantes en la formación de dichas especies, tal es el caso de la densidad de corriente, el pH y la temperatura.

6.4 Factores que afectan la electrocoagulación

6.4.1 Densidad de corriente o carga

El suministro de corriente a un sistema de electrocoagulación determina la cantidad de iones de Al^{3+} o Fe^{2+} liberados por los electrodos respectivos. Para el aluminio, la masa equivalente electroquímica es 335.6 mg/(Ah), para el hierro, el valor es 1041 mg/(Ah). Una corriente grande significa una unidad pequeña de electrocoagulación y, además, existe la posibilidad de gastar energía eléctrica calentando el agua. Para que el sistema de electrocoagulación opere por un largo periodo de tiempo sin mantenimiento se sugiere que la densidad de corriente se mantenga entre 20-25 A/m^2 (Holt, 2004: s.n.p.; Kovatchva, 1999: 603-608).

La selección de densidad de corriente debe realizarse en conjunto con otros parámetros de operación, como valores de pH, temperatura y flujo, para asegurar una alta eficiencia de corriente. La eficiencia de la densidad de corriente en electrodos de aluminio puede ser de 120-140%, mientras que para los de hierro es de alrededor del 100%, ello se atribuye al efecto de corrosión, especialmente cuando hay iones cloruro presentes (Holt, 2004: s.n.p.; Kovatchva, 1999: 603-608).

La calidad del agua tratada depende de la cantidad de iones producidos (mg) o de la carga, así como del producto de la corriente y del tiempo (Ah) suministrados al sistema.

En la tabla 6.2 se muestran los valores requeridos cuando se utilizan electrodos de aluminio para la remoción de algunos contaminantes típicos en el tratamiento de aguas residuales.

6.4.2 Presencia de cloruro de sodio

El cloruro de sodio se emplea usualmente para incrementar la conductividad del agua o del agua residual que se va a tratar. Además de esta contribución iónica, se encontró que los iones cloruro podrían reducir significantemente los efectos adversos de otros aniones, como HCO_3^-, SO_4^{2-}; ya que la existencia de los iones carbonato o sulfatos conducirían a la precipitación de los iones Ca^{2+} o Mg^{2+} que forman una capa aislante sobre la superficie de los electrodos; esta capa aislante incrementaría el potencial entre electrodos, y su resultado es un significante decremento en la eficiencia de la corriente. Por lo tanto, se recomienda que las cantidades de aniones Cl^- presentes sean del 20% para asegurar una operación normal de electrocoagulación. Sin embargo, la adición de NaCl conduce al decremento en el consumo de corriente, ya que se incrementa la conductividad (Chen, 2004:11-41; Wong, 2002: s.n.p.).

Tabla 6.2 Consumo de energía del electrodo de aluminio para la remoción de contaminantes (Holt, 2002)

Contaminante	Unidades	Tratamiento electroquímico	
		Al^{3+} (mg)	E (W h/m^3)
Turbidez	1 mg	0.15 a 0.2	20 a 40
Color	1 unidad	0.1 a 0.2	40 a 80
Silicatos	1 mg/SiO_2	1 a 2	100 a 200
Metales	1 mg Fe	1 a 1.5	100 a 200
Algas	1000	0.02 a 0.03	10 a 20
Bacterias	1000	0.15 a 0.2	40 a 80

(Fuente: Holt, 2002)

6.4.3 Efecto del pH

El efecto del pH en el agua residual para los procesos de electrocoagulación se refleja en la eficiencia de corriente, así como en la solubilidad de hidróxidos metálicos (Barrera-Díaz, 2011: 1-24). El pH de trabajo depende mucho de la naturaleza de los contaminantes; sin embargo, se ha encontrado que las eficiencias de corriente del aluminio son más altas a condiciones ácidas o alcalinas que a condiciones neutras. Koyba (Kobya, 2006: 201-211) reporta eficiencias del 53% en la DQO en el tratamiento de efluentes de una industria alimenticia a valores de pH óptimo de 4 a 6. Linares (Linares-Hernández, 2009: 97-105) alcanza una remoción del 70% de DQO con ánodos de hierro y un 50% de DOQ con ánodos de aluminio, para un efluente industrial a un valor de pH de 8. Y Butler (Butler, 2011: 495-525) reporta que, para diferentes tipos de agua que se han tratado con electrocoagulación, se puede observar que el intervalo de pH óptimo es de pH 6 a 8.

El pH del efluente posterior a la electrocoagulación se incrementa por la acción de influentes ácidos pero disminuye por influentes alcalinos, esta es una de las ventajas de este proceso. El incremento del pH a condiciones ácidas se atribuye a la generación de hidrógeno en el cátodo, producido por la reducción del agua que genera H_2 y OH^-, como se observa en la siguiente reacción:

$$2H_2O + 2e^- \rightarrow H_{2(g)} + 2OH^- \quad \textbf{(6.5)}$$

De hecho, además del desprendimiento de hidrógeno, la formación de $Al(OH)_3$ cerca del ánodo produce H^+, provocando la disminución de pH. Cuando hay iones cloruro se llevan a cabo las siguientes reacciones:

$$2Cl^- \rightarrow 2e^- + Cl_2 \quad \textbf{(6.6)}$$

$$Cl_2 + H_2O \rightarrow HOCl^- + Cl^- + H^+ \quad \textbf{(6.7)}$$

$$HOCl^- \rightarrow OCl^- + H^+ \quad \textbf{(6.8)}$$

El incremento del pH con influentes ácidos se debe al dióxido de carbono (CO_2) producido por el burbujeo de hidrógeno, a la formación de precipitados de otros aniones con Al^{3+} y al cambio de equilibrio en la reacción de generación de hidrógeno. El decremento de pH en condiciones alcalinas puede deberse a la formación de precipitados de hidróxido con otros cationes, de acuerdo con la reacción 6.9.

$$Al\,(OH)_3 + OH^- \rightarrow Al(OH)_4^- \quad \textbf{(6.9)}$$

Las mejores eficiencias de remoción de contaminantes reportadas utilizando electrodos de aluminio son cercanas a un pH neutro.

Los electrodos de hierro se han usado en aguas residuales caracterizadas por presentar coloración y de giro textil, se han empleado influentes alcalinos logrando alta remoción de color y demanda química de oxígeno (Zhaing, 1993: 1375-1382).

6.4.4 Efecto de la temperatura

El efecto de la temperatura en esta tecnología no ha sido muy investigado, Chen (Chen, 2004: 11-41) señala que la eficiencia máxima de corriente se consigue si se incrementa la temperatura hasta 60 °C. El incremento de la eficiencia de corriente con temperatura se atribuye al incremento en la actividad de destrucción de la película de óxido de aluminio sobre la superficie del electrodo. Cuando la temperatura es tan alta, hay un encogimiento de los grandes poros del gel $Al(OH)_3$ y se forman flóculos más compactos, los cuales se depositan más fácilmente en la superficie del electrodo. A mayor temperatura, mayor conductividad y, por lo tanto, menor consumo de energía.

6.4.5 Tipo de material de los electrodos

Los materiales que se suelen emplear en la electrocoagulación son aluminio y hierro. La configuración de los electrodos, generalmente, es en forma de platos de aluminio o hierro; se ha encontrado que la principal aplicación de los electrodos de aluminio es para el tratamiento de aguas, debido a su alta eficiencia en la autogeneración de agentes coagulantes (Chen, 2004: 11-41).

6.5 Diseño de reactores y operación

De los diferentes trabajos editados no se puede extraer de forma sistemática el diseño y la operación de un reactor de electrocoagulación. Los diseños reportados son a nivel laboratorio; los de escala piloto e industrial no se encuentran solos, sino que forman parte de un sistema completo para la purificación de aguas residuales.

En su forma más simple, un reactor de electrocoagulación puede construirse mediante una celda electroquímica con un ánodo y un cátodo. Cuando se conectan a una fuente de poder, el material del que está hecho el ánodo se corroe electroquímicamente debido a la oxidación, mientras que el cátodo es sujeto de pasivación, pero este arreglo no es muy conveniente para el tratamiento de aguas residuales, porque para una producción adecuada de disolución del metal es necesario el uso de electrodos que tengan un área superficial grande, esto se ha logrado utilizando celdas con electrodos en forma de platos, ya sea en paralelo o conectados en serie (Figura 6.3) (Beagles, 2004: s.n.p.).

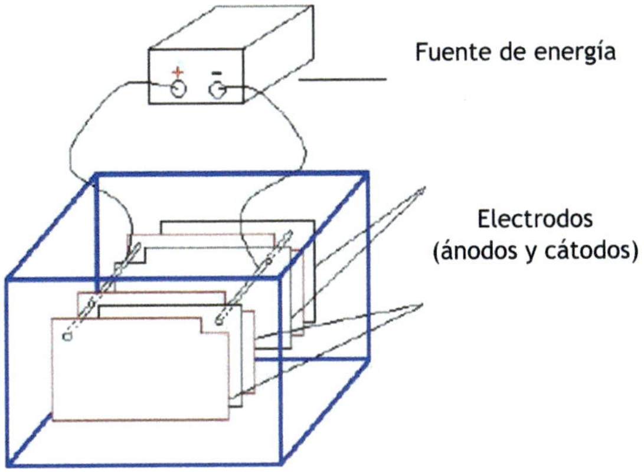

Figura 6.3 Reactor electroquímico a escala piloto, constituido por electrodos en forma de placas intercaladas.
(Fuente: Beagles, 2004)

Independientemente del diseño del reactor, las bases no cambian, por lo que este proceso se construye de las interacciones entre electroquímica, coagulación y flotación, estas bases se pueden combinar para formar una gran variedad en diseños de reactores.

La mayoría de los diseños de los reactores se reduce a la toma de tres decisiones (Holt, 2005b: 1125-1133):

a) Operación en lote o en continuo.

b) Reactores con sólo coagulación o con coagulación-flotación

c) Elección del proceso de separación.

6.5.1 Reactores en lote y en continuo

Queda claro que la mayoría de los reactores reportados en la literatura son en continuo, dichos reactores tienen una alimentación continua de contaminantes y operan bajo condiciones específicas, la ventaja de estos reactores es que sus requerimientos de coagulante son fijos. Por otro lado, los procesos en lote típicamente tienen un volumen fijo –en lugar de un flujo de alimentación fijo– y las concentraciones cambian conforme transcurre la reacción. Las características de los sistemas en lote y en continuo se comparan en la tabla 6.3.

Dentro de las desventajas que presenta un reactor en lote es que no hay una alimentación de flujo constante, por lo que se tratan volúmenes menores, según la capacidad del reactor, y el desempeño del sistema está relacionado con el tiempo de reacción.

Los sistemas en continuo resultan más eficientes, cuando se aplican a escala industrial, es decir, cuando se van a tratar grandes cantidades de agua, ya que el flujo es constante y se puede operar sobre un volumen mayor de agua en menor tiempo y además resulta más económico que los sistemas en lote.

Por otro lado, una ventaja cuando se trata agua residual en reactores en lote es que se garantiza un mezclado adecuado, ya que normalmente cuentan con un agitador mecánico que homogeniza el flujo, además en los reactores en *batch* el burbujeo que se produce *in situ* en los electrodos contribuye a mejorar el proceso.

En los sistemas en continuo existe variación en el mezclado y su eficiencia depende del tiempo de residencia, el cual va en función de la geometría del reactor y del gasto del flujo. Holt (Holt, 2002b: 233-248) describe los sistemas en lote como simples reactores cuya aplicación es a nivel laboratorio.

Tabla 6.3 Comparación entre sistemas en lote y en continuo

Lote	Continuo
Sin alimentación de flujo – volumen constante	Flujo constante
Las concentraciones en el sistema cambian con el tiempo	Las concentraciones en el sistema son constantes
El desempeño del sistema está relacionado con el tiempo de reacción	El desempeño del sistema está relacionado con el tiempo de residencia en el reactor
Operación dinámica	Operación fija
El contenido en el reactor se encuentra bien mezclado	Variación en el mezclado

(Fuente: Holt, 2002b: 233-248; Tejocote-Pérez, 2010: 7761-7766)

6.6 Aplicaciones

De lo previamente expuesto se deduce que los métodos que pretenden aumentar la efectividad en la remoción de contaminantes presentes en las aguas residuales apuntan a los tratamientos electroquímicos por su seguridad, accesibilidad económica y facilidad de realización. Son métodos que comenzaron a analizarse con mayor interés y bajo distintas condiciones operativas a partir de los años noventa y se han obtenido resultados muy positivos, como lo muestran los estudios de Comninellis y Pulgarin (Comninellis, 1993: 108), quienes aplicaron la oxidación electroquímica para el tratamiento de efluentes contaminados con fenol. Dichos investigadores compararon la factibilidad de mineralización del compuesto, a partir de la utilización de ánodos de platino y titanio recubierto con SnO_2, logrando una eficiencia de remoción del 38% y el 90%, respectivamente.

Por otro lado, Adhoum y Monser (Adhoum, 2004: 1281-1287) emplearon la electrocoagulación mediante electrodos de aluminio para la eliminación de color y la remoción de compuestos fenólicos, obteniendo eficiencias de 76% de DQO, 91% de polifenoles y 95% de eliminación de color, después de tratar el agua durante veinticinco minutos.

Can y Kobya (Can, 2003: 3391-3396) emplearon electrodos de aluminio y hierro para tratar aguas residuales de giro textil, determinando que el electrodo de hierro permite obtener mayor eficiencia de remoción –expresada en términos de DQO– que el electrodo de aluminio.

Phalakorkule (Phalakornkule, 2010: 918-926) reportó un estudio de eliminación de color del reactivo azul 140. Los resultados indicaron que el color se reduce hasta un 95% con un consumo de energía de 1 kWh/m^3 y una concentración de colorante de 100 mg/L para una solución sintética.

En México, Barrera-Díaz (Barrera-Díaz, 2003: 657-663) reporta el logro de las condiciones óptimas para el tratamiento de aguas residuales industriales altamente contaminadas usando electrocoagulación y oxidación inducida electroquímicamente por generación en el medio del reactivo de Fenton; para complementar el procedimiento, incorporan una técnica que emplea irradiación γ proveniente de una fuente de ^{60}Co. Adicionalmente, llevaron a cabo una serie de experimentos donde se combinaron los tres métodos antes referidos. Aquí, la eficiencia de remoción se reflejó en una disminución del 95% y el 90% para los valores cuantificados de DQO y coliformes fecales, respectivamente; y se obtuvo simultáneamente un 90% en la eliminación del color.

6.7 Conclusiones

Como se puede observar, la electrocoagulación resulta ser un método de tratamiento muy eficiente debido a sus procesos sinérgicos para efluentes con contaminantes altamente complejos; sin embargo, aún permanecen contaminantes remanentes, los cuales se pueden tratar mediante sistemas de pulimento, tales como la adsorción (Linares-Hernández, 2007: 240-248), la fitorremediación (Cano Rodríguez, 2010: 772-784) y sistemas biológicos (Barrera-Díaz, 2009, 1253-1258).

Así que la electrocoagulación se puede utilizar como un método de pretratamiento o se puede considerar como una operación unitaria para un tren de tratamiento de agua residual específica, sin olvidar todos los parámetros que influyen para obtener un buen tratamiento.

Por lo tanto, aún queda mucho trabajo por realizar para desarrollar una tecnología adecuada en nuestro país. Para logarlo es necesario concienciar a los investigadores de diferentes áreas para, unir esfuerzos en el desarrollo de una planta tratadora de agua residual versátil.

Agradecimientos

Se agradece al Proyecto CONACyT con clave 62000 y al Proyecto UAEMéx 2932/2010 su apoyo financiero.

Referencias

Adhoum N., y Monser L. (2004). "Decolourization an removal of phenolic compounds from olive mill wastewater by electrocoagulation, Chemistry". *Engineering and Process,* 43, pp. 1281-1287.

Barrera-Díaz C., Ureña-Nuñez F., Campos E., Palomar-Pardavé M., Romero-Romo M. (2003). "A combined electrochemical-irradiation treatment of highly colored and polluted industrial wastewater". *Rad. Phys. Chem.,* 67, pp. 657-663.

Barrera-Díaz C., Bilyeu B., Roa G., Bernal-Martinez L. (2011). "Physicochemical Aspects of Electrocoagulation". *Separation and Purification Reviews,* 40, pp. 1-24.

Barrera-Díaz C., Linares-Hernández I., Roa-Morales, G., Bryan B., Balderas-Hernández, P. (2009). "Removal of Biorefractory Compounds in Industrial Wastewater by Chemical and Electrochemical Pretreatments. Removal of Biorefractory Compounds in Industrial Wastewater by Chemical and Electrochemical Pretreatments". *Ind. Eng. Chem. Res.* 48, pp. 1253-1258.

Beagles, A. (2004). "Electrocoagulation (EC) – Science and Applications", Cal-Neva Water Quality Research Institute, Inc. in Newcastle, California. http://www.eco-web.com/editorial/list_author.html, 19 de mayo 2005.

Butler E., Yung-Tse H., Yu-Li R., Mohammed Suleiman A. (2011). "Electrocoagulation in Wastewater Treatment". *Water,* 3, pp. 495-525.

Can O., Kobya M. (2003). "Decolorization of reactive dye solutions by electrocoagulation using aluminium electrodes". *Industrial Engineering Chemistry Research.* 42, pp. 3391-3396.

Cañizares P., García G., Lobato J., Rodrigo A. (2004). "Modeling of wastewater electro-oxidation processes part II. Application to active electrodes". *Industrial. Engineering Chemestry Research.* 43, pp. 1923-1931.

Cano C. T., Amaya-Chávez A., Roa-Morales G., Barrera-Díaz C. E., Ureña-Núñez F. (2010). "An integrated electrocoagulation-phytoremediation process for the treatment of mixed industrial wastewater". *International Journal of Phytoremediation,* 12, pp. 772-784.

Chen G. (2004). "Electrochemical technologies in wastewater treatment", Separation Purification Technology. 38, pp. 11-41.

Chen X., Chen G., Yue P. (2002). "Investigation on the electrolysisi voltage of electrocoagulation". *Chemical Engineering Science,* 57, pp. 2449-2455.

Comninellis C., Pulgarin C. (1993). "Electrochemical oxidation of phenol for wastewater treatment using SnO2, anodes". *J. Appl. Electrochem,* 23(2), p. 108.

Drouiche N., Chaffour N., Lounici H., Mameri M. (2007). "Electrocoagulation of chemical mechanical polishing wastewater". *Desalination,* 214, pp. 31-37.

Gurses, A. Yalcin, M. Dogan, C. (2002). "Electrocoagulation of some reactive dyes: a statistical investigation of some electrochemical variables". *Waste Manage,* 22, pp. 491-499.

Holt P. (2002a). "Electrocoagulation: Unravelling and synthesising the mechanisms behind a water treatment process". *A thesis submitted in fulfilment of the requirements for the degree of Doctor of Philosophy in Chemical Engineering*, Department of Chemical Engineering, University of Sydney.

Holt P., Barton G., Mitchell W., Mitchell A. (2002b) "A quantitative comparison between chemical dosing and electrocoagulation". *Colloids and Surfaces A: Physicochemitry Engineering Aspects*, 211, pp. 233-248.

Holt P., Barton G., Mitchell A. (2005a). "The future for electrocoagulation as a localized water treatment technology". *Chemosphere*, 59, pp. 355-367.

Holt P., Barton G., Mitchell A. (2005b). "Mathematical Analysis of a batch electrocoagulation reactor", Department of Chemical Engineering, University of Sidney, Australia and Institute for Sustainable Futures, UTS, Australia. *Water Science and Technology*, 38, pp. 1125-1133.

Holt P., Barton G., Mitchell A. (2004). "Deciphering the science behind electrocoagulation to remove suspended clay particles from water", *Water Science and Technology*, 50, pp. 177-184.

Linares-Hernández I., Barrera-Díaz C., Roa-Morales G., Bilyeu B., Ureña-Núñez, F. (2009). "Influence of the anodic material on electrocoagulation performance". *Chemical Engineering Journal*, 148, pp. 97-105.

Linares-Hernández I., Barrera-Díaz C., Roa-Morales G., Bilyeu B., Ureña-Núñez, F. (2007). "A combined electrocoagulation-sorption process applied to mixed industrial wastewater". *Journal of Hazardous Materials*, 144, pp. 240-248.

Janssen L., Koene L. (2002). "The role of electrochemistry and electrochemical technology in environmental protection". *Chemical Engineering Journal*, 85, pp. 137-146.

Kovatchva V., Parlapansky M. (1999). "Sono-electrocoagulation of iron hydroxides". *Colloids Surface*, 149, pp. 603-608.

Kobya M., Hiz H., Senturk E., Aydiner C., Demirbas E. (2006). "Treatment of potato chips manufacturing wastewater by electrocoagulation". *Desalination*, 190, pp. 201-211.

Malakootian M., Yousefi N. (2009). "The efficiency of electrocoagulation process using aluminum electrodes in removal of hardness from water. Iran", *J. Environ. Health. Sci. Eng.*, 6, 2, pp. 131-136.

Phalakornkule C., Polgumhang S., Tongdaung W., Karakat B., Nuyut T. (2010). "Electrocoagulation of blue reactive, red disperse and mixed dyes, and application in treating textile effluent". *J. Environ. Manage*, 91, pp. 918-926.

Picard T., Cathalifaud-Feuillade G., Mazet M., Vandensteendam C. (2000) "Cathodic dissolution in the electrocoagulation process using aluminium electrodes". *J. Environ Monit.* 2, pp. 77-80.

Rajkumar D., Palanivelu K. (2003) "Electrochemical Degradation of Cresols for Wastewater Treatment", *Industrial Engineering Chemistry Research*, 42, pp. 1833-1839.

Tejocote-Pérez M., Balderas-Hernández P., Barrera-Díaz C. E., Roa-Morales G., Reyna N. (2010). "Treatment of industrial effluents by a continuous system: Electrocoagulation-Activated sludge". *Bioresource Technology*, 101, pp. 7761-7766.

Wong M., Shang C., Cheung Y., Chen G. (2002). "Chloride assisted electrochemical densinfection". *Proceedings of the eighth Mainland - Taiwan Environmental Protection Conference*, Tsin Chu, Taiwan.

Zhaing S., Rusling J., (1993). "Metal ion remove by electrochemical means". *Envionmental Science Technology*, 2, pp. 1375-1382.

Capítulo 7

Principios básicos de electroflotación

Carlos E. Barrera Díaz[a], Anaid Cano Quiroz[a], Ricardo Victoria Leon[b]

[a] Centro Conjunto de Investigación en Química Sustentable, UAEM-UNAM Km 14.5, Carretera Toluca-Atlacomulco, C.P. 50200, Toluca, Estado de México, México.

[b] Facultad de Química. Universidad Autónoma del Estado de México. Paseo Colón esq. Paseo Tollocan s/n , C.P. 52000, Toluca, Edo. de México, México.

Resumen

En este capítulo se describen algunos conceptos básicos del fenómeno de flotación y sedimentación, los cuales se presentan en el proceso electroquímico de electroflotación que ocurre dentro de una celda electroquímica, y cuyo objetivo es generar burbujas finas en la superficie de los electrodos; las cuales, al interaccionar con el seno del fluido, pueden arrastrar a pequeñas partículas –pueden ser contaminantes, inorgánicas o de cualquier otra naturaleza– que se encuentran dispersas ocasionando que estas partículas vayan hacia la superficie, donde pueden ser separadas del líquido. También se describen las variables que influyen la generación de burbujas en los electrodos, ya que es necesario que se aplique una alta densidad de corriente, que se elija un material adecuado del electrodo y que el pH de la solución esté controlado, entre otras cosas. Finalmente, se hace referencia a cuáles han sido las aplicaciones más recientes de este proceso en el tratamiento de aguas residuales.

7.1 Sedimentación o flotación de una partícula en el agua

Los principios que gobiernan la sedimentación o la flotación de una partícula son aplicables en la eliminación de sólidos dispersados en el tratamiento de agua. Si se considera una partícula que sedimenta a una velocidad u en un fluido estático, por la acción de la gravedad la partícula cae y se acelera hasta que la resistencia al avance por fricción del fluido equilibre la aceleración gravitatoria, después de lo cual continúa cayendo a una velocidad terminal u_t. Esta velocidad se calcula haciendo un balance de fuerzas sobre la partícula, como se muestra en la figura 7.1 y en la ecuación 7.1 (Glynn, 1999: 121).

El balance de fuerzas que ocurre en la partícula se representa por la ecuación 7.1.

$$Fr = Fe - (Fb - Fd) \tag{7.1}$$

donde:

Fr = Fuerza resultante

Fe = Fuerza externa sobre la partícula, en este caso la de la gravedad

Fb = Fuerza de flotación (efecto bouyante)

Fd = Fuerza de fricción o de avance

Como se puede observar en la figura 7.1 y en la ecuación 7.1, el balance de las fuerzas resultante sobre la partícula nos indicará si los sólidos que se encuentren en el agua pueden separarse mediante sedimentación o mediante flotación. Sin embargo, los dos parámetros que afectan directamente a esta condición son la masa de la partícula y la densidad de la partícula. En otras palabras, si se tienen partículas finas y menos densas que la densidad del agua, la separación se podrá realizar por medio de flotación; en caso contrario, el proceso de separación se llevará a cabo por medio de sedimentación.

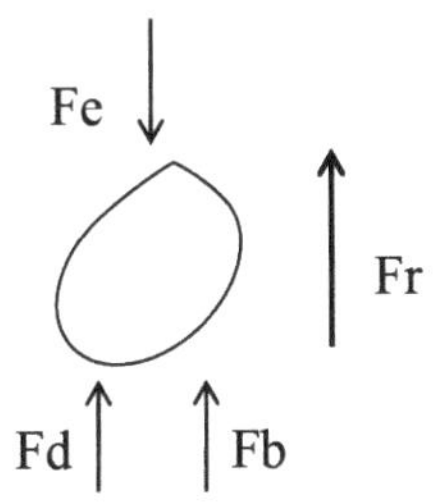

Figura 7.1 Representación esquemática de las fuerzas que actúan sobre una partícula en una solución acuosa.
(Fuente: elaboración propia)

7.2 Electroflotación

El proceso de electroflotación (EF) fue propuesto en 1904 por Elmore y su principal aplicación fue propiciar la flotación de minerales valiosos de los jales de las minas (Elmore, 1905: 578). Sin embargo, a pesar de su aparente larga historia la electroflotación ha tenido varios problemas técnicos para su aplicación industrial: la falta de ánodos ideales que tengan tiempo de servicio prolongados, una baja generación de oxígeno gaseoso y altos costos de operación en escala industrial (Vaughan, 2000: 267-277; Manjunath, 2000: 1930-1936).

La electroflotación se define como un proceso electroquímico cuyo principal objetivo es generar, a través de una diferencia de potencial en una celda electroquímica, pequeñas burbujas de hidrógeno u oxígeno en los electrodos. Las burbujas generadas interaccionan con partículas que se encuentran en el seno del agua o del agua residual, las partículas se adhieren a las burbujas y estas son arrastradas hacia la superficie, donde se pueden separar (Xueming Chen, 2002: 778-783).

La electroflotación es un proceso complejo, ya que el tamaño de las burbujas producidas por electroflotación viene principalmente influenciado por la superficie de los electrodos, dependiendo del material del electrodo y de su posición en la serie electromotriz. También es función del pH: en medios ácidos las burbujas de hidrógeno son mayores que en pH neutros o alcalinos; mientras que las burbujas de oxígeno tienen su menor tamaño en un medio ácido y el tamaño aumenta cuando se incrementa el pH. Además, el tamaño de la burbuja en el desprendimiento de igual forma depende de la curvatura de la superficie en algunas geometrías de electrodos (Mansour, 2007: 253-257; Lumanauw, 2000: s.n.p; Casqueira, 2006: 1388-1392; Burns,1997: 221-232).

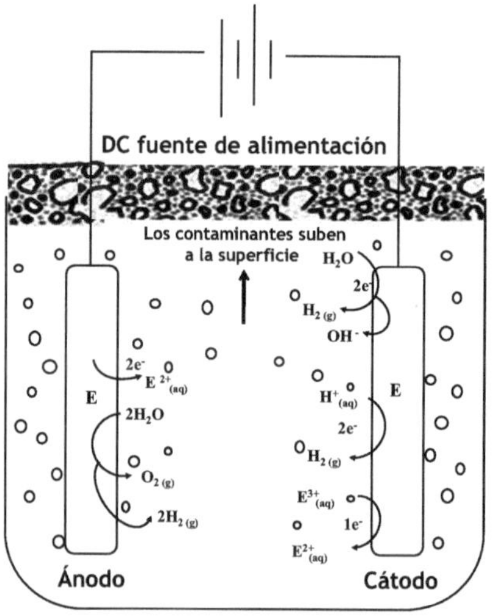

Figura 7.2 Representación esquemática de una celda electroquímica en donde se producen burbujas en los electrodos.
(Fuente: elaboración propia)

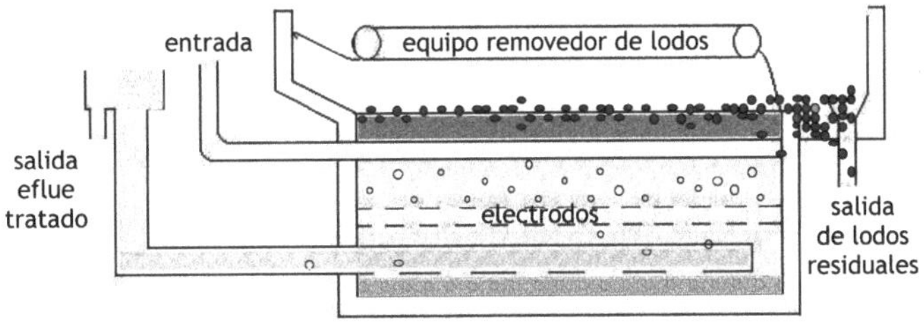

Figura 7.3 Representación esquemática de una unidad de electroflotación.
(Fuente: elaboración propia)

Existen diferentes diseños de reactores electroquímicos que operan en lote o de manera continua. En la figura 7.2 se muestra el esquema de un reactor electroquímico básico que se puede emplear para realizar el proceso de electroflotación en lote.

Para lograr el tratamiento de agua residual de manera continua se requiere un tanque, como se muestra en la figura 7.3, donde hay una entrada de agua y, cuando ingresa en el tanque y por efecto de un cambio de áreas –área de la tubería *vs* área de tanque– el régimen del flujo del agua pasa de turbulento a laminar. Esta condición de tener un flujo laminar es necesaria para no haya remolinos y para que se logre establecer el balance de fuerzas que actúan sobre las partículas que se describió en la ecuación 7.1. En el interior del tanque se encuentran los electrodos, que generan las burbujas por efecto de las reacciones catódicas y anódicas, como se describe en la sección 7.3. A medida que el agua permanece en el tanque se favorecen las interacciones de los contaminantes o de las partículas sólidas con las burbujas generadas. Las burbujas arrastran a las partículas hacia la superficie del tanque, donde son recolectadas por un sistema de captación que cuenta con canaletas, las cuales conducen a las partículas o los contaminantes hacia un tanque externo en el que es posible concentrar los contaminantes o las partículas sólidas de interés para su posterior procesamiento. El agua tratada que se encuentra en el fondo del tanque se bombea hacia otro tanque para su posterior uso.

7.3 Reacciones electródicas para la formación de burbujas

Los electrodos empleados para la electroflotación son materiales inertes, como el platino, el grafito, el titanio o el acero al carbón. Los cuales se pueden utilizar como ánodo o cátodo, indistintamente, dependiendo de su aplicación en cada caso. Generalmente, la electroflotación se produce cuando hay una electrólisis del agua, y como resultado se producen pequeñas burbujas de oxígeno e hidrógeno a través de las reacciones (7.1), (7.2) y (7.3):

Ánodo $$2H_2O \rightarrow 4H^+ + O_{2(g)} + 2\,e^- \quad \textbf{(7.1)}$$

Cátodo $$2H_2O + 2e^- \rightarrow 2OH^- + 2H_{2(g)} \quad (7.2)$$

Global $$2H_2O \rightarrow O_2(g) + 2H_{2(g)} \quad (7.3)$$

Sin embargo, el proceso de electroflotación también puede ocurrir simultáneamente con el proceso de electrocoagulación (ver capítulo 6), ya que ocurren las reacciones 7.4-7.7 cuando se emplean ánodos de sacrificio como el hierro y el aluminio:

Ánodo

$$Al \rightarrow Al^{3+} + 3e^- \quad (7.4)$$

$$2H_2O \rightarrow 4H^+ + O_2(g) + 4e^- \quad (7.5)$$

Cátodo $$2H_2O + 2e^- \rightarrow 2OH^- + 2H_{2(g)} \quad (7.6)$$

Global $$Al + 2H_2O \rightarrow Al(OH)_{3(s)} + O_{2(g)} + 2H_{2(g)} \quad (7.7)$$

Los iones aluminio que se generan se hidrolizan para formar hidróxidos y polihidróxidos dependiendo del pH de la solución acuosa. Los hidróxidos de aluminio o hierro que se forman en solución tienen una gran capacidad para remover contaminantes de tamaño coloidal. Adicionalmente, las burbujas de gas que se forman debido a la electrólisis provocan la flotación de los contaminantes y es por ello que, en muchas ocasiones, los fenómenos de electrocoagulación, electrofloculación y electroflotación se lleven a cabo de manera simultánea (Chih-TaWanga, 2009: 81-86).

7.4 Cantidad teórica de gas producido electroquímicamente

Como se puede observar en las ecuaciones 7.3 y 7.7, por cada dos moles de agua se generan dos moles de hidrógeno molecular gas y un mol de oxígeno gas. La cantidad de gas que se genera teóricamente se puede calcular usando la ley de Faraday, como se muestra en la ecuación 7.8.

$$Q = \frac{IV_o}{nF} \quad (7.8)$$

donde:

Q = cantidad de gas que se genera en Ls^{-1}

I = intensidad de corriente en A

V_o = volumen molar de gases ideales 22.4 L mol^{-1}

F = Constante de Faraday 96500 C mol^{-1}

n = número de electrones de transferencia (2 para hidrógeno y 4 para oxígeno)

La distribución del tamaño de las burbujas es sumamente importante en flotación, ya que el tener burbujas pequeñas incrementa el área interfacial y, por lo tanto, también habrá un incremento en la eficiencia del proceso de separación. Además, el potencial zeta de las partículas y las burbujas puede ser muy importante ya que, si las partículas están cargadas negativamente y las burbujas positivamente, entonces aumenta la eficiencia en la separación.

7.5 Tamaño de la burbuja y su efecto en electroflotación

El tamaño de las burbujas que se puede producir empleando la electroflotación es más pequeño que el tamaño de burbujas que se puede producir por cualquier otro medio de flotación. Usualmente, se asocia que cuanto más pequeñas sean las burbujas producidas mayor será la eficiencia de separación. Por este motivo, el proceso de electroflotación es sumamente atractivo desde el punto de vista operacional, ya que una vez que esta tecnología se desarrolle correctamente tendrá implicaciones muy importantes en muchas aplicaciones industriales, ambientales y en especial en la recuperación de minerales o menas de la industria minera.

Para tener una producción adecuada de burbujas, la literatura recomienda rangos de densidad de corriente relativamente altos, que van de los 10 a los 300 mA cm^{-2}, según el tipo de electrodo que se emplee. Además, se ha observado que el tamaño de las burbujas es menor cuando aumenta la densidad de corriente (Burns, 1997: 221-232; Janssen, 1973: 543-550).

El tamaño de la burbuja también depende del pH de la solución acuosa, puesto que las burbujas de hidrógeno son más pequeñas a pH neutros. En el caso del oxígeno, el tamaño de la burbuja se incrementa con el pH (Fukui, 1985: 201-208; Glembotskii, 1975: 562-581).

7.6 Diámetro de desprendimiento de la burbuja

El diámetro de desprendimiento de una burbuja ($d_{d,d}$) que se está formando en un electrodo con un radio de curvatura D/2 se puede representar mediante la suma de fuerzas expresada en la ecuación 7.9.

$$F\sigma = Fp + Fb \qquad \textbf{(7.9)}$$

donde:

$F\sigma$ = Fuerza de atracción de tensión superficial

Fp = Fuerza de desprendimiento

Fb = Fuerza de flotación

En la figura 7.4 se muestra esquemáticamente la interacción de las fuerzas que se presentan en la ecuación 7.9.

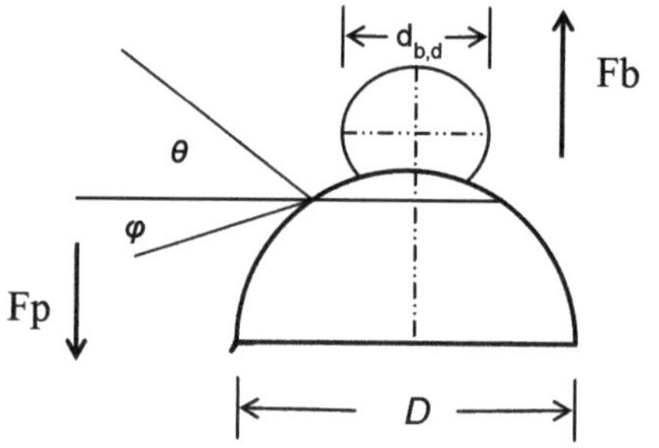

Figura 7.4 Geometría de una burbuja en una superficie de un electrodo curvo. (Fuente: Shahjahan Kaisar Alam Sarkar, 2010)

7.7 Aplicaciones de la electroflotación en el tratamiento del agua

La electroflotación tiene diversas aplicaciones. Se ha verificado que es especialmente útil para el tratamiento de agua que ha estado en contacto con soluciones aceitosas; por ejemplo, en la separación de emulsiones agua-aceite (Vaughan, 2000: 267-277; Balmer, 1986: 366-369), en el tratamiento de agua residual del procesamiento del aceite de palma (Ho, 1986: 1523–1527), en el agua residual de la industria del ramo alimenticio, como la industria lechera (Rabilizirov, 1986: 87-88), en el agua residual de los restaurantes (Chen, 2000: 858-863) y en efluentes que contienen grasas y aceites (Shendrik, 1993. 54-56).

Tabla 7.1 Aplicaciones de la electroflotación para el tratamiento del agua residual

Aplicación	Material Cátodo/Ánodo	Coagulante	Corriente	Eficiencia obtenida	Referencia
Clarificación de jugo de manzana mediante electroflotación	Hierro/Grafito	Gelatin	20 (mA/cm_2) y (200mg/l)	99% Turbiedad	Araya, 2008: 320-327
Tratamiento característico de agua residual de la industria textil y remoción de metales pesados usando la técnica de electroflotación	Al/Al		20 V	DBO_5 93.5% DQO 90.3% Turbiedad 78.8% Color 93% S.S. 93.3%	Merzouk, 2008: 245-254
Precipitación y adsorción de los coloides de flotación iones disueltos de cobre, plomo y zinc	Pt/Pt		200 (mA/m^2)	90% Cu 85% Zn	Alexandrova, 1996: 111-125
Tratamiento de un efluente de un campo petrolífero para su desecho seguro mediante electroflotación	Al/Al	Presencia de 4mg/l NaCl	0.5 A	90% en remoción de aceite	Rupesh, 2008: 503-509
Electrocoagulación y electroflotación como tratamiento superficial de agua para uso industrial	Al/Al	Presencia de sales de cloruro	1 A	90% de remoción materia coloidal	Ricordel, 2010: 342-347
Electrocoagulación y electroflotación de agua residual de restaurantes	Acero inoxidable/Ti/IrO2TaO5		125 A/m^2	98.6% en remoción de grasas y aceites 60.7 % en DQO 86.4 % SS	Chen, 2000: 858-863

Tabla 7.1 Aplicaciones de la electroflotación para el tratamiento del agua residual (*Continuación*)

Aplicación	Material Cátodo/Ánodo	Coagulante	Corriente	Eficiencia obtenida	Referencia
Electrocoagulación y electroflotación de colorantes reactivos, dispersos y en mezcla, en un reactor de ciclo externo elevado por aire	Al / Fe		40 (mA/cm^2)	Colorante reactivo y mezcla 80% de decoloración y la eliminación en DQO La mezcla de colorantes en agua real alcanza el 90% en DQO y el 98% en decoloración Para el colorante disperso se obtiene el 100% en decoloración y el 80% eliminación de DQO	Wafaa, 2010: 710-716
Separación de contaminantes de efluentes de curtiduría mediante electroflotación	Al/Fe Fe/Al		46 (mA/cm^2)	91.5-92% de eliminación en sólidos suspendidos 52% en eliminación de DQO para ambas configuraciones	Muruganananthan, 2004: 69-75
Remoción de zinc de arroyos mediante electroflotación	Pt/Acero inoxidable	Dodecil Sulfato de Sodio y pH 7	(8 mA/cm^2)	96% de remoción de zinc	Casqueira, 2006: 1388-1392
Tratamiento de agua residual petroquímica mediante tecnologías electroquímicas	Grafito/malla de acero inoxidable	50 mg/l sulfato de Aluminio. pH 7.6	5, 10 y 15 (mA/cm^2)	Separación de aceites, grasas y derivados del petróleo que tienen una densidad cercana a la del agua y que no pueden separarse mediante otros métodos de flotación	Dimoglo, 2004: 288-295

S.S. = Sólidos suspendidos

Adicionalmente, se ha empleado para el tratamiento del agua residual de la industria minera y para la recuperación de metales pesados del agua (Nenno, 1998: 77-79). La tabla 7.1 muestra algunas de las aplicaciones de la electroflotación para el tratamiento del agua residual.

7.8 Conclusiones

Los tratamientos electroquímicos que se aplican a las aguas residuales son muy variados y dependen de variables como la intensidad de corriente, el tipo de electrodo, el pH de la solución, así como del contaminante que se desea remover para poder aplicarlos. El objetivo de la electroflotación es generar burbujas muy finas que sean capaces de interactuar con las partículas que se encuentran en el seno de una solución acuosa y que puedan llevarlas hacia la superficie. Una vez en la superficie del líquido, es posible separarlas mediante métodos físicos. En este capítulo se resalta el potencial de este método electroquímico para aplicarlo en el tratamiento de aguas residuales.

Agradecimientos

Los autores agradecen al Consejo Nacional de Ciencia y Tecnología (CONACyT) por el financiamiento del proyecto de investigación 153828, por la beca del Sistema Nacional de Investigadores (SNI), así como a la Secretaría de Investigación y Estudios Avanzados (SIEA) de la Universidad Autónoma del Estado de México por todos los apoyos y facilidades prestados para la publicación de esta obra.

Referencias

Alexandrova L., Grigorov L. (1996). "Precipitate and adsorbing colloid flotation of dissolved copper, lead and zinc ions". *Int. J. Miner. Process*, 48, pp. 111-125.

Araya-Farias M., Mondor M., Lamarche F., Tajchakavit S., Makhlouf J. (2008). "Clarification of Apple juice by electroflotation". *Innovative Food Science and Emerging Technologies*, 9, pp. 320-372.

Balmer L. M., Foulds A. W. (1986). "Separation oil from oil-in-water emulsions by electroflocculation/electroflotation". *Fil.* Sep. 23 (11-12) pp. 366-369.

Ben Mansour L., Chalbi S., Kesentini I. (2007). "Experimental study of hydrodynamic and bubble size distributions in electroflotation process". *Indian Journal of Chemical Technology*, 14 (3), pp. 253-257.

Burns S. E., Yiacoumi S., Tsouris C. (1997). "Microbubble generation for environmental and industrial separations". *Sep Purif Technol*, 11, pp. 221-232.

BURNS S. E., YIACOUMI S., TSOURIS C. (1997). "Microbubble generation for environmental and industrial separations". *Separation and Purification Technology*, 11 (3), pp. 221-232.

CASQUEIRA R. G., TOREM M. L., KOHLER H. M. (2006). "The removal of zinc from liquid streams by electroflotation". *Minerals Engineering*, 19 (13), pp. 1388-1392.

CHEN G., CHEN X., YUE P. L. (2000) "Electrocoagulation and electroflotation of restaurant wastewater". *J. Encioron. Eng.* 126 (9) pp. 858-863.

CHEN G., CHEN X., YUE P. L. (2000). "Electrocoagulation And Electroflotation Of Restaurant Wastewater". *Journal Of Environmental Engineering,* 126, pp. 858-863.

CHEN, X. CHEN, G. CKYUE, A. (2002). "Novel Electrode System for Electroflotation of Wastewater". *Environ. Sci. Technol*. 36, pp. 778-783.

CHIH-TA W., WEI-LUNG C., YI-MING K. (2009). "Removal of COD from laundry wastewater by electrocoagulation/electroflotation". *Journal of Hazardous Materials*, 164, pp. 81-86.

DIMOGLO A., AKBULUT H. Y., CIHAN F., KARPUZCU M. (2004), "Petrochemical wastewater treatment by means of clean electrochemical technologies". *Clean Techn Environ Policy*, 6, pp. 288-295.

ELMORE F. E. (1905). *British Patent* 13, p. 578.

FUKUI Y., YUU S. (1985). "Removal of colloidal particles in electroflotation". *AIChE J*, 31 (2), pp. 201-208.

GLEMBOTSKII V. A. MAMAKOV A. A. RAMANOV A. M., NENNO V. E. (1975). "Proceedings of the 11th International Mineral". *Processing Congress*, Caglairi, pp. 562-581.

GLYNN HENRY J., GARY W., HEINKE (1999). *Ingeniería Ambiental.* 2ª edicion Pearson, México.

HO C. C., CHAN C. Y. (1986). "The application of lead dioxide-coated titanium anode in the electroflotation of palm oil mill effluent". *Water Res*, 20, pp.1523-1527.

JANSSEN L.J.J., HOOGLAND J.G. (1973). "The effect of electrolytically evolved gas bubbles on the thickness of the diffusion layer II". *Electrochimca Acta*, 18, pp. 543-550.

LUMANAUW D. (2000). "Hydrogen bubble characterization in alkaline water electrolysis". MSc Thesis, Department of Metallurgy and Materials Science, University of Toronto, Canadá.

MANJUNATH N. T., MEHROTRA I., MATHUR R. P. (2000). "Treatment of wastewater from slaughterhouse by DAF-UASB system". *Water Res.*, 34, pp. 1930-1936.

MERZOUK B., MADANI K., SEKKI A. (2008). "Treatment Characteristics of textile wastewater and removal of heavy metals using the electroflotation technique". *Desalination* 228, pp. 245-254.

MURUGANANTHAN M., BHASKAR R., PRABHAKAR S. (2004). "Separation of pollutants from tannery effluents by electro flotation". *Separation and Purification Technology*, 40, pp. 69-75.

NENNO V. E., ZELENTSOV V. I., MELNICHUK E.V., ROMANOV A. M., DATSKO T., RADZILEVICH T. M. (1998) "Experience in operating a device for concentration of mineral raw material combining electroflotation and separation in a froth layer". *Electronnaya Obrabotka Materialov* 6, pp. 77-79.

RABILIZIROV M. N., GOLMAN A. M. (1986). "Treatment of diary waste waters by foam electroflotation-separation". *Khimiya I Tekhnologiya Vody*, 8 (4), pp. 87-88.

RICODEL C., DARCHEN A., HADJIEV D. (2010). "Electrocoagulation–electroflotation as a surface water treatment for industrial uses". *Separation and Purification Technology*, 74, pp. 342-347.

Rupesh, M. (2008). "Oil field effluent water treatment for safe disposal by electroflotation". *Chemical Engineering Journal*, 137, pp. 503-509.

Shahjahan K., Alam M. D., Evans G. M., Donne S. W. (2010) "Bubble size measurement in electroflotation". *Minerals Engineering*, 23, pp. 1058-1065.

Shendrik O. R., Andreeva E. E., Ponomareva M. I., Ivanenko I. B. (1993). "Electroflotation treatment of fat-containing solutions". *Khimiya i Tekhnologiya Vody* 15 (1), pp. 54-56.

Vaughan R. L., Reed B. E., Roark G. W., Masciola D. A. (2000) "Pilot-scale investigation of chemical addition-dissolved air flotation for the treatment of an oily wastewater". *Environ. Eng. Sci.* 17, pp. 267-277.

Wafaa A. H., Essadki B., Gourich A., Dassaa H., Chenik M. (2010). "Electrocoagulation/electroflotation of reactive, disperse and mixture dyes in an external-loop airlift reactor". *Journal of Hazardous Materials*, 184, 710-716.

Capítulo 8

Proceso de electrofenton y tecnologías electroquímicas basadas en la reacción química de Fenton

Sarai Velázquez Peña[a], Ivonne Linares Hernández[a], Verónica Martínez Miranda[a]

[a] Centro Interamericano de Recursos del Agua. Facultad de Ingeniería. Universidad Autónoma del Estado de México. Km 14.5, Carretera Toluca-Atlacomulco, C.P. 50200, Toluca, México.

Resumen

Para lograr una mayor eficiencia en la protección de los recursos hídricos superficiales y subterráneos es necesario un tratamiento de las aguas residuales antes de su liberación en el medio natural. En este escenario surge la necesidad de desarrollar tecnologías más eficientes, económicas y sustentables para el adecuado tratamiento de las aguas, como es el caso de los procesos electroquímicos de oxidación avanzada (PEOA) que pueden aplicarse cuando los procesos convencionales resultan ineficientes.

En este capítulo, el lector encontrará las bases teóricas de uno de los PEOA que involucra la química de la reacción de Fenton y de otras tecnologías fundamentadas en este principio, así como las aplicaciones ambientales para el tratamiento de soluciones sintéticas y reales con diferentes contaminantes refractarios, tales como plaguicidas, colorantes, productos de cuidado personal, fármacos y residuos químicos industriales, entre otros. En este capítulo se muestra la alta capacidad del electrofenton para la descomposición efectiva de estos contaminantes alcanzando la mineralización completa, lo que constituye un marco de referencia para quienes se interesen sobre los diversos aspectos de las tecnologías de tratamiento electroquímico del agua.

8.1 Procesos de oxidación avanzada (POA)

Los procesos de oxidación avanzada (POA) se utilizan para descomponer constituyentes orgánicos complejos que se encuentran en agua residual, constituyentes que son difíciles de degradar biológicamente hasta obtener compuestos finales más simples. En muchos casos, la oxidación parcial es suficiente para degradar compuestos específicos mucho más susceptibles para un tratamiento biológico subsecuente o para reducir su toxicidad (Metcalf, 2003: 195). Los procesos tipo POA se fundamentan en la generación de especies radicales altamente reactivas, específicamente el radical hidroxilo (•OH), para reaccionar con las moléculas orgánicas complejas. Entre las reacciones que produce el •OH se incluyen las reacciones con peróxido de hidrógeno (H_2O_2) y radiación ultravioleta (UV) (Hao, 2000: 449-505; Kuo, 1992: 881-886).

8.2 Fenton clásico

El reactivo de Fenton se descubrió hace más de cien años; sin embargo, su aplicación como un proceso de oxidación de compuestos orgánicos tóxicos y no biodegradables no se aplicó hasta los años sesenta (Durán-Moreno, 2004: 83-90).

El reactivo de Fenton consiste en la combinación de peróxido de hidrógeno y sulfato ferroso bajo condiciones de presión atmosférica y temperatura entre los 20 °C y los 40 °C, aunque también puede ser llevado a temperaturas de 100 °C y presiones de tres atmósferas (figura 8.1). Este proceso se practica bajo condiciones ácidas entre un intervalo de valores de pH de 2 a 4, condiciones en las que puede degradar muchos de los compuestos orgánicos complejos no biodegradables presentes en aguas residuales (Panizza, 2001: 3987-3992; Gogate, 2004: 501-551; Chamarro, 2001: 1047-1051) y provocar en ellos:

- Una ruptura de sus enlaces moleculares, que da origen a nuevos compuestos orgánicos de menor peso molecular; esto los posibilita para un posterior tratamiento biológico.
- Disminución de la toxicidad del efluente, debida a una oxidación del contaminante.
- Finalmente, es posible la oxidación total de los compuestos orgánicos y generar así sustancias menos ofensivas para los cuerpos receptores.

El proceso Fenton no es exclusivo para el tratamiento de las aguas residuales, ya que este también ha demostrado tener éxito en el tratamiento de aguas subterráneas y tiene la ventaja de que se efectúa *in situ*, así como en la mejora de la sedimentabilidad de los lodos generados durante el proceso (Khouni, 2011: 27-37).

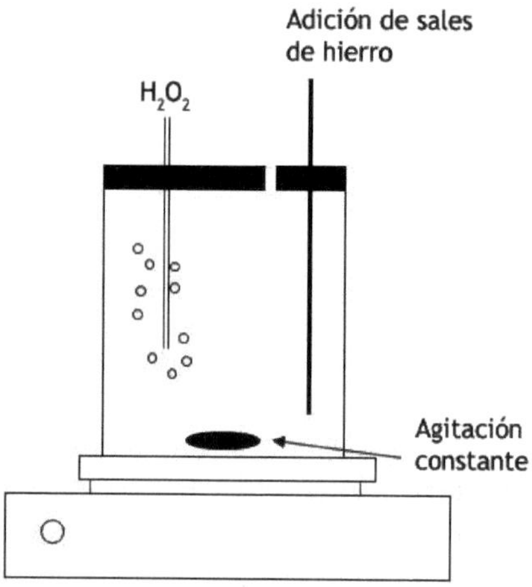

Figura 8.1 Diagrama esquemático del proceso de Fenton clásico.
(Fuente: elaboración propia)

8.3 Tratamiento electroquímico de aguas residuales

El tratamiento de efluentes industriales por métodos electroquímicos es una de las muchas alternativas que existen para el tratamiento de las aguas residuales; estos sistemas presentan ciertas ventajas sobre los procesos de tratamientos convencionales, ya que son capaces de tratar agua de origen industrial (Zimbron, 2009: 1831-1840) o municipal que posean altas temperaturas, sustancias orgánicas con baja biodegradabilidad y elevada solubilidad (Navarroa, 2011: 1103-1108). En dicho proceso se produce una oxidación anódica, indirecta o directa, para realizar una completa mineralización de los contaminantes en ánodos dimensionalmente estables (DSA), como SnO_2, ayudando a la disminución de la demanda química de oxígeno (DQO) (Kavitha, 2004:1235-1243).

La oxidación de compuestos orgánicos disueltos en las aguas residuales por tratamientos electroquímicos consiste en la generación de agentes químicos *in situ*, tales como iones hipoclorito, ozono y peróxido de hidrógeno, y se obtienen subproductos orgánicos, tales como formaldehido, anilina o fenol, entre otros (Wang, 2008: 810-816; Yavuz, 2010: 201-205; Liu, 2010: 665-671).
El peróxido de hidrógeno (H_2O_2), en particular, es electrogenerado continuamente mediante la reducción del oxígeno en la superficie del cátodo en medio ácido. En la euación 8.1 se muestra la reacción.

$$O_2 + 2H^+ + 2e^- \rightarrow H_2O_2 \quad \textbf{(8.1)}$$

8.4 Materiales anódicos y catódicos

En muchos casos, el grafito y el carbón reticular vítreo se usan como cátodo para generar peróxido de hidrógeno, ya que exhiben intervalos de actividad electroquímica hacia la reducción del oxígeno, alto sobrepotencial para la evolución de hidrógeno y baja actividad catalítica para la descomposición del H_2O_2; propiedades que se pueden incrementar o disminuir mediante una superficie química o electroquímica, según la naturaleza del electrodo; los materiales más comúnmente empleados son ánodo son hierro, platino, titanio con recubrimientos de RuO_2, SnO_2, IrO_2 o platinados, grafito, acero inoxidable y recientemente electrodos de diamante dopados con boro (DDB) (Chamarro, 2001: 1047-1051). El H_2O_2 en presencia de Fe^{2+} favorece la formación de un radical altamente oxidante (OH•): reactivo de Fenton (Kavitha, 2004: 1235-1243).

$$Fe^{2+} + H_2O_2 \rightarrow Fe^{3+} + OH^- + OH\bullet \qquad \textbf{(8.2)}$$

8.5 Electrogeneración del reactivo de Fenton

La electrogeneración del reactivo de Fenton para aguas residuales reside en hacer conducir una corriente directa a través de dos electrodos, interconectados a una fuente de energía eléctrica, los cuales son sumergidos en una solución electrolítica a valor de pH ácido. Una forma de llevar a cabo este proceso es empleando como material anódico el hierro, liberando *in situ* iones de Fe^{2+} y utilizando como cátodo carbón vítreo reticulado y grafito, entre otros, que permita la reducción del oxígeno provocando la generación de peróxido de hidrógeno (figura 8.2) (Ventura, 2002: 3517-3522).

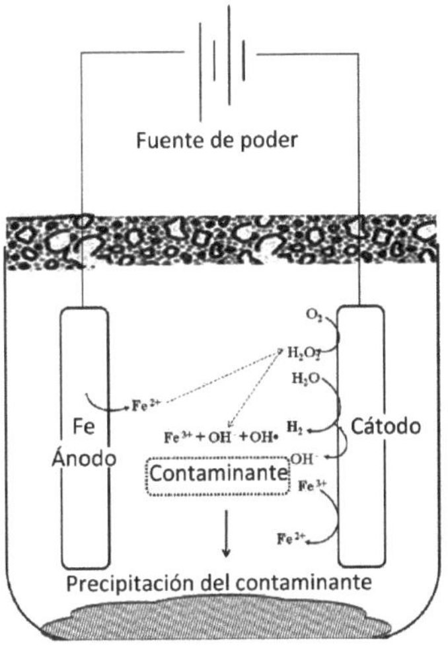

Figura 8.2 Diagrama esquemático de la electrogeneración del reactivo de Fenton empleando ánodo de hierro y cátodo de grafito.
(Fuente: elaboración propia)

Este tratamiento basa su potencial en la electrogeneración de peróxido de hidrógeno e iones Fe^{2+}, que originan diversas reacciones para la formación de radicales OH• (Fig. 8.2), se generan reacciones de óxido reducción, y tienen su aplicación en efluentes que se caracterizan en ser parcialmente o prácticamente no biodegradables, donde los tratamientos convencionales –procesos biológicos– presentarían problemas de operación; para valores altos de DQO que contengan una elevada concentración salina o incluso una extrema toxicidad que impida el crecimiento biológico de un sistema de tratamiento de lodos activados (Liu, 2010: 665-671; Ventura, 2002: 3517-3522).

Por otra parte, cuando el efluente que se va a tratar es parcialmente biodegradable, el proceso electroquímico puede hacerlo más biodegradable, lo que permite acoplarlo a sistemas biológicos, los cuales se conocen como "procesos bioelectroquímicos".

También el proceso electroquímico posee las ventajas de trabajar a presión atmosférica y a temperatura ambiente, por lo que se convierte en un sistema seguro y una de sus características es la de ser modular; lo que permite incrementar su capacidad para el tratamiento del efluente, independientemente de la procedencia –ya sea urbana o industrial– y, además, sólo se utiliza energía eléctrica, por lo que no produce contaminación atmosférica (Yavuz, 2010: 201-205; Liu, 2010: 665-671; Ventura, 2002: 3517-3522).

8.6 Variantes del proceso electrofenton

A continuación se explican diversas variantes existentes para llevar a cabo la remoción de contaminantes mediante el reactivo de Fenton:

8.6.1 Electrofenton con generación de Fe^{2+}

Es una variante del proceso de electrofenton con generación *in situ* de Fe^{2+} y Fe^{3+} por oxidación de un ánodo de hierro (Fe^{0}) y la correspondiente regeneración de Fe^{3+} a Fe^{2+} en el cátodo. Este proceso consiste en la adición externa de peróxido de hidrógeno y en la electrogeneración de iones de hierro Fe^{2+} en el compartimiento anódico (ánodo de sacrificio), los mismos que son regenerados por medio de una diferencia de potencial en el cátodo; ambos compartimentos (anódico y catódico) están divididos por una membrana que permite el paso de los iones Fe^{2+}; el sistema posee agitación para promover flujos de convección forzada y para efectuar la reacción en un medio ácido (figura 8.3).

El proceso se lleva a cabo a temperatura ambiente y a presión atmosférica, se aplica en el tratamiento de aguas residuales que contienen plaguicidas, como herbicidas e insecticidas (Yavuz, 2010: 201-205; Liu, 2010: 665-671), hidrocarburos aromáticos policíclicos, que en su mayoría son compuestos orgá-

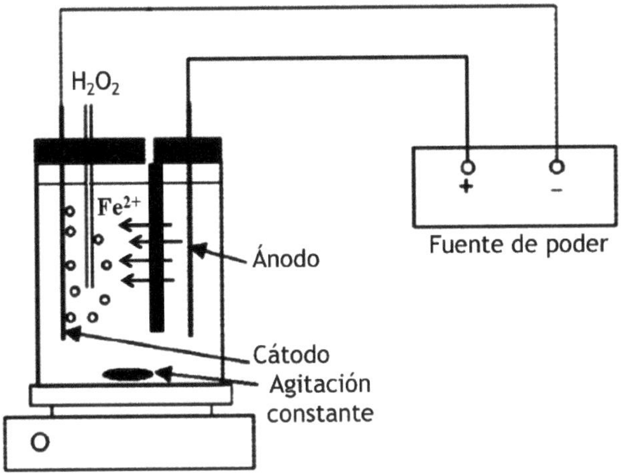

Figura 8.3 Diagrama esquemático del proceso de electrofenton con generación de Fe^{2+}.
(Fuente: elaboración propia)

nicos con una elevada persistencia ambiental que pueden estar presentes en el agua, y para poder eliminarlos son necesarios tratamientos más avanzados.

8.6.2 Electrofenton con generación de H_2O_2 y regeneración de Fe^{2+}

El proceso de electrofenton con generación de H_2O_2 y regeneración del ión Fe^{2+} se basa en la adición de sales de hierro para que en el medio se liberen los iones de Fe^{2+}, el peróxido de hidrógeno se genera mediante la reducción del oxígeno en el cátodo, el cual comúnmente es de carbón politetrafluoroetileno (PTFE) y el ánodo de platino (con una pureza del 99.99%); los iones de Fe^{3+} se regenerarán a Fe^{2+} en el cátodo y ambos compartimentos, anódico y catódico, interactúan debido a que no existe ningún tipo de membranas que los separe (figura 8.4). La reacción incrementa su velocidad en medios ácidos con agitación constante. Generalmente, este tipo de proceso se aplica en síntesis orgánicas y en descontaminación de descargas de aguas residuales que contienen residuos peligrosos; principalmente, compuestos orgánicos altamente tóxicos (Neyens, 2003: 33-50), con considerable solubilidad en el agua, los cuales se movilizan a través del suelo y pueden contaminar el agua subterránea. También se emplea en el tratamiento de aguas con productos químicos de baja degradación que pueden permanecer durante mucho tiempo en el ambiente, con aquellos que se evaporan y depositan en otros lugares a través del aire o con los que se transforman en metabolitos más tóxicos.

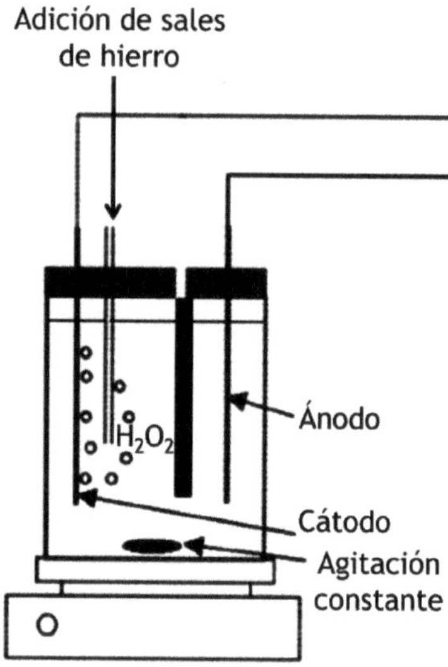

Figura 8.4 Diagrama esquemático del proceso de electrofenton con generación de de H_2O_2 y regeneración de Fe^{2+}.
(Fuente: elaboración propia)

8.6.3 Electrofenton con la generación de H_2O_2 y Fe^{2+}

Este otro proceso es mucho más completo, el electrofenton con la generación de H_2O_2 y Fe^{2+} se basa en la electrogeneración de peróxido de hidrógeno en el compartimiento catódico mediante la reducción de oxígeno y la electrogeneración de los iones de hierro Fe^{2+} generados en el compartimiento anódico mediante un ánodo de sacrificio (hierro), los mismos que se promueven a través de una diferencia de potencial (figura 8.1). Ambos compartimentos, anódico y catódico, están divididos por una membrana catiónica que permite el paso de los iones Fe^{2+}, por lo que se efectúa la reacción en medio ácido con agitación mecánica para un mezclado uniforme de las especies. Es un proceso que generalmente se lleva a cabo a temperatura ambiente y a una atmósfera de presión. Se emplea en la eliminación de herbicidas e insecticidas presentes en aguas residuales (Neyens, 2003: 33-50; Liu, 2010: 665-671; Ventura, 2002: 3517-3522).

8.6.4 Fotofenton

Este proceso es una variante que existe para la generación del reactivo de Fenton y se basa en el empleo de luz para efectuar la reacción de reducción fotocatalítica de iones férricos Fe^{3+} a Fe^{2+}; de esta manera se consigue una mayor generación de la especie Fe^{2+} que estará presente en el efluente que se trate (figura 8.5). Esto se logra mediante la radiación con luz ultravioleta (UV), considerando longitudes de onda que van de 300 a 400 nm; en dicho intervalo

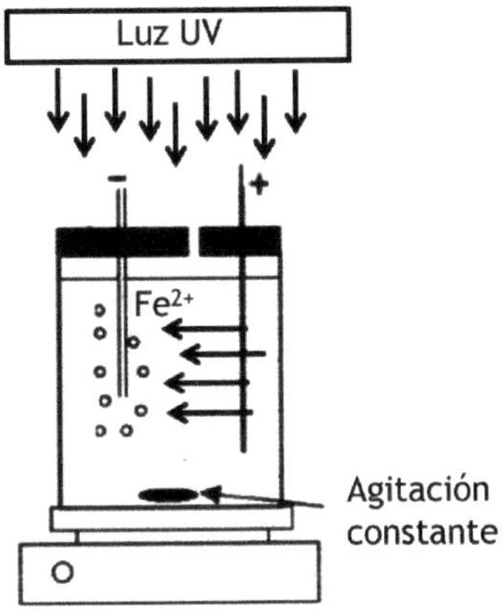

Figura 8.5 Diagrama esquemático del proceso de fotofenton.
(Fuente: elaboración propia)

se puede conseguir la mineralización de compuestos orgánicos, muchos de los cuales son de naturaleza tóxica o considerados como refractarios para los procesos biológicos convencionales, e incluso la coagulación floculación presenta ciertos inconvenientes para dichos efluentes, como es el caso de los colorantes debido a las complejas estructuras poliaromáticas (aminas aromáticas) (Yavuz, 2010: 201-205; Liu, 2010: 665-671) o de los hidrocarburos aromáticos policíclicos, como el naftaleno, el fenantreno, el antraceno o el benzopireno.

8.7 Aplicaciones ambientales

Con el objetivo de preservar el ambiente acuático, el electrofenton (EF) y los proceso electroquímicos de oxidación avanzada (PEOA) se están aplicando para remover contaminantes orgánicos persistentes (COP) presentes en aguas residuales. Se ha estudiado un gran número de contaminantes mediante estas tecnologías, tanto en agua sintética como en agua real, y estos contaminantes se pueden clasificar como se expone a continuación.

8.7.1 Plaguicidas

Los plaguicidas (Abdessalem, 2010: 450-455) son substancias o mezclas de sustancias diseñadas para prevenir, destruir, repeler o mitigar plagas; por ejemplo, malezas (herbicidas) (Özcan, 2008: 737-744), insectos (insecticidas) (Hanna, 2005: 2763-2773), hongos (fungicidas) (Oturan, 2005: 267-270) o roedores (rodenticidas) (Aaron, 2001: 509-520). Sin embargo, desafortunadamente, estos compuestos tóxicos pueden moverse desde su sitio de aplicación hasta acuíferos subterráneos y aguas superficiales. Además, los plaguicidas orgánicos son biorrefractarios y no se pueden remover fácilmente por métodos de oxidación convencional en plantas de tratamiento de aguas municipales. En este contexto, los procesos de oxidación avanzada en la reacción química de Fenton pueden ser una alternativa para el tratamiento de este tipo de efluentes, ya que han demostrado su efectividad en la destrucción de una gran variedad de contaminantes orgánicos persistentes y permiten la completa mineralización de los intermediarios formados.

8.7.2 Colorantes

Anualmente se producen alrededor de 10.000 diferentes tipos de colorantes orgánicos sintéticos (7×10^5 ton), los cuales tienen una amplia aplicación en industria textil, curtiduría, producción de papel, alimentos, tecnología, investigación agrícola o tintes para cabello, entre otros. La mayoría de los colorantes que se emplean a escala industrial son azoderivados (–N = N–), además de antraquinona, arilmetano y xanteno.

Los colorantes sintéticos (Panizza, 2009: 339-344; El-Desoky, 2010: 858-865; Cruz-González, 2010: 199-206) poseen propiedades como resistencia a la abrasión, la estabilidad fotolítica o la resistencia al ataque químico y biológico. Todo ello los hace permanecer inalterables durante largos periodos de tiempo y su presencia en agua causa fenómenos como la eutrofización, una baja oxigenación, la alteración de color y olor y persistencia y bioacumulación; debido a esto, los colorantes no se pueden destruir mediante tratamientos convencionales. Recientemente, los procesos de oxidación avanzada han mostrado una gran eficiencia de oxidación de colorantes sintéticos en aguas residuales, utilizando el electrofenton y métodos electroquímicos relacionados promoviendo la mineralización total (Lei, 2010: 431-438; Ghoneim, 2011: 22-30).

Diferentes autores han reportado excelentes beneficios del electrofenton para la degradación de colorantes, uno de ellos es el que proponen Ruiz y otros autores (Ruiz, 2011: s.n.p.), quienes estudiaron la degradación de los colorantes azo, rojo ácido (AR88) y amarillo ácido (AY9) en Na_2SO_4 con baja concentración de Fe^{2+} a pH 3. Mediante electrofenton y fotoelectrofenton empleando ánodo de diamante dopado con boro y cátodo de difusión de aire de 20 cm^2, acoplado con un fotorreactor solar, el proceso de electrofenton proporcionó una rápida decoloración, pero una baja remoción de carbono orgánico total. Ello se debe a que los colorantes azo se oxidan con radicales hidroxilo formados en el ánodo de DDB, provenientes de la oxidación del agua y de la reacción de Fenton entre el hierro y el peróxido generados en el electrodo de difusión de aire, lo que permite la formación de ácidos carboxílicos persistentes, como el ácido oxálico, que es el componente mayoritario en las soluciones finales. La fotólisis de los complejos de Fe(III)-oxalato con luz UV de la radiación solar explica la alta capacidad oxidativa del fotoelectrofenton solar y da como resultado la mineralización completa, a una densidad de corriente de 25-150 mA/cm, con una concentración de Fe^{2+} de 0.8 mM y con una concentración del colorante de 50 y 200 mg/L de carbono orgánico total (COT) (Ruiz, 2011: s.n.p.).

8.7.3 Productos farmacéuticos y productos de cuidado personal

Desde la década pasada, los productos farmacéuticos y de cuidado personal han recibido especial atención, pues son considerados como contaminantes orgánicos persistentes. Estos contaminantes emergentes son continuamente introducidos en el ambiente acuático, en un orden de ng –µg/L, por diversas rutas. La posible interacción de estos contaminantes con organismos vivientes no está bien documentada; sin embargo, existen reportes que indican que algunas drogas pueden alterar el sistema endócrino de peces y ademas pueden tener efectos tóxicos en algas e invertebrados y favorecen el desarrollo de microorganismos multirresistentes. Los métodos de tratamiento convencional resultan ineficientes debido a que estos contaminantes son resistentes a la biodegradación, por lo que son necesarias tecnologías de oxidación que aseguren su remoción del ambiente.

Los oxidantes químicos como Cl_2, ClO_2 y O_3 pueden reaccionar con drogas y sus metabolitos, pero son incapaces de promover su mineralización total. Diferentes procesos de oxidación avanzada (POA) se han aplicado para remover productos farmaceúticos presentes en aguas residuales. Por ejemplo, el proceso químico de Fenton, aplicado exitosamente para el tratamiento de aguas farmaceúticas altamente contaminadas con una demanda química de oxígeno (DQO) de 362.000 mg/L (Brillas, 2009: 6570-6631).

8.7.4 Contaminantes industriales

La tecnología electroquímica se ha aplicado en la remediación de aguas residuales sintéticas que contienen químicos industriales, incluyendo fenol, anilinas, benceno y alifáticos, entre otros. El principal propósito de muchos de estos estudios fue demostrar la viabilidad de estas tecnologías, generalmente restándole importancia a la detección de intermediarios involucrados en el proceso de degradación.

Los compuestos fenólicos son ampliamente usados en la manufactura de antioxidantes, biocidas, desinfectantes, plaguicidas, resinas poliméricas, colorantes, papel, farmaceúticos y otros materiales sintéticos; por lo tanto, estos contaminantes pueden encontrarse en los efluentes industriales de refinerías, petroquímicas y de la industria química en general (De Francesco, 2004: 159-163; Anotai, 2010: 888-893; Ting, 2009: 1484-1490).

La anilina y sus derivados son altamente tóxicos porque reaccionan fácilmente en la sangre para convertir la hemoglobina en metahemoglobina, impidiendo así la captación de oxígeno. Estas aminas aromáticas se producen como subproducto o como desechos industriales de colorantes, petróleo, papel, carbón, perfume y caucho.

En el siguiente ejemplo, los autores realizaron un estudio de una agua residual proveniente de la refinería del petróleo y emplearon diferentes métodos electroquímicos; entre ellos, la oxidación directa y la oxidación electroquímica indirecta mediante ánodo de diamante dopado con boro (DDB), la oxidación electroquímica directa a través del uso de electrodos de óxido de rutenio metálico mixto (Ru-MMO), electrofenton y electrocoagulación usando electrodos de hierro. Para el tratamiento de aguas residuales de refinería de petróleo (TPR), los resultados obtenidos a partir de métodos electroquímicos se compararon entre sí. En el caso del contaminante fenol se obtuvo la completa remoción de DQO en casi todos los métodos electroquímicos, con excepción de la electrocoagulación. El método más eficiente fue el proceso electrofenton seguido de la oxidación electroquímica con ánodo de DDB. La eliminación de fenol fue de 98.74% en 6 min de electrólisis y la remoción de DQO fue de 75.71% después de 9 min de electrólisis en electrofenton. Además, 99.53% de fenol y 96.04% de remoción de DQO se obtuvieron en la oxidación electroquímica directa a la densidad de corriente de 5 mA/cm^2. La concentración de fenoles inicial se redujo a una concentración final de fenol de 0.91 mg/L, después de 40 min de electrólisis, y DQO inicial disminuyó a 36.7 mg/L y 23.3 mg/L después de 60 min y 75 min de la electrólisis, respectivamente. Se encontró que la electrocoagulación era ineficaz para el tratamiento (Yavuz, 2010: 201-205).

8.7.5 Aguas residuales reales

Algunos estudios han demostrado la viabilidad de las tecnologías electroquímicas basadas en la de Fenton para el tratamiento de aguas residuales en distintos sitios. Una peculiaridad de estas aguas residuales es la alta carga de materia orgánica (Atmaca, 2009: 109-114) relacionada con una mezcla compleja de una gran variedad de contaminantes, tales como polifenoles, ácidos orgánicos, compuestos de azufre, ligninas, grasas y aceites. La eliminación de esta gama de compuestos altamente concentrada es bastante complicada, y la estrategia se basa en la aplicación de varios métodos de acoplamiento para obtener una desintoxicación eficiente para su uso a escala industrial.

Yavuz (2007) realizó un estudio en aguas residuales industriales provenientes de la destilería de alcohol y aplicó tratamiento electroquímico empleando electrodos de hierro con la presencia de H_2O_2. Estudió los efectos de la concentración de sulfato de sodio como electrolito de soporte, densidad de corriente, pH y concentración de H_2O_2 sobre la eficiencia de remoción. Como resultado del electrofenton, la eficiencia de remoción de DQO fue del 92.6%, con una concentración inicial de 4985 mg/L, y la eficiencia de remoción de COT del 88.7%, con una concentración inicial de 1507 mg/L. Estas eficiencias se alcanzaron adicionando 0.3 M Na_2SO_4 y 60.000 mg/L de H_2O_2 a valor de pH 4. En el mismo estudio, el consumo específico de energía fue de 0.53 kWh/g DQO eliminada, con una densidad de corriente aplicada de 60 mA/cm^2. El autor concluye que el proceso de electrofenton es muy eficiente para el tratamiento de aguas residuales provenientes de la destilería de alcohol, pues tiene alta concentración de materia orgánica refractaria (Yavuz, 2007: 135-140).

8.8 Perspectivas

Al igual que otros POA, el sistema electrofenton está diseñado para tratar pequeños volúmenes de xenobióticos orgánicos tóxicos y persistentes para evitar su dispersión en el agua de arroyos naturales. El gran compromiso es abordar el desarrollo exitoso de proyectos de plantas piloto capaces de tratar grandes volúmenes, lo que permite a partir de entonces el uso de estos métodos a nivel industrial. El objetivo del escalamiento es apostar por procesos más eficientes y limpios, por sistemas adecuados que permitan la eliminación de contaminantes orgánicos considerando los siguientes tres puntos de vista:

a) **Medio ambiente:** permitir la electrogeneración continua *in situ* del H_2O_2 y la regeneración catalítica del Fe^{2+} para evitar su manejo, transporte y almacenamiento, así como la formación de lodos, gracias al control sobre la producción de iones de hierro.
b) **Tecnológico:** Algunos retos para mejorar el rendimiento y la eficiencia de los reactores del futuro incluyen el uso de nuevos materiales avanzados en el desarrollo de ánodos nuevos y de alto rendimiento, tales como los nanotubos de TiO_2, así como materiales dopados y materiales con mayores propiedades electrocatalíticas.
c) **Económico:** los sistemas de luz solar-impulsado sobre la base de paneles solares y la energía fotovoltaica como una fuente alternativa de energía eléctrica (Brillas, 2009: 6570-6631).

Una línea de investigación interesante, sobre todo en lo que concierne a lo económico y a los aspectos tecnológicos, podría basarse en el acoplamiento de PEOA con sistemas biológicos de postratamiento, debido a que la mineralización de materia orgánica es más rápida, además de que da lugar al incremento del índice de biodegradabilidad DBO_5/DQO. El uso de PEOA durante un tiempo más corto como tratamiento previo, seguido de un tratamiento biológico, podría en general mineralizar cerca del 40% de los contaminantes, donde los COP se transforman en ácidos carboxílicos, los cuales son biodegradables.

También sería interesante explorar el uso de PEOA como alternativa a la remediación *ex situ* del suelo, de rellenos sanitarios o de incineración de concentrados no degradables por tratamientos físicos como la ósmosis inversa o nanofiltración, ya que no se dispone de datos sobre el tratamiento mediante electrofenton o técnicas relacionadas.

Por último, la investigación también debe prestar atención a la contribución de las técnicas analíticas, tales como extracción en fase sólida (SPE), HPLC-EM, cromatografía de gases acoplado espectrometría de masas CG-EM, y a los ensayos de toxicidad que pueden llegar a establecer un tratamiento integral del agua, teniendo en cuenta la configuración optimizada de experimentación y la elucidación de los mecanismos de reacción y aumento de la biodegradabilidad.

El modelado de PEOA incluyendo todos estos parámetros podría utilizarse para predecir el comportamiento y el desempeño de tales tratamientos en diferentes reactores y para seleccionar los mejores procedimientos a la hora de su aplicación real.

La expansión potencial de los procesos electroquímicos en estas áreas es sin duda optimista, porque el progreso ha sido evidenciado por el desarrollo de electrodos y membranas y mejoras en la configuración del reactor. Estos acontecimientos han aumentado la experiencia en un nivel semiindustrial y, por consiguiente, han incrementado la importancia y el enfoque electroquímico como una posible alternativa en el tratamiento de aguas (Brillas, 2009: 6570-6631).

8.9 Conclusiones

El propósito de este capítulo fue proporcionar los principios y el desarrollo de las tecnologías electroquímicas que tienen como base la química de la reacción de Fenton con la finalidad de promover la investigación e innovación sostenible en los procesos de tratamiento de aguas residuales. Ofreciendo una visión sobre el desarrollo de todos los avances logrados y transmitirlos a las comunidades científica y empresarial. Los tratamientos basados en electroquímica son particularmente atractivos debido a la gran cantidad de parámetros experimentales, de materiales electródicos y de diferentes configuraciones de celda que se han desarrollado.

A pesar de que los procesos que conllevan la reacción de Fenton son quizá procesos muy ecológicos y eficaces, también presentan algunos inconvenientes que dificultan su configuración; por ejemplo, la necesidad de operar a valor de pH ácido ~3.0 y el suministro continuo de O_2.

Agradecimientos

Los autores agradecen al Consejo Nacional de Ciencia y Tecnología (CONACYT), por las becas y el apoyo otorgado para fines de investigación.

Referencias

Aaron J. J., Oturan, M. A., (2001). "New Photochemical and Electrochemical Methods for the Degradation of Pesticides in Aqueous media". *Turk. J. Chem.* 25, pp. 509-520.

Abdessalem A. K., Bellakhal N., Oturan N., Dachraoui M., Oturan, M.A. (2010) "Treatment of a mixture of three pesticides by photo- and electro-Fenton processes". *Desalination* 250, pp. 450-455.

Anotai J., Su Ch., Tsai Y., Lu M. (2010). "Effect of hydrogen peroxide on aniline oxidation by electro-Fenton and fluidized-bed Fenton processes". *J. Hazard. Mater.* 183, pp. 888-893.

Atmaca E. (2009). "Treatment of landfill leachate by using electro-Fenton method". *J. Hazard. Mater.* 163, pp. 109-114.

Brillas E., Sirés I., Oturan M. A. (2009). "Electro-Fenton process and related electrochemical technologies based on Fenton's reaction chemistry". *Chem. Rev.* 109, pp. 6570-6631.

Chamarro E., Marco A., Esplugas S. (2001) "Use of fenton reagent to improve organic chemical biodegradability". *Water Res.* 35, pp. 1047-1051.

Cruz-González K., Torres-López O., García-León A., Guzmán-Mar J. L., Reyes L. H., Hernández-Ramírez A., Peralta-Hernández J. M. (2010). "Determination of optimum operating parameters for Acid Yellow 36 decolorization by electro-Fenton process using BDD cathode". *Chem. Eng. J.*, 160, pp. 199-206.

De Francesco M., Costamagna P. (2004). "On the design of electrochemical reactors for the treatment of polluted water". *Journal of Cleaner Production*, 12, pp. 159-163.

Durán A., Frontana B. A., Ramírez, R. M. (2004). "Electro-Fenton as a feasible advanced treatment process to produce reclaimed water". *Water Sci. Technol*, 2, pp. 83-90.

El-Desoky H. S., Ghoneim M. M., El-Sheikh R., Zidan N. M. (2010). "Oxidation of Levafix CA reactive azo-dyes in industrial wastewater of textile dyeing by electro-generated Fenton's reagent". *J. Hazard. Mater*, 175, pp. 858-865.

Ghoneim, M. M., El-Desoky H. S., Zidan N. M. (2011). "Electro-Fenton oxidation of Sunset Yellow FCF azo-dye in aqueous solutions". *Desalination*, 274, pp. 22-30.

Gogate P. R., Pandit A. B. (2004). "A review of imperative technologies for wastewater treatment I: oxidation technologies at ambient conditions". *Adv. in Environ. Res.* 8, pp. 501-551.

Hanna K., Chiron S., Oturan M. A. (2005). "Coupling enhanced water solubilization with cyclodextrin to indirect electrochemical treatment for pentachlorophenol contaminated soil remediation". *Water Res.*, 39, pp. 2763-2773.

Hao O. J., Shin C., Lin C., Jeng F., Chen Z. (2000). "Decolorization of wastewater". *Crit. Rev. Environ. Sci. Technol.* 30, pp. 449-505.

Kavitha V., Palanivelu K. (2004). "The rol of ferrous ion in Fenton and Photo-fenton processes for degradation of phenol". *Chemosphere*, 55, pp. 1235-1243.

Khouni I., Marrot B., Moulin P., Amar R. B. (2011). "Decolourization of the reconstituted textile effluent by different process treatments: Enzymatic catalysis, coagulation/flocculation and nanofiltration processes". *Desalination* 268, pp. 27-37.

Kuo W.G. (1992). "Decolorizing dye wastewater with Fenton's reagent". *Water Res.* 26,881-886.

Lei H., Li H., Li Z., Chen K., Zhang X., Wang H. (2010). "Electro-Fenton degradation of cationic red X-GRL using an activated carbon fiber cathode". *Process Safety and Environmental Protection*, 88, pp. 431-438.

Liu S. Q., Cheng S., Feng L. R., Wang X. M., Chen Z. G. (2010). "Effect of alkali cations on heterogeneous photo-Fenton process mediated by Prussian blue colloids". *J. Hazard. Mater.* 182, pp. 665-671.

Metcalf, Eddy, (2003). *Wastewater Engineering, Treatment and reuse.* 4ª ed., Mac Graw Hill, EEUU, p. 195.

Navarroa S., Fenoll J., Vela N., Ruiz E., Navarro G. (2011) "Selective redox degradation of chlorinated aliphatic compound by Fenton reaction in pyrite suspension". *Chemosphere* 82, pp. 1103-1108.

Neyens E., Baeyens J. (2003). "A review of classic Fenton's peroxidation as an advanced oxidation technique". *J. Hazard. Mater.*, 98, pp. 33-50.

Oturan N., Oturan M. A. (2005) "Degradation of three pesticides used in viticulture by electrogenerated Fenton's reagent". *Agron. Sustain. Dev.* 25, pp. 267-270.

Özcan A., Şahin Y., Oturan M. A. (2008). "Removal of propham from water by using electro-Fenton technology: Kinetics and mechanism". *Chemosphere*, 73, pp. 737-744.

Padoley K. V., Mudliar S. N., Banerjee S. K., Deshmukh S. C., Pandey R. A. (2011). "Fenton oxidation: A pretreatment option for improved biological treatment of pyridine and 3-cyanopyridine plant wastewater". *Chem. Eng. J.* pp. 166, 1-9.

Panizza M., Cerisola G. (2001). "Removal of organic pollutants from industrial wastewater by electrogenerated Fenton's reagent". *Water Res.* 35, pp. 3987-3992.

Panizza M., Cerisola G. (2009). "Electro-Fenton degradation of synthetic dyes". *Water Research*, 43, pp. 339-344.

Ruiz E. J., Hernández A., Peralta J. M., Arias C., Brillas E. (2011). "Application of solar photoelectro-Fenton technology to azo dyes mineralization: Effect of current density, Fe^{2+} and dye concentrations". *Chem. Eng. J.* XXX(2011)XXX-XXX doi:10.1016/j.cej.2011.03.004.

Ting W., Lu M., Huang Y. (2009) "Kinetics of 2,6-dimethylaniline degradation by electro-Fenton process". *J. Hazard. Mater*, 161, 1484-1490.

Ventura A., Jacquet G., Bermond A., Camel V. (2002) "Electrochemical generation of the Fenton's reagent: application to atrazine degradation". *Water Res.* 36, pp. 3517-3522.

Wang X., Zeng G., Zhu J. (2008). "Treatment of jean-wash wastewater by combined coagulation, hydrolysis/acidification and Fenton oxidation". *J. Hazard. Mater.* 153, pp. 810-816.

Yavuz Y. (2007) "EC and EF processes for the treatment of alcohol distillery wastewater". *Sep. Pur. Tech.* 53, pp. 135-140.

Yavuz Y., Koparal A. S., Ü. B. (2010). "Treatment of petroleum refinery wastewater by electrochemical methods". *Desalination*. 258, pp. 201-205.

Zimbron J. A., Reardon K. F. (2009) "Fenton's oxidation of pentachlorophenol". *Water Res.* 43, pp. 1831-1840.

Capítulo 9

Electrooxidación

Patricia Balderas-Hernández[a], Carlos E. Barrera-Díaz[a], Gabriela Roa-Morales[a], Ivonne Linares-Hernández[b]

[a] Centro Conjunto de Investigación en Química Sustentable, UAEM-UNAM. Km 14.5, Carretera Toluca-Atlacomulco, C.P. 50200, Toluca, México.

[b] Centro Interamericano de Recursos del Agua. Facultad de Ingeniería. Universidad Autónoma del Estado de México. Km 14.5, Carretera Toluca-Atlacomulco, C.P. 50200, Toluca, México.

Resumen

La electrooxidación, también conocida como "oxidación electroquímica", es una tecnología concebida tanto para la oxidación electroquímica en el tratamiento de efluentes residuales con carga orgánica como para la electrosíntesis. Como técnica para el tratamiento de aguas, la electrooxidación se enmarca dentro del grupo de los procesos de oxidación avanzada, ya que es posible generar radicales hidroxilos bajo ciertas condiciones de operación y con el uso de ciertos electrodos, oxidando la materia orgánica hasta dióxido de carbono, sin que sea necesario el consumo de reactivos químicos y evitando la generación de lodos. En este capítulo se presentan algunos conceptos fundamentales sobre electrooxidación, tipos y electrodos comúnmente usados, así como un breve resumen de algunos trabajos importantes y resultados obtenidos del empleo de tales procesos y, como caso especial, se presenta el uso de los electrodos de diamante dopados con boro.

9.1 Definición de oxidación electroquímica o electrooxidación

La oxidación electroquímica o electrooxidación se realiza en una celda electroquímica compuesta por un electrodo de trabajo (ánodo) y un contraelectrodo que completa el circuito (cátodo) sumergidos en una solución (electrolito) de la molécula de interés que debe ser capaz de conducir la electricidad –frecuentemente se le agregan iones que no participan en la reacción del electrodo, "electrolito soporte"–, la finalidad de la oxidación electroquímica es la de degradar completamente los contaminantes (combustión electroquímica) o, al menos, volverlos biodegradables (conversión electroquímica) (Masid, 2010: 192-196; Chen, 2004: 11-41; Wang, 2004: 5232-5237).

Como tecnología para el tratamiento de aguas, la electrooxidación se enmarca dentro del grupo de los procesos de oxidación avanzada (POA), ya que es posible generar radicales hidroxilos bajo ciertas condiciones de operación y en ciertos electrodos, oxidando la materia orgánica hasta dióxido de carbono, sin que sea necesario el consumo de reactivos químicos y evitando la generación de lodos (Panizza, 2007: 382).

La tecnología de electrooxidación trata de hacer frente a aquellas situaciones en las que el efluente residual posee una baja capacidad de ser oxidado y se hace inviable su tratamiento térmico, o bien cuando hay un bajo nivel de biodegradabilidad en el que la opción biológica no es viable. Para valores de demanda química de oxígeno por debajo de 5000 mg $O_2 \cdot L^{-1}$, la electrooxidación es una alternativa interesante como POA (Kapalka, 2008: 7-16).

Los estudios de electrooxidación para el tratamiento de aguas residuales, vienen realizándose desde 1900. Pero fue en los años setenta cuando se comienzaron a desarrollar extensas investigaciones utilizando esta tecnología. Durante las últimas dos décadas, los trabajos de investigación se han enfocado en varias actividades que estudian la eficiencia de oxidar varios contaminantes en diferentes electrodos (Nageswara, 2009: 1206-1212; Piyaareetham, 2006: 2857-2864), la implementación de la actividad electrocatalítica (García-Rodríguez, 2009: 83-91) y la estabilidad electroquímica de materiales de electrodos (Carlesi, 2011:1253-1262; Patil, 2006: 368-377), así como la investigación de factores que afectan al funcionamiento del proceso (Cañizares, 2009a: 120-125; Cañizares, 2009b: 1298-1301) y exploración de los mecanismos y cinética de degradación del contaminante (Nageswara, 2009: 1206-1212; Terumi Fukunaga, 2008: 236-241), así como la comparación entre diversos procesos de oxidación avanzada (Cañizares, 2009a: 120-125). Las investigaciones experimentales se han centrado en los comportamientos de materiales anódicos (Li, 2008: 353-360; Hou, 2009: 1321-1328) y, por lo tanto, el efecto de materiales catódicos no se ha investigado extensivamente, aunque Azzam (Azzam, 1999: 219-226) ha encontrado una considerable influencia del material que constituye el contraelectrodo en la destrucción anódica de 4-clorofenol.

En lo que respecta a la oxidación anódica, esta puede efectuarse de manera directa o indirecta.

9.1.1 Electrooxidación indirecta

Los compuestos orgánicos no interactúan directamente con la superficie del electrodo, sino que el proceso tiene lugar a partir de la intermediación de algunas especies electroactivas. La electrooxidación de contaminantes se puede realizar por diferentes vías. El uso de cloro e hipoclorito generado anódicamente para destruir contaminantes es bien conocido. Esta técnica puede efectivamente oxidar algunos contaminantes inorgánicos y orgánicos con concentraciones altas de cloruro, alrededor de 3 g/L (Abuzaid, 1999: 429-442; Szpyrkowicz, 1994: 189-202; Naumczyk, 1996a: 17-24; Naumczyk, 1996b: 59-68; Vlyssides, 1997a: 147-152; Vlyssides, 1997b: 271-278; Lin, 1997: 2125-2138). Aunque la posible formación de compuestos orgánicos clorados como intermediarios o productos finales dificulta la aplicación de esta técnica (Naumczyk, 1996a: 17-24). Por otra parte, si el contenido de cloruro en el agua residual cruda es bajo, se puede adicionar una gran cantidad de sales para incrementar la eficiencia del proceso (Lin, 1997: 2125-2138; Chiang, 1995a: 753-771; Chiang, 1995b: 671-678; Vlyssides, 1998: 847-862).

Es posible degradar los contaminantes mediante varios métodos, por ejemplo el peróxido de hidrógeno generado electroquímicamente (Matsue, 1981: 2565-2569; Brillas, 1995: 1733-1741; Brillas, 1996: L49-L53; Brillas, 1997: 2374-2379; Brillas, 1998a: 31-42; Brillas, 1998b: 759-765). En este sistema, el cátodo se compone de carbón-politetrafluoretileno poroso (PTFE), con alimentación de oxígeno, y el ánodo puede ser, por ejemplo, Pb/PbO_2, $Ti/Pt/PbO_2$ o Pt. Se pueden agregar sales de Fe^{2+} dentro del agua residual o se pueden formar *in situ*, a partir de un ánodo de hierro (Brillas, 1997: 2374-2379), para hacer una reacción electrofenton. Cuando además se emplea irradiación UV, se ha encontrado que la degradación de anilina se encuentra cerca del 95%. Simplemente proveer oxígeno dentro de la solución también ayuda a remover la anilina cuando se aplica electricidad (Brillas, 1996: L49-L53). El ozono generado eléctricamente también es reportado en el tratamiento de aguas residuales (Stucki, 1987: 773-778; El-Shal, 1991: 149-157).

Farmer (Farmer, 1992a: 203-214; Farmer, 1992b: 654-662) propone otro tipo de electrooxidación: una electrooxidación mediada en tratamiento mixto de residuos peligrosos. En estos procesos, los iones metálicos –usualmente llamados "mediadores"– se oxidan en un ánodo desde un estado de valencia baja estable a un estado de valencia alta reactivo, los cuales en turno atacan a los contaminantes orgánicos directamente. Y pueden de la misma manera producir radicales libres hidroxilo, que promueven la destrucción de los contaminantes orgánicos. Subsecuentemente, los mediadores se generan en el ánodo formando un ciclo. Los mediadores típicos son Ag^{2+}, Co^{3+}, Fe^{3+}, Ce^{4+} y Ni^{2+} (Farmer, 1992a: 203-214; Farmer, 1992b: 654-662; Hickman, 1993: 430-438;

Bringmann, 1995: 846-851; Cocheci, 1995: 615-619). La electrooxidación mediada usualmente necesita un medio altamente ácido para operar. En adición existe una contaminación secundaria de metales pesados adicionados. Estas desventajas limitan esta aplicación.

9.1.2 Electrooxidación anódica directa

La transferencia de electrones se da entre las especies orgánicas y la superficie del electrodo. La electrooxidación de contaminantes también puede ocurrir directamente en los ánodos por generación de "oxígeno activo", adsorbido físicamente (radicales libres adsorbidos •OH), o "oxígeno activo", quimisorbido (oxígeno en óxidos metálicos, MO_{x+1}). Este proceso es usualmente llamado "oxidación anódica" u "oxidación directa". El oxígeno activo adsorbido físicamente causa la combustión completa de compuestos orgánicos (R), y el oxígeno activo quimisorbido (MO_{x+1}) participa en la formación de productos de oxidación selectivos.

$$R + MO_x(^{\bullet}OH)_z \rightleftarrows CO_2 + zH^+ + ze + MO_x \quad \textbf{(9.1)}$$

$$R + MO_{x+1} \rightleftarrows RO + MO_x \quad \textbf{(9.2)}$$

$$2H_2O - 4e^- \rightarrow O_2 + 4H^+ \quad \textbf{(9.3)}$$

En general, el radical •OH es más efectivo para oxidación de contaminantes que el oxígeno en MO_{x+1}, porque la evolución de oxígeno en la reacción 9.3 se puede efectuar en el ánodo y se requieren altos sobrepotenciales para la evolución de O_2, para que las reacciones 9.1 y 9.2 procedan con alta eficiencia de corriente.

En la oxidación anódica no se necesita agregar químicos al agua residual o alimentar O_2 a los cátodos, no existe una tendencia a producir contaminación secundaria y se requieren unos cuantos accesorios. Estas ventajas hacen que la oxidación anódica sea más atractiva que otros procesos de electrooxidación. La parte más importante del proceso de oxidación anódica es evidentemente el material anódico. Así, entre los materiales anódicos investigados se incluyen carbón vítreo (Szpyrkowicz, 1994: 189-202), Ti/RuO_2, Ti/Pt-Ir (Naumczyk, 1996a: 17-24), fibra de carbón (Szpyrkowicz, 1994: 189-202), MnO_2 (Rajalo, 1996: 605-612; Rao, 2001: 1124-1131), Pt, carbón negro (Boudenne, 1999: 494-504), fieltro de carbón poroso (Polcaro, 1997: 1791-1798), acero inoxidable (Abuzaid, 1999: 429-442) y carbón vítreo reticulado (Manríquez, 1999: 159-168; Hofseth, 1999: 199-207). Sin embargo, ninguno de estos tiene suficiente actividad al mismo tiempo que estabilidad. Los ánodos que se estudian extensivamente son grafito, Pt, PbO_2, IrO_2, TiO_2, SnO_2 y películas de diamante. Esto se discutirá posteriormente con más detalle.

9.2 Sobrepotencial de evolución de oxígeno

Como se ha expuesto previamente, la actividad anódica depende de los valores de sobrepotencial de evolución de oxígeno. La tabla 9.1 presenta una comparación de materiales anódicos. Para un mejor entendimiento del funcionamiento de los ánodos, en la tabla 9.2 se expone un listado de los potenciales de formación de oxidantes típicos. Queda claro que IrO_2, Pt y grafito presentan unos valores más bajos de sobrepotencial de evolución de oxígeno. Esto indica que una efectiva oxidación de contaminantes en estos ánodos ocurre solamente a muy bajas densidades de corriente o en presencia de altas concentraciones de cloruros o de mediadores metálicos. Cuando la densidad de corriente es alta, decrece significativamente la eficiencia de la corriente con la esperada producción de oxígeno. Las películas de diamante dopado con boro (BDD, *boron-doped diamond*) sobre substrato de titanio (Chen, 2003: 995-1001) u otros metales como en los electrodos de DiaChem® (Troster, 2002: 89-97) muestran altos valores de sobrepotencial de evolución de oxígeno. Así, la oxidación anódica se puede efectuar en la superficie a una significantemente alta densidad de corriente con una mínima cantidad de evolución de oxígeno por el lado de la reacción. Esto nos lleva a un proceso efectivo y eficiente. Este es verdaderamente el ánodo más activo para la oxidación de varios contaminantes, como se discutirá en las siguientes secciones.

Tabla 9.1 Potencial de evolución de oxígeno de diferentes ánodos (Chen, 2004: 11-41)

Ánodo	Potencial de evolución de oxígeno(V) ENH	Condiciones
	1.3	0.5 M H_2SO_4
Pt	1.6	0.5 M H_2SO_4
IrO_2	1.6	0.5 M H_2SO_4
Grafito	1.7	0.5 M H_2SO_4
PbO_2	1.9	0.5 M $HClO_4$
SnO_2	1.9	0.5 M H_2SO_4
Pb-Sn (93:7)	2.5	0.5 M H_2SO_4
Ebonex® (óxido de titanio)	2.2	1.0 M H_2SO_4
Si/BDD	2.3	0.5 M H_2SO_4
Ti/BDD	2.7	0.5 M H_2SO_4
DiaChem®	2.8	0.5 M H_2SO_4

Tabla 9.2 Potenciales de formación de algunos reactantes químicos (Chen, 2004: 11-41)

Oxidantes	Potencial de formación (V)
$H_2O/^{\bullet}OH$ (radical hidroxilo)	2.8
O_2/O_3 (ozono)	2.07
$SO_4^{2-}/S_2O_8^{2-}$ (peroxidisulfato)	2.01
MnO_2/MnO_4^{2-} (ión permanganato)	1.77
H_2O/H_2O_2 (peróxido de hidrógeno)	1.77
Cl^-/ClO_2^- (dióxido de cloro)	1.57
Ag^+/Ag^{2+} (ión de plata(II))	1.5
Cl^-/Cl_2 (cloro)	1.36
$Cr^{3+}/Cr_2O_7^{2-}$ (dicromato)	1.23
H_2O/O_2 (oxígeno)	1.23

Resulta evidente que los ánodos de Pt, IrO_2 y grafito presentan menores valores de sobrepotencial de producción de oxígeno. Esto indica que la oxidación efectiva de contaminantes en estos ánodos ocurre sólo a muy bajas densidades de corriente o en la presencia de altas concentraciones de cloruros o mediadores metálicos. Cuando la densidad de corriente es alta, se espera una disminución significativa de la eficiencia de corriente por la producción de oxígeno. La película de diamante dopado con boro sobre titanio da el valor más alto de sobrepotencial de producción de oxígeno. Por ello, la oxidación electroquímica puede tener lugar en su superficie a densidades de corriente significativamente altas con la mínima cantidad de producción de oxígeno. Esto permite un proceso efectivo y eficiente (Cañizares, 2006: 173-181).

9.2.1 Comportamiento de la oxidación anódica

En la tabla 9.3 se compara el funcionamiento de diferentes ánodos en la degradación de varios contaminantes a diferentes condiciones. Se investigan dos parámetros en particular: la densidad de corriente y la eficiencia de corriente. Comminellis y Plattner (Comninellis, 1988: 250-252) proponen el uso del índice de oxidabilidad electroquímica (*electrochemical oxidability index*, EOI) para diferenciar el comportamiento de los diferentes electrodos. El EOI es la eficiencia de corriente media (*mean current efficiency*); es decir, desde que se tiene la concentración inicial del contaminante hasta el tiempo al que la concentración del contaminante es cercana a cero, τ. Para calcular el EOI,

Tabla 9.3 Comparación del comportamiento de diferentes ánodos (Chen, 2004: 11-41)

Ánodo	Contaminante	Densidad de corriente (A/cm^2)	CE (%)	Eficiencia de remoción	Comentario
Grafito granular	Fenol	0.03-0.32	70	70-50% de mineralización	5-meses de operación estable
Grafito planar	Fenol	10-100	24.6-63.5	6-17% DQO	Electrolito NaOH
Pt o Ti/Pt	Fenol	300		17% DQO	pH = 12.0, concentración inicial 1000 mg/L, en Na_2SO_4 0.25 M
	Amoniaco	8.5	5.3	95%	pH= 8.2 con un amortiguador de fosfatos, bajo funcionamiento para orgánicos
	Glucosa	100-900	15-20	30%	1 M H_2SO_4
	15 orgánicos		5		
PbO_2	Anilina	I = 2A	15-40	>90% en 1 h	Concentración inicial 2.7 mM. a pH = 2 cama empacada de PbO_2
	Fenol	I = 1, 2, 3 A		46-80%	Celda anódica: concentración inicial 14-56 mM en ácido sulfúrico 1.0 M, cama empacada de PbO_2
Ti/PbO_2	Fenol	300		40% COT	pH = 12 concentración inicial de 1000 mg/L en Na_2SO_4 0.25 M
	Lixiviado	50-150	30% DQO, 10% para NH_4^+ –N	90% DQO, 100% para NH_4^+ –N	

Tabla 9.3 Comparación del comportamiento de diferentes ánodos (Chen, 2004: 11-41) (*Continuación*)

Ánodo	Contaminante	Densidad de corriente (A/cm²)	CE (%)	Eficiencia de remoción	Comentario
Ti/PbO_2	Glucosa	100-900	30-40	100%	1 M H_2SO_4
	2-Clorofenol	80-160	35-40	80-95% DQO	Formación de Pb^{2+}, DQO inicial de 1000 mg/L, 25 °C
IrO_2	Sustancias orgánicas	bajo	17		
	1,4-Benzoqui-nona				Solamente ruptura de anillos
	Clorofenoles	0.6 50	54 1.8		Na_2SO_4
Ti/SnO_2-Sb_2O_5	2-Clorofenol	80-100	35-40	80-95%, DQO	Ácido oxálico como intermediario
	Glucosa	100-90	<20	30%	1 M H_2SO_4
	Fenol	300 500	58	100%	pH 12, concentración inicial 1000 mg/l, en 0.25 M Na_2SO_4, 70 °C, 10 mM. Método CV, similar a PbO_2
Ebonex®	Lixiviados				similar a PbO_2
	Tricloroetileno	2.5-4.3 V	<32	10-70%	Estable en medio acuoso Ti_4O_7 a TiO_2

se necesita conocer la eficiencia de corriente instantánea, ICE, que se define como la eficiencia a un determinado tiempo de electrooxidación. Así, se tiene la ecuación 9.4.

$$EOI = \frac{\int_0^{\tau} \text{ICE}\, dt}{\tau} \tag{9.4}$$

Debido a que los cálculos de EOI se definen de esta manera, incluyen significativamente la contribución de ICE a tiempos de reacción largos cuando la concentración del contaminante es muy baja y la transferencia de masa también, de tal manera que la cinética electroquímica controla el proceso.

Por lo tanto, el EOI calculado de esta forma es muy bajo, con valores de 0.05 a 0.58 para la degradación electroquímica de varios derivados de benceno en ánodos de Pt (Comninellis, 1988: 250-252). Si se usa el EOI, se cree que es posible selccionar el valor de τ de manera que sea igual al tiempo cuando comienza justamente el control de transferencia de masa. Cuando no se tienen los valores de ICE, justo cuando comienza el control de transferencia de masa, el promedio de las eficiencias de corriente desde el valor inicial hasta el valor final del proceso se usan para comparación en lugar del ICE.

9.3 Estado del arte de la electrooxidación

Bhadrinarayana *et al.* (Gandini, 2000: 1345-1350) proponen la oxidación electroquímica del cianuro y el cadmio presentes en el agua de enjuague de una planta de revestimiento metálico empleando electrodos de grafito. La destrucción del cianuro y la simultánea remoción del cadmio presente en el agua de enjuague se llevan a cabo por oxidación directa o indirecta del cianuro, así como por la reducción del cadmio directamente en el cátodo. En esta investigación fueron necesarias pequeñas cantidades de cloruro de sodio que se agregaron al agua de enjuague, el cual actúa como electrolito soporte y genera fuertes agentes oxidantes *in situ*, como hipoclorito y cloro, durante el proceso de tratamiento. El mecanismo de reacción que puede ocurrir durante el proceso es que, en primera instancia, el cianuro se oxida indirectamente por hipoclorito o directamente en el ánodo a ión cianato, el cual se descompone a carbonato o dióxido de carbono y nitrógeno, las reacciones son las siguientes:

En el ánodo:

$$2\,Cl^- \rightarrow Cl_2 + 2e^- \tag{9.5}$$

$$4OH^- \rightarrow O_2 + 2H_2O + 4e^- \tag{9.6}$$

$$CN^- + 2OH^- \rightarrow CNO^- + H_2O + 2e^- \qquad \textbf{(9.7)}$$

$$CNO^- + 4OH^- \rightarrow CO_3^{2-} + \frac{1}{2}N_2 + 2H_2O + 3e^- \qquad \textbf{(9.8)}$$

$$Cd(CN)_4^{2-} + 8OH^- \rightarrow Cd^{++} + 4CNO^- + 4H_2O + 8e^- \qquad \textbf{(9.9)}$$

En el lodo de la solución:

$$Cl_2 + H_2O \rightarrow H^+ + Cl^- + HOCl \qquad \textbf{(9.10)}$$

$$HOCl \leftrightarrow H^+ + OCl^- \qquad \textbf{(9.11)}$$

$$CN^- + OCl^- \rightarrow CNO^- + Cl^- \qquad \textbf{(9.12)}$$

$$2CNO^- + 3OCl^- + H_2O \rightarrow 2CO_2 + 2OH^- + 3Cl^- + N_2 \qquad \textbf{(9.13)}$$

En el cátodo:

$$Cd^{2+} + 2e^- \rightarrow Cd \qquad \textbf{(9.14)}$$

$$2H_2O + 2e^- \rightarrow H_2 + 2OH^- \qquad \textbf{(9.15)}$$

$$Cd(CN)_4^{2-} + 2e^- \rightarrow Cd + 4CN^- \qquad \textbf{(9.16)}$$

Debido a que el cianuro y los iones cianatos no son muy activos electroquímicamente, la reacción primaria que ocurre en los ánodos es la oxidación del ión cloruro (Cl^-), ecuación 9.5, con la liberación de Cl_2, el cual es un agente oxidante fuerte. Debido a que el agua de enjuague es generalmente básica, se lleva a cabo la reacción 9.6 y se genera oxígeno, el cual es un oxidante relativamente débil. Si las reacciones ocurrieran como en las ecuaciones 9.7 y 9.8, habría una reducción en la eficiencia de corriente debida a la formación de iones cianatos y carbonatos; las reacciones 9.14 y 9.15 que ocurren en el cátodo se refieren a la reducción del ión Cd^{2+} y el agua sólo si no hay otras especies reducibles.

9.4 Electrodos de diamante dopados con boro

El diamante es conocido por sus importantes y únicas propiedades tecnológicas: alta resistencia, extrema dureza, resistencia al choque térmico, alta conductividad térmica, alta movilidad electrónica, transparencia óptica y químicamente inerte. Estructuralmente, el diamante tiene un enrejado cúbico, construido por átomos de carbono. Cada átomo de carbono en el diamante está enlazado tetrahédricamente a cuatro átomos más de carbono con hibridación sp^3 (Gandini, 2000: 1345-1350; Chen, 2007: 57-106).

Las características atractivas del conductor de diamante dopado con boro incluyen una amplia ventana de potencial electroquímico en medios acuosos y no acuosos, capacitancia muy baja y extrema estabilidad electroquímica (Alfaro, 2006: 227-236).

Los estudios electroquímicos de películas de diamante comenzaron a mediados de los años ochenta, cuando se desarrollaron diversas investigaciones sobre la fabricación de estos materiales. Se realizaron estudios que indican que la conductividad de estos electrodos puede aumentar con energía asistida –plasma o filamento caliente–. Las películas de diamante se sintetizan por deposición química de vapor (DQV) en diversos sustratos, como silicón, titanio, niobio, tántalo, molibdeno y carbón vítreo. La DQV se lleva a cabo por la descomposición térmica de carbón en presencia de gases como metano y monóxido de carbono a una temperatura entre 600 °C y 1200 °C, presión total del gas 13-133 mbar y tiempo de reacción de 3 h. La tasa de crecimiento del diamante está en el orden de 0.1 hasta 1000 µm/h, lo que demuestra la buena perspectiva de las películas del diamante para usos industriales.

La conductividad del diamante se puede mejorar significativamente mediante el dopaje con boro. El dopaje se lleva acabo adicionando diborano (B_2H_6) o metil borato [$B(OCH_3)_3$] en la corriente del gas o colocando el boro pulverizado cerca de los bordes del sustrato antes de introducirlo a la cámara de DQV.

Para realizar el dopaje con boro debe mantenerse una relación boro/carbón de 0.02 a 10^{-6}. El potencial de inicio para producción de oxígeno en los electrodos de diamante dopados con boro sobre sustrato de silicón (Si/DDB) en una solución 0.5 M de H_2SO_4 es alrededor de 2.3 V, es 0.4 V más alto que PbO_2 y SnO_2 (Gandini, 2000: 1345-1350).

Esto indica que los DDB tienen mayor conductividad eléctrica para la oxidación de contaminantes, además de que se incrementa el sobrepotencial de oxígeno (Gandini, 2000: 1345-1350).

En las películas dopadas con boro, los átomos de boro sustituyen a algunos de los átomos de carbono. El diamante es uno de los mejores aislantes pero, cuando se encuentra dopado con boro (DDB), adquiere propiedades electrónicas semimetálicas y es muy útil en mediciones electroquímicas. El ánodo de DDB es un electrodo relativamente nuevo que posee alta estabilidad anódica y aceptable conductividad; además, su carácter es inerte y se conoce que tiene débiles propiedades de adsorción, lo que permite predecir que se trata de un electrodo no activo ideal, en el que la oxidación de compuestos orgánicos tiene lugar por vía radicalaria, a partir de la formación de radicales hidroxilo.

La conductividad de las películas DDB abren nuevas fronteras en la aplicación de los diamantes en síntesis electroquímica, en el desarrollo de sensores para aplicaciones biomédicas *in vivo* o *in vitro* y en estudios ambientales a largo plazo.

A diferencia de los electrodos de PbO_2, SnO_2 y TiO_2, las películas de DDB depositadas en Si, Ta, Nb y W por DQV han mostrado excelente estabilidad electroquímica. El tiempo de vida del Nb/DDB, por ejemplo, es de 850 en la prueba de vida acelerada llevada a cabo a 100,000 A/m^2 en una solución de ácido sulfúrico de 0.5 M. Después de varias semanas de oxidación, las propiedades de esos electrodos no se vieron afectadas y no se detectó deterioro en la superficie del electrodo. Sin embargo, los Si/DDB no son rentables para aplicaciones industriales, porque el sustrato de Si es muy frágil y su conductividad es muy baja. El uso de electrodos de Nb/DDB, Ta/DDB y W/DDB es imposible debido al alto costo que representan los sustratos de Nb y Ta.

Básicamente, la función del sustrato es facilitar el flujo de corriente a través del electrodo y dar soporte mecánico a la fina película de diamante. Los materiales que se pueden usar como sustratos deben tener tres propiedades importantes: buena conductividad eléctrica, resistencia mecánica, ser inerte electroquímicamente o que sea fácil la formación de una película protectora en la superficie por pasivación y, además, los costos deben ser aceptables. El titanio posee todas estas características y, por lo tanto, se considera como un buen sustrato. La deposición de películas de DDB sobre sustratos de titanio con DQV se realiza con una mezcla de gases de H_2 y CH_4 y se adiciona $CH_2(OCH_3)_2$ en el gas precursor.

Se han realizado experimentos con DDB en diferentes tipos de agua residual, por ejemplo Cañizares y colaboradores (Cañizares, 2006: 173-181) realizaron una oxidación electroquímica de un agua residual industrial, que contiene cetonas y alcoholes, y una alta concentración de compuestos aromáticos, y se logró la mineralización completa de los contaminantes.

Panizza y Cerisola (Panizza, 2007: 382) remueven color y DQO de aguas residuales que contienen azul ácido 22 empleando DDB con una eficiencia del 97%. Panizza *et al.* (Panizza, 2008: 2289-2295) han logrado la mineralización completa del ácido 3,4,5-trihidroxibenzoico y de otros compuestos orgánicos.

Como se ve, las películas de DDB se han encontrado como los materiales anódicos más activos para la degradación de compuestos refractarios, como amonio (Tenne, 1993: 409-415), ácido benzoico (Montilla, 2002: 3509-3513), fenoles (Cañizares, 2004: 1923-1931), anilina (Iniesta, 2001: 346-351), triazinas (Polcaro, 2005: 1841-1847) colorantes (Bechtold, 2006: 1513-1519; Faouzi, 2006: 325-331), surfactantes (Louhichi, 2008: 430-437), etc., y de esta manera se coadyuva en la disminución del detrimento de la calidad de agua.

9.5 Conclusiones

La electrooxidación es una técnica electroquímica que, ambientalmente hablando, representa una alternativa sostenible para el tratamiento de una infinidad de sustancias difíciles de degradar por métodos convencionales, así como también para la destrucción de sustancias ambientalmente tóxicas. El uso de varios materiales electródicos, principalmente el uso de los electrodos de diamante dopado con boro en el tratamiento de aguas residuales con carga orgánica, es una opción muy recomendable para los procesos de remediación ambiental.

Agradecimientos

Los autores agradecen al Consejo Nacional de Ciencia y Tecnología (CONACYT) por las becas y el apoyo otorgado para fines de investigación.

Referencias

ABUZAID N. S., AL-HAMOUZ Z., BUKHARI A. A., ESSA M. H. (1999). "Electrochemical treatment of nitrite using stainless steel electrodes". *Water Air Soil Pollut.* 109, pp. 429-442.

ALFARO M., FERRO S., MARTÍNEZ-HUITLE C., VONG Y. (2006). "Boron doped diamond electrode for the wastewater treatment". *Braz. Chem. Soc.* 17, pp. 227-236.

AZZAM M.O., TAHBOUB Y., AL-TARAZI M. (1999). "Effect of counter electrode material on the anodic destruction of 4-Cl phenol solution". *Trans. IChem E B.* 77, pp. 219-226.

BECHTOLD T., TURCANU A., SCHROTT W. (2006). "Electrochemical decolourisation of dispersed indigo on boron-doped diamond anodes" Diamond and Related Materials. 15, pp. 1513-1519.

BHADRINARAYANA N. S., AHMED BASHA C., ANANTHARAMAN N. (2007) "Electrochemical oxidation of cyanide and simultaneous cathodic renoval of cadmium present in the plating rinse water". *Ind. Eng. Chem. Res.* 46, pp. 6417-6424.

BOUDENNE J. L., CERCLIER O., GALEA J., VLIST E. V. (1999). "Electrochemical oxidation of aqueous phenol at a carbon black slurry electrodes for 4-chlorophenol oxidation". *Water Res.* 33, pp. 494-504.

Brillas E., Bastida R. M., Llosa E. (1995). "Electrochemical destruction of aniline and 4-chloroaniline for wastewater treatment using a carbon-PTFE O2-fed cathode". *J. Electrochem. Soc.* 142, pp. 1733-1741.

BRILLAS E., MUR E., CASADO J. (1996). "Iron(II) catalysis of the mineralization of aniline using a carbon-PTFE O2-fed cathode". *J. Electrochem. Soc.* 143, L49-L53.

BRILLAS E., MUR E., SAULEDA R., SANCHEZ L., PERAL F., DOMENECH X., CASADO J. (1998A). "Aniline mineralization by AOP's: anodic oxidation, photocatalysis, electro-Fenton and photoelectro-Fenton processes". *Appl. Catal. B: Environ.* 16, pp. 31-42.

BRILLAS E., MUR E., CASADO J. (1997). "Peroxi-coagulation ofaniline in acidic medium using an oxygen diffusion cathode" *J. Electrochem. Soc.* 144, pp. 2374-2379.

BRILLAS E., SAULEDA R., CASADO J. (1998b). "Degradation of 4-chlorophenol by anodic oxidation, electro-Fenton, photoelectro-Fenton, and peroxi-coagulation processes". *J. Electrochem. Soc.* 145, pp. 759-765.

BRINGMANN F., EBERT K., GALLA U., SCHMIEDER H. (1995) "Electrochemical mediators for total oxidation of chlorinated hydrocarbons: formation kinetics of Ag(II), Co(III), and Ce(IV)". *J. Appl. Electrochem.* 25, pp. 846-851.

CAÑIZARES P., GARCÍA-GÓMEZ J., LOBATO J., RODRIGO M. A. (2004). "Modeling of wastewater electro-oxidation processes part II. Application to active electrodes". *Ind. Eng. Chem. Res.* 43, pp. 1923-1931.

CAÑIZARES P., HERNÁNDEZ M., RODRIGO M. A., SAEZ C., BARRERA C. E., ROA G. (2009b). "Electrooxidation of Brown-Colored Molasses Wastewater. Effect of the Electrolyte Salt on the Process Efficiency". *Ind. Eng. Chem. Res.* 48, pp. 1298-1301.

CAÑIZARES P., HERNÁNDEZ M., RODRIGO M. A., SAEZ C., BARRERA C. E., ROA G. (2009a). "A comparison between Conductive-Diamond Electrochemical Oxidation and other Advanced Oxidation Processes for the treatment of synthetic melanoidins". *Journal of Hazardous Materials* 164, pp. 120-125.

CAÑIZARES P., PAZ R., LOBATO J., SAÉZ C., RODRIGO M. A. (2006) "Electrochemical treatment of the effluent of a fine chemicals manufacturing plant". *Journal of Hazardous Materials.* 138, pp. 173-181.

CARLESI C., SALAZAR G. R., SCHREBLER R., SILVA J., IRRAZÁBAL M. (2011). "Improving the stability of Sb doped Sn oxides electrodes thermally synthesized by using an acid ionic liquid as solvent". *Chemical Engineering Journal.* 171, pp. 1253-1262.

CHEN G. (2004). "Electrochemical technologies in wastewater treatment". *Sep. Purif. Tech.* 38, pp. 11-41.

CHEN G., HUNG Y. T. (2007). "Electrochemical wastewater treatment processes". *Advanced Physicochemical Treatment Technologies.* 5, pp. 57-106.

CHEN X., CHEN G., YUE P. L. (2003). "Anodic oxidation of dyes at novel Ti/B-diamond electrode". *Chem. Eng. Sci.* 58, pp. 995-1001.

CHIANG L. C., CHANG J. E., WEN T. C. (1995a) "Electrochemical oxidation process for the treatment of coke-plant wastewater". *J. Environ. Sci. Health* A 30, pp. 753-771.

CHIANG L. C., CHANG J. E., WEN T. C. (1995b). "Indirect oxidation effect in electrochemical oxidation treatment of landfill leachate". *Water Res.* 29, pp. 671-678.

COCHECI V., RADOVAN C., CIORBA G. A., VLAICIU I. (1995). "Mediate electrochemical wastewater treatment". *Revue Roumaine de Chimie.* 40, pp. 615-619.

COMNINELLIS CH., PLATTNER E. (1988). "Electrochemical wastewater treatment". *Chimia.* 42 (7–8) pp. 250-252.

EL-SHAL W., KHORDAGUI H., EL-SEBAIE O., EL-SHARKAWI F., SEDAHMED G. H. (1991) "Electrochemical generation of ozone for water treatment using a cell operating under natural convection". *Desalination* 99, pp. 149-157.

FAOUZI M., CAÑIZARES P., GADRI A., LOBATO J., NASR B., PAZ R., RODRIGO M. A., SAEZ C. (2006). "Advanced oxidation processes for the treatment of wastes polluted with azoic dyes". *Electrochimica Acta.* 52, pp. 325-331.

FARMER J. C., WANG F. T. (1992a). "Electrochemical treatment of mixed and hazardous wastes: oxidation of ethylene glycol by cobalt(III) and iron(III)". *IChemE Symp. Ser.* 127, pp. 203-214.

Farmer J. C., Wang F. T., Hawley R. A., Lewis P.R., Summers L. J., Foiles L. (1992b) "Electrochemical treatment of mixed and hazardous wastes: oxidation of ethylene glycol and benzene by silver(II)". *J. Electrochem. Soc.* 139, pp. 654-662.

Gandini D., Mahé E., Michaud P. A., Haenni W., Perret A., Comninellis Ch. (2000). "Oxidation of carboxylic acids at boron-doped diamond electrodes for wastewater treatment". *Journal of Applied Electrochemistry*. 30, pp. 1345-1350.

García S., Somodi F., Borbáth I., Margitfalvi J. L., Peña M. A., Fierro J. L., Rojas S. (2009). "Controlled synthesis of Pt-Sn/C fuel cell catalysts with exclusive Sn–Pt interaction: Application in CO and ethanol electrooxidation reactions Applied". *Catalysis B: Environmental*. 91, pp. 83-91.

Hickman R. G., Farmer J. C., Wang F. T. (1993). "Mediated electrochemical process for hazardous waste destruction ACS Symposium Series 518, Emerging Technologies in Hazardous Waste Management III". *American Chemical Society*, pp. 430-438.

Hofseth C. S., Chapman T. W. (1999). "Electrochemical destruction of dilute cyanide by copper-catalyzed oxidation in a flowthrough porous electrode". *J. Electrochem. Soc.* 146, pp. 199-207.

Hou Y., Qu J., Zhao X., Liu H. (2009). "Electrochemical incineration of dimethyl phthalate by anodic oxidation with boron-doped diamond electrode". *Journal of Environmental Sciences.* 21, pp. 1321-1328.

Iniesta J., Michaud P. A., Panizza M., Comninellis Ch. (2001) "Electrochemical oxidation of 3-methylpyridine at a boron doped diamond electrode: application to electroorganic synthesis and wastewater treatment". *Electrochem. Commun.* 3, pp. 346-351.

Kapalka A., Foti G., Comninellis C. (2008). "Kinetic modeling of the electrochemical mineralization of organic pollutants for wastewater treatment". *J. Appl. Electrochem.* 38, pp. 7-16.

Li X., Qiu X., Yuan H., Chen L., Zhu W. (2008). "Size-effect on the activity of anodic catalysts in alcohol and CO electrooxidation". *Journal of Power Sources.* 184, pp. 353-360.

Lin S. H., Wu C. L. (1997). "Electrochemical nitrite and ammonia oxidation in sea water". *J. Environ. Sci. Health A.* 32, pp. 2125-2138.

Louhichi B., Ahmadi M. F., Bensalah N., Gadri A. (2008) "Electrochemical degradation of an anionic surfactant on boron-doped diamond anodes". *Journal of Hazardous Materials.* 152, pp. 430-437.

Manríquez J., Bravo J. L., Gutiérrez S., Succar, S. S., Bied-Charreton C., Ordaz A. A., Bedioui F. (1999). "Electrocatalysis of the oxidation of alcohol and phenol derivative pollutants at vitreous carbon electrode coated by nickel macrocyclic complex-based films". *Anal. Chim. Acta.* 378, pp. 159-168.

Masid S., Waghmare S., Gedam N., Misra R., Dhodapkar R., Nandy T., Rao N. N. (2010). "Impact of electrooxidation on combined physicochemical and membrane treatment processes: Treatment of high strength chemical industry wastewater". *Desalination,* 259, pp. 192-196.

Matsue T., Fujihira M., Osa T. (1981) "Oxidation of alkylbenzenes by electrogenerated hydroxyl radical". *J. Electrochem. Soc.* 128, pp. 2565-2569.

Montilla F., Michaud P. A., Morallón E., Vázquez J. L., Comninellis Ch. (2002). "Electrochemical oxidation of benzoic acid at boron-doped Diamond electrodes" *Electrochimica Acta.* 47, pp. 3509-3513.

Nageswara N., Rohit M., Nitin G., Parameswaran P. N., Astik J. K. (2009). "Kinetics of electrooxidation of landfill leachate in a three-dimensional carbon bed electrochemical reactor". *Chemosphere.* 76, pp. 1206-1212.

Naumczyk J., Szpyrkowicz L., Faveri M.D., Zilio F. (1996). "Electrochemical treatment of tannery wastewater containing high strength pollutants". *Trans. IChemE B.* 74, pp. 59-68.

Naumczyk J., Szpyrkowicz L., Grandi F. Z. (1996). "Electrochemical treatment of textile wastewater". *Water Sci. Technol.* 34, pp. 17-24.

Paire A., Espinoux D., Masson M., Lecomte M. (1997). "Silver(II) mediated electrochemical treatment of selected organics: hydrocarbon destruction mechanism". *Radiochim. Acta.* 78, pp. 137-143.

Panizza M., Barbucci A., Ricotti R., Cerisola G. (2007). "Electrochemical degradation of methylene blue". *Sep. Purif. Technol.* 54, p. 382.

Panizza M., Cerisola G. (2007). "Removal of colour and COD from wastewater containing acid blue 22 by electrochemical oxidation". *Journal of Hazardous Materials.* 153, pp. 83-88.

Panizza M., Kapalka A., Comninellis Ch. (2008). "Oxidation of organic pollutants on BDD anodes using modulated current electrolysis". *Electrochimica Acta.* 53, pp. 2289-2295.

Patil P., De Abreu Y., Botte G. G. (2006). "Electrooxidation of coal slurries on different electrode materials". *Journal of Power Sources,* 158, pp. 368-377.

Piya-areetham P., Shenchunthichai K., Hunsom M. (2006) "Application of electrooxidation process for treating concentrated wastewater from distillery industry with a voluminous electrode". *Water Research.* 40, pp. 2857-2864.

Polcaro A. M., Palmas S. (1997). "Electrochemical oxidation of chlorophenols". *Ind. Eng. Chem. Res.* 36, pp. 1791-1798.

Polcaro A. M., Vacca A., Mascia M., Palmas S. (2005). "Oxidation at boron doped diamond electrodes: an effective method to mineralise triazines". *Electrochimica Acta.* 50, pp. 1841-1847.

Rajalo G., Petrovskaya T. (1996), "Selective electrochemical oxidation of sulphides in tannery wastewater". *Environ. Technol.* 17, pp. 605-612.

Rao N. N., Somasekhar K. M., Kaul S. N., Szpyrkowicz L. (2001). "Electrochemical oxidation of tannery". *J. Chem. Technol. Biotechnol.* 76, pp. 1124-1131.

Stucki S., Baumann H., Christen H. J., Kotz R. (1987). "Performance of a pressurized electrochemical ozone generator". *J. Appl. Electrochem.* 17 (4) pp. 773-778.

Szpyrkowicz L., Naumczyk J., Zilio-Grandi F. (1994). "Application of electrochemical processes for tannery wastewater treatment". *Toxicol. Environ. Chem.* 44, pp. 189-202.

Tenne R., Patel K., Hashimoto K., Fujishima A. (1993). "Efficient electrochemical reduction of nitrate to ammonia using conductive diamond film electrodes". *J. Electroanal. Chem.* 347, pp. 409-415.

Terumi M., Guimarães J. R., Bertazzoli R. (2008). "Kinetics of the oxidation of formaldehyde in a flow electrochemical reactor with TiO_2/RuO_2 anode". Chemical Engineering Journal. 136, pp. 236-241.

Troster I., Schafer L., Fryda M. (2002) "Recent developments in production and application of DiaChem-electrodes for wastewater treatment". *New Diam. Front. C. Technol.* 12 (2), pp. 89-97.

Vlyssides A. G., Israilides C. J. (1997a). "Detoxification of tannery waste liquors with an electrolysis system". Environ. Pollut. 97 (1–2), pp. 147-152.

Vlyssides A. G., Israilides C. J. (1998). "Electrochemical oxidation of a textile dye and finishing wastewater using a Pt/Ti electrode". *J. Environ. Sci. Health A.* 33, pp. 847-862.

Vlyssides A. G., Israilides C. J., Loizidou M., Karvouni G., Mourafeti V. (1997b). "Electrochemical treatment of vinasse from beet molasses". *Water Sci. Technol.* 36 (2-3), pp. 271-278.

Wang J., Farrell J. (2004). "Electrochemical inactivation of triclosan with boron doped diamond film electrodes". *Environmental Science and Technology.* 38, pp. 5232-5237.

Capítulo 10

Producción electroquímica de peróxido de hidrógeno y su aplicación en el tratamiento de agua

Juan M. Peralta-Hernández[a], Marcela Mendez-Tovar[a], Roberto Acero-Rueda[a], Ricardo Guerra-Sánchez[a], Enric Brillas-Coso[b]

a Centro de Innovación Aplicada en Tecnologías Competitivas (CIATEC). Departamento en Investigación Ambiental. Omega-201, Fraccionamiento Industrial Delta, C.P. 37545, León, Guanajuato, México.

b Laboratori d'Electroquímica dels Materials i del Medi Ambient. Departament de Química Física, Facultat de Química, Universitat de Barcelona. Martí i Franqués 1-11, 08028 Barcelona, España.

Resumen

La creciente actividad industrial desde la segunda mitad del siglo XIX y durante todo el siglo XX ha causado inevitablemente una severa contaminación ambiental con consecuencias considerables para la atmósfera, el agua y el suelo. La remediación de las aguas residuales industriales que contienen agentes orgánicos contaminantes se puede llevar a cabo por diversos métodos, incluyendo la incineración, la adsorción y los tratamientos biológicos, químicos, fotoquímicos y de oxidación electroquímica. Sin embargo, la selección del tratamiento de remediación de las aguas depende del contaminante de estudio, del costo y de la eficacia del proceso. Los procesos avanzados de oxidación (PAO) se consideran una alternativa en el tratamiento de aguas residuales porque son versátiles, compatibles con el medio ambiente y rentables para llevar a cabo la degradación de un gran número de agentes orgánicos contaminantes. Este trabajo resume algunos aspectos fundamentales de diferentes procesos avanzados de oxidación basados en la electrogeneración del peróxido de hidrógeno.

10.1 Introducción

El peróxido de hidrógeno (H_2O_2) se considera un compuesto amigable con el medio ambiente, ya que no genera residuos peligrosos como otros agentes oxidantes. Es una sustancia química potente y versátil porque actúa como reductor o como oxidante; además, es eficaz en un amplio rango de pH porque su potencial estándar de reducción es $E° = 1.763$ V a pH 0 y $E° = 0.878$ V a pH 14 y su estado líquido facilita su manejo (*Ullmann's Encyclopedia of Industrial Chemistry*, 1989: 393; Panizza, 2008: 876). Debido a estas importantes características, el H_2O_2 ha sido ampliamente utilizado en la síntesis de compuestos orgánicos y en el blanqueo del papel, así como en gran medida en el tratamiento de aguas residuales para la destrucción de una gran variedad de compuestos orgánicos peligrosos y de desechos (Qiang, 2002: 85).

El peróxido de hidrógeno comercial se produce mediante el proceso de autooxidación (AO), que consiste en la reducción de la alquilantraquinona al antraquinol, seguida por la oxidación del último a la misma antraquinona con formación del H_2O_2, además de algunos subproductos, de acuerdo con el esquema de la figura 10.1:

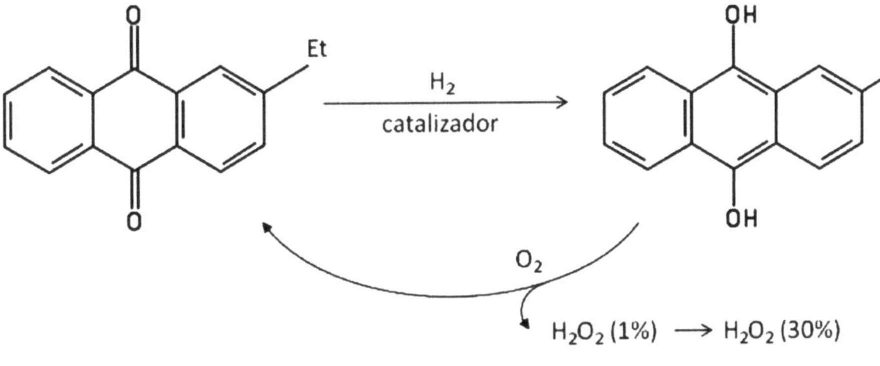

Figura 10.1 Producción del peróxido de hidrógeno mediante el proceso de la antraquinona. (Fuente: Wikipedia, 2011)

Sin embargo, algunos de los inconvenientes de trabajar con soluciones de peróxido de hidrógeno se centran en su manipulación, almacenamiento, descomposición y corrosividad, entre otros. Por estas razones, es conveniente la producción continua *in-situ* del H_2O_2, siempre que sea necesario, eliminando así cualquier necesidad de compra o envío, pero sobre todo de almacenamiento.

En este sentido, la síntesis electroquímica es una alternativa viable para llevar a cabo la producción del peróxido de hidrógeno a pequeña y mediana escala, siendo la reacción de reducción del oxígeno vía dos electrones la más estudiada (Qiang, 2002: 85; Brillas, 1996: 973; Brillas, 2003: E148; Álvarez-Gallegos, 1999: 2488; Álvarez-Gallegos, 1999: 2488):

$$O_2 + 2H^+ + 2e^- \rightarrow H_2O_2 \quad \textbf{(10.1)}$$

En medio alcalino, el oxígeno se reduce al ión hidroperóxido (HO_2^-), la base conjugada del H_2O_2 a través de la reacción 10.2, pero también se puede efectuar la vía de cuatro electrones para formar ión hidróxido (OH^-) de acuerdo con la reacción 10.3 (Brillas, 2009: 6570):

$$O_2 + H_2O + 2e^- \rightarrow HO_2^- + OH^- \quad \textbf{(10.2)}$$

$$O_2 + 2H_2O + 4e^- \rightarrow 4OH^- \quad \textbf{(10.3)}$$

La electrogeneración del H_2O_2 depende fuertemente de la superficie del electrodo. En este sentido, se ha probado una amplia variedad de materiales, tales como carbón vítreo reticulado, telas de carbón, grafito, cátodos de difusión de oxígeno y, recientemente, diamante dopado con boro (Do, 1999: 936; Ponce de León, 1995: 307; Peralta-Hernández, 2006: 1754; Brillas, 1998: 759; Oturan, 2000: 475; Brillas, 2000: 2253; Brillas, 2003: 583; Sirés, 2006: D1).

10.2 Materiales de electrodo

Aunque ya hace tiempo que se sabe que los electrodos a base de carbón son viables para elaborar la producción del peróxido de hidrógeno vía la reacción de reducción de O_2, fue en la década de los setenta cuando se comenzó a investigar de forma intensiva sobre este campo, cuando Olomán y Watkinson (Oloman, 1975: 268; Oloman, 1979: 117) describieron el uso de un reactor de cama empacada consistente en un lecho fluidizado con partículas de grafito.

Los electrodos tridimensionales de difusión de gas (GDE, por sus siglas en inglés), cuya característica principal es su gran área activa, se emplean en la producción del H_2O_2, ya que pueden usar densidades de corriente razonablemente altas, lo cual es muy útil para aplicaciones prácticas. La estructura porosa de este tipo de electrodos favorece la percolación del oxígeno inyectado a través de sus poros, aumentando el contacto superficie-solución, lo que se traduce en una gran cantidad de sitios activos y, como consecuencia, en una rápida reducción del oxígeno para generar grandes cantidades de peróxido de hidrógeno (Agladze, 2007: 375).

Otro tipo de material ampliamente utilizado es la tela de carbón (ACF, por sus siglas en inglés), la cual ofrece una gran área superficial, que en el caso del proceso electrofenton no sólo favorece una adecuada generación de peróxido de hidrógeno, sino que también beneficia la regeneración de las especies de hierro presentes en el medio (Wang, 2005: 227; Jia, 1999: 881). Las telas de carbón también son electrodos tridimensionales con una alta capacidad de adsorción, con buena conductividad eléctrica y maleabilidad, lo que hace fácil su uso en diferentes configuraciones de celda.

El carbón vítreo reticulado (RVC, por sus siglas en inglés) es uno de los materiales más utilizados para llevar a cabo la producción del peróxido de hidrógeno. El RVC es un material poroso con una estructura rígida que ofrece una baja densidad y una alta conductividad eléctrica, entre otras propiedades (Friendrich, 2004: 203; Pletcher, 1992: s.n.p.).

Recientemente se han reportado resultados sobre la producción del peróxido de hidrógeno con electrodos de diamante dopados con boro (BDD, por sus siglas en inglés). Este material presenta propiedades interesantes para desarrollar procesos electroquímicos, puesto que se puede trabajar con amplias ventanas de potencial ($\approx$ 3V), porque es químicamente inerte y, además, permite generar especies oxidantes y reductoras con gran facilidad. Michaud *et al.* (Michaud, 2003: 151) propusieron la generación del H_2O_2 vía la oxidación anódica del agua sobre BDD, de acuerdo con la siguiente reacción:

$$2H_2O \rightarrow H_2O_2 + 2e^- + 2H^+ \qquad \textbf{(10.4)}$$

En 2010, Cruz-González *et al.* (Cruz-González, 2010:199) describieron el uso del BDD como cátodo para llevar a cabo la generación electroquímica del peróxido de hidrógeno mediante reducción del oxígeno por la reacción 10.1.

10.3 Aplicaciones del H_2O_2 en el tratamiento de agua

En el método químico se han desarrollado procesos viables para el tratamiento de aguas contaminadas, que se conocen como "procesos avanzados de oxidación" (PAO). El propósito de los PAO es producir radicales libres hidroxilo ($^{\bullet}OH$), el cual tiene la capacidad de oxidar a una amplia variedad de compuestos orgánicos debido a que tiene un elevado potencial estándar de reducción (E° = 2.8 V) (Brillas, 2009: 6570). Se considera el radical $^{\bullet}OH$ como un oxidante muy fuerte y, al no ser selectivo, reacciona con todos los compuestos orgánicos presentes en el medio provocando una degradación parcial o una mineralización completa (Ruiz, 2011: 385; Martínez-Huitle, 2009:105; Peralta-Hernández, 2005: 101; Boye, 2003: 135; Vatanpour, 2009: 1225) (figura 10.2). La degradación parcial conduce a la obtención final de productos de oxidación intermedios, mientras que la mineralización completa conlleva la conversión del contaminante en especies simples como dióxido de carbono, agua e iones inorgánicos (Boye, 2003: 135).

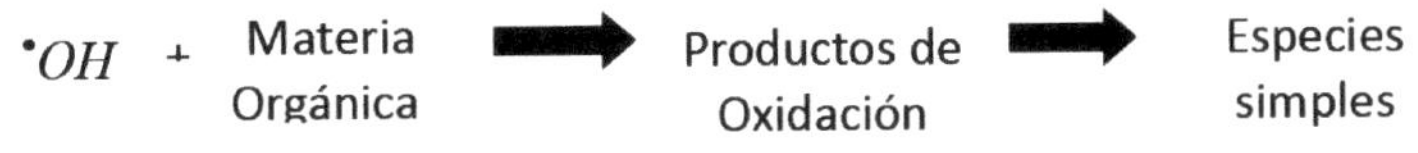

Figura 10.2 Degradación de contaminantes mediante radicales hidroxilo.
(Fuente: Vatanpour, 2009: 1225)

En los siguientes apartados se describirán los diversos procesos avanzados de oxidación más importantes que involucran el uso del peróxido de hidrógeno para la producción de radicales libres •OH.

10.3.1 Fotólisis del peróxido de hidrógeno

La fotólisis consiste en irradiar luz ultravioleta, de longitudes de onda menores a 280 nm, a una solución que contenga H_2O_2. Esto causa la rotura homolítica del peróxido de hidrógeno (Khataee, 2009: 1225; Peralta-Hernández, 2007:15) y conlleva a la formación de radicales libres hidroxilo de acuerdo con la reacción 10.5 (Gottschalk, 2000: s.n.p.; Parsons, 2005: 372).

$$H_2O_2 + hv \rightarrow {}^{\bullet}OH + {}^{\bullet}OH \qquad \textbf{(10.5)}$$

En este sentido, la fotólisis del peróxido de hidrógeno se ha estudiado para la remoción de diversos compuestos orgánicos, como se recoge en la tabla 10.1:

Sin embargo, la eficiencia quántica (Φ) en cuanto a la producción de •OH mediante la fotólisis del H_2O_2 es muy baja, del 0.98%. Para llevarla a cabo se requieren lámparas especiales, cuyo costo de operación es muy alto; por lo tanto, su aplicación a gran escala resulta poco satisfactoria (Bauer, 1999: 131). Además, presenta bajos porcentajes de mineralización o de remoción de carbono orgánico total (COT), tal como puede verse en la tabla 10.1. Debido a las razones mencionadas, se han estudiado más a fondo otros procesos avanzados de oxidación que son mucho más económicos y eficientes.

10.3.2 Electro-Fenton

La capacidad de oxidación del peróxido de hidrógeno se incrementa fuertemente por la adición de una pequeña cantidad de sal de hierro –que puede ser sulfato ferroso o cloruro férrico–, que actúa como promotor para producir radicales libres •OH según la siguiente reacción (Sun, 1993: 304):

$$Fe^{2+} + H_2O_2 \rightarrow Fe^{3+} + {}^{\bullet}OH + OH^- \qquad \textbf{(10.6)}$$

Esta reacción es comúnmente conocida como la "reacción de Fenton" en honor a Henry John Horstman Fenton, el primero que describió este proceso en 1876 utilizando una mezcla de peróxido de hidrógeno y Fe^{2+} para destruir el ácido tartárico (Fenton, 1876: 130; Fenton, 1984: 899).

De acuerdo con la reacción 10.6, una vez que se producen los radicales •OH por medio del proceso Fenton, estos oxidan los compuestos orgánicos presentes en la solución, como se observa en la figura 10.3.

Tabla 10.1 Degradación de varios compuestos orgánicos mediante H_2O_2/UV

Compuesto	Condiciones	Principal resultado	Comentario	Referencia
Anaranjado ácido 8 (AO8) Azul ácido 74 (AB74) Anaranjado de metilo (MO)	2500 mL pH 4.5-5.5 Lámpara de mercurio de 15 W 2665.6 mg L^{-1} [H_2O_2] 18.2 mg L^{-1} [AO8] 23.3 mg L^{-1} [AB74] 19.62 mg L^{-1} [MO]	Desaparición del color dentro de los primeros 15 min	La velocidad de decoloración incrementa conforme se adiciona H_2O_2, hasta un nivel crítico por encima del cual el proceso de degradación se torna lento	Aleboyeh, 2003: 67
Bisfenol A	20 mL pH 5.3-5.5 Lámpara de mercurio de15 W I = 5000 mJ cm^{-2} 50 mg L^{-1} [H_2O_2], 60 μM [BPA]	80-99% degradación	Se necesita radiación UV de una intensidad 5-10 veces superior que la radiación promedio utilizada en otros PAO. El tratamiento no produce intermedios tóxicos	Chen, 2006: 1094
Anaranjado ácido II	250 mL pH 3.0 Q = 100 mL min^{-1} 1 h Cátodo tela de grafito 164 cm^2 Ánodo tela de grafito 200 cm^2 Lámpara de mercurio (UVP Inc. P = 75 mW cm^2, λ = 3 65 nm) 0.05M [Na_2SO_4] 50 mg L^{-1} [H_2O_2] 50 mg L^{-1} [anaranjado ácido II] I = 300 mA cm^{-2} en 250 min	30% de COT eliminado	A los 25 min se decolora la solución. El nivel de mineralización no es satisfactorio. Los datos de electrodos y densidad de corriente son para la generación del H_2O_2	Peralta-Hernández, 2008:656

Tabla 10.1 Degradación de varios compuestos orgánicos mediante H_2O_2/UV (*Continuación*)

Compuesto	Condiciones	Principal resultado	Comentario	Referencia
Paracetamol	pH 5.5 4 min Lámpara de baja presión monocromática de $\lambda = 254$ nm 1.0×10^{-5} mol dm^{-3} [paracetamol] 2.0×10^{-2} mol dm^{-3} [H_2O_2]	40% COT eliminado	Se detectan todos los compuestos intermedios y se propone una secuencia de degradación	Andreozzi, 2003:993
Bromoxynil Trifluralin	Lámpara UV 15 W monocromática de baja presión Agua natural de los ríos Sakatchewan y Rojo (Canadá) 3.6×10^{-6} M [Bromoxynil] 3.0×10^{-6} M [Trifluralin] 8.8×10^{-4} M [H_2O_2] Irradiación 0.09 mW cm^{-2}, 333 y 188 mJ cm^{-2}, respectivamente	90% desaparición de ambos pesticidas	Existe una disminución significativa de la toxicidad del agua para ambos pesticidas	Chelme-Ayala, 2010: 2221

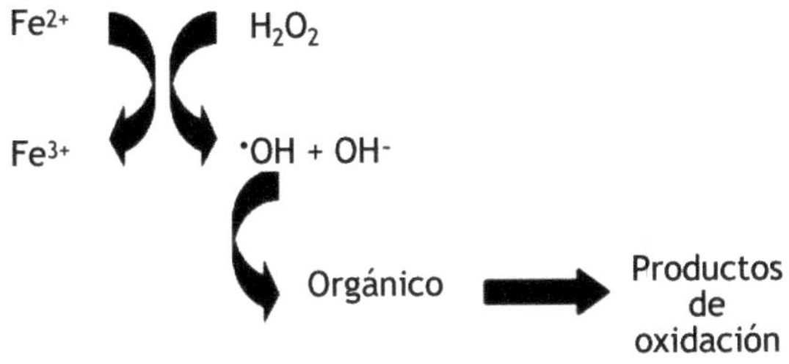

Figura 10.3 Proceso de oxidación Fenton.
(Fuente: elaboración propia)

El proceso Fenton es un sistema de oxidación atractivo para la depuración de aguas residuales, puesto que el hierro se encuentra de manera abundante en la naturaleza y no es tóxico, aparte de que el H_2O_2 se puede producir fácilmente por vía electroquímica (Peralta-Hernández, 2009: s.n.p.).

En un proceso tipo Fenton no solamente se lleva a cabo la reacción de generación de radicales $^{\bullet}OH$, sino que ocurren otra serie de reacciones. Estas reacciones involucran el hierro, que actúa como promotor en la reacción de Fenton, cambiando su estado de oxidación de Fe^{2+} a Fe^{3+} en la reacción de generación de los radicales libres (reacción (10.6). La reducción del Fe^{3+} (reacciones 10.7 y 10.11) es generalmente más lenta que la oxidación del Fe^{2+} (reacciones 10.6, 10.8 y 10.10); por lo tanto, el hierro existe principalmente en la forma Fe^{3+} en este sistema (Pignatello, 1992: 944). La reacción del Fe^{3+} con el peróxido de hidrógeno (reacción 10.7) y del H_2O_2 con el radical $^{\bullet}OH$ (reacción 10.9) llevan a la producción del radical hidroperoxilo ($HO_2^{\bullet}$), que posee una capacidad oxidante menor que la del radical hidroxilo, lo que hace que disminuya la eficiencia del proceso (Brillas, 2003: 227). Cabe señalar que, con fines didácticos, en este capítulo sólo se muestran algunas de las reacciones más importantes de los iones hierro, pero en diferentes trabajos editados se describen otras reacciones que conlleva dicho proceso (Brillas, 2009: 6570). La gran variedad de reacciones en el proceso Fenton ilustra su complejidad cuando existen otras especies en solución.

$$Fe^{3+} + H_2O_2 \rightarrow Fe^{2+} + HO_2^{\bullet} + H^+ \quad \textbf{(10.7)}$$

$$Fe^{2+} + {}^{\bullet}OH \rightarrow OH^- + Fe^{3+} \quad \textbf{(10.8)}$$

$$H_2O_2 + {}^{\bullet}OH \rightarrow HO_2^{\bullet} + H_2O \quad \textbf{(10.9)}$$

$$Fe^{2+} + HO_2^{\bullet} + H^+ \rightarrow Fe^{3+} + H_2O_2 \quad \textbf{(10.10)}$$

$$Fe^{3+} + HO_2^{\bullet} \rightarrow Fe^{2+} + O_2 + H^+ \quad \textbf{(10.11)}$$

Varios autores han encontrado que la velocidad de la reacción de Fenton (10.6) depende fuertemente de la presencia de agentes secuestradores de radicales $^{\bullet}OH$, como pueden ser sulfatos, cloruros, nitratos y carbonatos (De Laat, 2004: 715; Kiwi, 2000: 2162; Arslan-Alaton, 2009: 142; Ma, 2000: 3822; Hwang, 2010: 563; Kayan, 2010: 95).

Recientemente, existe un creciente interés en el uso de métodos electroquímicos denominados comúnmente "procesos electroquímicos avanzados de oxidación" (PEAO) debido a que presentan múltiples ventajas: un bajo costo operacional, son ambientalmente amigables –el reactivo principal es el electrón– y dan lugar a una alta eficiencia de mineralización de compuestos aromáticos, principalmente pesticidas, colorantes, contaminantes industriales y productos farmacéuticos (Lee, 2004: 43; Bhargava, 2006: 1221; Sögüt, 2007: 106).

Algunos de los PEAO comportan la electrogeneración de peróxido de hidrógeno, como es el caso de los procesos Electro-Fenton y Fotoelectro-Fenton (Oturan, 2000a: 3474; Oturan, 2000b: 475; Gozmen, 2003: 3716; Boye, 2003: 135; Brillas, 2004:314; Hanna, 2005: 2763), donde la producción del H_2O_2 se realiza en medio ácido (pH 3) mediante la reducción del oxígeno vía dos electrones en el cátodo por la reacción 10.1. De esta forma, el H_2O_2 se genera *in situ* en la solución, y con la adición de una sal de hierro se logra la generación de los radicales libres $^{\bullet}OH$. A este proceso se le conoce entonces como "electrofenton". Una ventaja de este PEAO es que las especies de Fe^{3+} resultantes pueden reducirse en la superficie del cátodo, lo que conlleva a una regeneración del Fe^{2+} y se puede evitar así parte de la producción de lodos (Li, 2008: 244):

$$Fe^{3+} + e^{-} \rightarrow Fe^{2+} \qquad \textbf{(10.12)}$$

Otra variante que se ha probado de este proceso es agregar la concentración deseada de H_2O_2 a la solución y tener un ánodo de sacrificio de hierro (Kurt, 2007: 33; Oya Orkun, 2012: 59), que genera continuamente Fe^{2+}, y el Fe^{3+} formado se reduce en el cátodo mediante la reacción 10.12 (Khataee, 2009: 1225). Como el Fe^{2+} y el H_2O_2 se suministran continuamente al medio en proporciones controladas, se evita el almacenamiento del H_2O_2, con lo que disminuyen los riesgos de operación y se consigue una mayor eficiencia. En consecuencia, se aumenta la degradación de los contaminantes, comparados con los sistemas Fenton convencionales.

Es importante señalar que los procesos Fenton dependen de diversos factores, como la temperatura, el pH y la relación entre la concentración del H_2O_2 y del Fe^{2+} (Brillas, 2009: 6570). A continuación, se describe el efecto de cada uno de ellos.

- **pH:** A un pH de 2.8 está disponible la concentración máxima de Fe^{2+} en el medio, lo que da la mayor velocidad de la reacción de Fenton, aunque en la mayoría de las investigaciones se han encontrado buenos resultados utilizando un pH 3.0 (Peralta-Hernández, 2009: s.n.p.). En contraste, a un pH $\geq$ 5, las especies de Fe(III) forman hidróxidos tales como el $Fe(OH)_3$ (El-Desoky, 2010: 858; Ventura, 2002: 3517), que disminuyen la concentración del promotor en la solución y reducen la eficiencia del proceso Fenton (Wang, 2010: 129). Debe concluirse que es necesario un estricto control del pH para obtener buenos resultados con este tratamiento.

- **Temperatura:** Cuando existe un aumento de temperatura, la cinética de la reacción de Fenton mejora. Esto se puede asociar a un aumento en la producción de radicales libres. Marco Panizza *et al.* (Panizza, 2009: 339) encontraron que 35 °C era el valor óptimo para la degradación del colorante alizarin red. Sin embargo, a valores de 45 °C, la descomposición del H_2O_2 se ve muy favorecida. Un estudio de Wang *et al.* (Wang, 2010: 129) concuerda con la información anterior, ya que observaron en la degradación de colorantes en un agua residual que el paso de 20 °C a 40 °C originaba una disminución en la electrogeneración de peróxido de hidrógeno, con lo que disminuía la remoción de la demanda química de oxígeno (DQO) del 75.2% al 68.1%. Por ello, se recomienda usar temperaturas moderadas de 20 °C a 35 °C.
- **Relación Fe^{2+}/H_2O_2:** La acción de los dos reactivos se encuentra tan vinculada entre sí que usualmente los experimentos se basan en la proporción de ambos, por lo que no se pueden utilizar de forma independiente. Sin embargo, es importante señalar que, a concentraciones altas de Fe^{2+}, la velocidad de oxidación decrece debido a la cantidad de radicales hidroxilo que pueden ser secuestrados por las especies de Fe^{2+} (Ghoneim, 2011: 22). De aquí la importancia de usar la proporción óptima de Fe^{2+}/H_2O_2, que se determina experimentalmente en cada caso.
- **Corriente/voltaje:** Cuando se produce la electrogeneración de peróxido de hidrógeno también es necesario considerar la cantidad de energía aplicada en forma de corriente y voltaje. Se ha encontrado que a medida que aumenta la densidad de corriente también lo hace la velocidad de degradación de los contaminantes orgánicos, porque se generan más radicales $^{\bullet}OH$, aunque el proceso se vuelve menos eficiente debido al mayor incremento de velocidad de las reacciones parásitas de dichos radicales (Wang, 2010: 129; Skoumal, 2008: 1718).

En la tabla 10.2 se reúnen algunos resultados interesantes sobre electrofenton que muestran la amplia variedad de compuestos que se pueden degradar mediante este proceso, tanto en aguas sintéticas como en aguas residuales reales.

Tabla 10.2 Degradación de algunos compuestos orgánicos mediante electrofenton

Compuesto	Condiciones	Resultado principal	Comentario	Referencia
Agua residual de una industria de cosméticos con surfactante lauril éter sulfato de sodio (SLES) de Túnez	0.25 L pH 4.0-6.0 Ánodo (placas de hierro) = 0.2 dm^2 Cátodo (placas de hierro) = 0.2 dm^2 Distancia interelectródica = 1.5 cm Se agregaron 1 mL L^{-1} de H_2O_2 a la celda electrolítica antes de aplicar una j = 2.5 A dm^{-2} DQO_0 = 11423 mgL^{-1}	80% DQO eliminado	La relación de DBO/DQO alcanza valores de hasta 0.79, por lo que se mejora la biodegradabilidad	Aloui, 2009: 353
Agua residual de colorantes textiles de Rende Village, Taiwan	0.5 L pH 3.0 240 min Ánodo: alambre Pt de diámetro 0.05 cm. Cátodo: tela de carbón activado 9 cm × 7 cm × 0.02 cm Área de superficie BET 1558.1 m^2 g^{-1} j = 3.2 mA cm^{-2} 2 mM Fe^{2+} 1224 mg L^{-1} COD	75% DQO eliminado	El sistema electrofenton puede remover DQO de manera eficiente. La eficiencia del proceso disminuye a densidades de corriente altas debido a reacciones parásitas	Wang, 2010: 129
Sunset Yellow	600 mL pH 3.0 120 min Cátodo: carbón vítreo reticulado de 35 cm^2 Ánodo: plancha de Pt de 3.8 cm^2 Potencial aplicado: –1,0 V vs SCE 0.05 M Na_2SO_4 0.1 mM FeSO4 0.2 mM Sunset Yellow	95-97% DQO eliminado	A altas concentraciones de iones de Fe^{2+}, la velocidad de oxidación disminuye debido a que se secuestran los radicales hidroxilo	Ghoneim, 2011: 22

Tabla 10.2 Degradación de algunos compuestos orgánicos mediante electrofenton (*Continuación*)

Compuesto	Condiciones	Resultado principal	Comentario	Referencia
Ponceau-S (rojo ácido 112)	600 mL, pH 2.5 40 min Ánodo: plancha de Pt de 3.8 cm^2 Cátodo: carbón vítreo reticulado 5 cm × 7 cm, grosor 0.9 cm Potencial aplicado: –1.0 V *vs*. SCE 0.1 mM Ponceau 0.1 mM Fe^{2+} 0.05 M Na_2SO_4	98% COT eliminado	A valores de pH > 5, la velocidad de oxidación decrece, no sólo por la descomposición del H_2O_2 sino por la desactivación catalítica de los iones Fe^{2+} debido a la formación de hidróxidos de Fe(III) reduciendo la producción de radicales $^{\bullet}OH$	El-Desoky, 2010: 143
Agua residual de tenerías	400 mL pH 3.0-7.2 10-12 min Cátodo y ánodo: hierro 45.0 cm^2 Distancia electródica: 6 cm 15 W 2810 mg L^{-1} DQO 1670 mg L^{-1} H_2O_2 pH 3.0 Consumo de energía 3.6 kWh kg^{-1} pH 7.2 Consumo de energía 4.5 kWh kg^{-1}	pH 3.0 69% DQO eliminado pH 7.2 58% DQO eliminado	A un pH 3.0 se obtiene una mayor remoción de DQO. La adición de ácido incrementa el costo, por lo que se recomienda el pH neutro. Para ahorrar energía, se opera hasta una remoción final del DQO del 35%. La concentración de sulfuros disminuye considerablemente	Kurt, 2007: 33
Verde de malaquita	250 mL pH 3.0 540 min Ánodo: malla cilíndrica de Pt de 4.5 cm^2 Cátodo: tela de carbón de 60 cm^2 I = 200 mA 0.05 mM Na_2SO_4 0.5 mM verde de malaquita 0.2 mM Fe^{3+}	100% COT eliminado	La degradación del verde de malaquita puede ejecutarse por vías paralelas. La oxidación sucesiva de los intermedios aromáticos genera ácidos carboxílicos, siendo el último intermedio el ácido oxálico. Este ácido y sus complejos con Fe^{3+} y el ácido fórmico se pueden mineralizar lentamente por el radical $^{\bullet}OH$	Oturan, 2008: 244

10.3.3 Fotoelectro-Fenton

El poder oxidativo del proceso electrofenton se puede incrementar utilizando la variante denominada Fotoelectro-Fenton (FEF). Este comporta la radiación UV de la solución contaminada mientras se trata mediante el proceso Electro-Fenton (Ruiz, 2011: 383; Wang, 2008: 393; E Guinea, 2008: 499). A un pH próximo a 3, la especie predominante de Fe(III) generado por la reacción de Fenton (10.6) es el complejo $Fe(OH)^{2+}$. Entonces, la acción fotolítica de la luz UV provoca la ruptura del complejo $Fe(OH)^{2+}$ mediante su fotorreducción, lo que ocasiona una producción adicional de radicales $^{\bullet}OH$, además de liberar Fe^{2+} (Sun, 1993: 304) dejándolo disponible nuevamente para acelerar la reacción de Fenton. La reacción es la siguiente:

$$Fe(OH)^{2+} + hv \rightarrow Fe^{2+} + {}^{\bullet}OH \quad \textbf{(10.13)}$$

En la literatura existen investigaciones que evidencian que el proceso Electro-Fenton no permite completar la mineralización de los compuestos aromáticos debido a que algunos intermedios, como pueden ser ácidos carboxílicos de cadenas cortas, forman complejos Fe(III)-carboxilato, que son difíciles de oxidar por los radicales hidroxilo (Oturan, 2008b: 173; Song, 2009: 578). La radiación de luz UVA (de 320 a 400 nm) permite la rápida fotólisis de estos complejos. Un ejemplo es el caso del ácido oxálico, el cual en presencia de iones Fe^{3+} forma $Fe(C_2O_4)^{+}$, $Fe(C_2O_4)^{2-}$ y $Fe(C_2O_4)_3^{3-}$. Entonces, estos complejos se mineralizan de acuerdo con la reacción general 10.14 (Zuo, 1992: 1014):

$$2Fe(C_2O_4)_n^{(3-2n)} + hv \rightarrow 2Fe^{2+} + (2n-1)C_2O_4^{-2} + 2CO_2 \quad \textbf{(10.14)}$$

La radiación UVC también permite que se lleve a cabo la fotólisis del peróxido de hidrógeno para generar radicales hidroxilo por la reacción 10.4, por lo que incrementa la capacidad de oxidación del sistema.

10.3.4 Fotoelectro-Fenton solar

Una desventaja del proceso FEF es el costo excesivo de energía de la luz artificial UV. Por esta razón, se ha propuesto como una alternativa reciente el uso del método Fotoelectro-Fenton solar (FEFS), donde el agua contaminada se expone a la luz del sol con fotones de $\lambda > 300$ nm, ya que es una fuente de energía renovable y gratuita (Irmak, 2006: 243).

En la figura 10.4 se ilustran las reacciones más importantes implicadas en un proceso FEFS, que comprenden todas las mencionadas a lo largo del capítulo, incluidas las del apartado 10.3.3, con la diferencia de que se utiliza la radiación del sol en vez de una lámpara de luz UV.

$$2Fe(C_2O_4)_n^{(3-2n)} + hv \rightarrow 2Fe^{2+} + (2n-1)C_2O_4^{-2} + 2CO_2 \quad \textbf{(10.15)}$$

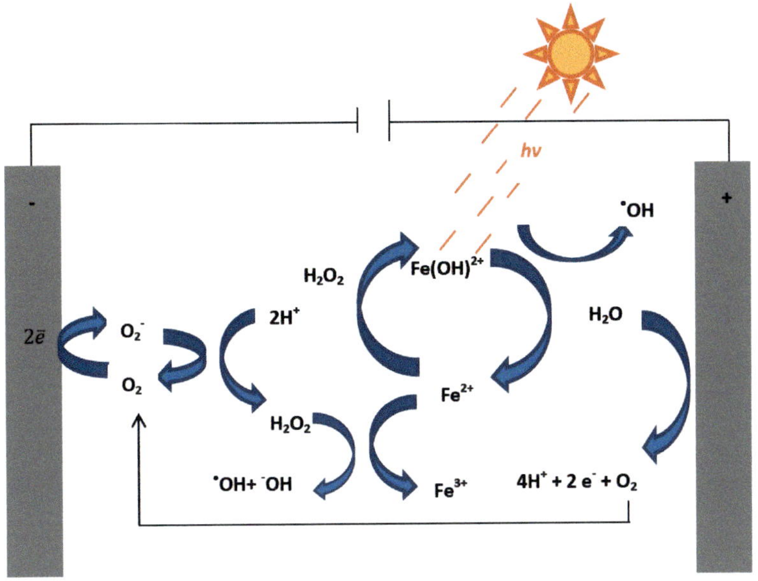

Figura 10.4 Representación de las reacciones involucradas en un proceso de fotoelectrofenton solar.
(Fuente: elaboración propio)

La capacidad del FEFS para destruir contaminantes no ha sido aún muy estudiada, por lo que se conoce poco sobre la aplicabilidad de la luz solar. Las principales investigaciones mediante el proceso de FEFS se han realizado utilizando un innovador reactor fotoelectroquímico (figura 10.5), con un promedio de incidencia de radiación UV entre 17-20 Wm^{-2} y con flujos altos de hasta 200 L/h, utilizando electrodos de BDD con un área de 20 cm^2 y acoplado a dos intercambiadores de calor para mantener la temperatura constante a 35 °C. La versatilidad de este sistema ha logrado degradar diferentes tipos de contaminantes, como el amarillo ácido 36 (AY36), el rojo ácido 88 (AR 88), el amarillo ácido (AY9) y los cresoles, destruyendo el COT a niveles del 93-98% en pocas horas (Ruiz, 2011a: 385; Ruiz, 2011b: 495).

Adicionalmente, también se ha estudiado la degradación de analgésicos, como el ibuprofeno (Flox, 2007: 17), a escala nivel de laboratorio usando un reactor de un volumen de 100 cm^3 y un ánodo de BDD de 3 cm^2 de área. En esta investigación se obtuvieron porcentajes de remoción de COT de hasta el 86% en un tiempo de 3 horas con un costo energético bajo, de sólo 4.3 kWh m^{-3}.

Es importante señalar que en los anteriores sistemas se fotodescomponen rápidamente los complejos Fe(III)-carboxilato y se llega a una mineralización casi completa. Además, la luz solar disminuye enormemente el costo de estos tratamientos, lo que hace que el proceso FEFS sea más atractivo y sostenible.

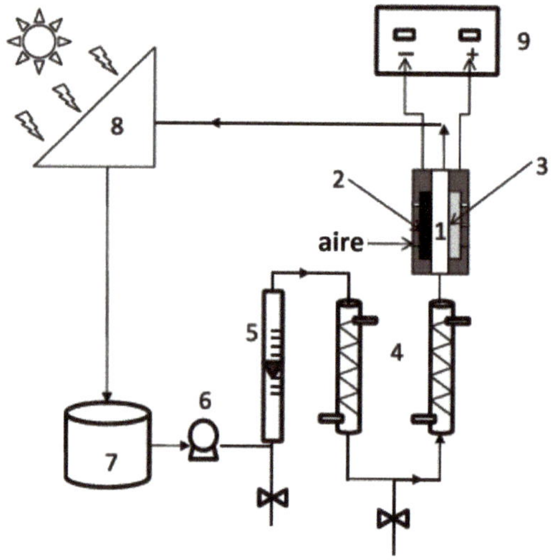

Figura 10.5 Diagrama de la planta de tratamiento utilizada para el proceso FEFS: 1) compartimento de la celda, 2) cátodo de difusión, 3) ánodo de BDD, 4) intercambiadores de calor, 5) rotámetro, 6) bomba, 7) reservorio, 8) fotorreactor solar y 9) fuente de alimentación.
(Fuente: Ruiz, 2011b: 495)

Debido a la degradación de diferentes tipos de contaminantes, se puede decir que el FEFS es un método electroquímico que ofrece versatilidad y alta eficiencia de energía. Aunado a lo anterior, se alcanzan altos porcentajes de remoción de COT en poco tiempo. Por ello se le considera un proceso con gran potencial para que se utilice a nivel industrial, aun con mejores desempeños que otros PAO en fase homogénea (Ruiz, 2011a: 385).

10.4 Aplicaciones industriales

Aunque los procesos avanzados de oxidación mostrados anteriormente se encuentran a nivel de laboratorio o piloto, se dispone ya de tecnología aplicable a efluentes industriales. A continuación, se presentan algunos procesos comerciales de oxidación.

a) **Proceso Rayox®**. Es un proceso de fotodesinfección y oxidación fotoquímica basado en el sistema H_2O_2/UV que utiliza la energía de lámparas ultravioleta de media presión para producir radicales $^{\bullet}OH$. Este sistema se ha utilizado para tratar la destrucción de contaminantes persistentes como 1.4-dioxano, *N*-nitrosodimetilamina, MTBE y compuestos aromáticos. Ha sido desarrollado por Calgon Oxidation Technologies (Pittsburgh) y cuenta con 350 unidades en funcionamiento (www.calgoncarbon.com/uv/oxidation.html).

b) **Proceso WPO.** Desarrollado por IDE y el INSA (Francia), es un proceso derivado del método Fenton. Utiliza como oxidante peróxido de hidrógeno, y como catalizador Fe^{2+} en un medio ácido. Opera a 90-130 °C y 1-5 bar con eficacias de oxidación superiores al 95%. El catalizador se recupera mediante precipitación elevando el pH. Se han instalado varias unidades de demostración en Francia y en España (Falcon, 1993: 411).

En la web se encuentran empresas que se dedican a ofrecer tratamientos del agua, como es el caso de US peroxide (h2o2.com/industrial/applications.aspx?pid=83&name=IndustrialApplications) que realiza tratamientos de diversas aguas contaminadas mediante el reactivo Fenton. Un caso de éxito de esta empresa es una industria química en Louisiana (EE.UU.), que utilizó el proceso Fenton para pretratar 40 gal min^{-1} de agua residual removiendo más del 90% de fenoles. Otro caso es el de una refinería localizada al sureste de EE.UU., que ha aplicado el proceso Fenton para pretratar 15 gal min^{-1} antes de utilizar un tratamiento biológico. Existen más casos de éxito, pero sólo se mencionan estos para demostrar que el proceso Fenton tiene un amplio abanico de compuestos orgánicos que puede mi neralizar o bien reducir su toxicidad a una escala industrial.

En cuanto al tratamiento de efluentes mediante PEAO se encuentra la empresa denominada Minimal Waste and Water S.L., Electrochemical Wastewater Treatment (www.minimalwastewater.com/tecnologia/tecnologiaselec troquimicas/electrofenton-y-electroperoxicuagulacion), que propone diferentes alternativas para tratar aguas residuales. Entre ellas, el proceso electrofenton. Este proceso se aplica cuando la carga orgánica es moderada y soluble. Se ofrece el servicio para destruir diversos contaminantes, tales como fenoles, pesticidas, herbicidas, restos de medicamentos y solventes orgánicos, entre otros. Es importante señalar que las dimensiones de los reactores dependen de los caudales y del tipo de contaminante. Además, la realización de los ensayos de laboratorio o pilotaje industrial determina el tipo y el número de reactores que se deben emplear, por lo que cada caso se trata de forma independiente de acuerdo con a las necesidades del cliente.

10.5 Conclusiones

Los apartados anteriores muestran que los PAO y PEAO descritos en este capítulo se pueden llevar a cabo a un nivel de magnitud industrial con éxito, disminuyendo la DQO, la coloración y la toxicidad. Por lo tanto, se espera que en un futuro cercano existan más aplicaciones de estos procesos que ofrecen un gran potencial en el tratamiento de aguas, puesto que son rápidos, eficientes y no selectivos.

Agradecimientos

Los autores agradecen al CONACyT por el soporte económico a través del proyecto FORDECyT 143288, así como al CIATEC por el patrocinio del proyecto 000GD0059.

Referencias

Ullmann's Encyclopedia of Industrial Chemistry (1989). VCH: Cambridge, 18, p. 393.

AGLADZE G. R., TSURTSUMIA G. S., JUNG B. I., KIM, J. S., GORELISHVILI G. (2007). "Comparative study of hydrogen peroxide electro-generation on gas-diffusion electrodes in undivided and membrane cells". *J. Appl. Electrochem.* 37, p. 375.

ALEBOYEH A., ALEBOYEH H., MOUSSA Y. (2003). "Critical" effect of hydrogen peroxide in photochemical oxidative decolorization of dyes: Acid Orange 8, Acid Blue 74 and Methyl Orange". *Dyes Pigments* 57, p. 67.

ALOUI F., KCHAOU S., SAYADI S. (2009). "Physicochemical treatments of anionic surfactants wastewater: Effect on aerobic biodegradability". *J. Hazard. Mater.* 164, p. 353.

ÁLVAREZ-GALLEGOS A., PLETCHER D. (1998). "The removal of low level organics via hydrogen peroxide formed in a reticulated vitreous carbon cathode cell, Part 1. The electrosynthesis of hydrogen peroxide in aqueous acidic solutions". *Electrochim. Acta* 44, p. 853.

ÁLVAREZ-GALLEGOS A., PLETCHER D. (1999). "The removal of low level organics via hydrogen peroxide formed in a reticulated vitreous carbon cathode cell. Part 2: The removal of phenols and related compounds fron aqueous effluents". *Electrochim. Acta 44,* p. 2483.

ANDREOZZI R., CAPRIO V., MAROTTA R., VOGNA D. (2003). "Paracetamol oxidation from aqueous solutions by means of ozonation and H2O2/UV system", *Water Res.* 37, 993.

ARSLAN-ALATON I., TURELI G., OLMEZ-HANCI T. (2009). "Treatment of azo dye production wastewaters using Photo-Fenton-like advanced oxidation processes: Optimization by response surface methodology". *J. Photochem, Photobiol. A: Chem.* 202, p. 142.

BAUER R., WALDNER G., FALLMAN H., HAGER S., KRUTZLER K. M., MALATO S., MALETZKY P. (1999). "The photo-fenton reaction and the TiO2/UV process for waste water treatment - Novel developments". *Catal. Today* 53, p. 131.

BHARGAVA S. K., TARDIO J., PRASAD J. K., AKOLEKAR D. B., GROCOTT S. C. (2006). "Wet oxidation and catalytic wet oxidation". *Ind. Eng. Chem. Res.* 45, p. 1221.

BOYE B., DIENG M. M., BRILLAS E. (2003). "Anodic oxidation, electro-Fenton and photoelectro-Fenton treatments of 2,4,5-trichlorophenoxyacetic acid". *J. Electroanal. Chem.* 557, p. 135.

BRILLAS E., BAÑOS M. A., CAMPS S., ARIAS C., CABOT P. L., GARRIDO J. A., RODRIGUEZ R. M. (2004) "Catalytic effect of Fe2+, Cu2+ and UVA light on the electrochemical degradation of nitrobenzene using an oxygen-diffusion cathode". *New J. Chem.* 28, p. 314.

BRILLAS E., BOYE B., BAÑOS M. A., CALPE J. C., GARRIDO J. A. (2003). "Electrochemical degradation of chlorophenoxy and chlorobenzoic herbicides in acidic aqueous medium by the peroxi-coagulation method". *Chemosphere* 51, p. 227.

Brillas E., Boye B., Dieng M. M. (2003). "Peroxi-Coagulation and Photoperoxi-Coagulation Treatments of the Herbicide 4-Chlorophenoxyacetic Acid in Aqueous Medium Using an Oxygen-Diffusion Cathode". *J. Electrochem. Soc.* 150, E148.

Brillas E., Boye B., Dieng M. M. (2003) "General and UV-Assisted Cathodic Fenton Treatments for the Mineralization of Herbicide MCPA". *J. Electrochem. Soc.* 150, p. 583.

Brillas E., Calpe J. C., Casado J. (2000). "Mineralization of 2,4-D by advanced electrochemical oxidation processes". *Water Res.* 34, p. 2253.

Brillas E., Mur E., Casado J. (1996). "Iron(II) Catalysis of the Mineralization of Aniline Using a Carbon-PTFE O_2-Fed Cathode". *J. Electrochem. Soc.* 143, p. 973.

Brillas, E., Sauleda R., Casado J. (1998). "Degradation of 4-Chlorophenol by Anodic Oxidation, Electro-Fenton, Photoelectro-Fenton, and Peroxi-Coagulation Processes". *J. Electrochem. Soc.* 145, p. 759.

Brillas E., Sirés I., Oturan M. A. (2009). "Electro-Fenton Process and Related Electrochemical Technologies Based on Fenton's Reaction Chemistry". *Chem. Rev.* 109, p. 6570.

Chelme-Ayala P., El-Din M. G., Smith D.W. (2010). "Degradation of bromoxynil and trifluralin in natural water by direct photolysis and UV plus H2O2 advanced oxidation process". *Water Res.* 44, p. 2221.

Chen P. J., Linden K. G., Hinton D. E., Kashiwada S., Rosenfeldt E. J., Kullman S.W. (2006). "Biological assessment of bisphenol A degradation in water following direct photolysis and UV advanced oxidation". *Chemosphere* 65, p. 1094.

Cruz K., Torres O., García A., Guzmán J. L., Reyes L. H. Hernández A., Peralta J. M. (2010). "Determination of optimum operating parameters for Acid Yellow 36 decolorization by electro-Fenton process using BDD cathode". *Chem. Eng. J.* 160, p. 199.

De Laat J., Le G. T., Legube B. (2004). "A comparative study of the effects of chloride, sulfate and nitrate ions on the rates of decomposition of H2O2 and organic compounds by Fe(II)/H_2O_2 and Fe(III)/H2O 2". *Chemosphere* 55, p. 715.

Do J. S., Chen C. P. (1999). "In situ oxidative degradation of formaldehyde with hydrogen peroxide electrogenerated on the modified graphites". *J. Appl. Electrochem.* 24, p. 936.

El-Desoky H. S., Ghoneim M. M., El-Sheikh R., Zidan N. M. (2010a) "Oxidation of Levafix CA reactive azo-dyes in industrial wastewater of textile dyeing by electrogenerated Fenton's reagent". *J. Hazard. Mater.* 175, p. 858.

El-Desoky H. S., Ghoneim M. M., Zidan N. M. (2010b). "Decolorization and degradation of Ponceau S azo-dye in aqueous solutions by the electrochemical advanced Fenton oxidation". *Desalination* 264, p. 143.

Falcon M., Peyrille B., Reilhac P., Foussard J. N., Debellefontaine H. (1993). Wet oxidation of organic aqueous pollutants by hydrogen peroxide with the wet peroxide oxidation process (WPO(R)). Investigation of new catalysts | [Oxydation en voie humide de la pollution organique aqueuse par le peroxyde d'hydrogene procede wet peroxide oxidation (WPO(R)) etude de nouveaux catalyseurs". *Rev. Sci. Eau* 6, p. 411.

Fenton H. J. (1876). "On a new reaction of tartaric acid". *Chem. News* 33, p. 190.

Fenton H. J. (1894) "LXXIII. - Oxidation of tartaric acid in presence of iron". *J. Chem. Soc.* 65, p. 899.

Flox C., Cabot P. L., Centellas F., Garrido J. A., Rodríguez R. M., Arias C., Brillas E. (2007) "Solar photoelectro-Fenton degradation of cresols using a flow reactor with a boron-doped diamond anode". *Appl. Catal. B: Environ.* 75, p. 17.

Friedrich J. M., Ponce de León C., Reade G. W., Walsh F. C. (2004). "Reticulated vitreous carbon as an electrode material". *J. Electroanal. Chem.* 561, p. 203.

Ghoneim M. M., El-Desoky H. S., Zidan N. M (2011) "Electro-Fenton oxidation of Sunset Yellow FCF azo-dye in aqueous solutions". *Desalination* 274, p. 22.

Gottschalk C., Libra J. A., Saupe A. (2000). *Ozonation of Water and Waste Water*. Wiley-VCH Verlag GmbH, New York.

Gozmen B., Oturan M. A., Oturan N., Erbatur O. (2003) "Indirect electrochemical treatment of bisphenol A in water via electrochemically generated Fenton's reagent". *Environ. Sci. Technol.* 37, p. 3716.

Guinea E., Arias C., Cabot P. L., Garrido J. A., Rodríguez R. M., Centellas F., Brillas E. (2008). "Mineralization of salicylic acid in acidic aqueous medium by electrochemical advanced oxidation processes using platinum and boron-doped diamond as anode and cathodically generated hydrogen peroxide". *Water Res.* 42, p. 499.

Hanna K., Chiron S., Oturan M. A. (2005) "Coupling enhanced water solubilization with cyclodextrin to indirect electrochemical treatment for pentachlorophenol contaminated soil remediation". *Water Res.* 39, p. 2763.

http://h2o2.com/industrial/applications.aspx?pid=83&name=Industrial-Applications (consultada el 25 de septiembre de 2011).

http://www.calgoncarbon.com/uv/oxidation.html (consultada el 25 de septiembre de 2011).

http://www.minimalwastewater.com/tecnologia/tecnologiaselectroquimicas/electro-fenton-y-electroperoxicoagulacion (consultada el 25 de septiembre de 2011).

Hwang S., Huling S. G., Ko S. (2010). "Fenton-like degradation of MTBE: Effects of iron counter anion and radical scavengers", Chemosphere 78, 563.

Irmak S., Yavuz H. I., Erbatur O. (2006). "Degradation of 4-chloro-2-methylphenol in aqueous solution by electro-Fenton and photoelectro-Fenton processes". *Appl. Catal. B: Environ.* 63, p. 243.

Jia J. P., Yang J., Liao J., Wang W. H., Wang Z. J. (1999). "Treatment of dyeing wastewater with ACF electrodes". Water Res. 33, p. 881.

Kayan B., Gözmen B., Demirel M., Murat Gizir A. (2010). "Degradation of acid red 97 dye in aqueous medium using wet oxidation and electro-Fenton techniques". *J. Hazard. Mater.* 177, p. 95.

Khataee A. R., Vatanpour V., Amani Ghadim A. R. (2009). "Decolorization of C.I. Acid Blue 9 solution by UV/Nano-TiO2, Fenton, Fenton-like, electro-Fenton and electrocoagulation processes: A comparative study". *J. Hazard. Mater.* 161, p. 1225.

Kiwi J., López A., Nadtochenko V. (2000). "Mechanism and kinetics of the OH-radical intervention during Fenton oxidation in the presence of a significant amount of radical scavenger (Cl-)". *Environ. Sci. Technol.* 34, p. 2162.

Kurt U., Apaydin O., Talha Gonullu M. (2007). "Reduction of COD in wastewater from an organized tannery industrial region by Electro-Fenton process". *J. Hazard. Mater.* 143, p. 33.

Lee D. K., Cho I. C., Lee G. S., Kim S. C., Kim D. S., Yang Y. K. (2004). "Catalytic wet oxidation of reactive dyes with H2/O2 mixture on Pd-Pt/Al2O3 catalysts". *Sep. Purif. Technol.* 34, p. 43.

Ma J., Graham N. (2000). "Degradation of atrazine by manganese-catalysed ozonation - Influence of radical scavengers". *Water Res.* 34, p. 3822.

Martínez-Huitle C. A., Brillas E. (2009). "Decontamination of wastewaters containing synthetic organic dyes by electrochemical methods: A general review". *Appl. Catal. B: Environ.* 87, p. 105.

Michaud P. A., Panizza M., Ouattara L., Diaco T., Foti G., Comninellis Ch. (2003). "Electrochemical oxidation of water on synthetic boron-doped diamond thin film anodes". *J. Appl. Electrochem.* 33, p. 151.

Oloman C., Watkinson A. P. (1976). "Electroreduction of oxygen to hydrogen peroxide on fixed bed cathodes". *Can. J. Chem. Eng.* 5, p. 312.

Oloman C., Watkinson A. P. (1979). "Hydrogen peroxide production in trickle-bed electrochemical reactors". *J. Appl. Electrochem.* 9, p. 117.

Oturan M. A. (2000). "Ecologically effective water treatment technique using electrochemically generated hydroxyl radicals for in situ destruction of organic pollutants: Application to herbicide 2,4-D". *J. Appl. Electrochem.* 30, p. 475.

Oturan M. A., Guivarch E. N., Sirés I. (2008). "Oxidation pathways of malachite green by Fe3+-catalyzed electro-Fenton process". *Appl. Catal. B: Environ.* 82, p. 244.

Oturan M. A., Peiroten J. L., Chartrin P., Acher A. (2000a). "Complete destruction of p-Nitrophenol in aqueous medium by electro-fenton method". *J. Environ. Sci. Technol.* 34, p. 3474.

Oturan M. A., Pimentel M., Oturan N., Sirés I. (2008). "Reaction sequence for the mineralization of the short-chain carboxylic acids usually formed upon cleavage of aromatics during electrochemical Fenton treatment". *Electrochim. Acta* 54, p. 173.

Oya Orkun M., Kuleyin A. (2012). "Treatment Performance Evaluation of Chemical Oxygen Demand from Landfill Leachate by Electro-Coagulation and Electro-Fenton". *Technique Environ. Prog. Sust. Energy*, 59.

Panizza M., Cerisola G. (2008). "Electrochemical generation of H_2O_2 in low ionic strength media on gas diffusion cathode fed with air". *Electrochim. Acta* 54, p. 876.

Panizza M., Cerisola G. (2009). "Electro-Fenton degradation of synthetic dyes". *Water Res.* 43, p. 339.

Parsons S. (2005). "Advanced Oxidation Processes for Water and Wastewater Treatment". *IWA Publishing*, 372.

Peralta J. M., Hernández A., Guzmán J. L., Hinojosa L., Martínez C. A. (2009). *Procesos Avanzados de Oxidación: Una Alternativa Eficiente para el Tratamiento y Reciclado del Agua*. Universidad Autónoma de Nuevo León. Monterrey NL, México.

Peralta J. M., Meas-Vong Y., Rodríguez F. J., Chapman T. W., Maldonado M. I., Godínez L. A. (2008) "Comparison of hydrogen peroxide-based processes for treating dye-containing wastewater: Decolorization and destruction of Orange II azo dye in dilute solution". *Dyes Pigments* 76, p. 656.

Peralta J. M., Maldonado M. I., Meas-Vong Y., Rodríguez F., Godínez L. A., Malato S. (2007). "Application of Advanced Oxidation Processes for Electrochemical Degradation of Organic Compounds in Aqueous Effluents. Research Centre for Energy". Environment and Technology (CIEMAT), Madrid, Spain (In Spanish) 15.

Peralta J. M., Meas-Vong Y., Rodríguez F., Chapman T. W., Maldonado M. I., Godínez L. A. (2006). "In situ electrochemical and photo-electrochemical generation of the fenton reagent: A potentially important new water treatment technology". *Water Res.* 40, p. 1754.

PERALTA J. M., MEJÍA S., GODÍNEZ L. A., MEAS-VONG Y., PALOMAR M. (2005). "Fenton and Electrochemical Approaches for Water Purification Technologies". *Applications of Analytical Chemistry in Environmental Research, Research Signpost: Trivandrum, Kerala*, p. 101.

PIGNATELLO J. J. (1992). "Dark and photoassisted Fe3+-catalyzed degradation of chlorophenoxy herbicides by hydrogen peroxide". *Environ. Sci. Technol.* 26, p. 944.

PLETCHER D., WALSH F. C., GENDERS J. D., WEINBERG N. L. (Eds.). *Electrochemical Technology for a Cleaner Environment.* The Electrosynthesis Co: Lancaster, New York, 1992.

PONCE DE LEÓN C., PLETCHER D. (1995). "Removal of formaldehyde from aqueous solutions via oxygen reduction using a reticulated vitreous carbon cathode cell". *J. Appl. Electrochem.* 25, p. 307.

QIANG Z., CHANG J. H., HUANG C. P. (2002). "Electrochemical generation of hydrogen peroxide from dissolved oxygen in acidic solutions". *Water Res.* 36, p. 85.

RUIZ E. J., ARIAS C., BRILLAS E., HERNÁNDEZ A., PERALTA J. M. (2011). "Mineralization of Acid Yellow 36azo dye by electro-Fenton and solar photoelectro-Fenton processes with a boron-doped diamond anode". *Chemosphere* 82, p. 495.

RUIZ E. J., HERNÁNDEZ A., PERALTA J. M., ARIAS C., BRILLAS E. (2011). "Application of solar photoelectro-Fenton technology to azo dyes mineralization: Effect of current density, Fe2+ and dye concentrations". *Chem. Eng. J.* 171, p. 385.

SIRÉS I., GARRIDO J. A., RODRÍGUEZ R. M., CABOT P. L., CENTELLAS F., ARIAS C., BRILLAS E. (2006). "Electrochemical Degradation of Paracetamol from Water by Catalytic Action of Fe^{2+}, Cu^{2+}, and UVA Light on Electrogenerated Hydrogen Peroxide". *J. Electrochem. Soc.* 153, D1.

SKOUMAL M., ARIAS C., CABOT P. L., CENTELLAS F., GARRIDO J. A. RODRÍGUEZ R. M. BRILLAS E. (2008). "Mineralization of the biocide chloroxylenol by electrochemical advanced oxidation processes". *Chemosphere* 71, p. 1718.

SÖGÜT M. (2007). "Treatment of textile wastewater by SCWO in a tube reactor". *J. Supercrit. Fluids* 43, p. 106.

SUN Y., PIGNATELLO J. J. (1993). "Erratum: Photochemical reactions involved in the total mineralization of 2,4-D by Fe3+/H2O2/UV (Environmental Science and Tecnology (1993) 27 (304-310))". *Environ. Sci. Technol.* 27, p. 304.

VENTURA A., JACQUET G., BERMOND A., CAMEL V. (2002) "Electrochemical generation of the Fenton's reagent: Application to atrazine degradation". *Water Res.* 36, p. 3517.

WANG A., QU J., LIU H., RU J. (2008) "Mineralization of an azo dye Acid Red 14 by photoelectro-Fenton process using an activated carbon fiber cathode". *Appl. Catal. B: Environ.* 84, p. 393.

WANG A., QU J., LIU H., RU J., LIU H., GE J. (2005). "Mineralization of an azo dye Acid Red 14 by electro-Fenton's reagent using an activated carbon fiber cathode". *Dyes Pigments* 65, p. 227.

WANG C.T., CHOU W. L., CHUNG M. H., KUO Y. M. (2010). "COD removal from real dyeing wastewater by electro-Fenton technology using an activated carbon fiber cathode". *Desalination* 253, p. 129.

XU J. H., DAI W. L., LI H. X., FAN K. N. (2008). "Oxidation pathways of malachite green by Fe^{3+}-catalyzed electro-Fenton process". *Appl. Catal. B: Environ.* 82, p. 244.

ZUO Y., HOIGNÉ J. (1992). "Formation of hydrogen peroxide and depletion of oxalic acid in atmospheric water by photolysis of Iron(III)-oxalato complexes". *Environ. Sci. Technol.* 26, p. 1014.

Capítulo 11

Reducción electroquímica de Cr(VI)

Violeta Lugo-Lugo[a] y S. A. Martínez-Delgadillo[b]

[a] Dirección de Mecatrónica y Sistemas Productivos, Universidad Tecnológica del Valle de Toluca. Km 7.5, Carretera del Departamento del D.F., Santa María Atarasquillo, C.P. 52050, Lerma de Villada, México.

[b] Departamento de Ciencias Básicas. Universidad Autónoma Metropolitana-Azcapotzalo. Av. San Pablo 180, Azcapotzalco CP 07740, México D.F., México.

Resumen

Los procesos electroquímicos para el tratamiento de Cr(VI) son atractivas alternativas a las actuales tecnologías de tratamiento, ya que resultan selectivas, eficientes, limpias y competitivas, pues se utiliza como reactivo principal el electrón, considerado como reactivo limpio. Los sistemas electroquímicos de hierro son sistemas eficientes para la eliminación de Cr(VI); sin embargo, tanto los sistemas de electrocoagulación como los sistemas de electrogeneración son fuertemente dependientes del pH. En sistemas electrolíticos generadores de hierro, el material catódico y la densidad de corriente afectan sin duda la remoción de Cr(VI), por lo que es importante postular mecanismos de reducción adicionales. La generación de lodos y su toxicidad por la presencia de Cr(VI) es uno de los principales inconvenientes cuando se habla de electrocoagulación, ya sea utilizando electrodos de hierro o de aluminio; otros inconvenientes son el pH del efluente y el alto consumo de energía. Por un lado, los sistemas galvánicos tienen gran capacidad de reducción de Cr(VI), baja generación de lodos y la posibilidad de operar el sistema sin energía eléctrica, lo que reduce los costos de operación. Por otro, los sistemas electroquímicos que utilizan carbono o grafito permiten la reducción de Cr(VI) de manera eficiente, pero son altamente dependientes del pH del sistema.

11.1 Introducción

El cromo es un metal que existe de manera natural en nuestro planeta y que se encuentra abundantemente de manera combinada en forma mineral, llamado cromita ($FeCr_2O_4$). Los principales estados de oxidación en los que existe el cromo son el Cr(II), que es muy inestable y de poca importancia biológica, el Cr(III), que es necesario en los procesos bioquímicos de los seres vivos, y el Cr(VI), que es el más común y en la mayoría de industrias y procesos que se utiliza cromo existe una exposición combinada de estos estados de oxidación (Nriagu, 1988: s.n.p.). Los compuestos de cromo son ampliamente usados en la industria, siendo los usos más comunes e importantes la manufactura de aceros, el enfriamiento de agua, los procesos de refinamiento del petróleo y minerales, la producción de pulpa, los colorantes y el tratamiento de pieles, entre otros (Johnson, 2006: 7060-7069).

11.2 Cromo en el medio ambiente

Al estar presente en el medio ambiente, el cromo muestra las siguientes características: en el agua, específicamente en los sistemas acuáticos, la toxicidad de los compuestos solubles del cromo es variable según la temperatura, el pH y la dureza del agua, y según las especies de organismos que conviven en el medio. Los compuestos de Cr(VI) se disuelven con facilidad, pero en condiciones naturales y en presencia de materia orgánica oxidable se reducen rápidamente a compuestos de Cr(III) más estables y menos solubles (Nriagu, 1988: s.n.p.).

En el suelo, la movilidad del cromo solamente se puede evaluar si se consideran la capacidad de adsorción y la reducción de los suelos y de los sedimentos. Los hidróxidos de Cr(III), una vez sedimentados difícilmente vuelven a movilizarse, dado que la oxidación de los compuestos de Cr(III) para formar compuestos de Cr(VI) prácticamente no ocurre de forma natural. El Cr(VI), aún en concentraciones relativamente bajas, resulta tóxico y el pH del suelo resulta ser un factor fundamental. El uso de abonos fosfatados incrementa el ingreso del cromo en el suelo. Al ingresar en la cadena alimentaria, los compuestos de Cr(III) que resultan asimilados junto con los alimentos son relativamente inocuos; en cambio, los compuestos de Cr(VI) tienen efectos altamente tóxicos. Tanto los animales como los seres humanos sólo incorporan a su organismo cantidades relativamente pequeñas de cromo por inhalación; la mayoría de las sustancias que contienen cromo ingresan al organismo a través de los alimentos y del agua de beber. La absorción en el intestino depende en gran medida de la forma química del cromo: en general, se asimilan aproximadamente entre un 20-25% de los complejos de cromo orgánico y aproximadamente un 0.5% del cromo inorgánico (Merian, 1984: 9-38).

Por otro lado, la movilidad del cromo en agua subterránea depende en gran medida de su solubilidad y de su tendencia a ser absorbido por el suelo o por materiales en los que se encuentre; estos factores dependen de la química del agua en cuestión, así como de las características del suelo o de los sistemas acuíferos en contacto con este metal. Varias especies químicas de cromo coexisten en medio acuoso, y su presencia se ve afectada por las condiciones del pH y del potencial, hecho que se observa en la figura 11.1.

El Cr(VI) predomina bajo condiciones oxidantes –potencial alto– y el Cr(III) predomina bajo condiciones de reducción –potencial bajo– y, generalmente, en aguas superficiales imperan las condiciones oxidantes, donde continuamente la atmósfera suministra oxígeno. El oxígeno tiende a ser consumido por reacciones de oxidación, que usualmente involucran a la materia orgánica. La especie dominante de Cr(VI) son los oxianiones $HCrO_4^-$ y CrO_4^{2-}, el equilibrio entre estas dos especies depende del pH, como lo indica la reacción siguiente:

$$HCrO_4^- \leftrightarrow CrO_4^{2-} + H^+ \tag{11.1}$$

A valores de pH bajos, la concentración de H^+ es alta; entonces la reacción 11.1 tiende a desplazarse hacia la izquierda, y el $HCrO_4^-$ es la especie dominante; por el contrario, a pH altos, la concentración de H^+ disminuye y la reacción se desplaza hacia la derecha, donde la especie que predomina es CrO_4^{2-}. Sin embargo, debido a que el pH del agua natural oscila entre los valores de 6 y 8, el ión que predomina en las aguas naturales es el CrO_4^{2-} (Nriagu, 1988: s.n.p.). La presencia de Cr(III) también depende del pH, y es importante remarcar que el Cr(III) puede formar complejos orgánicos altamente solubles, particularmente en condiciones fuertemente ácidas (Nriagu, 1988: s.n.p.).

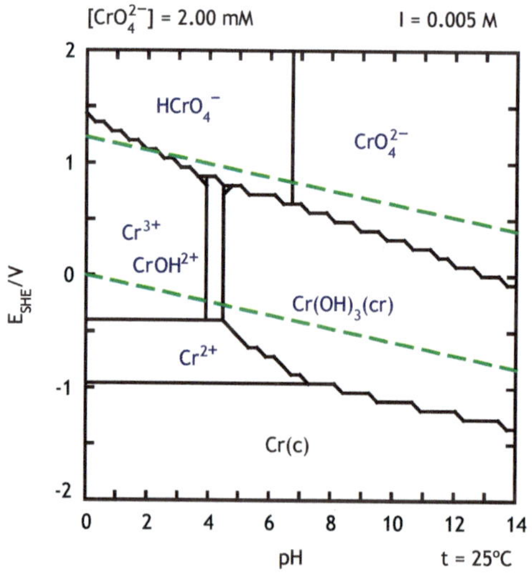

Figura 11.1 Diagrama de Pourbaix para el Cr en C_0= 100 mg/L.
(Fuente: Programa Medussa 2011)

11.3 Toxicidad

El cromo bajo la forma de compuestos trivalentes es un micronutriente esencial, ya que ayuda a mantener el metabolismo normal de la glucosa. El consumo diario requerido varía considerablemente entre regiones; sin embargo los valores típicos se extienden a partir de 50 a 200 μg/diarios. Estos niveles de consumo no representan un problema de toxicidad y coinciden con los requisitos de ingesta humana calculados (ATSDR, 2005).

De todos modos, a partir de estudios realizados, resulta evidente que los compuestos hexavalentes de cromo pueden inducir el cáncer de pulmón. Las mutaciones genéticas y los estudios relacionados han demostrado convincentemente que el cromo hexavalente es genéticamente activo, a diferencia de los compuestos trivalentes, que son inactivos dentro de la mayoría de los sistemas de prueba, excepto en los sistemas donde pueden interactuar directamente con el DNA.

De acuerdo con la OMS (OMS, 1988: 61), los efectos de la exposición continua al cromo hexavalente en la salud humana son los siguientes:

- Fuerte irritación de las vías respiratorias.
- Ulceración y perforación del tabique nasal, ocurridos con frecuencia en trabajadores de la industria de producción de cromatos que utilizan hexavalentes.
- Además de la inhalación, el contacto directo del tabique nasal con las manos contaminadas contribuye a la exposición nasal.
- No se ha manifestado cáncer del tabique; sin embargo, rinitis, broncoespasmos y pulmonía pueden ser el resultado de la exposición a los compuestos hexavalentes junto con la debilitación de la neumodinámica durante la respiración.
- Algunos compuestos de cromatos, como el cromato de sodio y potasio, pueden causar irritación en la piel y úlceras; ciertas personas manifiestan reacciones alérgicas en la piel por el cromato hexavalente; sin embargo, el cáncer de piel derivado de la exposición al químico no ha sido reportado.
- Los efectos crónicos de la exposición al cromo –exposición industrial excesiva de la piel al cromo hexavalente, cuando la piel ya se encuentra dañada, o por inhalación de las partículas de polvo suspendidas– ocurren en el pulmón, el hígado, el riñón, el aparato gastrointestinal y el sistema circulatorio.
- Las mutaciones genéticas no se han presentado; sin embargo, el dicromato de potasio tiene un potencial mutagénico, por lo que no se debe descartar esta posibilidad en las industrias que utilizan cromatos.

De acuerdo con lo anterior, autoridades ambientales en todo el mundo han fijado requisitos más estrictos respecto a la presencia de Cr(VI) y cromo total en el agua potable. De esta manera, los estándares nacionales e internacionales para agua potable están sujetos a revisión y expansión continuas. En el caso de la presencia de cromo total en agua potable, Estados Unidos (EPA, 2010: s.n.p.) considera 0.1 mg Cr/L como límite máximo permisible, mientras que los criterios internacionales (WHO World Health Organization 1996; canadienses Committee on Health and the Environment, 2010) y mexicanos (NOM-127-SSA1-1994) son más estrictos y consideran 0.05 mg Cr/L como máximo permisible. Afortunadamente, el notable crecimiento de la economía y el nivel de vida han acelerado el desarrollo de tecnologías de agua y depuración de aguas residuales.

11.4 Reducción electroquímica de Cr(VI)

Las aplicaciones de las reacciones de óxidorreducción son técnicas ampliamente utilizadas para resolver problemas ambientales e incluyen una gran variedad de tratamientos de agua y efluentes, reducción y control de la contaminación del aire, destrucción de desechos materiales y químicos tóxicos, etc. Algunas ventajas de estos procesos sobre los métodos químicos son las siguientes (Ghernaout, 2011: 1-10; Martínez-Huitle, 2009: 105-145):

- Control más cerrado de cada paso de la reacción.
- Temperaturas bajas del proceso.
- Costos bajos de capital y de operación.
- Menos desechos por subproductos.
- En general, se tienen condiciones de operación más seguras.

11.4.1 Evolución de los métodos electroquímicos para la reducción de Cr(VI)

La electroquímica, y más específicamente hablando la electroquímica ambiental, ha evolucionado a partir de la década de 1970, cuando se comenzaron a aplicar procesos electroquímicos a efluentes contaminados con una variedad limitada de especies químicas; entre ellas, el cromo en su estado hexavalente. En 1975 se describió por primera vez un reactor sencillo fácil de construir y escalar, barato en su construcción y su diseño; este reactor tenía un diseño de electrodos tipo "sandwich", con buenas características en cuanto a transferencia de masa se refiere, aplicándose a mezclas multifase y a especies electroactivas de concentraciones muy bajas. Se utilizó para síntesis orgánicas y purificación de agua residual; entre ello, la reducción de Cr(VI) (Robertson, 1975: 883-900). En 1979 apareció un nuevo proceso basado en un sistema de oxidorreducción para la remoción específica de cromatos, cuyo objetivo era el de eliminar el metal pesado de efluentes industriales. La característica principal de estos primeros procesos era que trataban en estado estacionario una cantidad muy pequeña de solución sumamente diluida, y se obtuvieron eficiencias muy bajas para la reducción del metal (Bockris, 1979: 1395). Más adelante, Cenkin V. y Belavtsev A. (Cenkin, 1985: 243-244) reportaron un proceso electroquímico como alternativa para la reducción de Cr(VI) a Cr(III), mediante la liberación del ión ferroso por el desgaste del ánodo al paso de una corriente directa a través de electrodos de acero al carbono. Sin embargo, es recomendable utilizar concentraciones menores a 100 mg Cr(VI)/L, ya que los electrodos se pasivan y que el tiempo de tratamiento y consumo de energía se incrementa (Cenkin, 1985: 243-244).

En 1989 se propuso la reducción de Cr(VI) utilizando electrodos recubiertos de un polímero conductor –polipirrol en carbón vítreo reticulado de 40 y 100 poros por pulgada y un electrodo de grafito– obteniendo un 80% de remoción; sin embargo, el electrodo recubierto con polipirrol al contacto con el medio ácido y Cr(VI) sufría daños degradándose, por lo que no se puede usar en repetidas ocasiones. Los investigadores no analizaron los productos de descomposición del polipirrol en solución acuosa y no se abordó el tema de lodos generados. En consecuencia, el método resultó extremadamente caro, ya que el electrodo requería un acondicionamiento constante (Alatorre, 1989: 551-557). En 1989, D. Golub y Y. Oren (Golub, 1989a: 311-316) estudiaron el uso de electrodos de fibra de carbono para la remoción de Cr(VI) y sugerían que el proceso se ejecute en dos pasos: 1) reducción electroquímica de Cr(VI) y 2) formación de hidróxido crómico insoluble en un medio de pH alto generado electroquímicamente. Además, expusieron que el hidróxido se adhiera a la superficie del electrodo como una partícula coloidal cargada. También se trata el tema de la disolución de la capa de hidróxido por inversión del potencial como un procedimiento para la posible regeneración del ánodo.

11.5 Métodos electroquímicos de reducción de Cr(VI)

Está claro entonces que el uso de métodos electroquímicos representa una opción interesante para el tratamiento de soluciones acuosas, ya que varias reacciones químicas ocurren simultáneamente cuando se aplican estas técnicas. Por ello, los tratamientos electroquímicos han atraído gran atención debido a su versatilidad y su compatibilidad ambiental; lo que posibilita tratamientos de líquidos, gases y sólidos, donde el principal reactivo sea el electrón, considerado como un "reactivo limpio" (Barrera-Díaz, 2003: 657). El uso de métodos electroquímicos para remover Cr(VI) en medio acuoso involucran electrocoagulación/electrofloculación, reducción por medio de electrogeneración de hierro, ya sea en sistemas electroquímicos o bien en sistemas galvánicos y, finalmente, la electrorreducción con el uso de otros electrodos, siendo el carbón vítreo, la fibra de carbono y algunos polímeros conductores, además de metales como el cobre, los más utilizados (figura 11. 2).

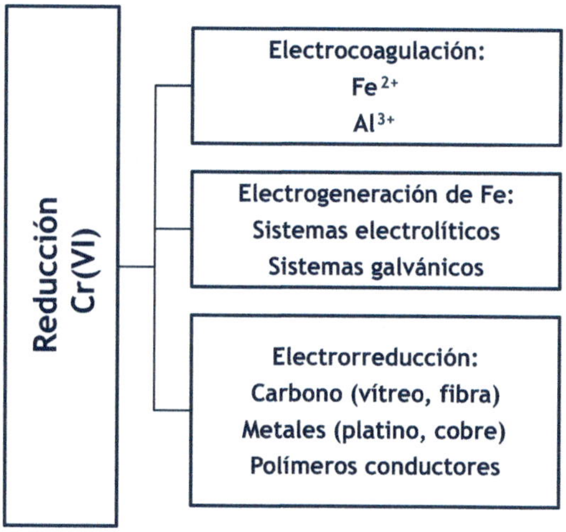

Figura 11.2 Clasificación de métodos electroquímicos para la reducción de Cr(VI). (Fuente: elaboración propia)

Se ha demostrado que los métodos que involucran al Fe(II) son algunos de los sistemas reductores más importantes del altamente tóxico Cr(VI) y ofrecen una alternativa para la remoción de cromo hexavalente de aguas contaminadas, como se demuestra a continuación.

11.5.1 Reducción de Cr(VI) por electrocoagulación

Se entiende como "electrocoagulación" a la producción electroquímica de agentes desestabilizantes que neutralizan la carga eléctrica de los contaminantes presentes en una solución para removerlos. En general, un reactor electroquímico consiste en: 1) un reservorio que contiene la solución, 2) un par de electrodos: un ánodo y un cátodo y 3) una fuente externa de energía que proporciona el potencial necesario para producir la disolución del electrodo de sacrificio, que en la mayoría de los casos se trata de aluminio o hierro (Emamjomech, 2009: 1663-1679).

a) **Electrodos de aluminio.** Los electrodos de aluminio se utilizan para producir cationes (11.2) debido a la polarización anódica de este metal, los cuales forman especies hidroxiladas (11.4) en la solución. Los contaminantes presentes en solución acuosa son entonces desestabilizados y posteriormente adsorbidos en las especies de $Al(OH)_{3(s)}$ producido. Las reacciones implicadas son las siguientes (Jardine, 1999: 29-39; Cañizares, 2005: 8171-8177):
Reacción anódica:

$$Al \rightarrow Al^{3+} + 3e^- \qquad \textbf{(11.2)}$$

Reacción catódica:

$$3H_2O + 3e^- \leftarrow 3OH^- + \frac{3}{2}H_{2(g)} \quad \textbf{(11.3)}$$

Reacción global:

$$Al + 3H_2O \rightarrow Al(OH)_{3(s)} + \frac{3}{2}H_{2(g)} \quad \textbf{(11.4)}$$

En el reactor electroquímico de esta naturaleza, la electrodisolución del ánodo de Al y el ataque químico del cátodo generan una gran cantidad de $Al(OH)_3$ amorfo de la siguiente manera: la evolución de hidrógeno en el cátodo (11.3) hace que los alrededores del electrodo se vuelvan alcalinos, por lo que los productos de hidrólisis catiónica de Al –producido por el ataque químico de los materiales– pueden reaccionar con los iones OH^- y se transforman en la solución en $Al(OH)_3$ amorfo, como se muestra en las reacciones de 11.5 y 11.6 (Mouedhen, 2009: 983-991).

$$2Al_{(s)} + 6H_2O + 2OH^- \rightarrow 2\left[Al(OH)_4\right]^- + 3H_2 \quad \textbf{(11.5)}$$

$$\left[Al(OH)_4\right]^- \rightarrow Al(OH)_3 + OH^- \quad \textbf{(11.6)}$$

Es decir, cuando se utilizan electrodos de aluminio, mecanismos como la reducción electroquímica (Cr(VI) a Cr(III)) en la superficie del cátodo y la adsorción del metal sobre flocs de $Al(OH)_3$ son los responsables de la disminución de Cr(VI). Sin embargo, la electrocoagulación utilizando electrodos de aluminio no es muy popular para la remoción de Cr(VI), debido a que no es muy eficiente y se producen lodos tóxicos que contienen cromo hexavalente (Golder, 2007; 33-41; Zongo, 2009: 159-166; Aber, 2009: 484-490).

b) **Electrodos de hierro.** En cuanto a la electrocoagulación/floculación utilizando electrodos de hierro se refiere, el mecanismo involucra la liberación de iones Fe(II) hacia la solución, debido, claro está, a la polarización anódica de electrodos, generalmente de placas de acero al carbón. El proceso es sensible al pH ya que, cuando la solución se encuentra entre un pH de 7 y 8, el hierro forma especies insolubles ($Fe(OH)_{2(s)}$) en las que el Cr(VI) es adsorbido y removido de la solución. Las reacciones involucradas son las siguientes (Golder, 2007: 33-41):
Reacción anódica:

$$Fe \rightarrow Fe^{2+} + 2e^- \quad \textbf{(11.7)}$$

Reacción catódica:

$$2H_2O + 2e^- \rightarrow 2OH^- + H_{2(g)} \quad \textbf{(11.8)}$$

Reacción global:

$$Fe_{(s)} + 2H_2O \rightarrow H_{2(g)} + Fe(OH)_{2(s)} \tag{11.9}$$

$$Cr_2O_7^{2-} + 14H^+ + 6Fe^{2+} \rightarrow 2Cr^{3+} + 6Fe^{3+}\ 7H_2O \tag{11.10}$$

$$Cr^{3+}_{(aq)} + 3OH^- \rightarrow CR(OH)_{3(s)} \tag{11.11}$$

La remoción de cromo hexavalente por electrocoagulación se lleva a cabo en dos etapas: en la primera de ellas, la reducción de Cr(VI) a Cr(III) viene efectuada por los iones Fe^{2+} generados a partir de la oxidación del ánodo de hierro y la posterior coprecipitación de hidróxidos de Fe^{3+}/Cr^{3+}, o bien por la reducción directa en el cátodo. A valores bajos de pH, la reducción de Cr(VI) a Cr(III) por los iones Fe^{2+} se ve favorecida, pero en estas condiciones de pH no hay precipitación de cromo. La precipitación de hidróxidos de Fe^{3+}/Cr^{3+} se realiza con un pH superior a 3 por la solubilidad de las especies de hidróxido de metal –tanto de cromo como de hidróxidos de hierro– (Arroyo, 2009: 1127-1133).

Las eficiencias de remoción de cromo cuando se utilizan electrodos de hierro presentan mayor eficiencia que los electrodos de aluminio, y van desde el 77% al 99%. El cambio del valor de pH en la solución durante el tratamiento va de 3.2 a 11 para que pueda formarse la especie de Fe(II) insoluble.

Esta técnica presenta tres problemas importantes:

1. El primero de ellos es que el pH del efluente es alto, por lo que una vez que se hayan separado los lodos del tratamiento, es necesario un ajuste para volver a reutilizar el agua en los enjuagues o, en su caso, en la descarga.
2. No se cuantifica la generación y el tipo de lodos que se origina, y no se compara con otra metodología, por lo que no se sabe cuál será el costo de la disposición de estos.
3. Los potenciales aplicados son muy altos, por lo que el consumo de energía también lo es.

11.5.2 Electrogeneración de hierro

a) **Sistemas electrolíticos.** Este método consiste en inducir la liberación de iones ferrosos en solución acuosa a partir de electrodos de sacrificio de acero. Una vez que se genera el $Fe^{2+}_{(aq)}$, este se oxida a $Fe^{3+}_{(aq)}$, logrando con ello la reducción de Cr(VI) a Cr(III). Posteriormente, se realiza una precipitación química para remover a la especie insoluble de Cr(III).

La principal diferencia entre los mecanismos de electrocoagulación y de electrodisolución es el pH que se genera en la solución acuosa. Mientras que el objetivo principal de la electrocoagulación es la desestabilización de las partículas cargadas eléctricamente, la electrodisolución se lleva a cabo en condiciones ácidas, en las que el hierro liberado reacciona directamente con el Cr(VI) sin la necesidad de generar especies insolubles ($Fe(OH)_{2(s)}$) (Martínez, 2000: 55-61; Mukhopadhyaya, 2007: 66-76). Las reacciones que ocurren son las siguientes (Zongo, 2009: 159-166):
Reacción anódica:

$$Fe^{0}_{(s)} \rightarrow Fe^{2+}_{(aq)} \qquad \textbf{(11.12)}$$

Reacción catódica:

$$2H^{+}_{(aq)} + 2e^{-} \rightarrow H_{2(g)} \qquad \textbf{(11.13)}$$

$$2H_2O_{(aq)} + 2e^{-} \rightarrow H_{2(g)} + 2OH^{-}_{(aq)} \qquad \textbf{(11.14)}$$

Reacción en solución:

$$7H^{+} + 3Fe^{2+}_{(aq)} + HCrO^{-}_{4(aq)} \rightleftarrows 3Fe^{3+}_{(aq)} + Cr^{3+}_{(aq)} + 4H_2O_{(l)} \qquad \textbf{(11.15)}$$

De todos modos, hasta ahora la mayoría de las investigaciones se han centrado en incrementar la eficiencia de las reacciones anódicas y aquellas llevadas a cabo en la solución (Arroyo, 2009: 1127-1133; Olmez, 2009: 1371-1378). Así, los estudios que se han realizado prestan mayor atención a las reacciones catódicas. Con este objetivo se empleó hierro como material anódico y diferentes materiales catódicos –hierro, cobre, aluminio y acero inoxidable–, utilizando las mismas condiciones de potencial, concentración y pH, y el cobre es el material catódico que muestra un mejor desempeño sobre hierro, aluminio y acero inoxidable. Los resultados en lote mostraron que, en un sistema electroquímico hierro-cobre, el tiempo requerido para cumplir con los límites internacionales de descarga de aguas residuales para Cr(VI) es más corto que aquel predicho teóricamente utilizando la ley de Faraday, que pronostica la reducción de Cr(VI) con base en la generación de Fe(II), como una función de la corriente y el tiempo. Esto presenta importantes implicaciones en la reducción de cromo hexavalente: la primera está relacionada con la diferencia entre el tiempo teórico de reducción predicho por las leyes de Faraday y los resultados experimentales (Martínez, 2003: s.n.p.; Barrera-Díaz, 2011: 1362-1368; Rodríguez, 2009: 1221-1229), y la segunda, respecto a los diferentes materiales catódicos utilizados (Barrera-Díaz, 2011: 1362-1368).

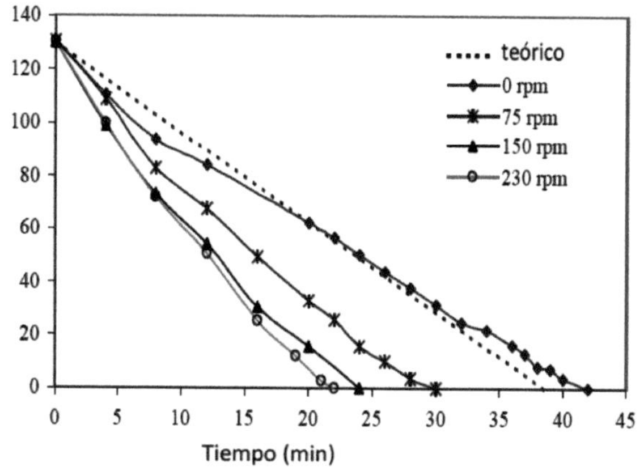

Figura 11.3 Efecto de la velocidad de rotación del electrodo en la remoción de Cr(VI). (Fuente: Martínez, 2003)

La figura 11.3 muestra el efecto de la velocidad de rotación de los electrodos de acero al carbono, en la remoción del Cr(VI). Como se puede observar, a medida que aumenta la velocidad de rotación en revoluciones por minuto (rpm), el tiempo de tratamiento se reduce. Esto se debe a que la transferencia de masa aumenta a medida que aumentan las rpm. Sin embargo, a velocidades de rotación altas (150 rpm a 230 rpm), la reducción en el tiempo de tratamiento es menor que a velocidades bajas (<100 rpm). Lo cual se explica porque, al aumentar la velocidad de rotación, aumenta la velocidad de disipación turbulenta en el sistema, lo cual se demostró mediante estudios de dinámica computacional de fluidos (Helvio, en prensa). Asimismo, es posible notar que el tiempo de tratamiento es menor que el tiempo teórico, a partir de velocidades de rotación iguales o mayores a 75 rpm; lo que demuestra que hay otro tipo de reacciones durante el proceso electroquímico (Olmez, 2009: 1371-1378; Martínez, 2003: s.n.p.).

Con el fin de apoyar las implicaciones derivadas de la discrepancia entre la demanda de hierro experimental y teórica, es necesario postular reacciones electroquímicas de reducción adicionales, las cuales se ha de efectuar en la superficie del cátodo.

La figura 11.4 muestra las diferentes reacciones que pasan en el líquido y en los electrodos durante el proceso electroquímico (Rodríguez, 2009: 1221-1229). Entre ellas se encuentran las reacciones de regeneración de Fe(IV) y la electrorreducción directa (V), que resultan relevantes debido a que ambas representan el potencial necesario para ejercer una mayor reducción de Cr(VI) y se incrementa la eficiencia global.

Como se muestra, el hierro se regenera, por lo que el tiempo de tratamiento y la generación de lodos se reduce respecto al cálculo teórico (Rodríguez, 2009: 1221-1229). Es importante notar que la reacción de electrorreducción directa de cromo hexavalente se centra exclusivamente en la reducción de Cr(VI), lo que contribuye a remover el contaminante directamente (Barrera-Díaz, 2011: 1362-1368).

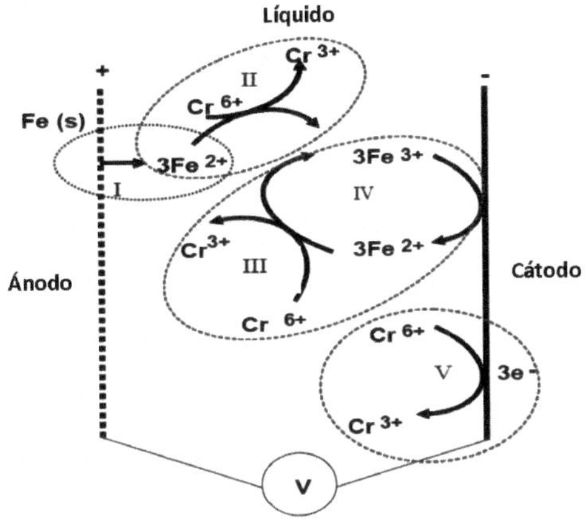

Figura 11.4 Diagrama de las reacciones en el líquido y en los electrodos durante el proceso electroquímico para la reducción de Cr(VI).
(Fuente: Rodríguez, 2009)

De esta manera, se considera la influencia catódica como un parámetro clave en el proceso de reducción de Cr(VI), para ello se investigó el comportamiento del cátodo por medio del incremento en la velocidad de corriente y de sus efectos en la reducción de Cr(VI). En este punto, el efecto del cátodo de cobre es evidente, ya que las cinéticas de reducción continúan siendo menores a las predicciones teóricas –considerando la electrogeneración de iones Fe^{2+} por medio de la ley de Faraday– aun a diferentes intensidades de corriente aplicadas al sistema (figura 11.5). Así, este comportamiento se describe satisfactoriamente por la reacción de electrorreduccción catódica, donde se establece que los iones cromato se pueden reducir por los electrones acumulados en el cátodo (Barrera-Díaz, 2011: 1362-1368).

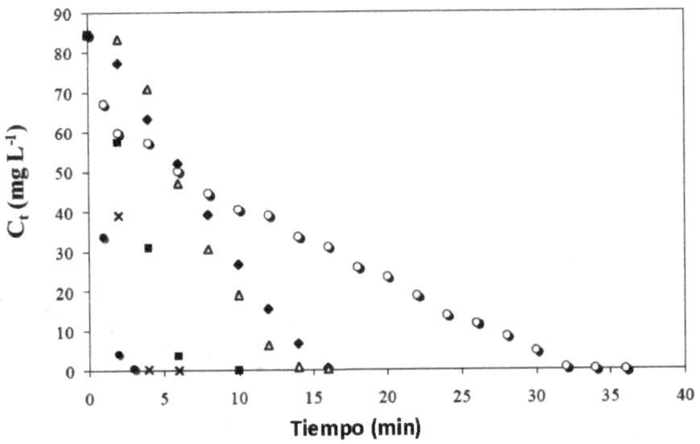

Figura 11.5 Reducción de Cr(VI) en función de tiempo y de densidad de corriente. Densidades de corriente aplicadas al sistema Fe/Cu: (○) 0.2 A, (◆) 0.3 A, (▽) 0.4 A, (■) 0.6 A (✕)1 A y (●) 2 A. Concentración de Cr(VI) 100 mg L^{-1} y pH 2.
(Fuente: Barrera-Díaz, 2011)

Por supuesto, también puede haber producción de radicales hidroxilo y gas hidrógeno; sin embargo, el bajo incremento en el pH encontrado en los sistemas electroquímicos de placas paralelas evidencia que la generación de iones OH^- en el cátodo no es la reacción predominante, por lo que se prevé la formación de hidroxocomplejos, los cuales propician mecanismos de floculación y precipitación en el cátodo, a parte de pasivar la superficie y de impedir la electrogeneración de iones Fe^{2+}. Lo anterior conduce a procesos más económicos, debido a que los lodos generados y la electricidad requerida disminuyen (Barrera-Díaz, 2011:1362-1368).

b) **Sistemas galvánicos.** En la búsqueda de alternativas eficientes y de bajo costo para remover cromo hexavalente de sistemas acuosos, se ha propuesto utilizar sistemas galvánicos, debido a que poseen la capacidad de reducir Cr(VI) eficientemente y sin la necesidad de un suministro de energía; lo cual disminuye costos de operación y asegura su funcionamiento en localidades apartadas, además de la baja generación de lodos –un parámetro importante a nivel industrial–. En este sentido, se han estudiado sistemas galvánicos bimetálicos cobre-hierro, con el propósito de incrementar la velocidad de reducción de Cr(VI); lo que constituye una alternativa en el diseño de procesos electroquímicos basados en el hierro como agente reductor (Lugo-Lugo, 2010:418-425). Un sistema galvánico o bimetálico es un sistema electroquímico que no necesita energía externa para producir iones metálicos, como aquellos sistemas que se utilizan para la protección catódica y anódica. La protección catódica se ha utilizado desde hace mucho tiempo para prevenir la corrosión de los metales; los principios se pueden explicar si se considera la corrosión de un metal típico en un ambiente ácido. Las reacciones electroquímicas que ocurren son la disolución del metal (11.16) y la evolución de gas hidrógeno (11.17).
Reacción anódica:

$$M \rightarrow M^{n+} + ne^- \quad \textbf{(11.16)}$$

Reacción catódica:

$$2H^+ + 2e^- \rightarrow H_2 \quad \textbf{(11.17)}$$

El efecto de protección catódica se lleva a cabo suministrando electrones al metal que debe protegerse, como lo indican las ecuaciones anteriores (11.16 y 11.17), las cuales muestran que la adición de electrones suprimirá la disolución metálica e incrementará la velocidad de evolución de hidrógeno. Así, la protección catódica involucra el acoplamiento del metal a proteger con un metal más activo, con un mayor potencial de reducción; por lo tanto, el metal más activo se oxida preferentemente y sirve como ánodo en el par electroquímico. El ánodo en este sistema se conoce como "ánodo de sacrificio", ya que se consume rápidamente, a diferencia de cuando este se encuentra solo.

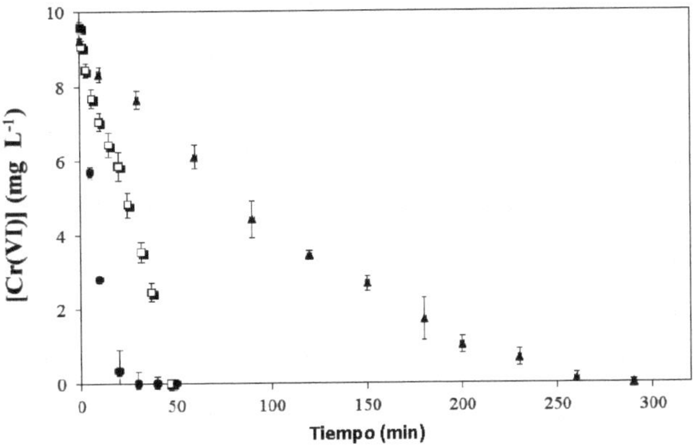

Figura 11.6 Reducción de Cr(VI) en función del tiempo (□) sistema de Fe, (●) sistema Fe/Cu y (▲) sistema de Cu. Concentración de Cr(VI) 10 mg/L y pH 2.
(Fuente: Lugo-Lugo, 2010)

Uno de los principales objetivos cuando se emplean estos sistemas es obtener un sistema galvánico óptimo; es decir, que la relación de áreas de polarización catódica/anódica sea la adecuada para asegurar el correcto funcionamiento del sistema galvánico. Para ello se investiga la velocidad de corrosión del ánodo en el sistema galvánico variando la relación de las áreas catódica/anódica. La densidad de corriente relacionada con el sobrepotencial η producido por la reacción de corrosión del ánodo proporciona una idea de la energía de activación de la transferencia electrónica en la reacción redox, concluyendo que altos sobrepotenciales generan velocidades de reacción altas, las cuales se ven reflejadas por altas densidades de corriente en el sistema (Lugo-Lugo, 2010: 418-425).

Sobre la base de una relación óptima cobre-hierro de 3.5, se han estudiado cinéticas de reducción de Cr(VI) realizadas a diferentes valores de pH, en las cuales se ha observado un incremento en la velocidad de reducción de Cr(VI) en sistemas galvánicos bimetálicos cobre-hierro, comparados con sistemas monometálicos de hierro y cobre, y se reduce significativamente el tiempo de reacción, como se muestra en la figura 11.6.

Asimismo, se ha encontrado que los valores óptimos de pH en los sistemas galvánicos bimetálicos son valores ácidos, debido a los protones necesarios en la reacción de reducción de Cr^{6+} a Cr^{3+}. Las reacciones que ocurren en el sistema galvánico son las siguientes:

Reacción anódica:

$$Fe^0 \rightarrow Fe^{2+} + 2e^- \quad \textbf{(11.18)}$$

Reacción catódica:

$$2H^+ + 2e^- \rightarrow H_2 \quad \textbf{(11.19)}$$

Reacción en solución:

$$7H^+ + 3SO_4^{2-}\ HCrO^-_{4(aq)} + 3Fe^{2+}_{(aq)} \rightarrow Cr^{3+}_{(aq)} + 3\ Fe(SO)^+_{4(aq)} + 4\ H_2 \quad \textbf{(11.20)}$$

Inclusive, termodinámicamente hablando, el sistema cobre-hierro es capaz de reducir Cr(VI) en un amplio intervalo de pH; esto es significativo, ya que implica que el potencial del oxidante es siempre mayor al del reductor; es decir, que la reducción de Cr(VI) es termodinámicamente posible a cualquier valor de pH. Sin embargo, es necesario considerar las especies insolubles de hierro y cromo en su estado trivalente y la reacción estequiométrica anterior (Lugo-Lugo, 2010: 418-425).

11.5.3 Electrorreducción de Cr(VI) por medio de otros electrodos

a) **Electrodos de carbono y grafito.** La remoción electroquímica del cromo hexavalente es compleja en comparación con otros iones metálicos tóxicos, esto se debe a que la reducción a cromo trivalente es un proceso muy sensible al valor del pH. Electrodos como grafito, carbón vítreo y fibra de carbono han sido reportados para el tratamiento de Cr(VI) como una alternativa interesante para las actuales técnicas electroquímicas (Golub, 1989b: 211; Reussard, 1992: 97-109; Abda, 1991: 734), ya que el carbono es un material que posee ventajas sobre otros materiales: relación superficie-volumen elevada, capacidad de reacción mínima en un amplio rango de condiciones de proceso, bajo costo y fácil manejo.
El estudio de la reducción del Cr(VI) por medio de electrodos de fibra de carbono se basa en la generación *in situ* de apropiados gradientes de pH; lo cual permite una rápida reducción a Cr(III) y la precipitación de este sobre el electrodo utilizado (Lugo-Lugo, 2010: 418-425). Los resultados de la reducción muestran que la intensidad de corriente, el pH y la concentración de Cr^{3+} están en función del valor del voltaje; de esta manera, si el voltaje está por encima de 1.1 voltios, la intensidad de corriente aumenta, el pH incrementa drásticamente y la concentración de cromo decrece (Abda, 1991: 734).
Los sistemas que utilizan carbón vítreo reticulado (RVC) para reducir Cr(VI) también se ven afectados por la variación del potencial aplicado, por el pH, por la concentración inicial de Cr(VI), por la porosidad del electrodo y por el tipo de flujo de electrolito. La reducción de Cr(VI) a Cr(III) que se obtiene en muestras sintéticas y de aguas reales con este tipo de electrodos es prácticamente del 100%, lo cual se logra mediante la aplicación de potenciales relativamente pequeños en reactores de placas paralelas (Abda, 1991: 734).

b) **Electrodos de polímeros conductores.** Con el fin de desarrollar mejores procesos industriales para el tratamiento de efluentes que contienen Cr(VI) se han propuesto, como una alternativa a los electrodos clásicos de carbón vítreo reticulado, los recubrimientos poliméricos; con ellos se explora la capacidad de los polímeros conductores como donantes espontáneos de electrones para la reducción de Cr(VI). Los estudios indican que la polianilina (PANI) es uno de los polímeros más adecuados para este fin, ya que muestra las más altas tasas de reacción y se mantiene estable durante todo el proceso. Las reacciones que están involucradas en la electrorreducción de Cr(VI) son las siguientes (Rodriguez–Valadez, 2005: 1875-1879; Ruotolo, 2004: 1529-1263; Ruotolo, 2006: 1555-1560):

$$Cr_2O_7^{2-} + 14H^+ + 6e^- \rightarrow 2Cr^{3+} + 7H_2O \qquad \textbf{(11.21)}$$

$$Cr_4^{2-} + 4H_2O + 3e^- \rightarrow Cr^{3+} + 8OH^- \qquad \textbf{(11.22)}$$

El pH afecta gravemente a la velocidad de reducción de Cr(VI), aun cuando se utilizan los electrodos recubiertos RVC/PANI. Las velocidades de reacción máximas se encuentran a pH ácido (1.5), mientras que no se observa reacción a valores de pH mayores de 3. También el incremento en la corriente aplicada al sistema aumenta la velocidad de reacción en los electrodos recubiertos (RVC/PANI), como sucede en los electrodos a base de carbono; sin embargo, la eficiencia de corriente disminuye y los costos aumentan (Ruotolo, 2006: 1555-1560). De todos modos, con el fin de mantener valores altos de eficiencia y rendimientos adecuados durante la reducción electroquímica de Cr(VI) a Cr(III) se han probado nuevas metodologías que controlan la corriente aplicada durante todo el proceso (Ruotolo, 2009: 334-339). Los resultados demuestran que la optimización de las condiciones hidrodinámicas y el control de la corriente basado en la transición de las concentraciones suponen un método factible y sencillo que se puede emplear para obtener altos rendimientos y bajos consumos de energía, inclusive hasta concentraciones muy bajas de Cr(VI).

c) **Cobre.** El cobre se ha propuesto como una alternativa para el tratamiento de cromo hexavalente y presenta propiedades interesantes para la reducción de Cr(VI), repostándose altas eficiencias de corriente y control de la reacción en cuanto a transferencia de masa se refiere:

$$2HCrO^-_{4(aq)} + 3Cu^0_{(s)} + 14H^+ \rightarrow 2Cr^{3+}_{(aq)} + 3Cu^{2+}_{(aq)} + 8H_2O \qquad \textbf{(11.23)}$$

Sin embargo, para determinar si existe una ventaja entre la electrorreducción de Cr(VI) y la reducción química es necesario un análisis comparativo de los costos globales. El costo del proceso de electrorreducción directo es casi siete veces mayor que el método químico si se lleva a cabo en condiciones óptimas de operación (pH 1.5). Los costos de los dos procesos están más cerca cuando el método electroquímico se realiza a un pH de 2, pero el tiempo de funcionamiento se triplica, y aumenta así el costo de bombeo de la solución que se trate (Almaguer-Busso,

2009: 1097-1100). No obstante, en este trabajo no se evaluó la cantidad de lodos que se generan en el tratamiento químico, lo que podría ser un factor importante, ya que el reactivo se adiciona en una cantidad 4.5 veces mayor a la requerida según cálculo estequiométrico. Esto implica un costo adicional por el manejo y la disposición de lodos; lo que impactará en el costo global del tratamiento de forma importante, ya que son considerados lodos peligrosos que deben ser manejados y dispuestos de forma especial. Adicionalmente, el agua tratada tendrá un exceso de sales, y posiblemente requiera un postratamiento para poder reutilizarla, lo que incrementa los costos del proceso. Por otra parte, el reactor electroquímico utilizado en el estudio no es necesariamente de los más eficientes, por lo que el tiempo de tratamiento podría reducirse en reactores electroquímicos más eficientes.

11.5.4 Proceso sonoelectroquímico para la remoción de Cr(VI)

En otros estudios se han combinado los procesos electroquímicos con el ultrasonido, es decir métodos sonoelectroquímicos donde se obtienen diferentes beneficios, tales como mejora de la transferencia de masa, alteración de las propiedades de la superficie de los electrodos, generación de especies electroactivas y eliminación de la pasivación de los electrodos (Verónica Sáez, 2004: 757-761). La irradiación ultrasónica produce cavitaciones acústicas que causan la formación, el crecimiento y la rápida implosión de burbujas de vapor en el líquido que generan ondas de choque microscópicas que producen efectos de micromezclado. En estudios de sonoquímica (Price, 2005: 1779-1780; Price, 2010: 30-33) se ha demostrado que los efectos del ultrasonido dependen de la frecuencia utilizada; a altas frecuencias (>350kHz), las rutas pirolíiticas predominan, mientras que a bajas, los efectos mecánicos son los predominantes. Pocos estudios se han realizado para la reducción del cromo hexavalente mediante el método sonoelectroquímico (Martínez-Delgadillo, 2010: 2501-2508). Donde se ha aplicado ultrasonido (40 kHz), conectando los transductores en el ánodo, el reactor electroquímico era un reactor operado en continuo con una concentración en el agua residual que se va a tratar de 1000 mg/L. En el estudio se demostró que, con el efecto de la irradiación ultrasónica, se puede disminuir el tiempo de residencia hasta en un 53.8%, de 65 minutos, sin ultrasonido, a 30 minutos con el ultrasonido a un pH de 1.7. Esto se explica debido a que el efecto de ultrasonido a las frecuencias utilizadas provoca efectos predominantes de micromezclado en el líquido y en las vecindades del electrodo, lo que incrementa la eficiencia de transferencia de masa, por tanto de la velocidad de reacción, y evita la pasivación de los electrodos. En este sentido, es necesario estudiar más detalladamente el proceso sonoelectroquímico para aprovechar las ventajas que presenta en la remoción del Cr(VI).

11.5.5 Evaluación del desempeño de reactores electroquímicos para la remoción de Cr(VI)

Las diferentes reacciones que se desarrollan durante el proceso electroquímico se deben llevar a cabo en reactores electroquímicos diseñados para obtener altas eficiencias de remoción. Resulta impescindible estudiar el comportamiento hidráulico dentro del los reactores y evitar que estos se vean como una "caja negra", debido a que parámetros tales como la velocidad del líquido, la vorticidad, la posición de la alimentación y otros parámetros afectan a su desempeño. Estudios con herramientas modernas, tales como la dinámica computacional de fluidos (CFD), utilizados a la hora de estudiar diferentes tipos de reactores electroquímicos, para evaluar su comportamiento hidráulico y para poderlo relacionar con la remoción de Cr(VI) de medios acuosos (Martínez-Delgadillo, 2010: 491-499; Martínez-Delgadillo, 2012: 776-783: Martínez-Delgadillo, 2011a: s.n.p), han permitido conocer con mayor detalle el mapa de la distribución de velocidades en el reactor.

a) **Reactores tubulares (flujo pistón con dispersión).** Evaluación del desempeño de un reactor electroquímico tubular continuo, como el presentado en la figura 11.7, se realizó utilizando CFD (Martínez-Delga-

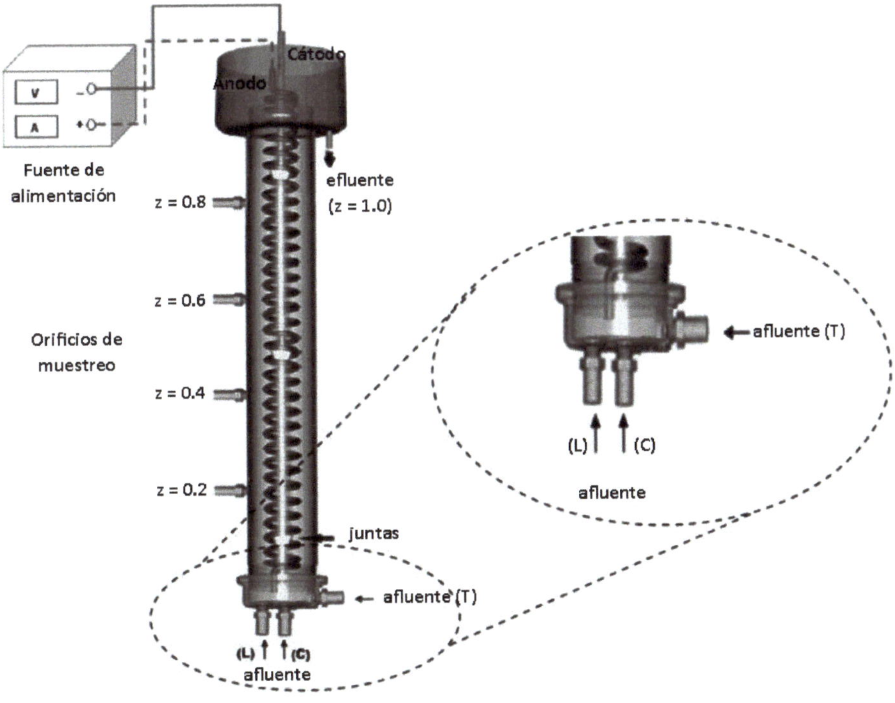

Figura 11.7 Reactor tubular con ánodo helicoidal.
(Fuente: elaboración propia)

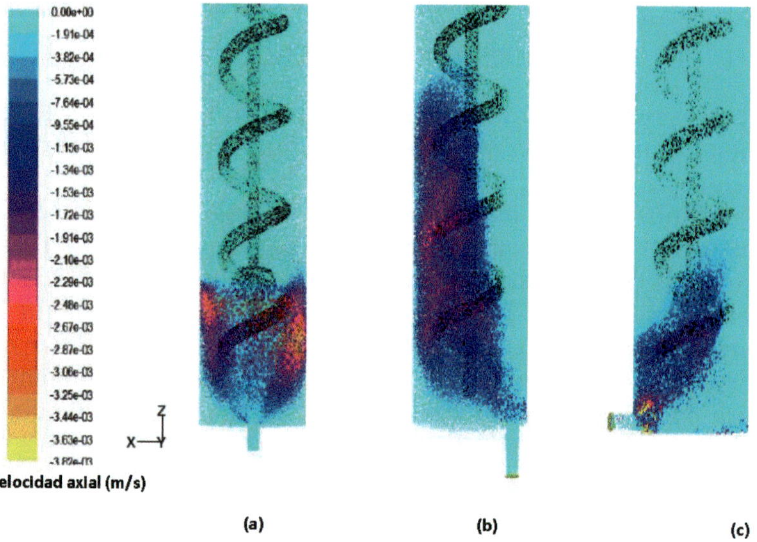

Figura 11.8 Distribución de la velocidad axial (≤ 0) en la zona cercana a la entrada del reactor electroquímico: a) central, b) lateral y c) tangencial. (Fuente: elaboración propia)

dillo, 2010: 491-499; Martínez-Delgadillo, 2012: 776-783). En el estudio se analizó el comportamiento hidráulico dentro del reactor al utilizar tres puntos de alimentación: central, lateral y tangencial. Asimismo, se realizaron pruebas con trazadores con la finalidad de evaluar el efecto de cada tipo de entrada en la dispersión en el reactor. La figura 11.8 muestra la distribución de velocidad axial en la zona cercana a la alimentación; donde se puede observar que, al utilizar la alimentación en la posición tangencial, reduce las zonas de recirculación, debido a que se reducen la cantidad de velocidades negativas.

Esto permite un mejor aprovechamiento de toda la zona cercana a la entrada del reactor que en el caso de los otros tipos de alimentación.

También se demostró que la distribución de la velocidad axial en todo el reactor es más homogénea cuando el reactor se opera con una alimentación tangencial, como lo muestra la figura 11.9 (Martínez-Delgadillo, 2010: 491-499).

La figura 11.9 muestra que el reactor que se ha operado con alimentación tangencial presenta menos zonas de baja velocidad axial que los otros casos. Asimismo, se observa que existen mayores velocidades cercanas al electrodo central, así como más homogéneamente repartidas que cuando el reactor se ha operado con las entradas en posición central o lateral. Por ello se puede afirmar que la alimentación tangencial provoca menos dispersión y mejor desempeño en el reactor.

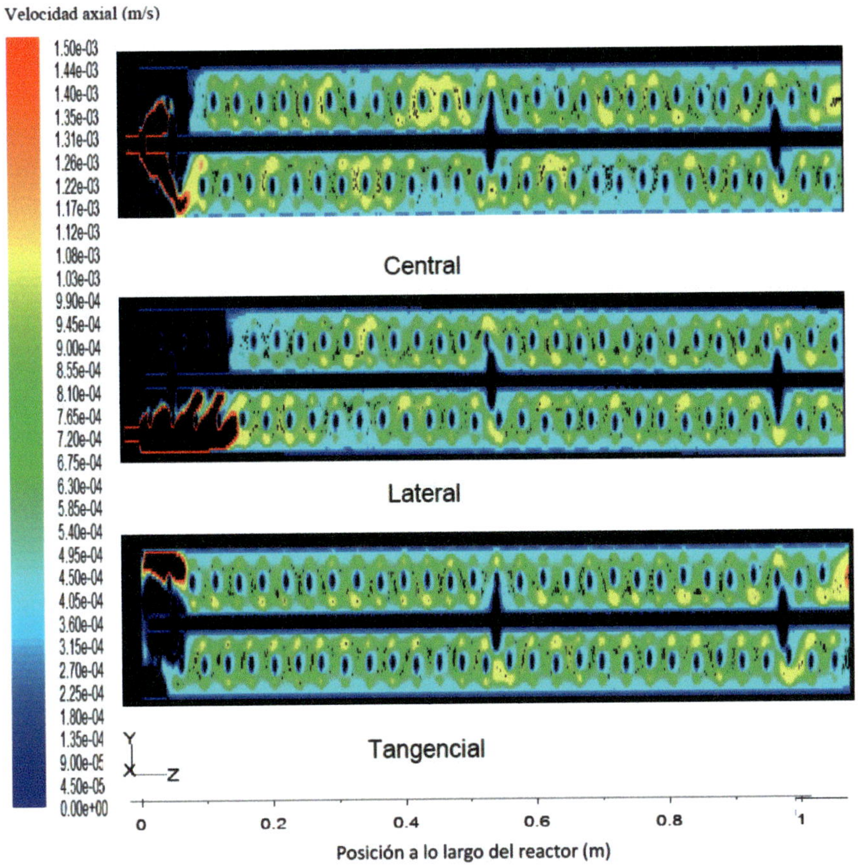

Figura 11.9 Distribución de la velocidad axial a lo largo del reactor electroquímico con diferentes posiciones de alimentación.
(Fuente: Martínez-Delgadillo, 2010)

b) **Reactores de electrodos rotatorios (mezcla completa).** Estudios utilizando CFD en reactores con electrodos rotatorios (figura 11.10) se han realizado para evaluar su comportamiento al ser operados a diferentes velocidades angulares (Helvio, en prensa; Martínez-Delgadillo, 2011a: s.n.p.).

Los estudios demostraron que a medida que aumenta la velocidad de rotación del electrodo disminuye el tiempo de reducción del Cr(VI), como se mencionó anteriormente (figura 11.3). Asimismo, a velocidades mayores a 100 rpm la reducción del tiempo de tratamiento es menor que a velocidades bajas. Mediante estudios de dinámica computacional de fluidos (Helvio, en prensa; Martínez-Delgadillo, 2011a: s.n.p.) se evaluó la velocidad de disipación turbulenta en el sistema, como lo muestra la figura 11.11.

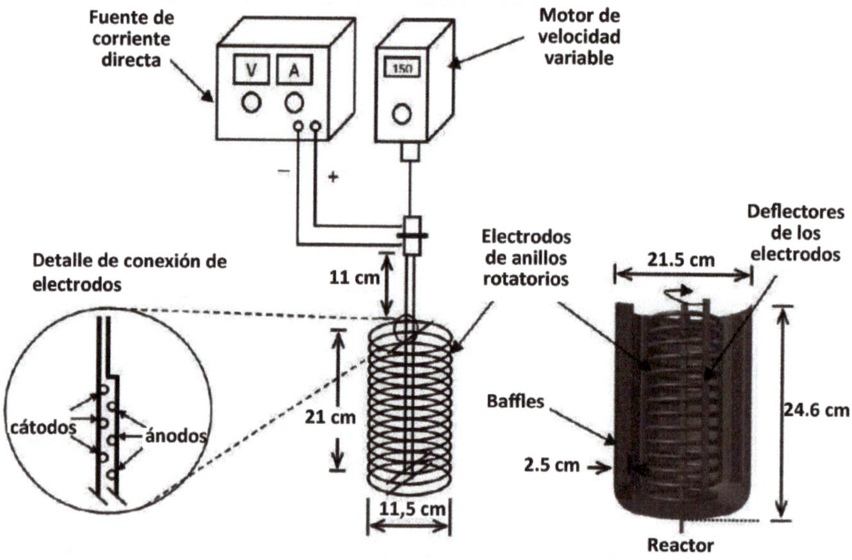

Figura 11.10 Reactor electroquímico de electrodos rotatorios.
(Fuente: Martínez-Delgadillo, 2010)

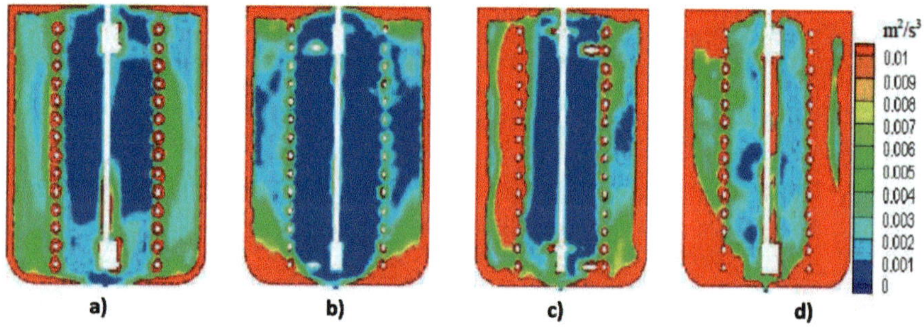

Figura 11.11 Perfiles de velocidad de disipación turbulenta en el reactor electroquímico de electrodos rotatorios: a) 75 rpm, b) 100 rpm, c) 150 rpm y d) 230 rpm.
(Fuente: Martínez-Delgadillo, 2011)

Como se observa, la velocidad de disipación aumenta a medida que crece la velocidad de rotación de los electrodos. Sin embargo, a rpm > 100 rpm, la disipación aumenta de forma exponencial; lo que provoca que, aunque mayor energía se suministre al fluido a velocidades de rotación ≥ 150 rpm, mayor energía es disipada; así se explica que, a las más altas rpm, no se reduzca de forma importante el tiempo de tratamiento para reducir el Cr(VI). También se demostró que la intensidad de turbulencia promedio era de 4.5% al aumentar las rpm de 75 a 150 rpm; sin embargo, al aumentar la velocidad de rotación a 200 rpm, aumentó a 4.75; es decir, sólo aumentó en 0.2% (Martínez-Delgadillo, 2011b: 2501-2508). Esto significa que a altas velocidades de rotación se consume alta cantidad de energía que no incrementa, en forma importante, la turbulencia, por lo que los autores recomiendan que para este reactor se trabaje a 150 rpm, con la finalidad de tener un mejor desempeño en el proceso y menores consumos energéticos.

11.6 Conclusiones

El metal pesado tóxico representa un problema para la salud pública cuando se encuentra por encima de los límites diarios permitidos (0.5 mg/L). Los procesos electroquímicos son atractivas alternativas a las actuales tecnologías de tratamiento de aguas residuales contaminadas con especies de Cr(VI), ya que resultan selectivas y eficientes, además de limpias y competitivas. Ello se debe a que se utiliza como reactivo principal el electrón, el cual está considerado como un reactivo limpio. La electrocoagulación con electrodos de hierro –a diferencia de los electrodos de aluminio– es un sistema eficiente para la eliminación de Cr(VI); sin embargo, es fuertemente dependiente del pH del sistema para formar las especies insolubles encargadas de remover las especies de cromo. Es importante establecer claramente que la remoción de cromo hexavalente por electrocoagulación con electrodos de hierro se efectúa en dos etapas. En la primera de ellas, la reducción de Cr(VI) a Cr(III) es llevada a cabo por los iones Fe^{2+}, generados a partir de la oxidación del ánodo de hierro y la posterior coprecipitación de hidróxidos de Fe^{3+}/Cr^{3+}; o bien, por la reducción directa en el cátodo. A valores bajos de pH, la reducción de Cr(VI) a Cr(III) por los iones Fe^{2+} se ve favorecida, pero en estas condiciones de pH no hay precipitación de cromo. La precipitación de hidróxidos de Fe^{3+}/Cr^{3+} se ejecuta a un pH básico; ello se debe a la solubilidad de las especies de hidróxido de metal –tanto de cromo e hidróxidos de hierro–. Sin embargo, esta técnica ha perdido popularidad, ya que se producen lodos tóxicos que contienen cromo hexavalente; además, el efluente requiere de ajustes para neutralizar la alcalinidad si se necesita reutilizar el agua, incluso el consumo de energía es bastante alto e incrementa los costos de proceso.

Cuando se trata de sistemas electroquímicos que utilizan electrodos de hierro, la principal diferencia entre los mecanismos de electrocoagulación y de electrodisolución es el pH que se genera en la solución acuosa. Mientras que el objetivo principal de la electrocoagulación es la desestabilización de las partículas cargadas eléctricamente, la electrodisolución en sistemas electrolíticos se realiza a condiciones ácidas, en las cuales el hierro liberado en el sistema reacciona directamente con el Cr(VI) sin la necesidad de generar especies insolubles ($Fe(OH)_{2(s)}$). En estos sistemas de electrogeneración de hierro, el efecto del cátodo en la reducción de cromo hexavalente es evidente, ya que la capacidad de reducción en continuo es directamente proporcional al aumento de la densidad de corriente en el sistema.

Las principales ventajas de los sistemas galvánicos, sobre los métodos tradicionales electrolíticos y de electrocoagulación, incluyen la capacidad de operar el sistema sin energía eléctrica –lo que reduce costos de operación y asegura su funcionamiento en localidades apartadas–, la baja generación de lodos –lo cual es ventajoso en términos de transferencia de masa a escala industrial– y la reutilización de electrodos reduciendo los costos de material. De esta manera, entre las diferencias significativas que permiten evaluar el desempeño de un sistema galvánico bimetálico y un sistema electroquímico convencional para la reducción de Cr(VI) se encuentran: energía utilizada, pH de trabajo con la subsecuente generación de lodos, principales mecanismos de reducción, tiempo de servicio y capacidad máxima de reducción en continuo. Asimismo, existen métodos, como el sonoelectroquimíco, que presentan algunas ventajas que sería muy práctico estudiar. Por último, se deben utilizar herramientas, tales como CFD, para conocer mejor el desempeño hidrodinámico dentro de los rectores, con la finalidad de mejorar los diseños; lo que permitirá optimizar su desempeño y reducir los consumos energéticos de los procesos y sus costos a nivel industrial.

Agradecimientos

Los autores agradecen al Consejo Nacional de Ciencia y Tecnología (CONACYT) por el apoyo otorgado a la realización de este proyecto.

Referencias

Abda M., Gavra Z., Oren Y. (1991). "Removal of chromium from aqueous solutions by treatment with fibrous carbon electrode: Column effects". *J. Appl. Electrochem.* 21, p. 734.

Aber S., Amani-Ghadim A. R., Mirzajani V. (2009). "Removal of Cr(VI) from polluted solutions by electrocoagulation: Modeling of experimental results using artificial neural network". *J. of Hazard. Mater.* 171, pp. 484-490.

Alatorre M. A., Gutiérrez S., Páramo P., Ibañez J. G. (1989). "Reduction of hexavalent chromium by polypyrrole deposited on carbon substrates". *J. of Appl. Electrochem.* 28, pp. 551-557.

Almaguer G., Velasco G., Carreño G., Gutiérrez S., Torres E., Alatorre A. (2009). "A comparative study of global hexavalent chromium removal by chemical and electrochemical processes". *Electrochemistry Communications* 11, pp. 1097-1100.

Arroyo M. G., Pérez V., Montañés M. T., García J., Guiñón J. L. (2009). "Effect of pH and chloride concentration on the removal of hexavalent chromium in a batch electrocoagulation reactor". *J. of Hazard. Mater.* 169, pp. 1127-1133.

ATSDR (2005). "Toxicology profile for chromium". Division of Toxicology and Environmental Medicine, Agency for toxic substances and disease registry, Atlanta, s.n.p.

Barrera C., Lugo V., Roa G., Natividad R., Martínez S. A. (2011) "Enhancing the electrochemical Cr(VI) reduction in aqueous solution". *J. of Hazard. Mater.* 185, pp. 1362-1368.

Barrera C., Ureña F., Campos E., Palomar M., Romero M. (2003) "A combined electrochemical-irradiation treatment of highly colored and polluted industrial wastewater", Radiat. Phys Chem. 67, 657.

Bockris J., Reddy A. (1979). *Electroquímica moderna.* Tomo 1, Reverté, Barcelona, España, p. 1395.

Cañizares P., Martínez F., Carmona M., Lobato J., Rodrigo M. A. (2005) "Continuous electrocoagulation of synthetic colloid-polluted wastes". *Ind. Eng. Chem. Res.* 44, pp. 8171-8177.

Cenkin V., Belavstev A. (1985). "Electrochemical Treatment of Industrial Water". *Effl. Wat. Treatment J. 25*, pp. 243-244.

Emamjomech M. M., Sivakumar M. (2009). "Review of pollutants removed by electrocoagulation and electrocoagulation/flotation processes". *J. of Environ. Management.* 90, pp. 1663-1679.

Ghernaout D., Ghernaout B., Naceur M. W. (2011). "Embodying the chemical water treatment in the green chemistry – A review". *Desalination*, 271, pp. 1-10.

Golder K., Samanta A. N., Ray S. (2007). "Removal of trivalent chromium by electrocoagulation". *Separation and purify* 53, pp. 33-41.

Golub D., Oren Y. (1989a) "Removal of chromium from aqueous solutions by treatment with porous carbon electrodes: Electrochemical principles". *J. of Appl. Electrochem.* 19, pp. 311-316.

Golub D., Oren Y. (1989b). "Removal of chromium from aqueous solutions by treatment with porous carbon electrodes: electrochemical principles". *J. Appl. Electrochem.* 19, p. 211.

Guidelines for Canadian Drinking Water Quality Summary Table Prepared by the Federal-Provincial-Territorial Committee on Drinking Water of the Federal-Provincial-Territorial Committee on Health and the Environment, (2010), Canadá.

IPCS. International Program on Chemical Safety, (1988). "Environmental Health Criteria Series, No 61 Chromium, WHO", Geneva http://www.inchem.org/documents/ehc/ehc/ehc61.htm

Jardine S. E., Fendorf M. A., Mayes, Larsen L., Brooks S., Bailey W. (1999). "Fate and Transport of Hexavalent Chromium in Undisturbed Heterogeneous Soil". *Environ. Sci. Technol.* 33, pp. 29-39.

Johnson J. (2006). "The Contemporary Anthropogenic Chromium Cycle", Env. Sci. Technol. 40, pp. 7060-7069.

Lugo V., Barrera C., Bilyeu B., Balderas P., Ureña F., Sánchez V. (2010). "Cr(VI) reduction in wastewater using a bimetallic galvanic reactor". *J. of Hazard. Mater.* 176, pp. 418-425.

Martínez D., Mollinedo H., Mendoza V., Barrera-Díaz C. "ResidenceTime Distribution and back-mixing in a tubular electrochemical reactor operated with different inlet flow velocities, to remove Cr(VI) from wastewater". *Chemical Engineering Journal*, 165, pp. 776-783.

MARTÍNEZ S. A., RODRÍGUEZ M. G., BARRERA C. (2000). "A kinetic model that describes removal of chromium VI from rinsing waters of the metal finishing industry by electrochemical processes". *Wat. Sci. & Technol.* 42, pp. 55-61.

MARTÍNEZ S., RODRÍGUEZ M., AGUILAR R. (2003) "Electrochemical Process to Remove Hexavalent Chromium From Industrial Wastewater in a Rotating Electrode Reactor". *Water Intelligence Online.* 2 © IWA Publishing.

MARTÍNEZ S. A., MOLLINEDO H. R., GUTIÉRREZ M., MENDEZ J. M. (2010) "Performance of a tubular electrochemical reactor, operated with different inlets, to remove Cr(VI) from wastewater". *Computers & Chemical Engineering.* 34, pp. 491-499.

MARTÍNEZ S., MOLLINEDO H., MENDOZA V., GUTIÉRREZ C., JIMÉNEZ J., BARRERA C. (2011a). "Performance evaluation of an electrochemical reactor used to reduce Cr(VI) from aqueous media applying CFD simulations". *Journal of Cleaner Production* doi: 10.1016/j.jclepro.2011.10.036.

MARTÍNEZ S., MENDOZA V., MOLLINEDO H., PUEBLA H.M MÉNDEZ J. M. (2011b). "Effect of the ultrasonic irradiation on the Cr(VI) electro-reduction process in a tubular electrochemical flow reactor". *Industrial & Engineering Chemistry Research,* 50, pp. 2501-2508.

MARTÍNEZ C. A., BRILLAS E. (2009) "Decontamination of wastewaters containing synthetic organic dyes by electrochemical methods: A general review". Applied Catalysis B: Environmental, 87, pp. 105-145.

MERIAN E. (1984). "Introduction on Environmental Chemistry and global cycles of Chromium, Nickel, Cobalt Beryllium, Arsenic, Cadmium and Derivatives", *Toxicol. Environ. Chem.* 8. pp. 9-38.

MOLLINEDO H. R., MARTÍNEZ S. A., MENDOZA X. V., GUTIÉRREZ C. C.. JIMÉNEZ J. A. "Evaluation of the effect of the rotational electrode speed in an electrochemical reactor by using CFD analysis". *Ind. Eng. Chem. Res.*, en prensa.

MOUEDHEN G., FEKI M., DE PETRIS M., AYEDI H. F. (2009). "Electrochemical removal of Cr(VI) from aqueous media using iron and aluminum as electrode materials: Towards a better understanding of the involved phenomena". *J. Hazard. Mater.* 168, pp. 983-991.

MUKHOPADHYAYA B., SUNDQUISTB J., SCHMITZ R. J. (2007). "Removal of Cr(VI) from Cr-contaminated groundwater through electrochemical addition of Fe(II)". *J. Environ. Manag.* 82, pp. 66-76.

NOM-127-SSA1-1994 Norma Oficial mexicana, (1994). "Salud ambiental, agua para uso y consumo humano-límites permisibles de calidad y tratamientos a que debe someterse el agua para su potabilizacion", México.

NRIAGU J., NIEBOER E. (1988). *Chromium in the Natural and Human Environments.* Wiley Series, New York.

OLMEZ T. (2009). "The optimization of Cr(VI) reduction and removal by electrocoagulation using response surface methodology". *J. of Hazard. Mater.* 162, pp. 1371-1378.

PRICE G. J., ASHOKKUMAR M., HODNETT M., ZEQUIRI B., GRIESER F. J. (2005). "Acoustic Emission from Cavitating Solutions: Implications for the Mechanisms of Sonochemical Reactions". *J. Phys. Chem.* B 109, pp. 1779-1780.

PRICE G. J., HARRIS N. K., STEWART A. J. (2010). "Direct observation of cavitation fields at 23 and 515 kHz". *Ultrason. Sonochem.* 17, pp. 30-33.

REUSSARD S. (1992). "Removal of Hexavalent Chromium Converting to Chromium Hydroxide by Treatment in a Electrochemical Reactor". *Icheme Sympoium Seies* 127, pp. 97-109.

ROBERTSON P. M., SCHWAGER F., IBL N. (1975). "A new cell for electrochemical processes". *J. of Electroanal. Chem.* 65, pp. 883-900.

RODRÍGUEZ M. G., VÍCTOR R., PUEBLA H,, MARTÍNEZ S. A. (2009)."Removal of Cr(VI) from wastewaters at semi-industrial electrochemical reactors with rotating ring electrodes". *Journal of Hazardous Materials* 163, pp. 1221-1229.

RODRÍGUEZ F., ORTIZ C., IBÁÑEZ J. G., ALATORRE A., GUTIERREZ S. (2005) "Electroreduction of Cr(VI) to Cr(III) on Reticulated Vitreous Carbon Electrodes in a Parallel-Plate Reactor with Recirculation". *Environ. Sci. Technol.* 39, 1875-1879.

RUOTOLO L. A., GUBULIN J. C. (2009). "Optimization of Cr(VI) electroreduction from synthetic industrial wastewater using reticulated vitreous carbon electrodes modified with conducting polymers". *Chem. Eng. J.* 149, pp. 334-339.

RUOTOLO L. A., LIAO A. A. GUBULIN J. C. (2004). "Reaction rate and electrochemical stability of conducting polymer films used for the reduction of hexavalent chromium". *J. Appl. Electrochem.* 34, pp. 1259-1263.

RUOTOLO L. A., SANTOS, D. S., GUBULIN J. C. (2006). "Electrochemical treatment of effluents containing Cr(VI)". *Wat. Res.* 40, pp. 1555-1560.

SAEZ V., GONZÁLEZ J., INIESTA J., FRIAS A., ALDAZ A. (2004). "Electrodeposition of PbO2 on glassy carbon electrodes: influence of ultrasound frequency". *Electrochemistry Communications* 6, pp. 757-761.

UNITED STATES ENVIRONMENTAL PROTECTION AGENCY (U.S. EPA) (2010). "IRIS Toxicological Review of Hexavalent Chromium (External Review Draft)". U.S. Environmental Protection Agency, Washington, DC, EPA/635/R-10/004A.

WHO (World Health Organization) (1996). "Chromium in Drinking-water Background document for development of WHO Guidelines for drinking-water quality", 2ª, ed. vol. 2. Health criteria and other supporting information, Geneva.

ZONGO I., LECLERC J. P., MAÏGA H. A., WÉTHÉ J., LAPICQUE F. (2009). "Removal of hexavalent chromium from industrial wastewater by electrocoagulation: A comprehensive comparison of aluminium and iron electrodes". *Sep. and Purif. Technol.* 66, pp. 159-166.

Capítulo 12

Métodos electroquímicos combinados

Lina A. Bernal Martínez[a], Carlos Barrera Díaz[a], Gabriela Roa Morales[a], Carlos Solís Morelos[b], Julián Cruz Olivares[c]

[a] Centro Conjunto de Investigación en Química Sustentable, UAEM-UNAM, Facultad de Química. Km 14.5, Carretera Toluca-Atlacomulco, C.P. 50200, Toluca, Estado de México, México.

[b] Centro Interamericano de Recursos del Agua. Facultad de Ingeniería. Universidad Autónoma del Estado de México. Km 14.5, Carretera Toluca-Atlacomulco, C.P. 50200, Toluca, México.

[c] Unidad Académica el Cerrillo. Facultad de Química. Universidad Autónoma del Estado de México. Km 15, Carretera Toluca-Ixtlahuaca, entronque al Cerrillo, México.

Resumen

La contaminación del agua es una de las grandes problemáticas a las que se enfrenta la humanidad, de ahí la necesidad de innovar y aplicar estrategias para mejorar el tratamiento de aguas residuales. Dentro de estos métodos se encuentran los procesos de oxidación avanzada, que son considerados como altamente competitivos para la eliminación de contaminantes, debido a su estabilidad química y a su baja biodegradabilidad. Sin embargo, también se propone como estrategia la combinación de tratamientos, ya sea en el pretratamiento o en el postratamiento, como alternativa para la mejora de la calidad del agua. En este capítulo se hace referencia a los antecedentes generales de los procesos de oxidación avanzada y a los estudios realizados con los métodos combinados reportados en la literatura.

12.1 Contaminación del agua

La contaminación del agua se puede clasificar de dos formas: directa e indirecta. La contaminación directa se debe a la descarga de efluentes o de plantas de tratamiento de aguas residuales que no cumplen con las normas establecidas; la contaminación indirecta es una consecuencia de otra actividad y de que las escorrentías llegan a cuerpos de agua como los biocidas o los fertilizantes de la agricultura. Los contaminantes como los metales pesados, los disolventes, los colorantes, los disolventes y los productos químicos, así como las sustancias solubles se pueden transportar y distribuir con facilidad en el ciclo del agua. Esta situación revela un efecto crónico debido a que grandes cantidades de sustancias se encuentran por mucho tiempo en el medio, por lo que se debe estudiar, interaccionar y comprender el efecto de las mezclas de estas sustancias en el tratamiento de aguas residuales industriales (Oller, 2011: 4141-4166; Barceló, 2007: 1019).

Con la finalidad de alcanzar alta eficiencia, expresada en términos de remoción de contaminantes, se ha considerado como alternativa la combinación de distintos métodos de tratamiento de aguas residuales: procesos físicos, químicos, biológicos y de oxidación avanzada. Estos métodos están clasificados como destructivos y no destructivos, y se aplican según el tipo de contaminante, la concentración y el caudal del agua cruda (Rivas, 2009: 854-859; Raj, 2005: 165-175); sin embargo, los procesos de oxidación avanzada son reconocidos porque son eficientes en el tratamiento de aguas residuales y degradan los contaminantes orgánicos mediante la formación de los radicales hidroxilos ($OH^{\bullet}$), que son altamente reactivos y no selectivos (Comninellis, 2008: 769-776; Shannon, 2008: 2301-2310). Estos métodos se pueden usar solos o combinados, y también dan buenos resultados para la remoción de contaminantes de aire y suelo (Forero, 2005: 97-109).

Se deben tener en cuenta ciertos aspectos para el tratamiento de agua: el oxidante químico que se utilizará (fotofenton o reactivo de Fenton, O_3/H_2O_2, O_3/UV, H_2O_2/UV, TiO_2/UV), para mejorar la destrucción de contaminantes persistentes (Comninellis, 2008: 769-776; Shannon, 2008: 2301-2310; Forero, 2005: 97-109; Augugliaro, 2006: 127-144; Klavarioti, 2009: 402-417), la capacidad de oxidación química debido a su potencial para la formación de contaminantes tóxicos intermediarios (Lee, 1992: 682-690; Wang, 1992: 268-273), comportamiento de los contaminantes (Eckstein, 1994: s.n.p.), elección del agente biológico, comparación de diferentes cultivos aclimatados y no aclimatados (Hu, 1994: 13-28) y el uso de cultivos monoespecíficos y anaerobios (Adams, 1994: 1812-1818).

Determinar el objetivo de los métodos combinados es esencial, ya que ayuda a definir la eficiencia del proceso y proporciona una base para la comparación de las diferentes condiciones de operación y para la optimización de los procesos (Malato, 2009: 1-59), para eliminar los contaminantes y reducir la toxicidad, lo que dependerá del tipo de combinación de métodos. En este capítulo se hace una descripción de los principales métodos combinados en el tratamiento de las aguas residuales, también se mencionan los procesos de oxidación avanzada y la combinación de diferentes métodos combinados que se han estudiado en diversos efluentes.

12.2 Procesos de oxidación avanzada (POA)

Los procesos de oxidación avanzada (POA) se definen como "aquellos procesos de oxidación que implican la generación de radicales hidroxilo en cantidad suficiente para interaccionar con los compuestos orgánicos del medio", se aplican a pequeña o mediana escala, y especialmente donde los métodos convencionales pierden eficiencia en el tratamiento de aguas residuales. Este es el caso de aguas con concentración de contaminantes tóxicos no biodegradables muy alta (> 1 g/L) o muy baja (< 5 mg/L); para mayores concentraciones, el elevado consumo de agente oxidante y la mejora en el balance energético del proceso hacen que resulten más adecuadas las técnicas de oxidación directa, tales como la oxidación húmeda.

Los POA se basan en procesos fisicoquímicos capaces de producir cambios en la estructura química de los contaminantes, ya que conllevan la generación y el uso de especies transitorias con un elevado poder oxidante, como el radical hidroxilo ($OH^\bullet$), y se diferencian entre sí por la forma en la que se generan.

La generación de estos radicales a través de cualquier medio (Fe/H_2O_2, ozono, UV/H_2O_2, etc.) se puede aplicar para cualquier tratamiento de agua; sin embargo, los procesos de oxidación avanzada no son siempre prácticos desde el punto de vista económico, debido a que el tiempo de vida medio de los radicales hidroxilos es muy corto (tabla 12.1), y una consecuencia de la elevada reactividad del agente oxidante es que los procesos de oxidación avanzada se caracterizan también por su baja selectividad; pero lo que en un proceso de producción puede ser una desventaja, es sin embargo una característica deseable en el caso de la eliminación de contaminantes de aguas residuales.

Tabla 12.1 Potenciales redox de algunos agentes oxidantes

Especie	E_o (V, 25 °C)	Especie	E_o (V, 25 °C)
Flúor (F_2)	3.03	Dióxido de cloro (ClO_2)	1.57
Radical hidroxilo ($OH^\cdot$)	2.80	Ácido hipocloroso (HClO)	1.49
Ozono (O_3)	2.07	Cloro (Cl_2)	1.36
Peróxido de hidrógeno (H_2O_2)	1.78	Bromo (Br)	1.09
Permanganato (MnO_4^-)	1.68	Yodo (I)	0.54

Tabla 12.2 Procesos de oxidación avanzada

Procesos homogéneos
Sin aporte externo de energía: Ozonización en medio alcalino (O_3/OH^-) Ozonización con peróxido de hidrógeno (O_3/H_2O_2) y ($O_3/H_2O_2/OH^-$) Peróxido de hidrógeno y catalizador (H_2O_2/Fe^{2+})
Con aporte externo de energía: Energía procedente de radiación ultravioleta (UV) Ozonización y radiación ultravioleta (O_3/UV) Peróxido de hidrógeno y radiación ultravioleta (H_2O_2/UV) Ozono, peróxido de hidrógeno y radiación ultravioleta (O_3/H_2O_2/UV) Fotofenton (Fe^{2+}/H_2O_2/UV) Energía procedente de ultrasonidos (US) Ozonización y ultrasonidos (O_3/US) Peróxido de hidrógeno y ultrasonidos (H_2O_2/US) **Electroquímica:** Oxidación electroquímica Oxidación anódica Electrofenton
Procesos heterogéneos: Ozonización catalítica (O_3/Cat) Ozonización fotocatalítica (O_3/TiO_2/UV) Fotocatálisis heterogénea (H_2O_2/TiO_2/UV)

(Fuente: elaboración propia)

En la tabla 12.2 se presentan los principales POA que se han evaluado a escala de laboratorio y en planta piloto; los más comunes utilizan combinaciones de ozono (O_3), peróxido de hidrógeno (H_2O_2), radiación ultravioleta y fotocatálisis.

Las principales ventajas de los procesos de oxidación avanzada son:

a) No cambian de fase al contaminante –como ocurre en el arrastre con aire o en el tratamiento con carbón activado–, sino que lo transforman y lo destruyen químicamente hasta su mineralización.

b) Generalmente se consigue la mineralización completa, "destrucción" del contaminante, mientras que las tecnologías convencionales que no emplean especies fuertemente oxidantes no alcanzan a oxidar la materia orgánica.

c) Son muy útiles para contaminantes refractarios que resisten otros métodos de tratamiento, principalmente el biológico, y que operan en rangos donde los sistemas convencionales no son factibles.

d) Usualmente no se generan lodos, que a su vez requieren de un proceso de tratamiento o disposición.

e) No se forman subproductos de reacción o, si se forman, tienen baja concentración.

f) Son ideales para disminuir la concentración de compuestos formados por pretratamientos alternativos, como la desinfección.

g) Generalmente mejoran las propiedades organolépticas del agua tratada.

h) En muchos casos consumen menos energía que otros métodos, por ejemplo, la incineración.

i) Permiten transformar contaminantes refractarios en productos biodegradables, por lo que aumenta la biodegradabilidad.

Los tratamientos mediante POA se han considerado tratamientos de costo elevado, debido a que los compuestos intermedios formados durante la oxidación tienden a ser más resistentes a una degradación química, hay un alto consumo de energía y se requiere la adicción de reactivos químicos –catalizadores y oxidantes–, que aumentan con el tratamiento (Muñoz, 2005: 369-375). Además, para obtener una completa mineralización se deben considerar los siguientes factores: el potencial producido de radicales hidroxilo, la cantidad de radicales inhibidores, el diseño del reactor y de la planta de tratamiento, así como la inversión y los costos de operación.

12.3 Métodos combinados

Algunos efluentes, la de contaminantes a los mantos freáticos y la contaminación de los cuerpos de agua superficial son causas de la avanzada degradación del medio ambiente. El tratamiento de agua es prioritario para los seres humanos, por lo que surge la necesidad de desarrollar nuevas tecnologías de tratamiento que ofrezcan alta viabilidad técnica y bajo impacto medioambiental.

Los métodos convencionales de tratamiento de aguas residuales –como la separación por aire, la coagulación, la floculación y la sedimentación– a menudo son costosos en términos de la inversión en equipo, de la necesidad de energía y del uso de reactivos químicos adicionales; asimismo, en la coagulación-floculación existe la producción de un volumen de lodos constante y un aumento en las concentraciones de aluminio o hierro en la fase líquida (Silva, 2004: 207-214); otros métodos como la ósmosis inversa y la adsorción en carbón activo sólo transforman el contaminante y no se resuelve el problema en el medio ambiente (Wiszniowski, 2006: 51-56), por lo que en el tratamiento convencional (precipitación-sedimentación primaria-oxidación biológica-sedimentación secundaria) los efluentes aún no cumplen con los límites requeridos, al menos para algunos de los parámetros como la demanda química de oxígeno (DQO), la salinidad, el amoniaco y los agentes tensoactivos (Schrank, 2004: 411-423).

Por ello, es importante considerar la eficiencia individual de los métodos de tratamiento para encontrar las condiciones óptimas de operación para los métodos combinados (Scott, 1997: 374-381), lo que implica un amplio conocimiento de dichos tratamientos, así como el control y el monitoreo de los diferentes parámetros analíticos durante cada etapa del tratamiento. Entre los parámetros químicos, principalmente se encuentran el carbono orgánico total, la DQO, la concentración de contaminantes específicos que puedan estar presentes en el agua y la oxidación completa de heteroátomos liberados, como especies inorgánicas (Cl^-, NO_3^-, PO_4^{3-}) y contaminantes completamente degradados durante los tratamientos.

Por ejemplo, en los tratamientos biológicos es importante llevar a cabo el análisis de toxicidad y las pruebas de biodegradabilidad: sólidos suspendidos totales, sólidos volátiles, carbono orgánico total, demanda química de oxígeno, pH y oxígeno disuelto en el sistema. También resultan esenciales la medición de los aniones y cationes presentes en los medios biológicos –debido a que se tienen los nutrientes que son vitales para la población de microorganismos en los lodos activados– y el monitoreo de las especies de nitrógeno –debido a que da información relacionada con la nitrificación y la desnitrificación–.

Esta serie de parámetros analizados satisface las necesidades del diseño de ingeniería para los métodos combinados de tratamiento de aguas residuales. Sin embargo, existen otros métodos de análisis que permiten identificar los productos de la degradación de intermedios, tales estudios implican dedicación y equipos analíticos –cromatografía y espectrometría de masas–, estos estudios sólo son una vía para la explicación de la toxicidad del agua durante el tratamiento; por ejemplo, la degradación de un contaminante forma productos y subproductos que son más tóxicos que el contaminante original.

A pesar de ello, los tratamientos biológicos no siempre ofrecen resultados satisfactorios, especialmente para el tratamiento de aguas residuales industriales, ya que la mayoría de las sustancias orgánicas producidas por la industria química son tóxicas o resistentes al tratamiento biológico (Lapertot, 2006: 1086-1094).

Una posible alternativa es la aplicación de los procesos de oxidación química en el pretratamiento, para transformar primeramente los compuestos orgánicos persistentes en compuestos intermediarios más biodegradables, y luego el tratamiento de oxidación biológica con un menor costo. Estudios han demostrado que la biodegradabilidad de los residuos cambia cuando son sometidos a una oxidación química previa.

Los tratamientos de oxidación se caracterizan por la generación de especies oxidantes –radicales hidroxilo–, lo que proporciona una eficiencia en el tratamiento del agua y el agua residual; asimismo, se ha demostrado que son de gran aplicación, debido a que remueven las sustancias resistentes presentes en las tecnologías convencionales.

Para una completa mineralización, la oxidación química es un tratamiento de un costo más elevado, ya que los subproductos intermedios formados durante el tratamiento de oxidación tienden a ser más resistentes a una degradación química, asimismo al consumo de energía –radiación, ozono, etc.– y a los reactivos químicos –catalizadores y oxidantes– que aumentan con el tratamiento (Zapata, 2009: 448-454).

12.4 Factores que se han de tener en cuenta en la combinación de métodos

La mejor selección de un tratamiento para la purificación de aguas residuales es compleja, la elección de uno o más procesos en combinación es una situación que dependerá de la calidad del efluente a tratar, de las normas que debe cumplir, del tratamiento más eficaz y del menor costo razonable, por lo tanto, los principales factores que se deben considerar son:

a) Calidad del agua residual.
b) Eliminación de los contaminantes iniciales.
c) Opciones de los diferentes tratamientos convencionales.
d) Flexibilidad de los tratamientos.
e) Instalaciones, capacidad y eficiencias de los sistemas de tratamiento.
f) Estudios económicos.
g) Evaluación del ciclo de vida para determinar la compatibilidad ambiental de la tecnología de tratamiento de aguas residuales.
h) El uso potencial del agua tratada.

Por otro lado, las variables utilizadas para describir la oxidación química de los contaminantes es mediante la concentración de carbono orgánico disuelto y la DQO, así como otros parámetros: concentración del catalizador, concentración de peróxido de hidrógeno, ozono, intensidad de radiación, valor de pH y temperatura. Tampoco se debe olvidar que es posible que las aguas residuales contengan sustancias que pueden competir con el agente oxidante (•OH): compuestos orgánicos, inorgánicos y materia orgánica natural, que causarían una disminución en la eficiencia del proceso (Azbar, 2004: 209-247); incluso en los efluentes en los que el objetivo es la oxidación, se puede dar una formación de intermediarios que reducirían la eficiencia del proceso global, puesto que que estas especies serían menos reactivas con los radicales hidroxilo.

12.5 Estudios con métodos combinados en el tratamiento de aguas residuales

Los métodos combinados son una alternativa para el tratamiento de aguas residuales, como se puede observar en la tabla 12.3; por lo que se concluye que para combinar diferentes métodos es imprescindible un diseño técnico factible.

Tabla 12.3 Estudios realizados con métodos combinados

Método combinado	Aplicación	Eficiencia de remoción	Fuente
Tratamientos químicos (coagulación)-procesos de oxidación avanzada (O_3, O_3/UV, H_2O_2/UV, O_3(H_2O_2/UV, Fe^{2+}/H_2O_2)	agua residual industrial de teñido de fibras	99% de DQO 96% de color	García, 2006: 169-172
Fotoquímico integrado: Fotofenton-H_2O_2/ UV-tratamiento biológico	agua residual industrial textil	colorantes	García, 2008: 483-490
Reactores biológicos-H_2O_2/UV, TiO_2/UV y fotofenton	agua sintética colorantes azoicos	99% de colorantes	Harrelkas, 2008: 1816-1822
Tratamiento biológico anaerobio-fotocatálisis (TiO_2)	agua sintética colorantes azo		You, 2010: 1112-1118
Reactor fotocatalítico de membrana-fotocatálisis (TiO_2)	agua sintética colorante negro 5	99% de color 75-85% DQO 75-85% COT	Drouiche, 2004: 81-88
Fotocatálisis (TiO_2)-ozonación	agua sintética	60% de COT	Dogruel, 2009: 3974-3983
UV/H_2O_2 combinado con ultrafiltración	agua residual industrial de aceite de olivo	Eficiente	Chatzisymeo, 2009: 268-274
Fenton y fotofenton con coagulación y sin coagulación	agua residual industrial de aceite de olivo	Eficiente en la eliminación de contaminantes orgánicos	Poznyak, 2008: 1108-1114
Oxidación electroquímica-fotocatálisis-Fenton-ozonación		Alcanza descontaminación parcial, después de prolongado tiempo de tratamiento	Kurniawan, 2009: 89-91

Tabla 12.3 Estudios realizados con métodos combinados (*Continuación*)

Método combinado	Aplicación	Eficiencia de remoción	Fuente
O_3, O_3/H_2O_2, O_3/UV-coagulación ($FeCl_3$, Fe_2, $(SO_4)_3$)	lixiviados	La biodegradabilidad aumenta de DBO_5/DQO 0.06 a 0.5 con 1.2 g/L de O_3 con 15 min de tratamiento	Peres, 2004: 115-121
H_2O_2-adsorción con carbón activado granular	lixiviados	Mejora la biodegradabilidad de los lixiviados DBO_5/DQO de 0.08 a 0.36	Hörsch, 2003: 48-56
Fenton-coagulación-floculación	agua residual industrial del vino	74% de reducción de la DQO, 99% de polifenoles y el 98% de aromáticos	De Pinho, 2000: 50-54
Electroquímico-electrofenton	agua residual industrial	reducción de la toxicidad de los contaminantes y la reutilización del agua tratada	Hai, 2007: 315-377
Electrocoagulación-electroflotación	cuerpos de agua	96-98% remoción de algas (20 A/m^2, pH 6-7, t = 30 min)	Tumsri, 2011: s.n.p.
Electrocoagulación-flotación	cuerpos de agua	100% remoción de algas (1 mA/cm^2, pH 7.4, t = 18-36 °C)	Gao, 2010: 336-343
Electrocoagulación-electroflotación	agua potable	78% remoción de flúor (pH = 6-7, t = 30 min)	Zuo, 2008: 452-457

Tabla 12.3 Estudios realizados con métodos combinados (*Continuación*)

Método combinado	Aplicación	Eficiencia de remoción	Fuente
Electrocoagulación-electroflotación	agua residual industrial textil	89% remoción de turbiedad y separación de metales pesados (pH = 7.5-7.8, t = <15 min)	Merzouk, 2009: 215-222
Electrocoagulación-electroflotación	agua residual industrial textil	80% remoción de DQO y color	Essadki, 2008: 1211-1223
Electrocoagulación-ultrasonido	agua potable	remoción de Ca^{2+} y CO_3	Kraft, 2002: 597-601
Pretratamiento-ultrasonido-UV	agua residual	Los resultados apoyan un futuro prometedor en la combinación de estos para el tratamiento del agua	Joyce, 2006: 222-230
Ultrasonido-UV	agua residual industrial	El tratamiento con ultrasonidos mejora el rendimiento de desinfección con luz UV	Yong, 2009: 695-701
Ultrasonido-UV, ultrasonido-UV-ozonación, utrasonido-H_2O_2, ultrasonido-Fenton	agua residual industrial	El efecto sinérgico de los procesos combinados es eficaz en la remoción de contaminantes orgánicos y microorganismos	Goncharuk, 2008: 137-150; Mahvi, 2009: 1-17; Al-Kdasi, 2004: 222-230

Algunas investigaciones realizadas en los últimos años sobre el tratamiento de aguas residuales son el estudio de la preoxidación y de los tratamientos biológicos; asimismo, se ha estudiado la aplicabilidad de los procesos de oxidación avanzada –ozono, peróxido de hidrógeno, radiación UV y reactivo de Fenton– combinados con tratamientos biológicos aerobios. Los resultados mostraron que la generación de radicales hidroxilo sin radiación UV son adecuados para la oxidación de contaminantes. Por otro lado, Horsch *et al.* hacen mención de que no siempre la preoxidación conduce a una mejor eficiencia en la degradación biológica (Hörsch, 2003: 48-56).

Los tratamientos terciarios que se utilizan comúnmente en la industria del papel son la ozonización, el reactivo de Fenton, la adsorción y membranas, entre otros; sin embargo, la sedimentación es el proceso que más se aplica en la remoción de sólidos suspendidos (Gonze, 2003: 215-225).

Hai *et al.* han publicado que las tecnologías biológicas híbridas son tratamientos prometedores y que los distintos componentes son independientes entre sí; la eficiencia de la combinación de los tratamientos está diseñada para ser sinérgica (Hai, 2007: 315-377).

Sobre base de los resultados obtenidos por diferentes investigadores se hace mención a que el tratamiento individual no podría mejorar los efluentes tratados respecto a la demanda química de oxígeno con concentraciones por debajo de los 200 mg/L; lo que sugiere la necesidad de integrar tratamientos físico-químicos y biológicos para la degradación de los contaminantes recalcitrantes y para que sea posible mejorar la calidad del agua; en este sentido resulta importante en los ensayos de toxicidad y biodegradabilidad para evaluar la eficiencia de los procesos de oxidación avanzada, como un paso previo a una mejor biodegradabilidad de las aguas residuales (Hai, 2007: 315-377; Pintar, 2004: 289-300).

El tratamiento combinado ultrasónido es una opción de pre y pos oxidación para la disminución de la toxicidad y para una mejor biodegradabilidad (Gonze, 2003: 215-225).

Rodrígues *et al.* evaluaron la biodegradabilidad de un efluente industrial de papel, donde sometieron el efluente a un sistema de tratamiento de coagulación y obtuvieron una relación de la DBO/DQO de 0.11 –no biodegradable–, seguido de un sistema de UV/TiO_2/H_2O_2 usando lámparas de mercurio, lo que aumentó la biodegradabilidad del efluente –DBO/DQO de 0.71– (Rodrígues, 2008: 1-10).

Los sistemas biológicos como los reactores de lodos activados son eficientes en la remoción de DBO, pero requieren largos tiempos de retención y los costos son altos; por otro lado, la ozonización y la ozonización combinada con radiación UV-H_2O_2 aumentan la biodegradabilidad de las aguas residuales que contienen polifenoles, esto también sucede con tratamientos combinados de fotocatálisis heterogénea con TiO_2 y homogénea con fotofenton-UV (Lucas, 2010: 235-241).

Soloman y *et al.* estudiaron el tratamiento electroquímico con electrodos de hierro, seguido de un tratamiento biológico, y obtuvieron una biodegradabilidad de 0.11 a 0.46 en un agua residual de la industria del papel (Soloman, 2009: 109-170).

Entre estos tratamientos combinados también se encuentra el proceso de oxidación avanzada mediante ozonización, que es el más utilizado con la combinación de un biológico para la reducción de la DQO y de organismos específicos como las algas; asimismo, la preozonización seguida de un reactor de carbón activado mejora el rendimiento de estos contaminantes (Balcioglu, 2006: 431-436).

La combinación de ozono/UV remueve compuestos fenólicos y aumenta la biodegradabilidad de los efluentes industriales, la disminución de la fitotoxicidad se observó con los tratamientos de oxidación de aire húmedo mediante catalizadores –platino y rutenio– y los procesos de coagulación-floculación-peróxido de hidrógeno (Lafi, 2009: 141-146; Minh, 2008: 749-757).

La ozonización como pretratamiento combinado con lodos activados se utiliza para mejorar la eliminación de carbono orgánico y de nitrógeno; por otro lado, la ozonización combinada con un proceso aerobio-ozonización remueve el 79% de la DQO y el proceso de ozonización individual es del 35% de remoción de la DQO.

Sin embargo, algunos autores han desarrollado el conjunto de los procesos de oxidación avanzada integrado con sistemas biológicos; por ejemplo, el reactivo de Fenton se utiliza con frecuencia como un pretratamiento, en combinación con microorganismos, para degradar compuestos orgánicos volátiles y no volátiles en CO_2 y biomasa; esta combinación también se ha realizado con ozonización seguida de un tratamiento aerobio de microorganismos (Lin, 2000: 4243-4249).

La combinación de electrofenton con procesos de digestión anaerobia, seguida de la ultrafiltración, da una desintoxicación de los efluentes y disminuye el peso molecular de los contaminantes –como los polifenoles– y se obtienen remociones del 50% para DQO y del 95% para compuestos monofenólicos (Oller, 2011: 4141-4166).

El método biológico es probablemente el más eficiente en la nitrificación y desnitrificación para la eliminación del nitrógeno. Sin embargo, el tratamiento biológico se ve obstaculizado por determinadas sustancias tóxicas –hidrocarburos aromáticos, aromáticos policíclicos, halógenos o fenoles– y por la presencia de compuestos refractarios biorgánicos –ácidos húmicos o surfactantes–; por lo que la integración de los procesos físicos-químicos-biológicos, sea cual sea el orden, mejora los procesos convencionales individuales y aumenta la eficiencia del tratamiento en general.

Koh y *et al.* estudiaron un tratamiento biológico, nitrificación/desnitrificación, combinado con UV/H_2O_2, en el que se redujo la concentración de DQO y DBO; por otro lado, el pretratamiento con coagulación-Fenton-filtro biológico redujo la concentración de la DQO (Koh, 2004: 261-271).

La combinación de métodos híbridos con dos o más procesos de oxidación avanzada complementa la oxidación y ayuda a contrarrestar los inconvenientes asociados a los métodos individuales. El proceso de ultrasonido es uno de los procesos de oxidación avanzada que se utiliza como pretratamiento, seguido de un proceso de lodos activados para la remoción de la DQO; otro pretratamiento es el térmico con ultrasonido y ozono, que aumentó la fase de biodegradabilidad y tiene una remoción del 45% de la DQO (Sangave, 2007a: 42-50; Sangave, 2007b: 32-41).

Por otro lado, la combinación de los tratamientos de electrocoagulación-flotación, electrocoagulación-electroflotación y electrocoagulación-ultrasonido son una opción de pre y pos oxidación para la disminución de la toxicidad y para una mejor biodegradabilidad (Rodrígues, 2008: 1-10), así como para su efectividad en el tratamiento de aguas residuales, debido al menor tiempo de retención y al menor contenido de agua en los lodos producidos, con un requerimiento de energía de sólo 0.5 KWh/m^3 (tabla 12.3).

12.6 Conclusiones

Los estudios presentados en este apartado son un indicativo de que existe una amplia aplicación de los procesos de oxidación avanzada combinados con otro tipo de tratamiento, ya sea físico, químico o biológico, como pretratamiento, o bien como postratamiento. Existe un creciente interés en el desarrollo y el estudio de estas tecnologías y se considera el tiempo de tratamiento, diseño y eficiencia de los métodos combinados, por lo que con los estudios y los resultados investigados en la literatura se concluye que hoy en día falta la aplicabilidad en plantas piloto a pequeña escala, a parte de un estudio económico que integre todas las ventajas y desventajas de este tipo de métodos combinados para el tratamiento de aguas residuales con la finalidad de mejorar la calidad del agua en cuanto a su biodegradabilidad y su toxicidad.

Agradecimientos

Al Centro Conjunto de Investigación en Química Sustentable (CCIQS) por las facilidades otorgadas.

Referencias

Adams C. D., Scanlon P. A., Secrist N. D. (1994). "Oxidation and biodegradability enhancement of 1, 4-Dioxane using hydrogen peroxide and ozone". *Environ. Sci. Technol.* 28, pp. 1812-1818.

Al-Kdasi A., Idris A., Saed K., Teong, C. (2004). "Treatment of textile wastewater by advanced oxidation processes- A review". *Global Nest: the Int. J.* 6, pp. 222-230.

Augugliaro V., Litter M., Palmisano L., Soria J. (2006). "The combination of heterogeneous photocatalysis with chemical and physical operations: a tool for improving the photoprocess performance". *J. Photochem. Photobiol.* 7, pp. 127-144.

Azbar N., Bayram A., Filibeli A., Muezzinoglu A., Sengul F., Ozer A. (2004). "A review of wastes management options in olive oil production". *Crit. Rev. Env. Sci. Technol.* 34, pp. 209-247.

Balcioglu I. A., Sarac C., Kivilcimdan C., Tarlan E. (2006). "Application of ozonation and biotreatment for forest industry wastewater". *Ozone Sci. Eng.* 28, pp. 431-436.

Barceló D., Petrovic M. (2007). "Emerging contaminants in wastewaters". *Trends Anal Chem.* 26, p. 1019.

Chatzisymeon E., Dimou A., Mantzavinos D., Katsaounis A. (2009). "Electrochemical oxidation of model compounds and olive mill wastewater over DSA electrodes: 1 The case of Ti/ IrO_2 anode". *J. Hazard. Mater.* 167, pp. 268-274.

Comninellis C., Kapalka A., Malato S., Parsons S. A., Poulios I., Mantzavinos D. (2008). "Perspective Advanced Oxidation Processes for water treatment: advances and trends for R&D". *J. Chem. Technol. Biotechnol.* 83, pp. 769-776.

De Pinho M. N., Minhalma M., Rosa M. J., Taborda F. (2000). "Integration of flotation/ ultrafiltration for treatment of bleached pulp effluent Pulp Pap Can 104", pp. 50-54.

Dogruel S., Olmez Hanci T., Kartal Z., Arslan I., Orhon D. (2009). "Effect of Fenton's oxidation on the particle size distribution of organic carbon in olive mill wastewater". *Water Res.* 43, pp. 3974-3983.

Drouiche V., Le Mignot M., Lounici H., Belhocine D., Grib H., Pauss A. (2004). "A compact process for the treatment of olive mill wastewater by combining UF and UV/H_2O_2 techniques". *Desalination* 169, pp. 81-88.

Eckstein T. (1994). "Sequential advanced oxidation–biodegradation of simple aqueous solutions of aromatic compounds". PhD. thesis, University of North Carolina at Chapel Hill.

Essadki A. H., Bennajah M., Gourich B., Vial Ch., Azzi M., Delmas H. (2008). "Electrocoagulation/electroflotation in an external-loop airlift reactor-Application to the decolorization of textile dye wastewater: A case study". *Chem. Eng. Process.* 47, pp. 1211-1223.

Forero J. E., Ortiz O. P., Ríos F. (2005). "Aplicación de procesos de oxidación avanzada como tratamiento de fenol en aguas residuales industriales de refinería". *Ciencia, Tecnología y Futuro*, pp. 97-109.

Gao S., Yang J., Tian J., Ma F., Tu G., Du M. (2010). "Electro-coagulation-flotation process for algae removal". *J. Hazard. Mater.* 177, pp. 336-343.

García J., Doménech X., García Hortal J. A., Torrades F., Peral J. (2008). "The testing of several biological and chemical coupled treatments for Cibacron Red FN-R azo dye removal". *J. Hazard. Mater.* 154, pp. 484-490.

García A., Amat A. M., Arqués A., Sanchís R., Gernjak W., Maldonado M. I. (2006). "Detoxification of aqueous solutions of the pesticide "Sevnol" by solar photocatalysis". *Environ. Chem. Lett.* 3, pp. 169-172.

Goncharuk V. V., Malyarenko V. V., Yaremenko V. A. (2008). "Use of ultrasound in water treatment". *J. Water Chem. Technol.* 30, pp. 137-150.

Gonze E., Commenges N., Gonthier Y., Bernis A. (2003). "High frequency ultrasound as a pre-orpost-oxidation for paper mill wastewaters and landfill leachate treatment". *J. Chem. Eng.* 92, pp. 215-225.

Hai F. I., Yamamoto K., Fukushi K. (2007). "Hybrid treatment systems for Dye Wastewater". *Crit. Rev. Env. Sci. Technol.* 37, pp. 315-377.

Harrelkas F., Paulo A., Alves M. M., El Khadir L., Zaharaa O., Pons M. N. (2008). "Photocatalytic and combined anaerobic-photocatalytic treatment of textile dyes", Chemosphere 72, pp. 1816-1822.

Hörsch P., Speck A., Frimmel F. H. (2003). "Combined advanced oxidation and biodegradation of industrial effluents from the production of stilbene-based fluorescent whitening agents". *Water Res.* 37, pp. 48-56.

Hu S. T., Yu Y. H. (1994). "Preozonation of chlorophenolic wastewater for subsequent biological treatment". *Ozone Sci. Eng.* 16, pp. 13-28.

Joyce E. M., Mason T. J., Lorimer J. P. (2006). "Application of UV radiation or electrochemistry in conjunction with power ultrasound for the disinfection of water", *International J. Environ. and Pollution*, 27, pp. 222-230.

Klavarioti M., Mantzavinos D., Kassinos D. (2009). "Removal of residual pharmaceuticals from aqueous systems by advanced oxidation processes". *Environ. Int.* 35, pp. 402-417.

Koh I. O., Chen Hamacher X., Hicke K., Thiemann W. (2004). "Leachate treatment by the combination of photochemical oxidation with biological process". *J. Photochem. Photobiol.* 162, pp. 261-271.

Kraft A., Blaschke M., Kreysig D. (2002). "Electrochemical water disinfection Part III: Hypochlorite production from potable water with ultrasound assisted cathode cleaning". *J. Applied Electrochemistry.* 32, pp. 597-601.

Kurniawan T. A., Lo W. H. (2009). "Removal of refractory compounds from stabilized landfill leachate using an integrated H_2O_2 oxidation and granular activated carbon (GAC) adsorption treatment". *Water Res.* 43, pp. 89-91.

Lafi W. K., Shannak B., Al-Shannag M., Al-Anber Z., Al-Hasan M. (2009) "Treatment of olive mill wastewater by combined advanced oxidation and biodegradation". *Sep. Purif. Technol.* 70, pp. 141-146.

Lapertot M., Pulgarín C., Fernández P., Maldonado M. I., Pérez L., Oller I. (2006). "Enhancing biodegradability of priority substances (pesticides) by solar photo-Fenton". *Water Res.* 40, pp. 1086-1094.

Lee S. H., Carberry J. B. (1992). "Biodegradation of PCP enhanced by chemical oxidation pre-treatment". *Water Environ. Res.* 64, pp. 682-690.

Lin S. H., Chang C. C. (2000). "Treatment of landfill leachate by combined electro-Fenton oxidation and sequencing batch reactor method". *Water Res.* 34, pp. 4243-4249.

Lucas M. S., Peres J. A., Li Puma G. (2010). "Treatment of winery wastewater by ozone-based advanced oxidation processes (O_3, O_3/UV and O_3/UV/H_2O_2) in a pilot-scale bubble column reactor and process economics". *Sep. Purif. Technol.* 72, pp. 235-241.

Mahvi A. H. (2009). "Application of Ultrasonic Technology for Water and Wastewater Treatment". *Iranian J. Publ Health*, 38, 1-17.

Malato S., Fernández P., Maldonado M. I., Blanco J., Gernjak W. (2009). "Decontamination and disinfection of water by solar photocatalysis: recent overview and trends". *Catal. Today* 147, pp. 1-59.

Merzouk B., Gourich B., Sekki A., Madani K., Chibane M. (2009) "Removal turbidity and separation of heavy metals using electrocoagulation-electroflotation technique: A case study". *J. Hazard. Mater.* 164, pp. 215-222.

Minh D. P., Gallezot P., Azabou S., Sayadi S., Besson M. (2008). "Catalytic wet air oxidation of olive oil mill effluents, Treatment and detoxification of real effluents". *Appl. Catal. B Environ.* 84, pp. 749-757.

Muñoz I., Rieradevall J., Torrades F., Peral J., Doménech X. (2005). "Environmental assessment of different solar driven advanced oxidation processes". *Sol. Energy.* 79, pp. 369-375.

Oller I., Malato S., Sánchez J. A. (2011). "Combination of Advanced Oxidation Processes and biological treatments for wastewater decontamination-A review". *Sci. Total Environ.* 20, pp. 4141-4166.

Peres J. A. Beltrán J., Domínguez J. R. (2004). "Integrated Fenton's reagent-coagulation/flocculation process for the treatment of cork processing wastewaters". *J. Hazard. Mater.* 107, pp. 115-121.

Pintar A., Besson M., Gallezot P., Gibert J., Martin D. (2004). "Toxicity to Daphnia magna and Vibrio fischeri of Kraft bleach plant effluents treated by catalytic wet-air oxidation". *Water Res.* 38, pp. 289-300.

Poznyak T., Bautista G. L., Chaírez I., Córdova R. I., Ríos L. E. (2008). "Decomposition of toxic pollutants in landfill leachate by ozone after coagulation treatment". *J. Hazard. Mater.* 152, pp. 1108-1114.

Raj D. S., Anjaneyulu Y. (2005). "Evaluation of biokinetic parameters for pharmaceutical wastewaters using aerobic oxidation integrated with chemical treatment". *Process Biochem.* 40, pp. 165-175.

Rivas J., Gimeno O., Beltrán F. (2009). "Wastewater recycling: Application of ozone based treatments to secondary effluents". *Chemosphere* 74, pp. 854-859.

Rodrígues A. C., Boroski M., Shimada N. S., García J. C., Nozaki J., Hioka N. (2008). "Treatment of paper pulp and paper mill wastewater by coagulation-flocculation followed by heterogeneous photocatalysis". *J. Photochem. Photobiol.* 194, pp. 1-10.

Sangave P. C., Gogate P. R., Pandit A. B. (2007a). "Ultrasound and ozone assisted biological degradation of thermally pretreated and anaerobically pretreated distillery wastewater". *Chemosphere* 68, pp. 42-50.

Sangave P. C., Gogate P. R., Pandit A. B. (2007b) "Combination of ozonation with conventional aerobic oxidation for distillery wastewater treatment". *Chemosphere* 68, pp. 32-41.

Schrank S. G,. Jose H. J., Moreira R. F., Schroder H. F. (2004). "Elucidation of the behavior of tannery wastewater under advanced oxidation conditions". *Chemosphere* 56, pp. 411-423.

Scott J. P., Ollis D. F. (1997). "Integration of chemical and biological oxidation processes for water treatment: II. Recent illustrations and experiences". *J. Adv. Oxid. Tech.* 2, pp. 374-381.

Shannon M. A., Bohn P. W., Elimelech M., Georgiadis J. G., Mariñas B. J., Mayes A. M. (2008). "Science and technology for water purification in the coming decades". *Nature.* 45, pp. 2301-2310.

Silva A. C., Dezotti M., Sant'Anna Jr. G. (2004). "Treatment and detoxification of a sanitary landfill leachate". *Chemosphere* 55, pp. 207-214.

Soloman P. A., Basha C. A., Velan M., Balasubramanian N., Marimuthu P. (2009). "Augmentation of biodegradability of pulp and paper industry wastewater by electrochemical pretreatment and optimization by RSM". *Sep. Purif. Technol.* 69, pp. 109-170.

Tumsri K., Chavalparit O. (2011). "Optimizing Electrocoagulation-electroflotation Process for Algae Removal". II International Conference on Environmental Science and Technology, 6.

Wang Y. T. (1992). "Effect of chemical oxidation on anaerobic biodegradation of model phenolic compounds". *Water Environ. Res.* 64, pp. 268-273.

Wiszniowski J., Robert D., Surmacz J., Miksch K., Weber J. V. (2006). "Landfill leachate treatment methods: a review". *Environ. Chem. Lett.* 4, pp. 51-56.

Yong H. N., Cairns W., Mao T., Farnood R. R. (2009). "Effect of sonication on UV disinfictability of primary effluents". *Water Environ. Res.* 81, pp. 695-701.

You S. J., Damodar R. A., Hou S. C. (2010). "Degradation of Reactive Black 5 dye using anaerobic/aerobic membrane bioreactor (MBR) and photochemical membrane reactor". *J. Hazard. Mater.* 177, pp. 1112-1118.

Zapata A., Velegraki T., Sánchez J. A., Mantzavinos D., Maldonado M. I., Malato S. (2009). "Solar photo-Fenton treatment of pesticides in water: effect of iron concentration on degradation and assessment of ecotoxicity and biodegradability", *Appl Catal. B. Environ.* 88, pp. 448-454.

Zuo Q., Chen X., Li W., Chen G. (2008). "Combined electrocoagulation and electroflotation for removal of fluoride from drinking water". *J. Hazard. Mater.* 159, 452-457.

Capítulo 13

Uso y aplicaciones de sensores químicos y electroquímicos para la detección de contaminantes en agua y agua residual

M. T. Ramírez-Silva[a] y M. Palomar-Pardavé[b]

[a] Universidad Autónoma Metropolitana-Iztapalapa. Departamento de Química, San Rafael Atlixco, nº 186, col. Vicentina, C.P. 09340 México D.F., México. mtrs218@xanum.uam.mx

[b] Universidad Autónoma Metropolitana-Azcapotzalco. Departamento de Materiales. Av. San Pablo, 180. C.P. 02200, México D.F. México. mepp@correo.azc.uam.mx

Resumen

El hombre siempre ha tenido la necesidad de saber sobre la presencia o no de ciertas sustancias de interés para él. En los orígenes, le resultaba de vital importancia saber que en su comida o su bebida no hubiera algún veneno, o bien que, si entraba en una cueva, esta no explotara súbitamente debido a la presencia de gas metano. En un principio, la única manera en que el hombre podía resolver esto era usando sus propios sentidos; como es de suponer, pocos eran los valientes o bien lo suficientemente sensibles como para captar esas sustancias. Posteriormente, se utilizó a otros seres vivos para realizar esta ingrata tarea; sin embargo, los resultados fueron, en general, poco satisfactorios. En la actualidad y gracias al conocimiento acumulado y sistematizado por el ser humano en ciencias como la química y la física, se han logado desarrollar diferentes sistemas de análisis de sustancias; entre ellos, es importe mencionar a los que utilizan electrodos modificados, ya que suelen ser de costo razonable y se pueden utilizar *in situ*, a diferencia de muchas otras técnicas; como las de resonancia magnética nuclear (RMN) que, aunque muy precisas y sensibles, son de alto costo y tienen un radio de acción muy localizado. Esta última característica hace que los electrodos modificados sean especialmente útiles para la determinación cualitativa y cuantitativa de substancias peligrosas para la vida que contaminan el agua en el medio ambiente, o bien para determinar el estado de salud de personas que viven alejadas de las zonas urbanas mediante el análisis de sus fluidos corporales; por ejemplo, sangre y orina. En México se han logrado desarrollar varios tipos de electrodos modificados que se emplean en sensores químicos y electroquímicos para el análisis de diferentes tipos de sustancias; por ejemplo, fenol (Alarcon, 2010: 245-502), dopamina (Corona-Avendaño, 2010: 463-474; Alarcón-Angeles, 2008: 3013-3020; Corona-Avendaño, 2009: J375-J381), adrenalina (Álvarez-Romero, 2007: 1533-1541), nitratos (Álvarez-Romero, 2004: 1236-1242) y surfactantes (Rodríguez-Bravo, 2011: 2730-2745; Campanella, 2004: 641-651), entre otros. En este capítulo se establecen generalidades sobre sensores químicos y electroquímicos y un ejemplo de su uso en la cuantificación de nitratos mediante nanopartículas de cobre.

13.1 Sensores químicos

Los sensores químicos son dispositivos que permiten realizar la determinación de un analito de forma sencilla y utilizando una instrumentación que, en general, es de un costo menor que los grandes equipos que se encuentran en los laboratorios. La característica principal de este dispositivo es que transforma la información química de un componente de la muestra específica en una señal analítica útil.

La información de la muestra puede originarse mediante una reacción química del analito o mediante alguna propiedad física del sistema en estudio.

Estos dispositivos están compuestos por un elemento de reconocimiento molecular o iónico que interacciona con un componente específico de la muestra (analito) y por un transductor que traduce la interacción en una señal que puede ser procesada.

Los receptores de los sensores químicos pueden basarse en principios:

- **Físicos.** Donde no hay reacción química. Ejemplo de estos pueden ser los que se basan en la medida de la absorbancia, en el índice de refracción, en la conductividad, en la temperatura o en el cambio másico.
- **Químicos.** Se efectúa una reacción química con la participación de un analito que aumenta la señal analítica.
- **Bioquímicos.** Un proceso bioquímico es el responsable de la señal analítica. Por ejemplo, los procesos enzimáticos, inmunosensores. Este puede considerarse como un subgrupo de los sensores químicos y se llaman "biosensores", ya que el material utilizado para el reconocimiento del analito es biológico.

Los sensores se suelen diseñar para operar en condiciones bien definidas y para analitos específicos en una muestra. No siempre es necesario que el sensor responda específicamente a un analito. Bajo condiciones de operación controlada, la señal del analito puede ser independiente de otros componentes de la muestra y permite la determinación sin tratamiento previo de la misma.

Los sensores químicos se pueden clasificar de acuerdo con el principio de operación del transductor, de tal forma que pueden ser:

- **Ópticos.** Son dispositivos que transforman cambios de fenómenos ópticos, resultado de la interacción de un analito con el receptor. En este grupo se encuentran los que tienen cambios de absorbancia causados por la absortividad del analito por sí mismo o por una reacción química con un indicador u otro compuesto que genere un cambio que aumente la señal analítica. La reflectancia se mide en un medio no transparente causado por un indicador inmovilizado. Luminiscencia es la medida de la luz emitida generada por la reacción química en el sistema receptor, también en este grupo están la fluorescencia, el índice de refracción, el efecto optotérmico y la dispersión de luz.

- **Electroquímicos.** Son dispositivos que transforman el efecto de la interacción analito-electrodo en una señal útil. En este grupo se encuentran:
    - Los sensores voltamperométricos, los cuales incluyen los dispositivos amperométricos, en los que la corriente se mide como corriente directa o corriente alterna. A este grupo pertenecen los sensores que se basan en electrodos químicamente inertes, en electrodos químicamente activos y en electrodos modificados.
    - Los sensores potenciométricos, en los cuales el potencial del electrodo indicador se mide contra un electrodo de referencias. Aquí se encuentran los electrodos selectivos a iones ESI, los electrodos redox y los electrodos metal/óxido metálico, entre otros.
    - Otros sensores son los del tipo ISFET (transistor de efecto campo sensible a iones), semiconductores de óxidos metálicos para sensores de gas, impedimétricos, semiconductores orgánicos, conductividad electrolítica y permitividad eléctrica.
- **Másico.** El cambio de masa está causado por una acumulación del analito.
    - Los piezoeléctricos se basan en la medida del cambio de frecuencia.

Así pues, esta configuración tan simple de reconocimiento más transducción (figura 13.1) que integra el proceso analítico convencional ha permitido un diseño de una nueva instrumentación, de características muy innovadoras dentro de la química analítica, especialmente para las medidas *in situ*, fuera del laboratorio, en situaciones hasta ahora no habituales; por ejemplo, el control de parámetros clínicos por parte de personal no especializado –sensores de glucosa, alcohol, colesterol, etc.–, la seguridad y el confort doméstico –sensores de humos, de fugas de gas, etc.– o el control de calidad y del estado de los alimentos.

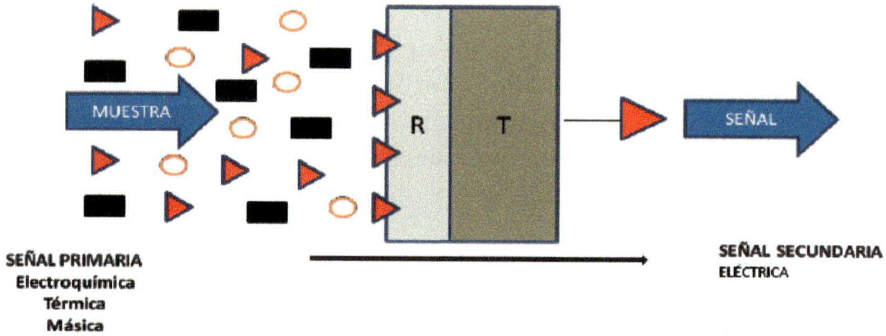

Figura 13.1 Diagrama esquemático del funcionamiento de un sensor químico. El receptor (R) solamente reconce un componente de la muestra. El transductor (T) convierte la señal asociada al proceso de reconocimiento en una señal eléctrica. Esta señal es posteriormente amplificada, acondicionada, procesada y presentada en formato de dato (Señal). El receptor puede reconocer el analito mediante mecanismos físicos o químicos.
(Fuente: elaboración propia)

En las múltiples aplicaciones de los sensores químicos es deseable que cuenten con las siguientes características:

- **Alta sensibilidad.** Permite el análisis de compuestos en concentraciones de partes por billón ($\mu g \cdot L^{-1}$) (Hulanicki, 1991: 1247; Gamella, 2006: 7960-7967).
- **Alta selectividad.** El elemento de reconocimiento debe interaccionar exclusivamente con el analito, y no con otros componentes de propiedades similares.
- **Bajo costo.** En general, estos sistemas se pueden fabricar a escala industrial, lo cual reduce considerablemente su costo. Sin embargo, existen fases críticas en su construcción que dificultan el proceso –por ejemplo, procesos de inmovilización–.
- **Tiempo de respuesta.** Muchos sensores químicos emplean algunos minutos en cuantificar el compuesto de interés. El análisis se realiza en tiempo real.
- **Manejo sencillo.** Esta tecnología no requiere personal cualificado. Sus diseños portátiles permiten su aplicación *in situ*. Prescindir del control manual facilita su integración dentro de los sistemas automatizados.
- **Tamaño.** Los desarrollos en microelectrónica y nanotecnología han permitido reducir las dimensiones de estos dispositivos. Así pueden ensamblarse varios de ellos en un mismo sistema que realiza varias tareas a la vez, y son aplicables a ensayos donde el tamaño físico del dispositivo o el volumen de la muestra son factores limitantes.
- **Multianálisis.** Ciertos sensores químicos llevan a cabo la determinación de diferentes analitos de forma simultánea. La combinación de varios de ellos podría darles ventaja frente a las técnicas de análisis convencionales –cromatografía, espectrometría, etc.– (Gamella, 2006: 7960-7967; Huang, 2005: 1841-1856).

13.2 Reconocimiento químico

El componente receptor de un sensor químico transforma selectivamente determinada información química contenida en la muestra en una forma de energía adecuada para que la mida el transductor. Se conoce la selectividad limitada de la mayoría de las reacciones utilizadas en el análisis químico, lo cual obliga a efectuar algunos tratamientos previos a la muestra para separar posibles interferencias. Por esto, sólo han encontrado aplicación en un número muy reducido de reacciones analíticas tradicionales como sistemas receptores de los sensores químicos, ya que estos están diseñados para funcionar en medidas directas, sin tratamiento de la muestra.

A partir de los trabajos de Pedersen, Cram y Lehn, que recibieron el Premio Nobel en 1988, se abrieron grandes expectativas a la química analítica para disponer de una gran variedad de reactivos de reconocimiento iónico y molecular (Bakker, 2000: 1127-1133). De una forma muy elegante, con procedimientos de arquitectura molecular, se han sintetizado reactivos formadores de complejos receptor-analito, donde las especies implicadas se complementan a la vez en forma y dimensiones (geometría) y en grupos enlazantes (energía). Esta complementariedad geométrica y energética es la base del reconocimiento más o menos selectivo de iones o moléculas. Se han sintetizado una gran variedad de moléculas receptoras de cationes: iones metálicos, alcalinos y alcalinotérreos, amonio, bipiridinio, etc. Y, en menor extensión, de aniones: iones haluro, sulfato, fosfato, carboxilato, etc.; o de algunas moléculas neutras: dióxido de azufre y de carbono, halometanos, hidrocarburos aromáticos, etc.

Estas moléculas receptoras tienen unas topologías muy especiales, con unas cavidades hidrofílicas bidimensionales –como poliésteres macrocíclicos– o tridimensionales –ligandos macrocíclicos, como los criptandos o los esferandos– o con unas cavidades hidrofóbicas –como los ciclofanos, los calixarenos, los cavitandos, los criptofanos o las ciclodextrinas– (Corona-Avendaño, 2010: 463-474; Ceresa, 2002: 4027-4036; Bobacka, 2008: 329-351; Bakker, 1997: 3083-3132; Ion, 2001: 71-79). En definitiva, moléculas que, con el mínimo de cambios en la conformación del receptor, el analito y el solvente, permiten la interacción con el analito a la vez que proporcionan unas barreras estéricas, hidrofóbicas, quirales, etc. que se traducen en una mejora de la selectividad hacia los iones interferentes, como se muestra en la tabla 13.1.

Con todo este esfuerzo sólo se ha encontrado una aplicación parcial en el desarrollo y la fabricación de sensores químicos. Quizá donde más repercusión se ha tenido es en los sensores potenciométricos, donde la incorporación de moléculas receptoras –"ionóforos" se denominan en este campo– como las comentadas ha permitido la búsqueda de membranas selectivas de iones. A pesar de que se dispone de muchos ionóforos sintéticos para analitos particulares, en algunos casos las mejores membranas selectivas de iones incorporan ionóforos naturales, como es el caso del antibiótico valinomicina, un excelente selectivo del ión potasio.

13.3 Sensores electroquímicos

Bajo la denominación de sensores electroquímicos se agrupan tres grupos específicos de sensores: en primer lugar, los sensores potenciométricos, especialmente los electrodos selectivos de iones, ESI, también conocidos en sus siglas en inglesas ISE (*ion-selective electrodes*); después, los transistores de campo sensibles a iones, más conocidos también por sus siglas en inglés ISFET (*ion-selective field-effect transistors*), donde el origen de la señal también es potenciométrico, y por último, tenemos un tercer grupo que es el de los sensores amperométricos, en su forma de electrodos modificados químicamente.

La modificación de las superficies eléctroactivas de estos dispositivos con materiales biológicos de reconocimiento molecular son los conocidos biosensores electroquímicos, que constituyen el área más avanzada de los sensores electroquímicos.

Los sensores electroquímicos son una clase de sensores químicos que goza de una posición preeminente en el mercado de la instrumentación analítica. Si los comparamos con la otra clase de sensores químicos, son unos dispositivos muy simples que no necesitan equipos de medida sofisticados y utilizan instrumentación muy común en los laboratorios –potenciómetros y que potenciostatos–. La señal transducida es eléctrica, fácilmente procesable por métodos electrónicos. Son dispositivos fácilmente miniaturizables, lo que permite hacer medidas en pequeños volúmenes de muestra o en zonas de dimensiones reducidas. Presentan unos límites de detección suficientes para una gran mayoría de muestras de interés analítico y un intervalo de respuesta más amplio que la mayoría de los sensores químicos basados en otros principios. Finalmente, los sensores electroquímicos se pueden fabricar con técnicas de producción en serie, tienen un costo muy bajo y son comercializables como dispositivos desechables.

Tabla 13.1 Tipos de transducción que presenta un sensor electroquímico

Transductor electroquímico	Tipo de medida	Ventajas	Desventajas
Conductimétrico	Variación de conductividad del medio		
Potenciométrico	Diferencia de potencial eléctrico	• Simplicidad de operación • Tamaño pequeño	• Menor sensibilidad que amperométricos • Unión a otros iones presentes en la muestra • Para muestras con gran cantidad de analito
Amperométrico	Corriente generada por la reducción u oxidación de especies eléctroactivas	• Pequeños y robustos • Sensibles • Rápidos • Económicos • Fácil para ensayos de campo	Pueden tener baja selectividad
Impedimétrico	Incremento de conductancia		

(Fuente: elaboración propia)

13.4 Sensores potenciométricos

El sensor potenciométrico es aquel en el que la señal primaria, fruto de la interacción entre el analito y el elemento de reconocimiento, es un potencial eléctrico. Normalmente, la transducción y la medida de este potencial de equilibrio se realiza con corriente nula y frente a un elemento adicional: el electrodo de referencia. La medición efectuada con los sensores potenciométricos se relaciona directamente con la actividad de las especies en la solución mediante la ecuación de Nernst; no con la concentración, aunque haya maneras de relacionarlas. Por ejemplo, para soluciones suficientemente diluidas se suele aproximar actividad con concentración:

$$E = E^0 + \frac{RT}{nF}\ln(a_i + \sum_j K_{i,j}^{pot} \cdot a_j^{z_i/z_j}) \qquad \textbf{(13.1)}$$

donde, a_i es la actividad del ión principal; z_i y z_j, las cargas del los iones principal e interferente, y $K_{i,j}^{pot}$, el coeficiente de selectividad (Rodríguez-Bravo, 2011: 2730-2745; Gamella, 2006: 7960-7967; Huang, 2005: 1841-1856; Bakker, 2000: 1127-1133; Ceresa, 2002:4027-4036).

El primer electrodo selectivo de iones (ESI), descrito hace aproximadamente un siglo, fue el electrodo de vidrio, hoy en día utilizado universalmente para la medida del pH en múltiples tipos de muestra. Actualmente, los modernos ESI aprovechan lo que fue la revolución de los electrodos selectivos de membrana polimérica, desarrollados a partir de 1970. En los últimos veinte años, el campo de los ESI ha consolidado el de los sensores potenciométricos, incorporando elementos de tecnologías emergentes, como nuevos materiales, tal como se muestra en la tabla 13.2 (Alarcón, 2010: 245-502; Corona-Avendaño, 2010: 463-474; Alarcón-Angeles, 2008: 3013-3020; Corona-Avendaño, 2009: J375-J381; Álvarez-Romero, 2007: 1533-1541; Álvarez-Romero, 2004: 1236-1242; Rodríguez-Bravo, 2011: 2730-2745; Campanella, 2004: 641-651; Pingarron Carrazon, 2003: s.n.p.; Manel del Valle: 147; Mazloum, 2000: 80-85; Sáez de Viteri, 1994:749-758; Mahajan, 2002: 417-423; Choi, 2005: 1254-1263; Ramis Ramos, 1999: 124; Miller, 2002: s.n.p.; Francisco, 2010: s.n.p.; Patel, 2009: 101-108; Yang, 2010: 447-454; Palkiran, 2010: 829-839; Bingol, 2010: 1538-1542; Khani, 201: 402-409; Hosseine, 2009: 407-422; Tyagi, 2010: 693; Kim, 2009: 567; Abu-Shawish, 2009: 602-608; Mahan, 2009: 237-243; Rofouei, 2009: 2154-2159).

13.5 Aplicaciones: desarrollo de un electrodo sensible a nitratos (Aguilar Sánchez, 2010)

La contaminación del agua se está convirtiendo en un problema creciente debido a que existe una alta vulnerabilidad de los mantos acuíferos, que son alcanzados por compuestos tales como nitratos o cloruros (Puri, 2011:263-273;

Tabla 13.2 Tipos de sensores potenciométricos y clasificación IUPAC de los electrodos selectivos de iones según el tipo de membrana que utilizan

<table>
<tr><th colspan="10">Sensores potenciométricos</th></tr>
<tr><td rowspan="4">Primera clase</td><td rowspan="4">Segunda clase</td><td rowspan="4">Tercera clase</td><td rowspan="4">Metálicos</td><td colspan="6">De membrana</td></tr>
<tr><td colspan="4">Primarios</td><td colspan="2">Compuestos</td></tr>
<tr><td colspan="2">Cristalinos</td><td colspan="2">No cristalinos</td><td></td><td></td></tr>
<tr><td>Membrana homogénea</td><td>Membrana heterogé-nea</td><td>Matriz rígida</td><td>Portados móvil</td><td>Sensibles a gases</td><td>De sustrato enzimático</td></tr>
</table>

Deepak, 2007: 115-119). En especial los nitratos son la principal especie contaminante que tiene el nitrógeno (Pujari Paras, 2007: 271); una vez que los nitratos se logran infiltrar en los mantos acuíferos, los contaminan de una manera muy eficaz y ello afecta significativamente al recurso del agua. Estos contaminantes provienen principalmente del excesivo uso de fertilizantes, del percolado de tanques sépticos y de redes de alcantarillado (Zhou Xun, 2007: 389). El problema de este tipo de contaminación se ha detectado en diferentes regiones del mundo, tales como en las tierras de cultivo de Corea (Corniello, 2007: 159), en el río Delta amarillo de China (Kaown Dugin; 2007: 1479), en áreas residenciales de Italia (Mitsuyo Saito; 2007: 27), en los acuíferos del Gran Morin en Francia (Filipo Nicolas, 2007: 241), en Miyakonojo, Japón (Sugimoto Yasuhiro, 2006: 29) y seguramente en varios lugares más del mundo aún no reportados, donde se repite este indeseable fenómeno.

Una solución a este problema ha sido la reducción de los iones nitratos a especies menos contaminantes; por lo que, en años recientes, el desarrollo de métodos electroquímicos que conlleven estudios sobre la reducción de nitratos para evolucionar a diferentes especies menos contaminantes es prometedor. Estos estudios se han realizado utilizando estas técnicas analíticas y diferentes sustratos metálicos: estaño (Katsounaros, 2006:1329), germanio (Dima, 2007: 167), platino (Santos, 2008: 269), rodio (Tucker, 2004: 781), paladio (Andrade, 2007: F159), cobre (Ramos, 2001: C135), lantano [53], talio [54], iridio [55] y oro [56]. Sin embargo, en la mayoría de estudios no se presentan parámetros analíticos que evalúen estas técnicas.

Por ello, en este capítulo se describe la reacción de reducción de nitratos con dos electrodos de trabajo que funcionan como catalizadores de esta reducción; la primera superficie es un electrodo sólido de cobre y la segunda es una superficie que tiene cúmulos de cobre electrodepositados sobre un electrodo de carbón vítreo. Sobre la base de los resultados obtenidos y para validar la cuantificación de los iones nitratos, se evalúan algunos parámetros analíticos de ambos sistemas y se comparan los resultados de ambos electrodos.

La contaminación del agua, en especial con nitratos y sus especies derivadas, ha dado lugar a la necesidad de generar nuevas técnicas para detectar fácilmente su presencia y, además, para cuantificarlos. Para lograr este objetivo existen algunos electrodos comerciales capaces de efectuar estas tareas específicas; en particular, aquí se muestra que el cobre –un material comercial accesible y sobre todo económico– puede reducir eficientemente los nitratos a una especie menos contaminante (NO(g)), lo cual hace que esta técnica sea de bajo costo y confiable; por otro lado, también se compara este electrodo con un electrodo de carbón vítreo modificado con cúmulos de cobre recién depositados.

13.5.1 Descripción de la celda electroquímica

Se utiliza una celda electroquímica típica a tres electrodos, donde el electrodo de referencia es de Ag-AgCl, que tiene un potencial experimental de 197 mV frente al electrodo normal de hidrógeno, como contraelectrodo se emplea un alambre de platino, y como electrodo de trabajo se utiliza un electrodo de cobre y otro de carbón vítreo (CV). Los electrodos de trabajo son previamente desbastados con una lija 1500 grit y posteriormente pulidos a espejo en un paño de tela utilizado para pulido metalográfico con alúmina (Buehler) grado 0.3 y 0.05 mm; posteriormente se hace una limpieza química con HNO_3 al 25% y se enjuaga con suficiente agua destilada para no dejar residuos de ácido en el electrodo; por último, en el caso del electrodo de carbón vítreo, se aplica una limpieza electroquímica a 300 mV por 30 segundos como pretratamiento al iniciar el experimento. La solución electrolítica contiene 5 mM de iones Cu^{2+}, que se incorporan a la solución a través del reactivo grado analítico $CuSO_4$, se impone además un pH de 1.4 con ácido sulfúrico de grado analítico y como electrolito soporte se tiene 100 mM de $KClO_4$, que es también un reactivo de grado analítico; la solución se prepara con agua destilada y desionizada en un purificador marca Milli-Q, que exhibe una resistencia de 18 Momhs/cm. Antes de comenzar cada experimento se burbujea la solución con N_2(g) para purgarla de oxígeno. Se utiliza un potenciostato-galvanostato Autolab conectado a una computadora con *software* GPES (General Purpose Electrochemical System). Se hacen voltamperometrías con un barrido anódico en el intervalo de potencial de –400 a –100 mV para el electrodo de cobre, y de 300 mV a –1100 mV. Para hacer las voltamperometrías lineales correspondientes a cada electrodo se toma la velocidad de barrido de 100 mV s^{-1}; para cada una de estas voltamperometrías se añade una alícuota de $NaNO_3$ 3M preparada con un reactivo grado analítico y agua destilada y desionizada.

13.5.2 Valoraciones en el electrodo de cobre. Sistema I

En la figura 13.2 se muestran algunas voltamperometrías lineales para el sistema Cu/5 mM $CuSO_4$, 100 mM $KClO_4$, pH 1.4, a diferentes concentraciones de $NaNO_3$ en mM, en un intervalo de potencial de –400 a 1100 mV en dirección anódica. En ausencia del ión nitrato (0), no se registra ningún pico de reducción; sin embargo, al poner la primera concentración de iones nitratos, $[NO_3^-]$ (7.3mM), se registra un pico de reducción en –700 mV, que aumenta su densidad de corriente (j) conforme la concentración de iones NO_3^- se incrementa en el sistema. Este comportamiento se puede observar en la tendencia lineal de la figura 13.3, donde se muestra la variación de la j en función de la concentración de iones NO_3^- en un intervalo de linealidad de 7.70 a 40 mM. Haciendo el análisis estadístico de estos datos se obtiene la ecuación de la recta siguiente:

$$j_p\ (\text{Acm}^{-2}) = 2.20 \pm 0.06\ [NO_3^-]\ (\text{M}) + 0.012 \pm 0.001\ (\text{Acm}^{-2})$$

con un coeficiente de correlación de 0.994.

La parte final de esta sección experimental incluye montar una celda electroquímica. Para hacer el recobro se monta para verificar la cantidad de corriente que se tiene para un pico con una sola adición, con la que se alcanzan los 50 y 200 microlitros de nitratos, que son 3.8 y 24 mM de nitratos correspondientemente. En la figura 13.3 se observa un buen recobro, pues el pico de corriente se repite casi sin moverse.

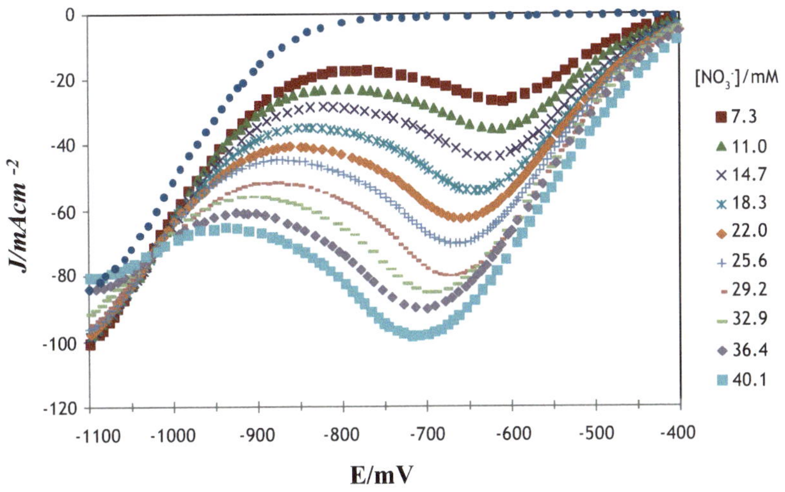

Figura 13.2 Familia de voltamperogramas lineales experimentales obtenidos en el sistema Cu/5mM $CuSO_4$, 100 mM $KClO_4$, pH 1.4 a las diferentes concentraciones de nitratos indicadas en mM. Los círculos indican la voltamperometría lineal sin adición de nitratos. La velocidad de barrido del potencial es de 100 mV s^{-1}. (Fuente: elaboración propia)

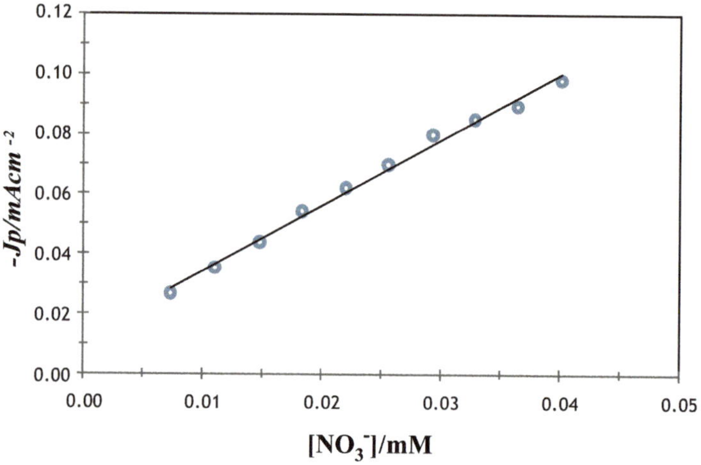

Figura 13.3 Variación de la densidad de corriente del pico de los voltamperogramas mostrados en la figura 13.1, en función de la concentración de nitratos, donde los círculos son los datos experimentales, y la línea punteada es el ajuste lineal de los mismos.
(Fuente: elaboración propia)

13.5.3 Valoraciones en el electrodo de carbón vítreo. Sistema II

En la figura 13.4 se muestran los voltamperogramas lineales para el sistema CV/5 mM $CuSO_4$, 100 mM $KClO_4$, pH 1.4, a diferentes concentraciones de $NaNO_3$ en un intervalo de potencial de 300 a –1100 mV en dirección catódica. En este sistema se registra un pico de reducción I en –120mV, el cual corresponde a la reducción del Cu^{2+} a Cu 0 en la interfase del electrodo; con lo que es posible formar los cúmulos de cobre en la superficie del electrodo. Este pico permanece constante durante todo el estudio, a partir de la primera concentración de NO_3^- se registra otro pico de reducción II en un potencial de –700 mV; al incrementar la concentración de NO_3^- en el sistema, además de incrementar la j, el potencial de reducción se desplaza hacia valores menores, hasta que para la concentración mayor el potencial de reducción se ubica en –890 mV. Es importante señalar que la reducción de nitratos se está realizando sobre los cúmulos de cobre recién electrodepositados en la superficie de carbón vítreo.

En la figura 13.5 se muestra la variación de la j del pico de reducción II en función de la concentración de NO_3^- en un intervalo de linealidad de 3.69 a 43 mM. El análisis estadístico da la siguiente ecuación de la recta con sus incertidumbres correspondientes:

$$j\,(Acm^{-2}) = 2.44 \pm 0.04\,[NO_3^-](M) + 0.002 \pm 0.001$$

con un coeficiente de correlación de 0.998.

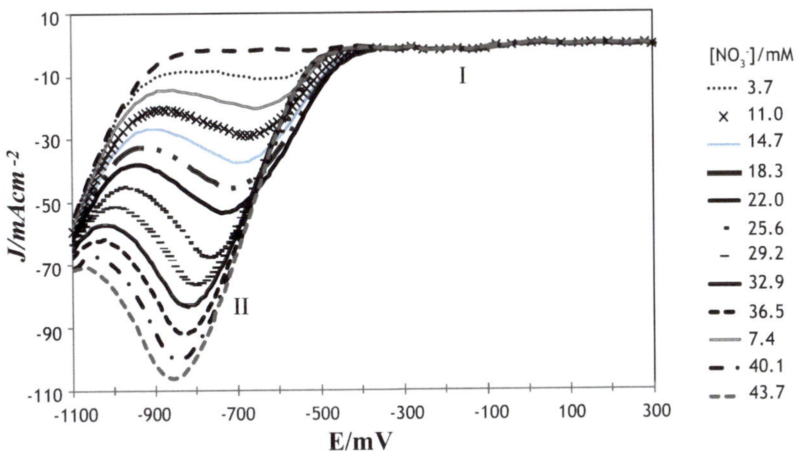

Figura 13.4 Familia de voltamperogramas lineales experimentales obtenidos en el sistema CV/5 mM $CuSO_4$, 100 mM $KClO_4$, pH 1.4 a las diferentes concentraciones de nitratos indicadas en la figura en mM. El barrido de potencial es de 100 mV s^{-1}.
(Fuente: elaboración propia)

Si se compara la ecuación de la recta obtenida con el electrodo de carbón vítreo con el de cobre, se obtienen valores parecidos; sin embargo, en el caso del carbón vítreo, la pendiente es 0.2 veces mayor que la de cobre; lo cual indica que el electrodo de carbón vítreo con cúmulos de cobre depositados es un poco más sensible que el de cobre; por otro lado, si se compara el intervalo de linealidad, en el caso del carbón vítreo es más amplio que el de cobre.

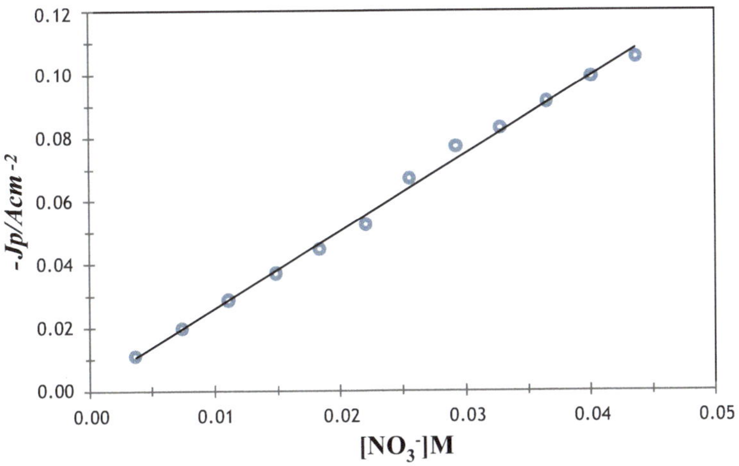

Figura 13.5 Variación de la densidad de corriente del pico II (JII) en función de la concentración de nitratos, donde los círculos son los datos experimentales, y la línea punteada es el ajuste lineal de los mismos.
(Fuente: elaboración propia)

13.5.4 Linealidad de los sistemas cobre y carbón vítreo

De las figuras 13.6 y 13.7 es posible deducir que con ambos electrodos se obtienen tendencias lineales de la *j*, en función de la concentración de NO_3^-, por lo que ambos servirían para la cuantificación de este ión, además de que las sensibilidades de ambos electrodos son similares. Sin embargo, para compararlos más específicamente es necesario evaluar algunos parámetros analíticos, aparte de la sensibilidad: el intervalo de linealidad, así como los límites de detección y de cuantificación. Estos parámetros se calculan para cada uno de los sistemas y se muestran en la tabla 13.3; la sensibilidad y el límite de detección en ambos electrodos es similar; no obstante, el límite de detección es mucho menor en el caso del electrodo de carbón vítreo, lo cual indica que para este sistema este electrodo puede cuantificar cantidades más pequeñas del ión NO_3^- que con el electrodo de cobre. Por otro lado, el intervalo de linealidad es mayor en el caso del carbón vítreo, tanto en el inferior como en el superior; lo que indica que con este electrodo se pueden abarcar mayores concentraciones. Con estos parámetros analíticos se puede considerar que, para este sistema, el mejor electrodo para la determinación del ión NO_3^- es el electrodo de carbón vítreo, comparado con el de cobre. De estos resultados se deriva que, con los dos electrodos, es posible cuantificar de manera confiable los iones NO_3^- de una manera rápida y no tan costosa si se compara con algunos métodos espectrofotométricos en los que se requiere un pretratamiento de la muestra o más tiempo para la experimentación.

Tabla 13.2 Cálculo de los valores de sensibilidad, límite de detección, intervalo de linealidad y límite de cuantificación para los electrodos de cobre (Cu) y carbón vítreo (CV)

	Sensibilidad / A cm^{-2} M^{-1}	Límite de detección / mM	Intervalo de linealidad / mM	Límite de cuantificación / mM
Electrodo Cu	2.20 ± 0.06	2.82 ± 0.12	7.37 – 40	9.41 ± 0.09
Electrodo CV	2.44 ± 0.04	2.20 ± 0.10	3.69 – 43	± 0.08

(Fuente: elaboración propia)

13.5.5 Selectividad del electrodo al ión nitrito

El electrodo de carbón vítreo inmerso en el sistema preparado con agua mineral se prueba en su selectividad en específico al ión nitritos. El voltamperograma de la figura 13.6 muestra el primer pico correspondiente al de reducción de cobre. El pico II corresponde al pico de reducción de los nitritos, y el pico III claramente corresponde a la reducción de nitratos, con lo que es posible decir que no hay interferencia de los iones nitritos, pues no hay crecimiento del pico por la adición de nitritos, por lo que el electrodo es selectivo a iones nitritos.

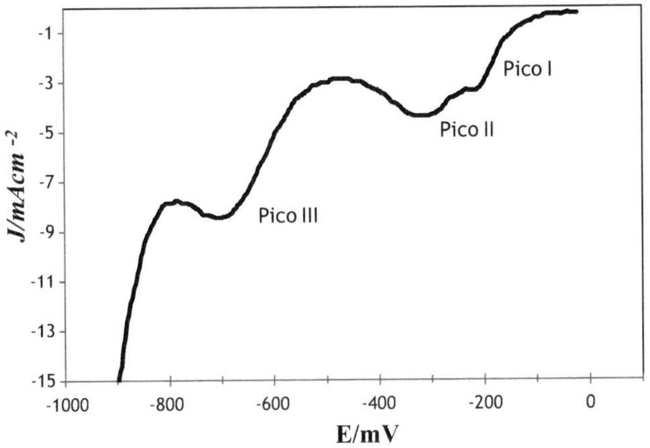

Figura 13.6 Voltamperometría que muestra la selectividad del electrodo a los iones nitritos.
(Fuente: elaboración propia)

13.5.6 Determinación de $[NO_3^-]$ en agua mineral comercial

Se preparó un sistema con 5 mM de $CuSO_4$ y un pH de 1.4, utilizando en lugar de agua destilada y desionizada –agua mineral de una marca comercial–, previamente desgasificada por agitación a temperatura ambiente. La celda se montó como de costumbre para una celda típica a tres electrodos con 13 ml de contenido de solución electroquímica con un electrodo de trabajo de carbón vítreo. Se desaereó la solución con nitrógeno y se hizo la medición respectiva de corriente en función del barrido de potencial lineal.

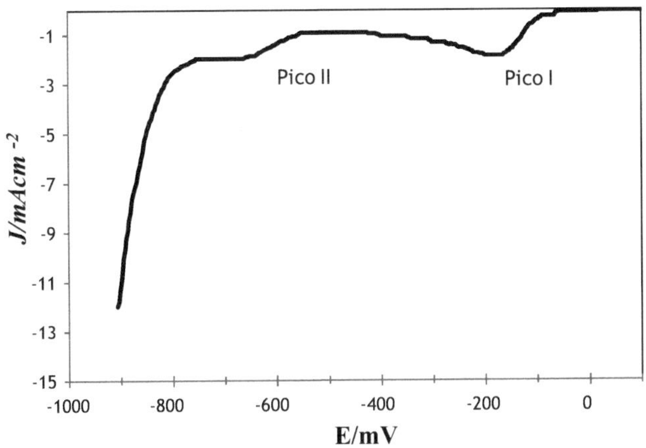

Figura 13.7 Curva de calibración de la concentración correspondiente a cada alícuota adicionada con su respuesta en corriente para el sistema con cúmulos de cobre depositados previamente.
(Fuente: elaboración propia)

La figura 13.7 expone claramente el pico de reducción de cobre (pico I) y el pico de reducción de nitratos (pico II), que se parece más a una meseta que a un pico; sin embargo, cuando se midió la densidad de corriente se obtuvo un valor aproximado de 2.5 $mAcm^{-2}$. Se puede proceder a hacer el cálculo de la concentración de nitratos correspondiente si se tiene en cuenta la curva de calibración del sistema II de voltamperometría lineal correspondiente a la figura 13.5. La concentración calculada es de 0.205 mM, lo cual da una concentración de 18 mg L^{-1}.

13.6 Conclusiones

Se demuestra que con un electrodo de cobre y uno de carbón vítreo es posible cuantificar los iones NO_3^- en medio ácido. A parte de que se obtuvieron parámetros analíticos como la sensibilidad, que es muy parecida para ambos electrodos, al igual que el límite de detección, siendo entonces el intervalo de linealidad el que ofrece una mejor posibilidad de seleccionar el electrodo con los mejores valores. Debido a que el límite superior de ambos es muy parecido, es el límite inferior el que da una diferencia clara favorable hacia el electrodo de carbón vítreo. Por último, el límite de cuantificación reporta un valor de concentración menor para el sistema con el electrodo de carbón vítreo, por lo que parece catalizar de mejor forma el electrodo de carbón vítreo con cúmulos de cobre depositados a los nitratos; sin embargo, debe considerarse que obtener un electrodo de cobre es de alguna forma más sencillo y barato que un electrodo de carbón vítreo con cúmulos de cobre depositados en su superficie.

Agradecimientos

Los autores agradecen al CONACYT por el apoyo recibido.

Referencias

ABU-SHAWISH H. M. (2009). "A mercury(II) selective sensor based on N,N'-bis(salicylaldehyde)-phenylenediamine as neutral carrier for potentiometric analysis in water samples". *J. of Hazarous Materials*, 167, pp. 602-608.

AGUILAR M. (2010). "Formación y crecimiento electroquímico de núcleos manométricos de metales y aleaciones. Fundamentos, aplicaciones y control estructural". Tesis Doctoral, UAM-Azcapotzalco. México.

ALARCON G., GUIX M., AMBROSI A., RAMÍREZ-SILVA M. T. PALOMAR M. E. MERKOÇI A. (2010). "Stable and sensitive flow-through monitoring of phenol using a carbon nanotube based screen printed biosensor". *Nanotechnology* 21, pp. 245-502 (9pp) doi:10.1088/0957-4484/21/24/245502.

Alarcón G., Corona S., Palomar M., Rojas A., Romero M., Ramírez M. T. (2008). "Selective electrochemical determination of dopamine in the presence of ascorbic acid using sodium dodecyl sulfate micelles as masking agent". *Electrochimica Acta* 53, pp. 3013-3020.

Alegret S., Manel del Valle, Arben Merkoci (2004). "Sensores Electroquímicos", *Materials* 147. Cataluña, España.

Álvarez G. A., Morales A., Rojas A., Palomar M., Ramírez M. T. (2004). "Development of a Tubular Sensor Based on a Polypyrrole-Doped Membrane for the Potentiometric Determination of the Dodecylsulfate Anion in a FIA System". *Electroanalysis* 16, 1236-1242.

Álvarez G. A., Rojas A., Palomar M., Ramírez M. T. (2007). "Development of a novel nitrate-selective composite sensor based on doped polypyrrole". *Anal. Bioanal. Chem.* 387, pp. 1533-1541.

Andrade F. V., Deiner L. J., Varela H., de Castro J. F., Rodrígues I. A., Nart F. C. (2007). "Electrocatalytic Reduction of Nitrate over Palladium Nanoparticle Catalysts". *J. Electrochem. Soc.*, 154, F159.

Bakker E., Buhlmann P., Pretsch E. (1997). "Carrier-Based Ion-Selective Electrodes and Bulk Optodes. 1. General Characteristics". *Chem. Rev.* 97, pp. 3083-3132.

Bakker E., Buhlmann P., Pretsch E. (2000). "Selectivity of Potentiometric Ion Sensors". *Anal. Chem.* 72, pp. 1127-1133.

Bingol H., Kocabas E., Zor E., Coskum A. (2010) "A novel benzothiazole based azocalix[4]arene as a highly selective chromogenic chemosensor for Hg2+ ion: A rapid test application in aqueous environment". *Talanta*, 82, pp. 1538-1542.

Bobacka J., Avacka A., Lewenstam A. (2008) "Potentiometric Ion Sensors". *Chem. Rev.* 108, pp. 329-351.

Campanella L., Bonanni A., Finotti E., Tomassetti M. (2004). "Biosensors for determination of total and natural antioxidant capacity of red and white wines: comparison with other spectrophotometric and fluorimetric methods". *Biosens Bioelectron*, 19, pp. 641-651.

Ceresa A., Radu A., Paper S., Bakker E., Pretsch E. (2002). "Rational Design of Potentiometric Trace Level Ion Sensors. A Ag+-Selective Electrode with a 100 ppt Detection Limit". *Anal. Chem.*, 74, pp. 4027-4036.

Choi, Young-Woo. Minoura, Norihiko. Moon, Seung-Hyeon (2005). "Potentiometric Cr(VI) selective electrode based on novel ionophore-immobilized PVC membranes". *Talanta*, 66, pp. 1254-1263.

Corniello A., Ducci D., Ruggieri G. (2007) "A real identification of groundwater nitrate contamination sources in periurban areas". *J Soils and Sediments*, 7, p. 159.

Corona S., Alarcón G., Ramírez M. T., Romero M., Cuán A., Palomar M. (2009). "Simultaneous Electrochemical Determination of Adrenaline and Ascorbic Acid: Influence of [CTAB]". *Journal of The Electrochemical Society,* 156, pp. J375-J381.

Corona S., Ramírez M. T., Palomar M., Hernández L., Romero M., Alarcón G. (2010). "Influence of CTAB on the electrochemical behavior of dopamine and on its analytic determination in the presence of ascorbic acid". *J. Appl. Electrochem.* 40, pp. 463-474.

Deepak K., Ranjana S., Sharma S. (2007). Deptt of Botany, A. M. College, Gaya, India, Proceedings of the Zoological Society of India 6 (2), pp. 115-119.

Dima G. E., Rosca V., Koper M. T. M. (2007) "Role of germanium in promoting the electrocatalytic reduction of nitrate on platinum: An FTIR and DEMS study". *J Electroanal. Chem*, 599, p. 167.

DUGIN K., YUNJUNG H., GWANG-OK B., KANG-KUN L. (2007) "Factors Affecting the Spatial Pattern of Nitrate Contamination in Shallow Groundwater". *J. Environmental Quality*, 36, p. 1479.

FILIPO N., JEANNEE N., POULIN M., EVEN S., LEDOUX E. (2007). "Assessment of nitrate pollution in the Grand Morin aquifers (France): Combined use of geostatistics and physically based modeling". *Environmental pollution,* 146, p. 241.

FRANCISCO P. G. (2010) "Diseño de agentes extractantes para la separación de mercurio(II) mediante extracción líquido-líquido, membranas líquidas soportadas y composite activadas". Tesis Doctoral, Universidad Autónoma del Estado de Hidalgo. México.

GAMELLA M., CAMPUZANO S., REVIEJO A. J., PINGARRÓN J. M. (2006) "Electrochemical estimation of the polyphenol index in wines using a laccase biosensor". *J. Agric. Food Chem.,* 54, pp. 7960-7967.

HOSSEINE M., RAHIMI M., SODEGHI H. B. (2009) "Determination of Hg(II) ions in water samples by a novel Hg(II) sensor, based n calix[4]arene derivative". *J. Environ Anal. Chem.*, 89, pp. 407-422.

HUANG D., OU B., PRIOR R. L. (2005) "The Chemistry behind Antioxidant Capacity Assays". *J. Agric. Food Chem.*, 53, pp. 1841-1856.

HULANICKI A., GEAB S., INGMAN F. (1991). "Chemical sensors definitions and classification". *Pure&App. Chern*, 63, p. 1247

ION A. C., BAKKER E., PRETSCH E. (2001). "Potentiometric Cd2+-selective electrode with a detection limit in the low ppt range". *Analytica Chimica Acta*, 440, p. 71-79.

JAMES N., MILLER J., MILLET C. (2002). *Estadística y Quimiometría para Química Analítica*. 4ª edición, USA.

KATSOUNAROS I., IPSAKIS D., POLTIDES C., KYRIACOU G. (2006). "Efficient electrochemical reduction of nitrate to nitrogen on tin cathode at very high cathodic potentials". *Electrochim Acta*, 52, p. 1329.

KHANI H., ROFOUEI M. K., ARAB P., GUPTA U. K., VAFAEI Z. (2010). "Multi-walled carbon nanotubes-ionic liquid-carbon paste electrode as a super selectivity sensor: Application to potentiometric monitoring of mercury ion(II)." *J. of Hazardous Materials*, 183, p. 402-409.

KIM Y., KIM J., KIM K. N., CHANG S., CHUNG T. D. (2009). "Potentiometric Response of a Neutral-carrier-based Membrane to Aqueous Mercury in Cl—rich Media". *Analytical Sciences*, 25, p. 567.

MAHAJAN R. K., KAUR V., KUMAR, M. (2002). "Sensor for Silver(I) Ion Based on Schiff-base-p-tertbutylcalix[4]arene". *Sensors*, 2, pp. 417-423.

MAHAN R. K., PURI R. K., MARWAHA A., KAUR I., MAHAJAN M. P. (2009). "Highly selective potentiometric determination of mercury(II) ions using 1-furan-2-yl-4-(4-nitrophenyl)-2-phenyl-5H-imidazole-3-oxide based membrane electrodes". *J. of Hazarous Materials*, 167, pp. 237-243.

MAZLOUM M., AMINI M. K., MOHAMMADPOOR-BALTORK, I. (2000) "Mercury selective membrane electrodes using 2-mercaptobenzimidazole, 2-mercaptobenzothiazole, and hexathiacyclooctadecane carriers". *Sensors and Actuators*, 63, pp. 80-85.

PALKIRAN B., OZEL A. D., PALAYAN S., CANEL E., OCAK U., KILIC, E. (2010). "A novel lariat crown compound as ionophore for construction of a mercury(II)-selective electrode". *Monatsh. Chem.,* 141, pp. 829-839.

Patel B., Kumar A., Menon S. K. (2009). "Thiocyanate: selective membrane electrode based on macrotricyclic binuclear Cu(II)–Schiff base complex". *J. Incl. Phenom Macrocycl. Chem.*, 64, pp. 101-108.

Pingarron J. M., Sánchez P. (2003). *Química Electroanalítica*. Editorial síntesis, primera edición, España.

Pujari R., Madan N., Nitnaware C., Khare A., Thacker N. P., Kelkar P. S. (2007). "Effect of on-site sanitation on groundwater contamination in basaltic environment 'A case study from India". *Env Monitoring and Assessment*, 134, p. 271.

Puri R. K., Kumar V., Mahajan M. P., Mahajan R. K. (2011). "Mercury(II) ion recognition by newly synthesized oxadiazaphosphepine based receptors: coated graphite and polymeric membrane electrodes". *J. Incl. Phenom Macrocycl. Chem.*, 69, 263-273.

Ramis G., García M. C. (1999). *Quimiometría*. 1ª edición, Editorial síntesis, España, p. 124.

Ramos A., Miranda M., González I. (2001). "Influence of Chloride and Nitrate Anions on Copper Electrodeposition in Ammonia Media". *J. Electrochem Soc*, 148, C315.

Rodríguez L. A., Palomar M., Corona S., Romero M., Herrera H., Ramírez M. T., Escarela R. (2011). "Electrochemical and SPR Characterization of a Polypyrrole-Modified Carbon Paste Electrode Useful for the Potentiostatic Quantification of Surfactants". *Int. J. Electrochem. Sci.*, 6, pp. 2730-2745.

Rofouei M. K., Mohammadi M., Gholivand M. B. (2009). "Mercury(II) selective membrane electrode based on 1, 3 –bis (2-methoxybenzene)triazene". Materials Science & Engineering, 29, pp. 2154-2159.

Sáez F. J., Diamond D. (1994) "Determination and application of ion-selective electrode model parameters using flow injection and simplex optimization". *Analyst*, 119, pp. 749-758.

Saito M., Onodera S., Miyaoka K., Chen J., Taniguchi M., Liu G., Fukushima Y. (2007). *Water Quality and Sediment Behaviour of the Future*, pp. 314-327.

Santos A. L., Deiner L. J., Varela H. (2008). "The effect of ultra-low proton concentration on the electrocatalytic reduction of nitrate over platinum". *Catalysis Comm*, 9, p. 269.

Sugimoto Y., Hirata M. (2006). "Nitrate concentration of groundwater and its association with livestock farming in Miyakonojo Basin, southern Kyushu, Japan". *Grassland Science* 52, p. 29.

Tucker P. M., Waite M. J., Hiden B. E. (2004). "Electrocatalytic Reduction of Nitrate on Activated Rhodium Electrode Surfaces". *J. Applied electrochem*, 34, p. 781.

Tyagi S., Agarwal H., Ikram S. (2010) "Potentiometric polymeric membrane electrodes for mercury detection using calixarene ionophores". *Water Science & Technology-WST*, 61, p. 693.

Yang Y., Cao X., Surowiec M., Bartsch R. A. (2010) " Calix[4]arene-dithiacrown ethers: synthesis and potentiometric membrane sensing of Hg^{2+}". *Tetrahedron*, 66, pp. 447-454.

Zhou X., Jiang Y. (2007) "Application of nitrogen and oxygen isotopes to the study of groundwater nitrate contamination". *Chinese Academy of Geological Science*, 28, p. 389.

Índice alfabético

A

absorbedor integrado, 16
— tratamiento de efluente gaseoso con sistema de celda y, 16
agentes oxidantes, 282
— potenciales redox de algunos, 282
agua. *Véase también* calidad del agua
— alcalinidad, 51
— algas, 58
— artrópodos, 58
— bacterias, 58
— bicarbonatos y carbonatos, 54
— características
— — biológicas, 47
— — físicas, 47
— — químicas, 47
— carbón orgánico total (COT), 57
— cloruros, 53
— coloides, 52
— color, 49
— componentes aniónicos, 54
— comportamiento en la coagulación, 72
— — clasificación según su, 72
— conductividad y resistividad, 49
— demanda bioquímica de oxígeno (DBO5), 55, 56
— detección de contaminantes, 297
— — sensores químicos y electroquímicos para la, 297
— escala de clasificación de la calidad DBO5, 56
— fluoruros, 54
— fosfatos, 54
— gases disueltos, 55
— helmintos, 59
— hongos, mohos y levaduras, 58
— metales tóxicos, 55
— moluscos, 58
— nitrógeno, 53
— normas de calidad y límites permisibles, 59
— oxígeno disuelto (OD), 57
— parámetros
— — bacteriológicos, 59
— — biológicos, 55
— — fisicoquímicos y biológicos de la calidad, 45
— — físicos, 49
— — químicos, 50
— pH, 51
— platelmintos, 58
— producción electroquímica de peróxido de hidrógeno 229
— — y su aplicación en el tratamiento de, 229
— protozoarios, 58
— sílice, 54
— sólidos, 52
— sólidos disueltos totales (SDT), 52
— sólidos fijos totales (SFT), 52
— sólidos suspendidos fijos (SSF), 52
— sólidos suspendidos totales (SST), 52
— sólidos suspendidos volátiles (SSV), 52
— sólidos totales (ST), 52
— sólidos volátiles totales (SVT), 52
— sulfatos, 53
— temperatura, 49
— turbiedad, 49
agua depurada en un tratamiento
— EDI, esquema de procesos de regeneración, 43
— EDR, esquema de procesos de regeneración, 41
agua mineral comercial, determinación de [NO_3^-] en, 311

agua potable (EPA-OMS), estándares para, 48
agua residual, detección de contaminantes, 297
— — sensores químicos y electroquímicos, 297
agua tratada mediante
— electrocoagulación, 34
— — esquema de procesos de regeneración, 34
— electrolisis, 25
— — esquema de procesos de regeneración, 25
aguas residuales
— tratamiento, 287
— — electroquímico de, 198
— — estudios con métodos combinados, 287
— — tecnologías electroquímicas, 167
Ancylostoma duodenale, 59
ánodo helicoidal, reactor tubular con, 269
ánodo poroso, reactor de lecho fijo con, 111
ánodos
— comparación del comportamiento, 218, 219
— potencial de evolución de oxígeno de diferentes, 216
antraquinona, producción del peróxido de hidrógeno, 231
Ascaris lumbricoides, 59

B

barreras contenedoras de la contaminación, 12
barreras electroquímicas protectoras de la contaminación, 12
barreras reactivas permeables, 10
— uso de, 11
batch con recirculación, modo de operación en, 155
Beggiatoa, 58
biosensores, 299
burbuja(s)
— diámetro de desprendimiento, 188
— tamaño y su efecto en electroflotación, 187
— reacciones electródicas para la formación de, 185

C

calentamiento eléctrico, 7
calidad del agua
— escala de clasificación DBO5, 56
— parámetros fisicoquímicos y biológicos de la, 45
calor en la electrorremediación de suelos, aprovechamiento del, 13
capa de diamante dopada con boro en sustrato de silicio, MEB de una, 223
carbón vítreo
— linealidad de los sistemas cobre y, 310
— valoraciones en el electrodo de, 308
catecolaminas, análisis con detector electroquímico en un equipo de HPLC, 96
celda(s)
— para estudios voltamperométricos analíticos, 87
— para macroelectrólisis a nivel laboratorio, 88
celdas de electrodiálisis simple, 39
celdas de electrólisis
— de placas planas, 136
— — con flujo de fluido perpendicular al campo eléctrico, 136
— directa y con catalizador redox *in-cell* y *ex-cell*, 101
celdas de laboratorio, 81
— y reactores industriales electroquímicos, 81
celdas de microflujo, 95
celdas de tres electrodos, 86, 88
— esquema, 86
— para estudios voltamperométricos, 88
— voltamperograma típico, 88
celdas electrolíticas
— burbujas en los electrodos, 184
— — representación esquemática, 184
— con un arreglo ideal, 90
— — distribución de líneas de corriente y de potencial, 90
— de laboratorio, 90
— — características de construcción, 90
— esquema, 85
— generalidades, 85
— procesos que pueden desarrollarse, 19
— propiedades y posibilidades de elección, 89
— tipo tanque rectangular, 109
celdas electroquímicas
— de laboratorio, 85
— descripción, 306
— movimiento de cargas en, 38
— para análisis en flujo, 94
— y absorbedor, tratamiento de efluentes gaseosos con, 17
celdas espectroelectroquímicas, 91
— para estudios de EPR acoplados con electroquímica, 92
— para estudios de UV-Vis-NIR acoplados con electroquímica, 91
celdas galvánicas
— esquema de, 85
— y electrolíticas, 85

ciclo del nitrógeno, 53
clasificación
— de los coloides, 67
— de métodos electroquímicos para la reducción de Cr(VI), 258
— del agua según su comportamiento en la coagulación, 72
coagulación, 68
— adición de coagulante, 69
— clasificación del agua según su comportamiento en la, 72
— desestabilización de la partícula coloidal, 69
— doble capa, 69
— formación de flóculos, 69
— modelo
— — de la formación de la doble capa, 70
— — físico, 69
— — químico, 70
— puente químico, 70
— sedimentación de flóculos, 69
— tipos de flujo hidráulico en reactores de, 35
coagulación y floculación, 65
— características del agua cruda, 71
— caso de estudio, 74
— clorosulfato de polialumino, 76
— cloruro férrico ($FeCl_3$), grado industrial, 75
— concentración óptima, 72
— dosis óptima, 72
— esquema de las etapas de, 68
— factores que influyen en el proceso de, 71
— hidroxicloruro de aluminio (PAC) Clarian®, 75
— modelos teóricos de la, 69
— pH óptimo, 72
— poliacrilamida, 75
— proceso de, 68
— prueba de jarras (*jar test*), 74
— sulfato de aluminio ($Al_2(SO_4)_3$), grado industrial, 75
— sulfato de polialuminio, 76
— temperatura, 71
coagulante y floculante, diferencias, 73
coagulantes, 73
— porcentajes de remoción respecto a la turbiedad según los diferentes, 77
coágulo, 69
cobre
— valoraciones en el electrodo de, 307
— y carbón vítreo, linealidad de los sistemas, 310
coeficiente de transferencia de masa en función del número de Reynolds, 154
coloides, 66
— clasificación de los, 67
— difusión, 68
— movimiento browniano, 68
— presión osmótica, 68
— propiedades, 68
— — de superficie, 68
— — electrocinéticas, 68
— — ópticas, 68
comparación del comportamiento de diferentes ánodos, 218, 219
comportamiento de la oxidación anódica, 217
compuestos orgánicos, degradación mediante H_2O_2/UV, 235, 236
compuestos volátiles, sistema de electrotermorrecuperación de, 14
concentración(es)
— de nitratos, variación de la densidad de corriente del pico II (JII) en función de la, 309
— en la interfase, en función del potencial bajo condiciones hidrodinámicas, 125
— en un reactor de flujo continuo, perfil adimensional de, 108
— interfacial de Cu^{2+} en el cátodo para un flujo laminar no desarrollado a diferentes potenciales, 141
— en un reactor por lotes, perfil adimensional de, 104
condiciones
— a la frontera de un recipiente cerrado-cerrado, 145
— — en los modelos MDA y PDE, esquema de las, 145
— de operación por el método de electrocoagulación, 169
contaminación
— barreras contenedoras de la, 12
— del agua, 281
— empleo de barreras electroquímicas protectoras de la, 12
contaminantes
— en agua y agua residual, 297
— — sensores químicos y electroquímicos para la detección de, 297
correlaciones adimensionales en el transporte de masa, 149
Cr(VI)
— efecto de la velocidad de rotación del electrodo en la remoción de, 262
— evaluación de reactores electroquímicos para la remoción de, 269

Cr(VI) (*continuación*)
— evolución de los métodos electroquímicos para la reducción de, 256
— métodos electroquímicos de reducción de, 257
— proceso sonoelectroquímico para la remoción de, 268
— reducción electroquímica de, 251, 256
— reducción en función del tiempo, 265
— — y de la densidad de corriente, 263
— reducción por electrocoagulación, 258
— — electrodos de hierro, 259
Crenothrix, 58
cromo, 253
— en el medio ambiente, 253
— toxicidad, 255
Cu^{2+} en la interfase de los electrodos, perfil de concentración de iones en función de la distancia axial, 139
Cu^{2+}/Cu^0, pruebas de microelectrólisis, obtención de la curva de polarización para el proceso, 152
Curva(s)
— de corriente muestreada frente al potencial, 53
— — para el depósito de iones Cu(II) en ácido sulfúrico, 153
— de distribución de tiempos de residencia (DTR), 143
— — obtención experimental, 143
— de polarización para el proceso Cu^{2+}/Cu^0, 152
— — pruebas de microelectrólisis, obtención de la, 152
— experimentales de DTR 148
— — del reactor FM01-LC empacado con mallas de acero inoxidable, 148

D

Dax, modelo de dispersión axial para la determinación del, 145
DBO_5, escala de clasificación de la calidad del agua, 56
definición de oxidación electroquímica o electrooxidación, 213
degradación de compuestos orgánicos
— mediante electrofenton, 240, 241
— mediante H_2O_2/UV, 235, 236
densidad de corriente
— calculada a lo largo de los electrodos, 140
— del pico II (JII), 309
— — variación en función de la concentración de nitratos, 309
— en función del potencial bajo condiciones hidrodinámicas, 125
depósito de iones Cu(II) en ácido sulfúrico, 153
— curvas de corriente muestreada frente al potencial para el, 153
desarrollo de la ingeniería electroquímica, 121
desinfección electroquímica, 24
detector electroquímico
— de flujo, 94
— — celda con dos detectores coulombimétricos, 94
— de un equipo de HPLC, 95
— — voltametría hidrodinámica típica, 95
determinación de $[NO_3^-]$ en agua mineral comercial, 311
diagrama
— de la electrogeneración del reactivo de Fenton, 199
— — con ánodo de hierro y cátodo de grafito, 199
— de las reacciones en el líquido y en los electrodos, 263
— — en el proceso electroquímico para la reducción de Cr(VI), 263
— de Pourbaix para el Cr, 254
— del funcionamiento de un sensor químico, 300
— del proceso de electrofenton, 202
— — con generación de
— H_2O_2 y regeneración de Fe^{2+}, 202
— Fe^{2+}, 201
— del proceso de Fenton clásico, 198
— del proceso de fotofenton, 203
— del reactor FM01-LC, 133
diamante, estructura, 222
diámetro de desprendimiento de la burbuja, 188
diferencia entre floculante y coagulante, 73
disciplinas de las que deriva la ingeniería electroquímica, 3
diseño de un reactor electroquímico en forma de placas intercaladas, 168
dispersión axial, modelo para la determinación del Dax, 145
dispersión de flujo pistón con intercambio de materia (PDE), modelo de, 146
dispersión-reacción acoplado con tanque de recirculación, modelo de, 156
distribución
— de la velocidad axial, 270
— — a lo largo del reactor electroquímico con diferentes posiciones de alimentación, 271

— de las líneas de corriente y de potencial en una celda electrolítica con un arreglo ideal, 90
— de tiempos de residencia (DTR)
— — con un solo punto de detección, esquema de la técnica, 144
— — obtención experimental de la curva de, 143
disulfuro de formamidina (DSFA), 158
— electrosíntesis de, 158
— modelo dispersión-reacción CST, 158
— reactor electroquímico FM01-LC, 158
Dracunculus medinensis, 59

E

ecuaciones
— de diseño para reactores por lotes, 104
— de Navier-Stokes, campo de velocidad obtenido de la solución de las, 128
— RANS y transporte de masa con el modelo de turbulencia k-ε, 134
efecto de Tyndall-Faraday, 68
efluentes gaseosos
— tratamiento
— — con celda electroquímica y absorbedor separados, 17
— — con sistema de celda y absorbedor integrados, 16
— — y combinación con procesos de absorción, 16
efluentes líquidos, tratamiento de, 18
Electro-Claus de eliminación de sulfuro de hidrógeno, proceso, 17
electrocoagulación, 165, 167
— aplicaciones, 176
— comparación entre sistemas en lote y en continuo, 176
— consumo de energía del electrodo de aluminio para la remoción de contaminantes, 172
— densidad de corriente o carga, 171
— diseño de reactores y operación, 174
— efecto de la temperatura, 174
— efecto del pH, 173
— esquema de un proceso de, 32
— factores que afectan la, 171
— interacciones ocurridas en un reactor de, 170
— mecanismos de remoción de contaminantes, 168
— presencia de cloruro de sodio, 172
— reactores en lote y en continuo, 175
— reducción de Cr(VI), 258
— — electrodos de aluminio, 258
— tipo de material de los electrodos, 174
electrodeposición, 28
— con electrodo rotatorio, 29
— — sistema experimental a escala de laboratorio de, 29
— esquema de proceso de, 28
electrodiálisis, 38
electrodo(s)
— densidad de corriente calculada a lo largo de, 140
— efecto de la velocidad de rotación en la remoción de Cr(VI), 262
— flux de masa calculado sobre cada uno de los, 140
— perfil de concentración de iones Cu^{2+} en la interfase en función de la distancia axial, 139
electrodos al ión nitrito, selectividad, 310
electrodos de aluminio, 258
electrodos de carbón vítreo, valoraciones, 308
electrodos de carbono y grafito, electrorreducción de Cr(VI), 266
electrodos de cobre
— valoraciones, 307
— valores de
— — sensibilidad, 310
— — límite de detección, 310
— — intervalo de linealidad, 310
— — límite de cuantificación, 310
electrodos de hierro, 259
electrodos de polímeros conductores, 266
electrodos giratorios, reactores con, 112
electrodos rotatorios
— mezcla completa, reactores de, 271
— reactor electroquímico de, 272
— sistema experimental a escala de laboratorio de electrodeposición con, 29
electrodos selectivos de iones, 305
— clasificación IUPAC según tipo de membrana, 305
electrodos sensibles a nitratos, desarrollo, 304
electrofenton, 234
— aguas residuales reales, 206
— aplicaciones ambientales, 203
— con generación de
— — H_2O_2 y Fe^{2+}, 201, 202
— diagrama esquemático del proceso de, 202
— — Fe^{2+}, 200
— degradación de
— — colorantes, 204
— — contaminantes industriales, 205
— — plaguicidas, 203

electrofenton (*continuación*)
— — productos de cuidado personal, 205
— — productos farmacéuticos, 205
— materiales anódicos y catódicos, 199
— perspectivas, 207
— variantes del proceso, 200
electrofitorremediación, 14
electroflotación, 182, 184
— aplicaciones al tratamiento de
— — agua, 188
— — agua residual, 189, 190
— principios básicos, 181
— representación esquemática de una unidad de, 185
— tamaño de la burbuja y su efecto en la, 187
electroforesis, 6
electrogeneración
— de hierro, 260
— — sistemas electrolíticos, 260
— — sistemas galvánicos, 264
— del reactivo de Fenton, 199
— — diagrama esquemático, 199
— — empleando ánodo de hierro y cátodo de grafito, 199
electrolisis, 7, 18
— de placas planas con flujo de fluido perpendicular al campo eléctrico, 136
— reacciones directas, 20
— reacciones indirectas, 21
electromigración, 6
— eliminación de contaminantes iónicos, 8
— esquema del proceso de, 9
electroósmosis, 7
electrooxidación, 211
— electrodos de diamante dopados con boro, 222
— estado del arte de la, 220
— anódica directa, 215
— indirecta, 214
electroquímica ambiental, 3
electroquímica industrial, procesos, 120
electrorreducción de Cr(VI)
— cobre, 267
— electrodos de polímeros conductores, 266
— por medio de otros electrodos, 266
electrorremediación de suelos
— aprovechamiento del calor en la, 13
— procesos de, 8
electrosíntesis de disulfuro de formamidina (DSFA), 158
elementos de análisis de reactores sólo electroquímicos para su diseño y caracterización, 119
eliminación de
— materia orgánica, 24
— nitrógeno, 24
— sulfuro de hidrógeno, 17
— — proceso Electro-Claus de, 17
Enterobius vermicularis, 59
equipo de HPLC, voltametría hidrodinámica típica en un detector electroquímico de un, 95
escala de clasificación de la calidad del agua: DBO_5, 56
esquemas de
— celda electrolítica, 85
— — de placas planas, 136
— con flujo de fluido perpendicular al campo eléctrico, 136
— — de tres electrodos, 86
— celda galvánica, 85
— condiciones a la frontera de un recipiente cerrado-cerrado, 145
— — en los modelos MDA y PDE, 145
— diseño de un proceso electroquímico, 122
— etapas de coagulación y floculación, 68
— proceso de electrocoagulación, 32
— proceso de electrodeposición, 28
— proceso de electrolisis, 25
— — en un reactor electroquímico tipo filtro prensa, 25
— proceso de electromigración, 9
— proceso de fitoelectrorremediación, 15
— procesos de regeneración de agua
— — electrolítico, 25
— — de electrocoagulación, 34
— — EDR, 41
— — EDI, 43
— recirculación en un proceso electroquímico con filtrado, 102
— repulsión coloidal, 67
— técnica para la distribución de tiempos de residencia (DTR), 144
— — con un solo punto de detección, 144
estado del arte de la electrooxidación, 220
estándares para agua potable (EPA-OMS), 48
estructura del diamante, 222
estudios
— con métodos combinados en el tratamiento de aguas residuales, 287
— realizados con métodos electroquímicos combinados, 287, 289
evaluación
— del desempeño de reactores electroquímicos, 269

— — para la remoción de Cr(VI), 269
— del patrón de fluido en un reactor con electrodo 3D, 143
— — a través de la distribución de tiempos de residencia (DTR), 143
evolución
— de los métodos electroquímicos para la reducción de Cr(VI), 256
— de oxígeno, sobrepotencial de, 216

F

factores que influyen en
— el proceso de coagulación y floculación, 71
— la electrocoagulación, 171
— la floculación, 73
fenómeno de flotación y sedimentación, 182
fenómenos de transporte
— análisis, 126
— — aplicación a la descripción de reactores electroquímicos, 126
— ecuaciones de movimiento, 126
— en los procesos electroquímicos, 123
Fenton. *Véase también* procesos Fenton; reactivo de Fenton
— reacción química de, 195
— — tecnologías electroquímicas basadas en la, 195
— proceso de electrofenton, 195
— proceso de oxidación, 237
Fenton clásico, 197
filtro prensa, reactor tipo, 111, 112
fitoelectrorremediación, esquema de un proceso de, 15
floculación, 68, 72 *Véase también* coagulación y floculación
— factores que influyen en la, 73
— modelo
— — ortocinético, 70
— — pericinético, 70
floculante y coagulante, diferencias, 73
floculantes, 73
flotación
— de una partícula en el agua, 183
— y sedimentación, fenómeno de, 182
flujo hidráulico en reactores de coagulación, 35
flujo pistón
— con dispersión, reactores tubulares de, 269
— con recirculación, reactor tubular de, 107
— reactores tubulares de, 105
flux de masa calculado sobre cada uno de los electrodos, 140
formación, potenciales de algunos reactantes químicos, 217
formación de burbujas, reacciones electródicas para la, 185
formamidina, disulfuro de (DSFA), 158
— electrosíntesis de, 158
— reactor electroquímico FM01-LC, 158
fotoelectrofenton, 242
— solar, 242
— — representación de las reacciones involucradas, 243
fotofenton, 202
fotólisis del peróxido de hidrógeno, 234

G

gas producido electroquímicamente, cantidad teórica de, 186
generalidades de las celdas electrolíticas, 85
geometría de los reactores electroquímicos, 108

H

H_2O_2. *Véase* peróxido de hidrógeno, 233
hidatidosis, 58
HPLC, en un detector electroquímico, 95
— voltametría hidrodinámica, 95

I

ingeniería electroquímica, 6, 97, 121
— aplicaciones, 4
— desarrollo, 121
— disciplinas de las que deriva, 3
intercambio de materia, mecanismo descrito por el modelo PDE, 146
intercambio iónico, membranas de, 39
ión ferricianuro, reducción del, 132
ión nitrito, selectividad del electrodo al, 310

L

lavado electroquímico de suelos, 9
— proceso de, 10
lecho fijo, reactores de, 110
lecho fluidizado, reactores de, 110
linealidad de los sistemas cobre y carbón vítreo, 310

M

materia, mecanismo de intercambio, 146
— descrito por el modelo PDE, 146
materia orgánica, eliminación de, 24
MEB de una capa de diamante dopada con boro en sustrato de silicio, 223

mecanismos de
— funcionamiento de membranas aniónicas y catiónicas, 39
— intercambio de materia por el modelo PDE, 146
medio ambiente, cromo en el, 253
membranas aniónicas y catiónicas, 39
— mecanismo de funcionamiento de, 39
membranas bipolares, 40
— empleo de, 40
membranas de intercambio iónico, 39
métodos electroquímicos
— combinados, 279, 284
— — estudios realizados con, 287, 289
— — factores que se han de tener en cuenta, 286
— para la reducción de Cr(VI), 257
— — clasificación de, 258
— — evolución de los, 256
microelectrólisis, obtención de la curva de polarización, 152
— para el proceso Cu^{2+}/Cu^{0}, 152
microflujo
— celdas de, 95
— reacción electroquímica en un sistema de, 97
microorganismos biológicos, 58
— interacción con el oxígeno de un manantial orgánico, 58
modelo(s)
— de dispersión
— — axial para la determinación del Dax, 145
— — de flujo pistón con intercambio de materia (PDE), 146
— de dispersión-reacción acoplado con tanque de recirculación, 156
— diferenciales, 144
— dispersión-reacción CST
— — descripción del reactor electroquímico FM01-LC, 158
— MDA y PDE
— — esquema de las condiciones a la frontera de un recipiente cerrado-cerrado utilizadas en los, 145
— — parámetros utilizados por los, 148
— paramétricos, utilización para la descripción de reactores electroquímicos, 141
— PDE, mecanismo de intercambio de materia por el, 146
— teóricos de la coagulación y la floculación, 69
modo de operación en batch con recirculación, 155
movimiento de cargas en celdas electroquímicas, 38

N

Navier-Stokes, ecuaciones de, campo de velocidad obtenido de la solución de las, 128
Necator americanus, 59
Nematelmintos, 59
nitratos, concentración de, 309
— variación de la densidad de corriente del pico II (JII) en función de, 309
nitrógeno
— ciclo del, 53
— eliminación de, 24
NOM-127-SSA1-1994, parámetros de la, 60, 61
número de Reynolds, coeficiente de transferencia de masa en función del, 154

O

operación en batch con recirculación, modo de, 155
oxidación
— anódica, comportamiento de la, 217
— aplicaciones industriales, 244
— avanzada (POA), procesos de, 197, 282, 283
— Fenton, proceso de, 237
oxígeno
— de un manantial orgánico, 58
— — interacción de microorganismos biológicos, 58
— potencial de evolución de diferentes ánodos, 216
— sobrepotencial de evolución de, 216

P

parámetros
— de la NOM-127-SSA1-1994, 60, 61
— fisicoquímicos y biológicos de la calidad del agua, 45
— utilizados por los modelos MDA y PDE, 148
partícula(s)
— en agua, sedimentación o flotación, 183
— en solución acuosa, 183
— — representación esquemática de las fuerzas que actúan, 183
— coloidales, 67
patrón de fluido, evaluación en un reactor con electrodo 3D, 143
— mediante la distribución de tiempos de residencia (DTR), 143
perfil(es)
— adimensional de concentraciones en un

— — reactor de flujo continuo, 108
— — reactor por lotes, 104
— de concentración
— — de iones Cu^{2+} en la interfase de los electrodos en función de la distancia axial, 139
— — en el tanque de modelos de dispersión-reacción y de flujo pistón, 160
— — en reactores tubulares con flujo pistón, 106
peróxido de hidrógeno, 231
— aplicaciones al tratamiento de agua, 233
— fotólisis del, 234
— producción electroquímica
— — materiales de electrodo, 232
— — y su aplicación en el tratamiento de agua, 229
— producción mediante el proceso de la antraquinona, 231
plancton, 59
porcentajes de remoción respecto a la turbiedad, 77
— según diferentes coagulantes aplicados, 77
potencial de evolución de oxígeno de diferentes ánodos, 216
potenciales de formación de algunos reactantes químicos, 217
potenciales redox de algunos agentes oxidantes, 282
principales componentes de los reactores electrolíticos, 19
principios básicos de electroflotación, 181
proceso(s)
— Cu^{2+}/Cu^{0}, pruebas de microelectrólisis, 152
— — obtención de la curva de polarización para el, 152
— de absorción, tratamiento de efluentes gaseosos y la combinación con, 16
— de coagulación y floculación, 68
— — factores que influyen en el, 71
— de electrocoagulación, esquema de un, 32
— de electrodeposición, esquema de, 28
— de electrofenton
— — con generación de Fe^{2+}, 201
— diagrama esquemático, 201
— de electrolisis en un reactor electroquímico tipo filtro prensa, 25
— de electromigración, esquema del, 9
— de electrorremediación de suelos contaminados, 8
— de Fenton clásico, diagrama esquemático del, 198
— de fitoelectrorremediación, esquema de un, 15
— de fotofenton, diagrama esquemático del, 203
— de la antraquinona, 231
— — producción de peróxido de hidrógeno, 231
— de lavado electroquímico de suelos, 10
— de oxidación avanzada (POA), 197, 282, 283
— de oxidación Fenton, 237
— electrocinéticos, 6
— — tratamiento de suelos contaminados por, 6
— Electro-Claus de eliminación de sulfuro de hidrógeno, 17
— electrofenton, variantes del, 200
— electrolíticos, tipos de, 21
— electroquímico
— — a nivel industrial, 120
— — con filtrado, 102
— esquema de la recirculación, 102
— — esquema de diseño de un, 122
— — fenómenos de transporte en los, 123
— Fenton
— — corriente/voltaje, 239
— — pH, 238
— — relación Fe^{2+}/H_2O_2, 239
— — temperatura, 239
— que pueden desarrollarse en una celda electrolítica, 19
— Rayox®, 244
— sonoelectroquímico para la remoción de Cr(VI), 268
— WPO, 245
propiedades
— de las celdas electrolíticas y posibilidades de elección, 89
— de los coloides, 68
prototipos de reactores de electrocoagulación, 37
pruebas de microelectrólisis, curva de polarización, 152
— para el proceso Cu^{2+}/Cu^{0}, 152

R

RANS, ecuaciones, y transporte de masa con el modelo de turbulencia k-ε, 134
Rayox®, proceso, 244
reacción electroquímica
— realizada en un sistema de microflujo, 97
— y su naturaleza heterogénea, 83

reacción química de Fenton
— proceso de electrofenton, 195
— tecnologías electroquímicas basadas en la, 195
reacciones electródicas para la formación de burbujas, 185
reactantes químicos, potenciales de formación de algunos, 217
reactivo de Fenton
— diagrama esquemático de la electrogeneración
— — empleando ánodo de hierro y cátodo de grafito, 199
reactor(es)
— aplicaciones industriales de los, 112
— con electrodo 3D, 143
— — evaluación del patrón de fluido mediante la distribución de tiempos de residencia (DTR), 143
— con electrodo giratorio, 112
— continuos tipo tanque agitado, 107
— de cilindros concéntricos de laboratorio, 128
— — ecuaciones de Navier-Stokes, 128
— de coagulación, tipos de flujo hidráulico en, 35
— de electrocoagulación, interacciones ocurridas en un, 170
— de electrodos rotatorios (mezcla completa), 271
— de flujo continuo
— — perfil adimensional de concentración en un, 108
— — tipo tanque agitado, 107
— de lecho fijo
— — con ánodo poroso, 111
— — y de lecho fluidizado, 110
— electrolíticos, principales componentes de los, 19
— electroquímicos
— — análisis de los fenómenos de transporte y descripción de, 126
— — arreglo con conexión
— bipolar, 103
— monopolar, 103
— — características y modelos del patrón de flujo, 142
— — consumo de energía, 100
— — conversión, 98
— — de electrodos rotatorios, 272
— — diseño de en forma de placas intercaladas, 168
— — distribución de flujo, 142
— — ecuaciones de movimiento, 126
— — eficiencia de corriente, 98
— — elementos de distribución de corriente y potencial, 135
— — FM01-LC
— a escala de laboratorio, 155
— aplicación del modelo dispersión-reacción CST a la descripción del, 158
— curvas experimentales de DTR, 148
— descripción utilizando electrodo tridimensional, 154
— diagrama esquemático del, 133
— electrosíntesis de disulfuro de formamidina (DSFA), 158
— empacado con siete mallas expandidas de acero inoxidable, 148
— modelo dispersión-reacción CST, descripción del, 158
— — geometría de los, 108
— — modos de operación, 101
— — monopolar tipo filtro prensa FM01-LC, 155
— — para la industria, 97
— — para la remoción de Cr(VI), evaluación del desempeño de, 269
— — reactores por lotes (batch), 104
— — rendimiento
— de energía, 100
— espacio-tiempo, 99
— — tipo filtro prensa, esquema de un proceso de electrolisis en un, 25
— — transporte de masa, 130
— — utilización de modelos paramétricos para la descripción de, 141
— — utilizados a nivel industrial, 113
— industriales electroquímicos, celdas de laboratorio y, 81
— por lotes, perfil adimensional de concentraciones en un, 104
— tipo filtro prensa, 111, 112
— tipo FM01-LC, distribución de concentración y potencial en un, 159
— tubulares
— — con ánodo helicoidal, 269
— — de flujo pistón, 105
— con dispersión, 269
— con recirculación, 107
— perfil de concentración en, 106
recipiente cerrado-cerrado, esquema de las condiciones a la frontera utilizadas en los modelos MDA y PDE, 145
reducción
— de Cr(VI)
— — en función del tiempo, 265

— y de densidad de corriente, 263
— — evolución de los métodos electroquímicos para la, 256
— — métodos electroquímicos de, 257
— — por electrocoagulación, 258
— electrodos de aluminio, 258
— electrodos de hierro, 259
— del ión ferricianuro, 132
— electroquímica de Cr(VI), 251, 256
regeneración de agua depurada en un tratamiento
— de electrocoagulación, esquema de procesos con interés, 34
— EDI, esquema de los procesos con interés, 43
— EDR, esquema de los procesos con interés, 41
— electrolítico, esquema de los procesos, 25
remoción
— de Cr(VI)
— efecto de la velocidad de rotación del electrodo, 262
— evaluación del desempeño de reactores electroquímicos para la, 269
— porcentajes respecto a la turbiedad 77
— — según diferentes coagulantes aplicados, 77
— proceso sonoelectroquímico para la, 268
repulsión coloidal, esquema de, 67
Reynolds, número de, coeficiente de transferencia de masa en función del, 154

S

sedimentación
— fenómeno de, 182
— o flotación de una partícula en el agua, 183
selectividad del electrodo al ión nitrito, 310
sensores electroquímicos, 302
— tipos de transducción que presenta un, 303
— uso y aplicaciones 297
— — para la detección de contaminantes en agua y agua residual, 297
sensores potenciométricos, 304
— clasificación IUPAC de electrodos selectivos de iones según tipo de membrana, 305
— tipos de, 305
sensores químicos, 299
— características, 301
— diagrama del funcionamiento de un, 300
— electroquímicos, 300
— másicos, 300
— ópticos, 299
— receptores
— — bioquímicos, 299
— — físicos, 299
— — químicos, 299
— reconocimiento químico, 301
— uso y aplicaciones, 297
— — para la detección de contaminantes en agua y agua residual, 297
sistema
— Cu^{2+}/Cu en una celda de placas planas, 138
— — resultados del perfil de velocidades y distribución de potencial en el, 138
— de celda y absorbedor integrado, tratamiento de efluente gaseoso con, 16
— de electrodeposición con electrodo rotatorio, 29
— — a escala de laboratorio
— de electrotermorrecuperación de compuestos volátiles, 14
sobrepotencial de evolución de oxígeno, 216
sonoelectroquímica para la remoción de Cr(VI), proceso, 268
Sphaerotilus, 58
suelos
— aprovechamiento del calor en la electrorremediación de, 13
— lavado electroquímico de, 9
— proceso de lavado electroquímico de, 10
suelos contaminados
— procesos de electrorremediación de, 8
— tratamiento por procesos electrocinéticos, 6
sulfuro de hidrógeno, proceso Electro-Claus de eliminación de, 17

T

tamaño de la burbuja y su efecto en electroflotación, 187
tanque agitado
— reactor de flujo continuo tipo, 107
— reactores continuos tipo, 107
tanque de dispersión-reacción, perfiles de concentración en, 160
tanque de flujo pistón, perfiles de concentración en, 160
tecnologías electroquímicas
— basadas en la reacción química de Fenton, 195
— en el tratamiento de aguas residuales, 167
tiempos de residencia (DTR)
— evaluación del patrón de fluido en un reactor con electrodo 3D, 143
— obtención experimental de la curva de distribución de, 143

tipos de flujo hidráulico en reactores de coagulación, 35
transducción de sensores electroquímicos, 303
transporte. *Véase* fenómenos de transporte
tratamiento
— de agua, 229
— — producción electroquímica de peróxido de hidrógeno y su aplicación en el, 229
— de aguas residuales
— — estudios con métodos combinados en el, 287
— — tecnologías electroquímicas en el, 167
— de efluentes gaseosos
— — con sistema de celda y absorbedor integrado, 16
— — con celda electroquímica y absorbedor separados, 17
— — y la combinación con procesos de absorción, 16
— de efluentes líquidos, 18
— de electrocoagulación, 34
— — esquema de procesos de regeneración de agua tratada, 34
— de suelos contaminados por procesos electrocinéticos, 6
— EDI, esquema de procesos de regeneración de agua depurada, 43
— EDR, esquema de procesos de regeneración de agua depurada, 41
— electrolítico, esquema de procesos de regeneración de agua tratada, 25
— electroquímico de aguas residuales, 198
Trichuris trichiura, 59
turbiedad, porcentajes de remoción según diferentes coagulantes aplicados, 77
Tyndall-Faraday, efecto de, 68

V

valoraciones
— en el electrodo de carbón vítreo, 308
— en el electrodo de cobre, 307
variación de la densidad de corriente del pico II (JII), 309
— en función de la concentración de nitratos, 309
variantes del proceso electrofenton, 200
velocidad axial
— distribución a lo largo del reactor electroquímico con diferentes posiciones de alimentación, 271
— distribución de la, 270
velocidad de rotación del electrodo, efecto en la remoción de Cr(VI), 262
venturi, 36
voltametría hidrodinámica típica en un detector electroquímico de un equipo de HPLC, 95
voltamperograma(s)
— típico, celda de tres electrodos para estudios, 88
— lineales experimentales, 307
voltamperometría, 311
— celda de tres electrodos para estudios, 88

W

WPO, proceso, 245

Este libro se terminó de imprimir en marzo de 2014
en los talleres de Liberdúplex, S.L.U.,
en Sant Llorenç d'Hortons, Barcelona, España.
El tiro fue de 1000 ejemplares
en papel estucado mate de 90 gramos.